高职高专"十二五"规划教材
煤化工系列教材

煤化工生产技术

（修订版）

祁新萍　主　编
马金才　副主编
李庆宝　主　审

化学工业出版社
·北京·

本教材按照目前化工专业人才培养的指导思想,以应用为目的,以够用为度,以掌握概念、强化应用、培养技能为编写重点,内容包括煤的基础知识、炼焦、炼焦化学产品的回收与精制、炼焦油的加工、煤炭的气化、煤气净化技术、煤的直接液化、煤的间接液化和煤化工生产的"三废"治理。主要介绍了以上各工艺的发展现状、工艺原理、工艺流程、主要设备、生产操作等。

本书可作为高职高专煤化工及化工专业学生的教材,也可作为煤化工企业职工培训及生产技术人员学习参考用书。

图书在版编目(CIP)数据

煤化工生产技术/祁新萍主编. —北京:化学工业出版社,2012.2(2025.1重印)
高职高专"十二五"规划教材. 煤化工系列教材
ISBN 978-7-122-13247-5

Ⅰ. 煤… Ⅱ. 祁… Ⅲ. 煤化工-生产技术-高等职业教育-教材 Ⅳ. TQ53

中国版本图书馆CIP数据核字(2012)第004207号

责任编辑:张双进　　　　　　　　　　　　　　装帧设计:王晓宇
责任校对:宋　玮

出版发行:化学工业出版社(北京市东城区青年湖南街13号　邮政编码100011)
印　　装:大厂回族自治县聚鑫印刷有限责任公司
787mm×1092mm　1/16　印张19　字数461千字　2025年1月北京第1版第11次印刷

购书咨询:010-64518888　　　　　　　　　售后服务:010-64518899
网　　址:http://www.cip.com.cn
凡购买本书,如有缺损质量问题,本社销售中心负责调换。

定　　价:39.00元　　　　　　　　　　　　　　　　　版权所有　违者必究

高职高专煤化工专业规划教材编审委员会

主任委员 郝临山

副主任委员 薛金辉　薛利平　朱银惠　池永庆

委　　员 （按姓氏汉语拼音排序）

白保平	陈启文	池永庆	崔晓立	段秀琴
付长亮	谷丽琴	郭玉梅	郝临山	何建平
李聪敏	李　刚	李建锁	李云兰	李赞忠
刘　军	穆念孔	彭建喜	冉隆文	田海玲
王翠萍	王家蓉	王荣青	王胜春	王晓琴
王中慧	乌　云	谢全安	许祥静	薛金辉
薛利平	薛士科	薛新科	闫建新	于晓荣
曾凡桂	张爱民	张现林	张星明	张子锋
赵发宝	赵晓霞	赵雪卿	周长丽	朱银惠

前 言

本教材是根据高职高专教育专业人才的培养目标和规格及高职高专煤化工规划教材编审委员会审定的编写提纲编写的。

我国是一个石油和天然气资源较少，而煤炭资源相对丰富的国家。随着石油资源的短缺和高油价时代的到来，大力发展煤化工技术是保证我国能源安全及化学工业持续发展的一项重要而紧迫的任务。本书以应用为目的，以够用为度，以掌握概念、强化应用、培养技能为编写重点，在介绍煤化工生产技术之前，添加了一些煤化学基础知识，内容广，信息量大，旨在为高职高专煤化工及化工专业的学生提供一本认识煤化工的教材，也可作为煤化工企业职工培训及生产技术人员学习参考用书。

全书共分八章，内容包括煤的基础知识、炼焦、炼焦化学产品的回收与精制、煤焦油的加工、煤炭气化、煤气净化技术、煤的直接液化、煤的间接液化和煤化工生产的"三废"治理。主要介绍了以上各工艺的发展现状、工艺原理、工艺流程、主要设备、生产操作等。本书着重学生基本理论的应用，实际操作能力的培养，具有实用性、实际性和实践性。

本书由新疆轻工职业技术学院祁新萍主编，编写第二章、第三章、第四章、第五章、第六章；新疆轻工职业技术学院马金才任副主编，编写绪论、第七章、第八章；新疆轻工职业技术学院谢俊彪编写第九章；新疆轻工职业技术学院张明锋编写第一章。全书由祁新萍统稿，由新疆轻工职业技术学院李庆宝主审，并提出了许多宝贵意见，在此谨致衷心的谢意。

同时，新疆中泰化学股份有限公司技术人员对该书提出许多宝贵意见，在此表示谢意。

本书在编写过程中参考了国内外出版的许多资料，在此谨向有关单位和作者深表谢意。限于编者水平和时间仓促，书中难免有不妥之处，祈望广大读者和同行赐教指正。

编者

2011 年 11 月

目 录

绪论 …………………………………………………………………………………………… 1
    一、我国煤炭工业发展现状 …………………… 1
    二、煤化工产业发展的特点 …………………… 2
    三、煤化工发展的现状 ………………………… 2
    四、循环经济是煤化工产业发展的必由之路 ………………………………………… 5

第一章 煤的基础知识 …………………………………………………………………… 6
第一节 煤的特征与形成 ………………… 6
    一、煤的特征 …………………………………… 6
    二、煤的形成 …………………………………… 7
第二节 煤的性质 ………………………… 7
    一、煤的物理性质 ……………………………… 7
    二、煤的化学性质 ……………………………… 8
第三节 煤样的制备 ……………………… 9
    一、破碎 ………………………………………… 10
    二、筛分 ………………………………………… 10
    三、混合 ………………………………………… 11
    四、缩分 ………………………………………… 11
    五、干燥 ………………………………………… 12
第四节 煤的工业分析 …………………… 12
    一、煤中的水分 ………………………………… 12
    二、煤中的灰分 ………………………………… 14
    三、煤的挥发分和固定碳 ……………………… 16
第五节 煤的元素分析 …………………… 16
第六节 煤的发热量 ……………………… 18
第七节 煤的工艺性质 …………………… 19
    一、胶质体 ……………………………………… 19
    二、煤的黏结性（结焦性）指标 ……………… 20
    三、煤的其他工艺性质 ………………………… 20
第八节 煤的分类及用途 ………………… 21
第九节 煤的综合利用 …………………… 23
复习题 ……………………………………… 26

第二章 炼焦 ……………………………………………………………………………… 28
第一节 炼焦概述 ………………………… 28
    一、炼焦化学产品及其用途 …………………… 28
    二、煤的成焦机理 ……………………………… 29
    三、焦炭的基本性质 …………………………… 31
    四、影响化学产品的因素 ……………………… 32
第二节 选煤 ……………………………… 33
    一、选煤的重要性 ……………………………… 33
    二、洗选概况 …………………………………… 33
    三、选煤厂的构成 ……………………………… 34
    四、煤炭洗选方法 ……………………………… 34
    五、其他选煤方法 ……………………………… 36
第三节 配煤 ……………………………… 37
    一、配煤的意义 ………………………………… 37
    二、单种煤的结焦特性 ………………………… 38
    三、配煤工艺指标 ……………………………… 38
    四、原料煤的接受和储存 ……………………… 39
    五、炼焦煤的粉碎与配合 ……………………… 40
第四节 炼焦炉及其机械设备 …………… 41
    一、炼焦炉 ……………………………………… 41
    二、护炉设备 …………………………………… 49
    三、荒煤气导出设备 …………………………… 52
    四、焦炉加热设备 ……………………………… 53
    五、废气导出设备 ……………………………… 54
    六、焦炉机械 …………………………………… 55
    七、炼焦炉的维护 ……………………………… 57
第五节 炼焦炉的生产操作 ……………… 58
    一、焦炉装煤 …………………………………… 58
    二、焦炉推焦 …………………………………… 58
    三、熄焦与筛焦 ………………………………… 62
    四、熄焦过程的防尘 …………………………… 64

第六节　煤气燃烧和焦炉热量平衡 ……… 64
　　　　一、煤气燃烧 ……………………… 64
　　　　二、焦炉流体力学基础 ……………… 64
　　　　三、焦炉热工效率 …………………… 65
　　第七节　炼焦新技术 …………………… 65
　　　　一、捣固炼焦 ………………………… 65
　　　　二、型焦 ……………………………… 67
　　　　三、焦炉大型化 ……………………… 68
　　　　四、几种新型炼焦方法 ……………… 72
　　复习题 …………………………………… 74

第三章　炼焦化学产品的回收与精制 …… 76

　　第一节　概述 …………………………… 76
　　　　一、炼焦化学 ………………………… 76
　　　　二、炼焦化学产品 …………………… 76
　　　　三、回收炼焦化学产品的重要意义 … 77
　　　　四、炼焦化学产品的组成 …………… 77
　　　　五、炼焦化学产品的产率 …………… 79
　　第二节　回收与加工化学产品的方法及
　　　　　　典型流程 ……………………… 79
　　　　一、在正压下操作的焦炉煤气处理系统 … 79
　　　　二、在负压下操作的焦炉煤气处理系统 … 81
　　　　三、粗苯加工生产流程系统 ………… 82
　　　　四、煤焦油加工生产流程系统 ……… 82
　　第三节　煤气初冷和煤焦油氨水的分离 … 83
　　　　一、粗煤气的初步冷却 ……………… 83
　　　　二、焦油和氨水的分离 ……………… 87
　　　　三、煤气的初冷操作 ………………… 91
　　　　四、煤气初冷常见事故的处理 ……… 94
　　第四节　煤气输送及焦油雾的清除 …… 96
　　　　一、煤气输送 ………………………… 96
　　　　二、鼓风机操作及常见事故的处理 … 97
　　　　三、焦油雾的清除 …………………… 100
　　　　四、电捕焦油器的操作 ……………… 101
　　第五节　氨和吡啶的回收 ……………… 102
　　　　一、硫酸铵的制备 …………………… 103
　　　　二、粗轻吡啶的制备 ………………… 105
　　　　三、无水氨的制取 …………………… 106
　　第六节　粗苯的回收 …………………… 108
　　　　一、煤气最终冷却和除萘 …………… 109
　　　　二、粗苯的吸收 ……………………… 110
　　　　三、富油脱苯 ………………………… 113
　　　　四、洗油再生 ………………………… 114
　　第七节　粗苯的精制 …………………… 115
　　　　一、粗苯的组成、产率和用途 ……… 115
　　　　二、粗苯的精制原理 ………………… 115
　　　　三、初步精馏 ………………………… 116
　　　　四、硫酸法精制 ……………………… 117
　　　　五、吹苯和最终精馏 ………………… 117
　　　　六、初馏分加工 ……………………… 119
　　　　七、古马隆-茚树脂生产 …………… 119
　　　　八、粗苯的催化加氢精制 …………… 121
　　复习题 …………………………………… 124

第四章　煤焦油的加工 ………………… 125

　　第一节　概述 …………………………… 125
　　　　一、焦油馏分 ………………………… 125
　　　　二、焦油的主要产品及其用途 ……… 127
　　第二节　焦油蒸馏 ……………………… 128
　　　　一、焦油精制前的准备 ……………… 128
　　　　二、焦油的蒸馏工艺流程 …………… 128
　　第三节　酚和吡啶的精制 ……………… 134
　　　　一、馏分脱酚和吡啶碱 ……………… 134
　　　　二、粗酚的制取 ……………………… 135
　　　　三、精酚的生产 ……………………… 135
　　　　四、吡啶的精制 ……………………… 137
　　第四节　萘的生产 ……………………… 138
　　　　一、工业萘的生产 …………………… 138
　　　　二、精萘的生产 ……………………… 139
　　第五节　粗蒽和精蒽 …………………… 142
　　　　一、粗蒽的生产 ……………………… 142
　　　　二、精蒽的生产 ……………………… 142
　　第六节　沥青的利用与加工 …………… 143
　　　　一、沥青的性质 ……………………… 143
　　　　二、改质沥青 ………………………… 144
　　　　三、延迟焦化 ………………………… 145
　　第七节　焦油的加工利用进展 ………… 146
　　复习题 …………………………………… 147

第五章 煤炭的气化 … 148

第一节 概述 … 148
- 一、煤炭气化的概念 … 148
- 二、气化炉 … 148
- 三、煤气的种类 … 148
- 四、发展煤炭气化的意义 … 149
- 五、煤炭气化技术的应用 … 149
- 六、气化用煤对煤质的要求 … 150
- 七、煤炭气化技术的现状 … 153
- 八、煤炭气化发展方向 … 153

第二节 煤炭气化原理 … 153
- 一、煤炭气化方法 … 153
- 二、煤炭气化原理 … 154

第三节 煤炭地面气化方法 … 155
- 一、固定床气化 … 155
- 二、流化床气化 … 158
- 三、气流床气化 … 159
- 四、熔融床气化炉 … 162

第四节 典型的气化工艺 … 162
- 一、鲁奇加压气化技术 … 162
- 二、Shell 煤气化工艺 … 166
- 三、德士古水煤浆气化技术 … 168

第五节 煤炭地下气化 … 173
- 一、国外煤炭地下气化技术 … 173
- 二、国内煤炭地下气化技术 … 174
- 三、煤炭地下气化技术的原理 … 175
- 四、煤炭地下气化技术的应用 … 175
- 五、煤炭地下气化技术的特点 … 175
- 六、煤炭地下气化发展的新趋势 … 176

第六节 煤气化联合循环发电 … 177
- 一、概述 … 177
- 二、煤气化联合循环发电的特点 … 177
- 三、整体煤气化联合循环的系统 … 177
- 四、国内外煤气化联合循环发电技术的现状 … 178
- 五、IGCC 技术发展的障碍 … 179

第七节 煤炭气化技术的发展现状和前景 … 179
- 一、地面煤气化技术发展概况 … 180
- 二、地下煤气化技术发展概况 … 180
- 三、煤气化技术的发展趋势的展望 … 180

复习题 … 181

第六章 煤气净化技术 … 182

第一节 概述 … 182
- 一、煤气中的杂质及危害 … 182
- 二、煤气杂质的脱除方法 … 182

第二节 耐硫宽温 CO 变换 … 184
- 一、变换的基本原理 … 184
- 二、耐硫宽温变换的催化剂 … 186
- 三、耐硫宽温变换的工艺条件 … 192
- 四、耐硫宽温变换的工艺流程 … 194

第三节 低温甲醇洗 … 199
- 一、低温甲醇洗基本原理 … 199
- 二、低温甲醇洗主要工艺参数的选择 … 202
- 三、工艺流程及主要设备 … 203

第四节 硫回收 … 208
- 一、克劳斯硫回收简介 … 209
- 二、克劳斯硫回收基本原理 … 210
- 三、克劳斯硫回收的催化剂 … 212
- 四、影响生产操作的因素 … 215
- 五、工艺流程 … 217

复习题 … 218

第七章 煤的直接液化 … 220

第一节 概述 … 220
- 一、煤与石油的比较 … 221
- 二、适宜直接液化的煤质要求 … 222
- 三、煤直接液化溶剂的作用 … 223

第二节 煤直接液化基本原理及催化剂 … 224
- 一、煤直接液化原理 … 224
- 二、煤直接液化的催化剂 … 226

第三节 煤直接液化工艺 … 227
- 一、煤直接液化的反应历程 … 227
- 二、煤直接液化工艺条件的选择 … 228
- 三、煤直接液化工艺 … 230

第四节 煤直接液化的反应设备 … 236

一、煤直接液化反应器……………… 236
　　二、煤浆预热器……………………… 239
　　三、高温气体分离器………………… 240
　　四、高压换热器……………………… 242
　　五、高压换热器减压阀……………… 244
第五节　煤直接液化技术的发展………… 245
　　一、煤直接液化的现状……………… 245
　　二、煤直接液化的发展前景………… 245
复习题……………………………………… 246

第八章　煤的间接液化 ……………………………… 247

第一节　煤炭间接液化基本原理及
　　　　催化剂……………………………… 248
　　一、煤炭间接液化基本原理………… 248
　　二、F-T 合成催化剂………………… 249
第二节　F-T 合成的工艺条件…………… 256
　　一、原料气组成……………………… 256
　　二、反应温度………………………… 257
　　三、反应压力………………………… 258
　　四、空间速度………………………… 258
第三节　煤间接液化的工艺流程………… 258
　　一、南非 Sasol 的 F-T 合成工艺…… 258
　　二、SMDS 合成技术………………… 264
　　三、MTF 和 SMTF 工艺技术………… 265
第四节　煤间接液化与直接液化的对比… 267
　　一、液化原理对比…………………… 267
　　二、对煤种的要求对比……………… 268
　　三、液化产品的市场适应性对比…… 268
　　四、液化工艺对集成多联产系统的
　　　　影响对比………………………… 269
　　五、液化技术的经济性对比………… 269
　　六、结论……………………………… 270
第五节　甲醇的生产……………………… 270
　　一、甲醇的性质及用途……………… 270
　　二、甲醇合成对原料气的要求……… 271
　　三、合成甲醇催化剂的作用与性能… 271
　　四、甲醇合成反应原理……………… 272
　　五、甲醇生产工艺…………………… 273
第六节　甲醇汽油的合成………………… 278
　　一、汽油性质及用途………………… 278
　　二、甲醇转化汽油机理……………… 279
　　三、甲醇转化汽油（MTG）工艺…… 280
　　四、甲醇转化汽油的工艺条件及影响
　　　　因素……………………………… 283
第七节　甲醇制烯烃……………………… 284
　　一、甲醇生产烯烃原理……………… 284
　　二、甲醇生产烯烃工艺……………… 284
　　三、生产烯烃的反应条件及影响因素… 286
第八节　煤炭间接液化技术发展历程与
　　　　进展……………………………… 287
复习题……………………………………… 288

第九章　煤化工生产的"三废"治理 ………………… 290

第一节　煤化工的主要污染物…………… 290
　　一、选煤厂排放……………………… 290
　　二、煤化工工业污染物……………… 290
　　三、燃煤过程排放废气、灰渣……… 291
第二节　"三废"治理…………………… 291
　　一、煤化工废水治理………………… 291
　　二、煤化工废渣治理………………… 292
　　三、煤化工废气治理………………… 293

参考文献 …………………………………………………………………………………… 296

绪　　论

近几年，随着石油和天然气日渐枯竭，世界石油价格不断攀升，世界能源短缺状况进一步加剧，全世界对煤炭资源的需求量开始大幅回升。中国、印度、美国等许多能源大国都不同程度地将能源重心逐步向煤炭倾斜，世界煤炭生产、消费和贸易因此呈明显增长态势。同时，煤炭生产和洁净煤技术、煤化工技术的进步和成熟增强了煤炭在能源市场上的优势，导致用煤需求急剧增长，而且煤炭生产的国际化和海运成本的下降，也加速了煤炭国际贸易的发展。

一、我国煤炭工业发展现状

在经济全球化的 21 世纪，能源安全是全球战略的一个重要组成部分。目前，中国在能源领域面临着一系列挑战。我国人均能源可采储量远低于世界平均水平。我国受石油资源的制约，需要大量进口石油满足国内需求。大量石油进口以及由此引起的能源安全问题将十分突出。根据我国石油资源量以及大规模石油进口带来的压力，石油只能以满足国内基本需求为目标，不可能代替煤炭。要满足国民经济翻两番的需要，主要还是依靠煤炭。鉴于我国富煤少油的资源状况，预测到 2020 年煤炭在一次能源消费中的比例仍在 60% 左右，煤炭工业的健康发展对保障我国的能源安全具有十分重要的意义。

煤炭是我国的主体能源，是能源安全的基石。在国家实施的能源安全战略中，已把煤炭工业摆在了主体工业的重要位置。从我国能源消费结构的变化来看，煤炭将长期是我国的主要能源。国家《能源中长期规划纲要（2004～2020 年）》（草案）提出我国要大力调整和优化能源结构，要坚持以煤炭为主体、电力为中心、油气和新能源全面发展的战略。煤炭是关系国计民生的基础产业，特别是电力、冶金、建材、化工等行业的发展都离不开煤炭的支持。从长远来看，煤炭在我国一次能源中的主导地位不会改变，煤炭工业的发展对国民经济乃至国家的能源安全战略具有重要影响。从发展趋势看，煤炭工业在我国国民经济中的基础产业地位不但不会削弱，而且将会日益突出。

根据全国煤炭工业的发展趋势，煤炭的开发力度将不断加大。近几年，全国煤炭、电力供应紧张问题再次凸显。2004 年以来，全国原煤产量、销量、运量、价格均创历史最高水平。连续几年的高速增产，使得国有大矿增产的余地减小，降低了矿井服务年限，目前全国三分之一的国有煤矿存在水平接续问题，五分之一的矿区存在矿井接续问题，尤其是东部地区资源消耗加快，煤矿后劲严重不足。东北、中东部一些省区的煤炭资源将逐步枯竭。根据中国煤田地质总局的预测资料显示，到 2020 年我国将有 40% 的国有重点煤矿和 60% 的国有地方煤矿因资源枯竭而关闭。然而长期以来，产原煤、卖原煤、运原煤、烧原煤一直是我国煤炭产业发展多年不变的格局，这个格局造成了环境污染、运输紧张、燃烧热效率低、企业效益差等诸多弊端。由于我国经济近年来快速发展，GDP 年增长率始终保持在 8% 左右，使得作为能源主力的煤炭再度紧张。在这种形势下，如何判断和把握能源态势，在合理配置资源、提高利用效率、调整能源结构、深化技术改造、发展循环经济、加快我国煤炭工业的发展方面，需要进行更加全面深入的研究和探讨。随着风能、太阳能等新型能源的开发，煤炭市场将主要向大型电厂、煤制气、煤变油、煤化工需求方向发展。

二、煤化工产业发展的特点

近年，能源安全尤其是石油安全问题越来越重要。自 1993 年我国成为石油进口国以来，国家石油对外依存度不断增加，中国的石油安全问题变得十分突出，因此利用煤炭的深加工，进行煤制气、煤变油，补充和替代石油资源已十分紧迫。

煤化工是指以煤为主要原料，经过化学反应，生成各种化学品和油品的产业，是化学工业的重要组成部分。煤化工包括煤焦化、煤气化、煤液化和电石等行业，涵盖以煤为原料生产的焦炭、电石、化肥、甲醇、二甲醚、烯烃、油品等产品，是技术、资金、水资源、能源密集型产业，涉及煤炭、电力、石化等领域。

随着经济社会的发展，石油及石化产品需求迅速增长，国际油价不稳，国内油品市场供应趋紧，供需矛盾日益突出，煤制油品和烯烃在我国逐步兴起。现代煤化工属于技术密集型和投资密集型的产业，具有气化技术多样化、产品繁多、产业链长、工艺过程复杂、技术含量高，开发阶段所需投入高、工业化生产规模大等特点。在我国能源消费新格局中，中国富煤少油的能源格局决定了煤制油、煤代油具备成本优势。而煤炭能源新产业深加工产品具有清洁环保，成本低廉的特点，将成为重要的交通用能源。根据国家产业布局，积极依托国家级特大型煤炭基地为主体，以现代化矿井为骨干，建立煤制油、煤化工支撑体系，依托煤种分布情况建设煤电、煤化工、煤制油、煤焦化、煤气化和洁净煤基地，形成开发、转换、利用为一体的发展格局，推进煤制油和甲醇、甲醛及二甲醚等相关产业链的延伸，构建石油产品替代区和煤化工产业基地。

煤炭能源新产业，特别是煤层气、醇醚燃料是潜力巨大的替代能源。当油价高于 35 美元/桶的时候，煤液化和煤制醇醚燃料具有竞争优势。对煤基和气醇醚燃料作经济分析的结果是，每立方米 1 元的天然气价格生产的醇醚燃料成本对应的约是 400 元/t 的煤炭价格。原油价格跌到 40 美元/桶，煤制烯烃仍有竞争优势。甲醇作为燃料和原料，其需求必将大幅增长，而煤液化由于投资大和技术风险，国家对此仍持谨慎的态度，而甲醇制烯烃由于其成本低，是较有前景的煤化工发展方向。

目前，我国已经完成千吨级煤制烯烃和万吨级煤制油工业性试验工作，几十万吨级煤制烯烃和百万吨级煤制油示范装置正在建设之中。从未来石油供求关系、区域经济协调发展、产业持续健康发展的角度来看，发展煤制甲醇、二甲醚、烯烃、油品等石油替代产品已成为煤化工产业的必然选择，也符合我国经济社会发展要求。

三、煤化工发展的现状

1. 煤焦化

煤焦化是以煤为原料，在隔绝空气条件下，经高温干馏生产焦炭，同时获得煤气、煤焦油并回收其他化工产品的一种煤转化工艺。煤经焦化后的产品有焦炭、煤焦油、煤气和化学产品，其中焦炭是煤焦化中最重要的产品。焦炭的主要用途是炼铁，少量用作化工原料制造电石、电极等。目前，大多数国家的焦炭 90% 以上用于高炉炼铁，其次用于铸造和有色金属冶炼工业，少量用于制取碳化钙、二硫化碳、元素磷等。在钢铁联合企业中，焦粉还用作烧结的燃料。焦炭也可作为制备水煤气的原料制取合成用的原料气。

煤焦油是黑色黏稠性的油状液体，其中含有苯、酚、萘、蒽、菲等重要化工原料，它们是医药、农药、炸药、染料等行业的原料，经适当处理可以加以分离。煤焦油中所含环状有机物可以说是煤的"碎片"。此外还可以从煤焦油中分离出吡啶和喹啉，以及马达油和建筑铺路用的沥青等。从煤焦油里分离鉴定的化合物已有400余种。从炼焦炉出来的气体，温度至少在700℃以上，其中除了含有可燃气体CO、H_2、CH_4之外，还有乙烯（C_2H_4）、苯（C_6H_6）、氨（NH_3）等。在上述气体冷却的过程中氨气溶于水而成氨水，进而可加工成化肥；苯等芳烃化合物不溶于水而冷凝为粗苯、煤焦油；乙烯等气体，根据煤气的不同用途酌情处理。总之，煤经过焦化加工，使其中各成分都能得到有效利用，而且用煤气作燃料要比直接烧煤干净得多。

我国是焦炭生产大国，煤炭焦化受钢铁工业快速增长的拉动，从2002年开始中国焦化工业呈现高速增长的态势。2010年焦炭总产量3.87亿吨，2011年达到4.3亿吨，2011年出口焦炭约335万吨，约占世界焦炭贸易总量的60%。炼焦已成为涉及原料煤加工和转化数量最大的煤化工产业。中国炼焦工业技术已进入世界先进行列，新建的大部分是技术先进、配套设施完善的大型焦炉，炭化室高达6m的大容积焦炉已实现国产化，干熄焦、地面除尘站等环保技术已进入实用化阶段，化学产品回收加强，改造装备简陋、落后的小型焦炉，淘汰土焦及改良焦炉的进展加快。优质炼焦煤不足是国内提高焦炭质量的主要障碍，通过对低灰、低硫、弱黏结煤或不黏结煤的改质或科学、优化配煤技术，可以扩大和改善原料煤资源，实现在常规工艺条件下提高焦炭质量。注重煤焦油化学品集中深加工和焦炉煤气的有效利用，是焦化工业综合发展、提升竞争能力的重要方向。对布局较为集中的大型炼焦企业，应在焦油深加工、剩余煤气的利用方面统筹规划，以实现规模化生产和高效、经济生产。但污染控制仍然是当前焦化工业发展的迫切问题，在严格取消土法炼焦，改造落后、污染严重的中小型焦炉的同时，推动大型和新建焦炉采用先进的污染治理技术，切实搞好环境保护。

2. 煤制甲醇、合成氨

以煤为原料生产甲醇、合成氨，是过去煤化工产业的传统工艺路线。其关键和核心是煤的气化，但传统气化炉效率低、污染大、生产能力低，目前在我国还有部分中小型化肥厂采用固定床气化炉生产合成氨和甲醇。

随着科学技术的飞速发展，煤气化技术日益成熟和进步，国内外出现了多种先进气化技术和设备，主要有德士古水煤浆加压气化法、壳牌干粉加压气化工艺、德国未来能源公司的GSP干粉煤气化工艺和国内新型（对置式多喷嘴）水煤浆加压气化技术。新型气化炉生产效率高、污染小、生产能力大，单台气化炉日处理煤可达1000t以上，这为煤化工大规模化生产打下基础。以煤为原料制取甲醇、合成氨生产装置，正向规模化、大型化方向发展，目前在山东、山西、陕西、内蒙古等省区新建的煤制甲醇项目大都在20万吨/年以上。

由于石油价格的持续走高，以石油、天然气为原料生产甲醇成本不断提高，价格不断攀高，以煤为原料生产甲醇，优势凸显。用煤生产1t甲醇，消耗煤2.5t左右（消耗天然气约1000m^3），其中原料煤消耗1.458t，燃料消耗煤1.011t。生产1t甲醇，成本在1200～1500元（以煤价在300～380元/t计），目前国内市场甲醇价格在2000元左右，以煤为原料生产甲醇可以取得较好的经济效益。一些具有煤炭资源的省区，已将发展煤化工作为一项重要的发展战略，积极提高煤制甲醇生产能力，目前全国各省区已实施和准备实施的甲醇项目有近百项。

煤制甲醇工艺路线及部分产品图如图 0-1 所示。

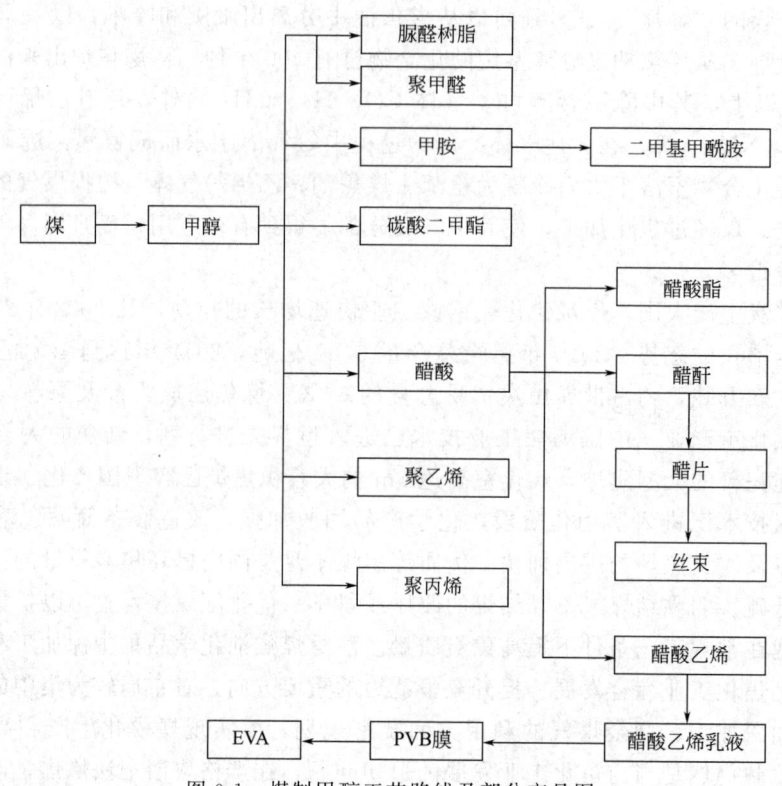

图 0-1　煤制甲醇工艺路线及部分产品图

3. 煤液化现状

目前世界上只有南非 Sasol 公司采用间接液化工艺，实现煤变油的工业化生产。南非建有 3 座间接液化厂，年处理煤炭 4600 万吨，产品 760 多万吨，其中油品占 60%。煤液化项目由于投资大和技术风险，国家对此仍持谨慎的态度，直接液化法目前还没有实现工业化运行的装置。

近年来，我国科研机构和相关企业也开展"煤变油"项目的研究和实验，并取得了一定的进展。山西煤化所采用间接液化法，利用自主知识产权技术于 2002 年 9 月建起一座千吨级"煤变油"工业试验装置，已运行 4 次，累计获得了数十吨合成粗油品，在 2003 年底又从粗油品中生产出了无色透明的高品质柴油，为进一步工业试验打下了良好的基础。由中海油集团投资，采用山西煤化所的间接液化法技术，已在山西建设万吨级的工业性放大装置，在内蒙古建设一座 16.5 万吨/年工业试验装置。

兖矿集团自主研发的煤炭间接液化技术也取得重大突破。2007 年 5 月投资 1.3 亿元，在山东建成一套万吨级煤变油中试装置，一次投料试车成功，生产出了合格的油品，并已申报覆盖关键技术的 8 项专利。下一步计划投资 10 亿元在陕西建一座 10 万吨级的煤变油工业试验装置。

神华集团采用直接液化工艺，投资 600 亿元在内蒙古鄂尔多斯市建设年产 1000 万吨煤变油项目，第一条年产 100 万吨装置已于 2004 年 8 月底开工建设，是中国产煤区能源转换的重点示范工程,也是我国煤变油产业第一次从实验室装置真正走上工业化生产的项目。

四、循环经济是煤化工产业发展的必由之路

近年来随着区域经济的快速发展,资源消耗和环境污染的问题也日渐突出,高消耗、高污染、粗放经营的传统经济增长方式亟待转变。合理开发和充分利用各种自然资源,推进资源利用方式从粗放型向集约型,经济增长方式从粗放型向集约型和效益型转变,达到提高综合经济效益的目的。以循环经济理论指导煤炭生产,是实现可持续发展的理想途径。

在煤炭的开发利用中,由于开采不合理,煤炭资源平均采出率极低,煤系共生、伴生的20多种矿产,绝大多数并没有利用,造成了资源的严重浪费。由于煤炭是不可再生的一次性能源,具有不可替代性,而发展循环经济,就可以沿着煤炭产业生产多种相关产品,如洗选精煤炼焦,煤焦油生产煤化工产品,中煤、煤泥和矸石综合利用发电,煤矸石、粉煤灰及煤渣生产建筑材料、修路、复垦土地、美化生态环境等,实现资源的综合利用。因此,要发挥煤炭资源的更大效用,就必须大力发展循环经济,树立大能源观,对产业链上下游生产要素进行合理的优化配置,使煤制电、煤化工、煤制建材、煤焦化、煤气化等相关产业同属于一个利益主体,从而实现资源的循环利用。

第一章 煤的基础知识

第一节 煤的特征与形成

从19世纪到20世纪中叶,煤炭作为能源和化工原料的主导,为人类文明的发展做出了巨大贡献。20世纪50年代后,煤炭被大量廉价石油和天然气所取代。但其后发生了几次石油危机,使人们重新认识到煤炭在能源结构中的地位。煤化工研究在20世纪后半叶之后开始走向复兴。

中国是世界上唯一以煤为主要能源的大国。中国煤炭可采储量占世界煤炭可采储量的11.6%,居世界第三位。我国的一次能源构成中煤炭约占75%,在今后20年这一比例可能下降到65%左右,但就消费总量而言,将成倍增长。煤炭作为化工原料的地位将随着煤化工研究的技术进步而不断提高。

一、煤的特征

煤是由不同地质年代的植物经过长时间的地质作用而形成。由于成煤植物和生成条件不同,煤一般可以分为三大类:腐殖煤、残殖煤和腐泥煤。由高等植物形成的煤称为腐殖煤。由高等植物中稳定组分(角质、树皮、孢子等)富集而形成的煤称为残殖煤。由低等植物(以藻类为主)和浮游生物形成的煤称为腐泥煤。在自然界中分布最广、最常见的是腐殖煤,如泥炭、褐煤、烟煤、无烟煤。残殖煤分布非常少,如云南省禄劝的角质残殖煤,江西乐平、浙江长广的树皮残殖煤等。常见的腐泥煤,如山西大同、山东枣庄等地的烛煤,以及用于雕琢工艺美术品的抚顺的煤精等。

煤是由植物生成的。各类植物的有机族组成不同,即使同一种植物各部分的有机族组成也不会相同,那么其含量也就不同。这种差异对生成煤的种类和性质影响极大。又如形成煤的原始物质主要是植物的根、茎等木质纤维组织,则煤的氢含量低,形成的为腐殖煤;如果由角质层、树脂和孢粉质等所形成的残殖煤,其含氢量高;如果由藻类形成的腐泥煤,则其氢含量就更高。另外,植物在成煤过程中经历着极为复杂的物理化学反应,所以形成的煤具有多样特征。

根据煤化程度的不同,腐殖煤可分为泥炭、褐煤、烟煤和无烟煤四个大类,其特征分述如下。

泥炭为棕褐色或黑褐色的不均匀物质。相对密度为1.29~1.61,自然风干后水分为25%~35%。泥炭中含有大量未分解的植物残体,有时可用肉眼看出。

褐煤大多呈褐色或黑褐色,无光泽,相对密度为1.1~1.4。随煤化程度加深,褐煤颜色变深变暗,相对密度增加,水分减少。

烟煤为灰黑色至黑色,燃烧时火焰长而多烟。烟煤不含腐殖酸,硬度较大,相对密度为1.2~1.45。多数能结焦,碳含量为75%~90%。烟煤是自然界最重要和分布最广的煤种。

无烟煤呈灰黑色，具有金属光泽，是腐殖煤中煤化程度最高的一种煤。相对密度为 1.4~1.8。燃烧时无烟，火焰较短，不结焦，碳含量一般在 90% 以上。

二、煤的形成

对于植物残骸的堆积而形成煤层，必须要有气候、生物、地理和地质条件的有利配合。从 3 亿~4 亿年前出现植物开始，地球上就具备了成煤的条件。在这以后的地质年代的沉积物中，应该能找到煤。但仅在某些地质年代，有煤层的沉积，把这些形成煤层的地质年代叫做成煤期。主要的成煤期有三个，古生代的石炭纪和二叠纪，中生代的侏罗纪，新生代的第三纪。

中国成煤期较多，但以二叠纪的成煤最为丰富，煤源分布较为广泛。以腐殖煤的生成过程为例，煤的形成过程分为由植物残骸转变为泥炭的泥炭化阶段和泥炭转变为褐煤、烟煤和无烟煤的煤化阶段。这是一个极为复杂、缓慢的地质演变过程。

1. 泥炭化阶段

在泥炭化阶段，大量死亡的植物浸于水中，在长期细菌作用下，发生了复杂的物理化学变化，氢、氧元素的含量逐渐减少，碳元素含量逐渐增加，当这些植物残骸的上部水层厚度小于 2m 时，仍能产生并滋生新一代植物。当一代一代的植物堆积的速度与地壳下沉的速度基本平衡时，对煤层的形成有极大的好处。平衡保持的时间越长，形成的煤层就越厚。当地壳较快沉降时，水的厚度逐渐增大，当水层厚度大于 2m 时，光线难以透过水层，植物不再生长，泥炭层的堆积过程随之停止。

2. 煤化阶段

随着地壳的下陷，泥沙开始在泥炭层上面淤积，形成了顶板，把形成的泥炭层逐渐转入地下，泥炭进入成煤的煤化阶段。这一阶段包括泥炭变成褐煤、烟煤和无烟煤的整个阶段，这一系列变化是在不同深度的地壳内进行的，该阶段的主要因素是地壳的温度、压力、作用时间等。

受温度、顶板及顶板上泥土等的压力的影响，泥炭被压实、脱水、增碳，空隙减小并逐渐固结，泥炭由无定形物逐渐转化为岩石状的褐煤。受温度、压力和时间的影响，煤化程度不断加深，氢、氧含量进一步减少，碳含量进一步相对增加，颜色变深，密度增大，最后形成了烟煤和无烟煤。在地热高温的条件下，无烟煤也可能转变为石墨。一般认为温度是促使煤化程度加深的主要因素。成煤阶段的主要划分、影响因素、产物组成等见表 1-1。

表 1-1 成煤过程

转变阶段	泥炭化阶段	煤化阶段	
成煤序列	植物→泥炭	→褐煤→烟煤→无烟煤	
转变条件	水、细菌，数千到数万年	地下(不太深)，数百万年	地下(深处)，数千万年以上
主要影响因素	生化作用，氧供应状况	压力(加压失水)，物化作用为主	温度、压力、时间，化学作用为主

第二节 煤的性质

一、煤的物理性质

煤的物理性质是煤的一定化学组成和分子结构的外部表现，是由成煤的原始物质及其聚集条件、转化过程、煤化程度、风化和氧化程度等因素所决定的。包括煤的颜色、光泽、密度、导电性、煤的机械性质（硬度、脆度、可磨性、机械强度、弹性）、煤的光学性质（反光性、折光性、透光性）、煤的电性质和磁性质、煤的热性质（比热容、导热性、热稳定性）等。其中，煤的颜色和光泽根据肉眼观察就可以确定，其他项目则需要在实验室测定。煤的物理性质可以作为初步评价煤质的依据。

1. 煤的密度

密度是煤的主要物理性质之一，凡涉及煤的体积和质量，都使用煤的密度。根据研究和应用的需要，密度以真密度、视密度、堆密度表示。真密度用密度瓶法测定；视密度采用涂蜡法、凡士林法、水银法测定；堆密度用容器法测定。

2. 煤的机械性质

煤的机械性质是指煤在机械力作用下所表现出的各种特性，如硬度、脆度、可磨性、抗碎强度、弹性等，这些性质对煤的开采、破碎、燃烧、气化、成型等工艺过程有实际意义，对煤的结构研究也有重要意义。

煤的硬度是指煤能抵抗外来机械作用的能力。

煤的脆度是表征煤的抗碎或抗压强度，即机械坚固性的一个指标。脆度大的煤，其块煤的破碎概率大，会产生较多的煤粉。

煤的可磨性（粉碎性）是指煤磨碎成粉的难易程度。可磨性指数越大，煤越易被粉碎，反之则较难粉碎。

煤的弹性是指煤在外力作用下所产生的形变，当外力除去后形变的复原程度。煤的弹性与其压缩成型性成反比。煤的弹性越大，越难加压成型，成型后得到的型块越松散，机械强度越低，甚至在脱模时常因弹性膨胀而膨裂或胀碎。因此，研究煤的弹性，对煤的成型工艺有重要的意义。

3. 煤的光学性质

煤的光学性质主要包括：可见光照射下的反射率、折射率、透光率；不可见光照射下的X射线衍射、红外光谱、紫外光谱和荧光性质。煤的光学性质在煤质研究和应用中有着十分重要意义。如煤的反射率、透光率作为煤的分类指标；荧光性质可表征煤化程度和煤的黏结性。

4. 煤的电性质和磁性质

煤的电、磁性质，主要包括导电性、介电常数、抗磁性磁化率、核磁共振等。

研究煤的电、磁性质可为煤的结构提供信息，煤的介电性可用于煤的地球物理方法勘探，煤的电性质用于炼焦、气化等新工艺。

5. 煤的热性质

煤的热性质包括煤的比热容、导热性、热稳定性，研究煤的热性质，不仅对煤的热加工（煤的干馏、气化、液化）过程及其传热计算有很大意义，而且某些热性质还与煤的结构密切相关，如煤的导热性，能反映煤中分子的定向程度。

二、煤的化学性质

煤的化学性质是指煤与化学试剂在一定条件下产生不同化学反应的性质。煤的化学性质主要包括煤的氧化、加氢、卤化、磺化、水解、烷基化等。研究煤的化学性质是研究煤的化学结构的主要方法，同时也是煤炭转化技术和直接化学加工的基础。

1. 煤的氧化反应

煤在空气中堆放一定时间后就会被空气中的氧慢慢氧化,使煤失去光泽,变得疏松易碎,其工艺性质发生显著变化,如发热量降低、黏结性变差等,同时,缓慢氧化所产生的热量还会引起自燃。煤中的可燃物与空气中的氧进行迅速的发光、放热的反应即燃烧。

煤与硝酸、双氧水等氧化剂反应,生成各种有机芳香羧酸和脂肪酸,这是煤的深度氧化。

2. 煤的加氢反应

煤加氢液化是煤的重要化学反应,是具有发展前途的煤转化技术。煤加氢可制取洁净的液体燃料,煤加氢脱灰、脱硫可制取溶剂精制煤,可生产结构复杂、有特殊用途的化工产品,可对煤进行改质。

煤和液体烃类化学组成上的差别,在于煤的氢、碳原子比(H/C)较石油低,一般石油的 H/C 为 2.0,而煤的 H/C 随煤化程度不同而异,褐煤 H/C 在 1.0~1.2 之间,长焰煤为 0.9,肥煤为 0.8,无烟煤的 H/C 可小到 0.4。因此,煤液化或改变性质需要将煤加氢。

3. 煤的其他化学反应

煤的其他化学反应有煤的卤化、磺化、水解、烷基化、酰基化、氟化等,现仅介绍煤的磺化、卤化、水解。

(1) 煤的磺化

煤与浓硫酸或发烟硫酸进行磺化反应,将磺基($-SO_3H$)引入煤的缩合芳香环和侧链上,生成磺化煤。

煤的磺化反应如下

$$RH + HOSO_3H \longrightarrow R-SO_3H + H_2O$$

煤经过磺化反应后,增加了$-SO_3H$、$-COOH$ 等官能团,这些官能团上的氢离子可以被其他金属离子所取代,因此,磺化煤是一种多官能团的阳离子交换剂。

(2) 煤的氯化

煤的氯化属于卤化反应。氯化方法有两种:一种是在较高温度下用氯气进行气相氯化;另一种是在 100℃ 以下的水介质中氯化(取代反应或加成反应)。

取代反应

$$RH + Cl_2 \longrightarrow RCl + HCl$$

加成反应

$$CH_2=CH_2 + Cl_2 \longrightarrow Cl-CH_2-CH_2-Cl$$

(3) 煤的水解

反应煤的水解反应是在碱性介质中进行的,其水解产物有苯酚类、醇类、羧酸类等。通过对煤的水解产物的研究,说明煤的结构单元是由缩合芳香环组成,在芳香环的周围有含氧官能团,为研究煤的结构提供了依据。

第三节 煤样的制备

煤炭是一种化学组成和粒度组成都很不均匀的混合物,采样量一般较大。例如煤层煤样,约有 100kg;商品煤样,若从火车顶部采集,一般为几十千克至几百千克;生产煤样,少则 3~5t，多则 10t 以上。而煤质分析所需要的试样，根据测试项目的要求，一般只需几克到几百克。由此可见，煤样采集之后，不可能直接进行分析检验，还需经过制样过程，由大量的总样中分取出很少一部分组成和总样基本一致的试样。

按一定方法将原始煤样的质量逐渐减少到分析煤样所需要的质量，而使其化学组成和物理性质与原始煤样保持一致，这种加工煤样的过程叫做煤样的制备，即制样。制样的目的是将采集煤样，经过破碎、混合和缩分等程序，制备成能代表原来煤样的分析用煤样，即必须使保留和弃去的两部分品质很接近。如果保留下来的实验用煤不能代表原始煤样的特性，分析化验的结果没有意义。因此，对于已采集到的煤样而言，制样是关系到分析实验是否准确和具有实际意义的最重要的环节。

煤样的制备包括破碎、筛分、混合、缩分和干燥等程序。煤样的制备实际上是按粒度不同分级进行的，通常分为 25mm、13mm、6mm、3mm、1mm 五组，最后制备成小于 0.2mm 的分析用煤样。煤的粒度越大，所保留的样品量越多。

一、破碎

破碎是用机械或人工方法减小煤样粒度的操作过程。目的在于增加不均匀物质的分散程度，以减少缩分误差。破碎是保持煤样代表性并减少其质量的准备工作。

破碎的方法有两种，一种是机械法，即试样先用破碎机粗碎，然后用密封式研磨机细碎；另一种是手工法，在钢板上用手锤破碎后，在钢乳钵中细碎。常见的破碎设备如下。

① 颚式破碎机。一般用它进行较大粒度煤的粗碎，如破碎到 25mm 以下，也有的可破碎到 6mm 以下。其特点是结构简单，破碎力强、易清扫、易观察、易维修。

② 锤式破碎机。适用于粗、中碎。可将煤样一次性破碎到 3mm 以下。它的特点是破碎比（即进料粒度与出料粒度之比）大，破碎效率高，机上带有筛板不用再过筛，但噪声较大，水分大时筛板易堵塞。目前，出料粒度为 1mm 的小型锤式粉碎机，国内已有生产。

③ 光面对辊破碎机。适于中碎，特别适于制备胶质层测定用煤样和可磨性测定用煤样，一般可将 10~20mm 的煤样一次破碎到小于 1mm。它的特点是样品破碎后就立即排出机外。因此，煤样不会过度破碎，也不会发热。

④ 振动磨样机。适用于细碎，可将煤样磨至 0.2mm 以下，一般只需几十秒钟。它的特点是磨样速度快，密封、无尘，在磨碎的同时还起到很好的混合作用。

⑤ 球磨机。适于细碎，而且特别适于一次磨制多个样品（依滚动轴的多少而定）。它的特点是转速低，煤样在磨制过程中基本没有升温，而且有较好的混合作用，磨制时间较长（30~50min）。但在一次磨制多个样品时，平均磨制一个样品的时间并不长。

⑥ 联合破碎缩分机。将破碎设备和缩分设备组合在一起，有些还加装了给煤机。目前国内生产的主要有 EPS-1/8 联合破碎缩分机和 PS-110/3 型联合破碎缩分机两种。EPS-1/8 联合破碎缩分机出料粒度小于 6mm 或小于 13mm，可调破碎比 5~10，缩分比（留样量与进样量之比）为 1/8，处理量为 250~300kg/h。它的特点是缩分精密度高，操作容易，适于实验室煤样的制备。PS-110/3 型联合破碎缩分机的出料粒度为 3mm 以下，缩分比 1/30~1/60 可调。它的特点是处理量大（0.9~1.5t/h），运转平稳，振动小，适于在装车点和卸车点就地随采随制大量的商品煤样。

二、筛分

筛分是用选定孔径的筛子从煤样中分选出不同粒级煤的过程。目的是将不符合要求的大粒度煤样分离出来，进一步破碎到规定程度，保证各不均匀物质达到一定的分散程度以降低缩分误差。

筛子是筛分时使用的工具，制样室应备有各种尺寸筛孔的成套筛子。包括用于测定煤的最大粒度的筛子，孔径为 25mm、50mm、100mm、150mm 的方孔筛或圆孔筛；用于制样的一组方孔筛，其孔径为 25mm、13mm、6mm、3mm、1mm 及 0.2mm，外加一只 3mm 的圆孔筛；用于煤粉细度测定，孔径为 200μm（$1\mu m = 10^{-6} m$）及 90μm 的标准实验筛，并配筛底及筛盖；用于测定哈氏可磨性指数的孔径为 1.25mm 及 0.63mm 的制样筛及孔径为 0.071mm 的筛分筛，并配筛底及筛盖。

三、混合

混合是将煤样各部分互相掺和的操作过程。目的是在于用人为的方法促使不均匀物质分散，使煤样尽可能均匀化，以减少下步缩分的误差。

目前普遍还是采用人工混合，铲子、铁锨为主要混合工具，国家标准规定，掺和至少需三遍，煤样的混合应在制样室内的制样钢板上进行。混合时，普遍常采用堆锥法。堆锥法是将破碎至一定粒度的煤样，用铁铲在钢板上堆成一个圆锥体。然后，围绕物料堆，由圆锥体底部一铲一铲地将物料铲起，在距圆锥体一定距离的部位堆成另一个圆锥体。每一铲物料都必须由锥顶自然洒落，而且每铲一铲都必须向同一方向移动一铲的距离。堆锥操作需重复三次。混合工序只是在堆锥四分法、棋盘式缩分法和九点法筛分全水分煤样时才需要；二分器缩分和其他以多子样抽取为基础的缩分则不需要。

四、缩分

缩分是将试样分成具有代表性的几部分，使一份或多份留下来的操作过程。目的在于从大量煤样中取出一部分煤样，而不改变物料平均组成。

煤样缩分可分为人工缩分法和机械缩分法。人工缩分法包括堆锥四分法、棋盘式缩分法和九点缩分法；机械缩分法可采用二分器、联合破碎缩分机等工具和设备。

堆锥四分法。兼有混合和缩分的操作。用堆锥法将煤样堆成圆锥体后，用平板将物料堆由中心向四周压成厚度均匀的圆形平堆，然后用十字板通过平堆的圆心，将平堆分成四个相等的扇形，如图 1-1 所示。弃去其中相对的两个扇形体，另外两个扇形体则进一步破碎、混合、缩分。

棋盘缩分法是将物料排成一定厚度的均匀薄层。然后用铁皮做成的有若干个长宽各为 25~30mm 的隔板将物料薄层分割成若干个小方块，如图 1-2 所示。再用平底小方铲每间隔一个小方块铲出一个小方块，将其他抛弃或保存。剩余的部分继续进行破碎、混合、缩分。

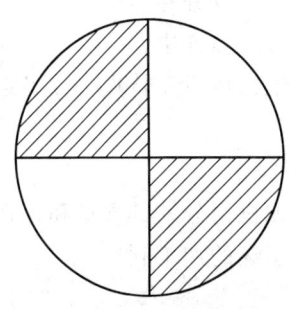

图 1-1　堆锥四分法缩分示意图

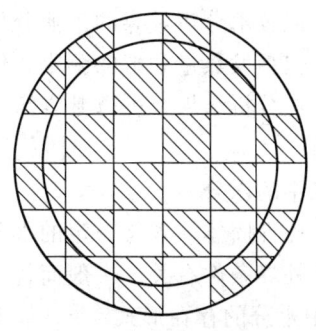

图 1-2　棋盘缩分法示意图

九点缩分法只适合全水分煤样的缩分。缩分前稍加混合即可摊成圆饼，按九点取样。九点法缩分示意如图 1-3 所示。

二分器缩分法中二分器是常见的缩分工具，具有混合和缩分的双重功能，它由一列平行而交错的宽度相等的斜槽组成，其坡度不小于 60°，如图 1-4 所示。用以缩分小于 13mm、6mm、3mm 及 1mm 的煤样。二分器开口宽度应为煤最大粒度的 2.5~3 倍，但不应小于 5mm。使用时，用宽度和缩分器进料口相等的铁铲将物料缓缓倾入缩分器，则物料由两侧流出，被平均分成两份。其中一份可以抛弃或保存，另一份则继续进一步破碎、混合、缩分。

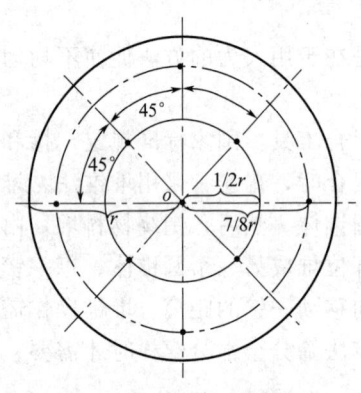

图 1-3　九点法缩分示意图

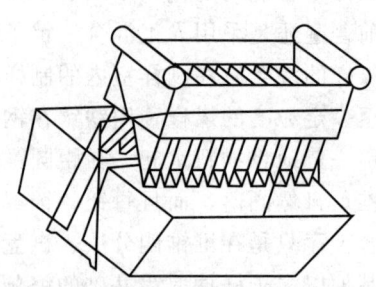

图 1-4　二分器缩分示意图

五、干燥

干燥是除去煤样中大量水分的操作过程，其目的在于使煤样顺利通过破碎机、筛子、缩分机或二分器。干燥时，一般经自然干燥达空气干燥状态。也可以用恒温干燥箱在 40~50℃下干燥数小时。干燥不是制样过程中必不可少的步骤，因此也没有固定的次序，一般在煤样湿度达到无法进一步破碎和缩分时才进行干燥。

第四节　煤的工业分析

煤既是重要的燃料，又是珍贵的冶金和化工原料。为了确定煤的各种性质，合理利用煤炭资源，通常先对大批量的煤进行采样和制备，获得具有代表性的煤样，然后再进行煤质分析。

工业上最简单和最重要的分析方法就是煤的工业分析和元素分析。煤的工业分析也称煤的实用分析或技术分析，煤的工业分析包括水分、灰分、挥发分和固定碳四项。广义上说工业分析还应包括发热量和硫的测定，但一般将这两个项目单独列出。

利用工业分析结果，可以基本掌握各种煤的质量、工艺性质及特点，以确定煤在工业上的实用价值。

一、煤中的水分

煤是多孔性固体，含有一定的水分。水分是煤中的无机组分，其含量和存在状态与煤的内部结构及外界条件有关。一般而言，水分的存在不利于煤的加工利用。

1. 煤中水分的存在形式

煤中的水分按照它的存在状态及物理化学性质，可分为外在水分、内在水分及化合水三种类型。

(1) 外在水分（M_f）

外在水分是指附着在煤的颗粒表面的水膜或存在于直径大于 10^{-5} cm 的毛细孔中的水分，又称自由水分或表面水分，简记符号为 M_f。该水分以机械方式和煤结合，其蒸气压与纯水的蒸气压相同，在常温下较易失去。

(2) 内在水分（M_{inh}）

内在水分是指在一定条件下达到空气干燥状态时所保留的水分，即存在于煤粒内部直径小于 10^{-5} cm 的毛细孔中的水分，简记符号为 M_{inh}。该水分以物理化学方式与煤结合，其含量与煤的表面积大小和吸附能力有关，蒸气压小于纯水的蒸气压，故在室温下这部分水分不易失去。

以上两种水分是以机械方式及物理化学方式与煤结合，通常称为游离水，煤中的游离水在常压下 105~110℃ 时经短时间干燥即可全部蒸发。把煤的外在水分与内在水分的总和称为煤的全水分，简记符号为 M_t。

(3) 化合水

煤中的化合水是指以化学方式与矿物质结合、有严格的分子比，在全水分测定后仍保留下来的水分，即通常所说的结晶水和化合水。化合水在煤中含量不大，通常要在 200℃ 甚至 500℃ 以上才能析出。煤的工业分析中，一般不考虑化合水，只测定游离水。

另外，煤的有机质中氢和氧在干馏或燃烧时生成的水称为热解水，不属于上述三种水分范围，也不是工业分析的内容。

2. 煤中水分对工业加工利用的影响

水分是煤中的不可燃成分，它的存在对煤的加工利用通常是有害无利的，可以表现在以下几个方面。

(1) 造成运输浪费

煤是大宗商品，水分含量越大，则运输负荷越大。特别是在寒冷地区，水分容易冻结，造成装卸困难，解冻又需要消耗额外的能耗。例如日燃煤 1 万吨的电厂，煤中水分由 10% 减少至 9%，每天可减少 100t 水运进电厂，全年就可节约运力三万余吨，直接经济效益可观。

(2) 引起储存负担

煤中水分随空气温度而变化，易氧化变质，煤中水分含量越高，要求相应的煤场、煤仓容积越大，输煤设备的选型也随之增加，势必造成投资和管理的负担。

(3) 增加机械加工的困难

煤中水分过多，会引起粉碎、筛分困难，既容易损坏设备，又降低生产效率。

(4) 延长炼焦周期

炼焦时，煤中水分的蒸发需消耗热量，增加焦炉能耗，延长了结焦时间，降低了焦炉生产效率。煤中水分每增加 1%，结焦时间延长 20~30min，水分过大，还会损坏焦炉，缩短焦炉使用年限，此外，炼焦煤中的各种水分（包括热解水）全部转入焦化剩余氨水中，增大了焦化废水处理负荷。一般规定炼焦精煤的全水分应在 12.0% 以下。

(5) 降低发热量

煤作为燃料，水分在汽化和燃烧时，成为蒸汽，蒸发时需消耗热量，每增加 1% 的水分，煤的发热量降低 0.1%，例如粉煤悬浮床气化炉 K-T 炉要求煤粉的全水分在 1%～5%。

但是，在现代煤炭加工利用中，有时水分高反而是一件好事，如煤中水分可作为加氢液化和加氢气化的供氢体。燃烧粉煤时，若煤中含有一定水分，可适当改善炉膛辐射，有效减少粉煤的损失。

二、煤中的灰分

1. 煤的矿物质及灰分

煤的矿物质是指煤中的无机物质，主要包括黏土或页岩、方解石、黄铁矿以及其他微量成分，不包括游离水，但包括化合水。矿物类型属碳酸盐、硅酸盐、硫酸盐、金属硫化物、氧化物等。

煤的灰分确切地说是指煤的灰分产率。它不是煤中的固有成分，而是煤在规定条件下完全燃烧后的残留物，灰分简记符号为 A，也表示灰分的质量分数，下同。即煤中矿物质在一定温度下经一系列分解、化合等复杂反应后剩下的残渣。灰分全部来自矿物质，但组成和质量又不同于矿物质，煤的灰分与煤中矿物质关系密切，对煤炭利用都有直接影响，工业上常用灰分产率估算煤中矿物质的含量。

2. 煤灰的熔融性

众所周知，煤灰是由许多化合物组成的混合物，煤灰熔融性习惯称为煤灰熔点，实际上，煤灰没有固定的熔点，仅有一个相当宽的熔化温度。煤灰熔融性是动力用煤和气化用煤的一个重要的质量指标，可根据燃烧或气化设备类型选择具有合适熔融性的原料煤，例如固体排渣燃烧或气化炉，要求使用灰熔融性较高的煤，否则容易结渣，从而降低气化质量。

按照国家标准 GB/T 219—1996 的规定，煤灰熔融性的测定一般采用角锥法，此法设备简单，操作方便，准确性较高。

将煤灰和糊精混合，制成一定规格的角锥体，放入特制的灰熔点测定炉内以一定的升温速度加热，观察和记录灰锥变化情况，见图 1-5。

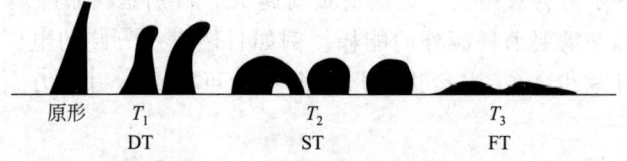

图 1-5　灰锥熔融特征示意图

最初灰锥尖端受热开始弯曲或变圆时的温度，称为变形温度 DT（T_1）；继续加热，锥尖弯曲至触及托板，或变成球形的温度或高度小于（或高于）底长的半球形时的温度，称为软化温度 ST（T_2）；灰锥完全熔化或展开为高度小于（或等于）1.5mm 薄层时的温度，称为流动温度 FT（T_3）。

通常将 DT～ST 称为煤灰的软化范围，ST～FT 称为煤灰的熔化范围。工业上通常以 ST 作为衡量煤灰熔融性的主要指标。

3. 煤中矿物质和灰分对工业利用的影响

无论煤是用来炼焦、气化或燃烧，虽然用途不同，但都是利用煤中的有机质。因而煤中的矿物质或灰分被认为是有害物质，需设法降低或脱除，但随着人们认识的提高，煤中矿物质对煤的利用也有一定的有益作用，包括煤灰渣的利用已日益受到重视。随着科学技术的日益发展，煤灰渣的综合利用前景广阔。

(1) 煤中矿物质和灰分的不利影响

煤中矿物质和灰分对煤工业的不利影响通常可表现在以下几个方面。

① 对煤炭储存和运输的影响。煤中矿物质含量越高，在煤炭运输和储存中造成的浪费就越大。如煤中矿物质含量为30%，运输1亿吨煤，其中的3000万吨矿物质，约需近百万节车皮运输。

② 对炼焦和炼铁的影响。在炼焦过程中，煤中的灰分几乎全部进入焦炭中，煤的灰分增加焦炭的灰分也必然高，这样就降低了焦炭质量。由于灰分的主要成分是 SiO_2、Al_2O_3 等熔点较高的氧化物，在炼铁时，只能靠加入石灰石等熔剂与它们生成低熔点化合物，才能以熔渣形式由高炉排出，这就使高炉生产能力降低，影响生铁质量，同时也增加炉渣量。一般认为，焦炭灰分增加1%，焦比增加2%～2.5%，石灰石增加4%，高炉产量降低3%，所以炼焦用煤的灰分含量一般不应高于10%。若能将焦炭灰分从14.50%降至10.50%，以年产生铁4000万吨的高炉计，可节约熔剂130万吨，焦炭220万吨，增产生铁580万吨，还可大大减少铁路运输量。

③ 对气化和燃烧的影响。煤作为气化原料和动力燃料，矿物质含量增加，降低了热效率，增加了原料消耗，如动力用煤，灰分增加1%，煤耗增加2.0%～2.5%，同时，煤灰的熔融温度低，易引起锅炉和干法排灰的移动床气化炉结渣和堵塞。但煤灰熔融温度低，流动性好，对液体排渣的气化炉有利。结渣阻碍了燃烧和气化过程中气流的流通，使反应过程无法进行，同时浸蚀炉内的耐火材料及金属设备，因此气化和燃烧对灰的熔融性都有一定的要求。

④ 对液化的影响。煤中碱金属和碱土金属的化合物会使对加氢液化过程中使用的钴钼催化剂的活性降低，但黄铁矿对加氢液化有正催化作用。直接液化时一般原料煤的灰分要求小于25%。

⑤ 造成环境污染。锅炉和气化炉产生的灰渣和粉煤灰需占用大量的荒地甚至良田，如不能及时利用，会造成大气和水体污染。煤中含硫化合物在燃烧时生成 SO_x、COS、H_2S 等有毒气体，严重时会形成酸雨，也造成了对环境的污染。

(2) 煤中矿物质及煤灰的利用

煤中矿物质和煤灰的利用通常可表现在以下几个方面。

① 作为煤转化过程中的催化剂。煤中的某些矿物质，如碱金属和碱土金属的化合物（$NaCl$、KCl、Na_2CO_3、K_2CO_3、CaO 等）是煤气化反应的催化剂；Mo、FeS_2、TiO_2、Al_2O_3 等也具有加氢活性，也可作为加氢液化的催化剂。

② 生产建筑材料和环保制剂。目前，国内煤灰渣已广泛用作建筑材料的原料。如砖、瓦、沥青、PVC板材等；灰渣还可制成不同标号的水泥，生产铸石和耐火材料等；气化煤灰可用作煤气脱硫剂；粉煤灰还可制成废水处理剂、除草醚载体等。

③ 生产化肥和土壤改良剂。在煤的液态渣中喷入磷矿石，可制成复合磷肥。

④ 提取有用成分。煤中常见的伴生元素主要有铀、锗、镓、钒、钍、钛等元素，它们附存于不同的煤种中，通过科学的方法，可对这些伴生元素进行富集，用来制造半导体、超导体、催化剂、优质合金钢等材料；回收煤灰中的 SiO_2 制成白炭黑和水玻璃；提取煤灰中的 Al_2O_3 可生产聚合氯化铝。

(3) 煤中矿物质的脱除途径

脱除煤中矿物质的途径主要包括物理洗选和化学净化两种方法。物理洗选是降低煤中灰分的有效方法，工业上主要利用煤与矸石的密度不同或表面性质不同进行分离。它包括水力淘汰法（适用块煤）、泡沫浮选法（适用粉煤）、磁力分离法、重介质分选法、平面摇床法和油团聚法。化学净化法主要利用煤的有机质与矿物质化学性质不同而进行脱除，如氢氟酸和盐酸处理法、溶剂抽提法、碱性溶剂处理法等。

三、煤的挥发分和固定碳

煤中有机质是煤的主体，它的性质决定了煤炭加工利用的方向。通过测定煤的挥发分和固定碳并结合煤的元素分析数据及其工艺性质实验，可以判断煤的有机组成及煤的加工利用性质。因煤的挥发分与煤化程度关系密切，随煤化程度加深，挥发分逐渐降低，因此挥发分是煤炭分类的主要依据，根据挥发分可以估计煤的种类。

1. 煤的挥发分

煤样在规定的条件下，隔绝空气加热，并进行水分校正后的挥发物质产率称为挥发分，简记符号为V。煤的挥发分主要是由水分、碳、氢的氧化物和烃类化合物（以CH_4为主）组成，但不包括物理吸附水和矿物质中的二氧化碳。可以看出，挥发分不是煤中固有的挥发性物质，而是煤在特定条件下的热分解产物，所以煤的挥发分称为挥发分产率更确切。

2. 固定碳

从测定煤样挥发分后的焦渣中减去灰分后的残留物称为固定碳，简记符号为FC。固定碳和挥发分一样不是煤中固有的成分，而是热分解产物。在组成上，固定碳除含有碳元素外，还包含氢、氧、氮和硫等元素。因此，固定碳与煤中有机质的碳元素含量是两个不同的概念，决不可混淆。一般而言，煤中固定碳含量小于碳元素含量，只有在高煤化程度的煤中两者才比较接近。

第五节　煤的元素分析

不同煤种由于成煤的原始植物及其变质程度的不同，其元素组成与特性也就有所差异。煤中的有机质主要由碳、氢、氧及少量的氮、硫组成，其中碳、氢、氧三种元素之和可达煤中有机质含量的95%以上，煤的元素分析是指碳、氢、氧、氮、硫五个项目煤质分析的总称。利用元素分析数据并配合其他工艺性质实验，可以了解煤的成因、类型、结构、性质及其利用，所以元素分析是煤质研究的主要内容。

煤的元素组成，通常指组成煤中有机质的碳、氢、氧、氮、硫五种元素，一些含量极微的元素如磷、氯、砷等一般不作为煤的元素组成。

1. 碳

碳是煤中有机质的主要组成元素，是组成煤的结构单元的骨架，是炼焦时形成焦炭的主要物质基础，是燃烧时产生热量的主要来源。碳是煤中有机质组成中含量最高的元素，并随着煤化程度升高而碳含量增加。

2. 氢

氢是煤中有机质的第二个主要组成元素，也是组成煤大分子骨架和侧链不可缺少的元素，与碳相比，氢元素具有较大的反应能力，单位质量的燃烧热也更大。氢含量与煤的煤化程度密切相关，随着煤化程度的增高，氢含量逐渐下降。

3. 氧

氧也是组成煤有机质的一个十分重要的元素，氧在煤中存在的总量和形态直接影响着煤的性质。煤中有机氧含量随着煤化程度增高而明显减少。

氧是煤中反应能力最强的元素，对煤的加工利用影响较大。氧元素在煤的燃烧过程中不产生热量，但能与产生热量的氢生成无用的水，使燃烧热量降低，在炼焦过程中，氧化使煤中氧含量增加，导致煤的黏结性降低，甚至消失；但制取芳香羧酸和腐殖酸类物质时，氧含量高的煤是较好的原料。

4. 氮

氮是煤中唯一完全以有机状态存在的元素。煤中氮元素含量较少，一般为 0.5%～3%。煤中氮含量随煤化程度的增高而趋向减少，但规律性到高变质烟煤阶段以后才较为明显，在各种显微组分中，氮含量的相对关系也没有规律性。

煤在燃烧和气化时，氮转化为污染环境的 NO_x，在煤的炼焦过程中部分氮可生成 N_2、NH_3、HCN 及其他有机含氮化合物逸出，由此可回收制成硫酸铵、硝酸等化学产品；其余的氮则进入煤焦油或残留在焦炭中，以某些结构复杂的氮化合物形式出现。

5. 硫

硫是煤中元素组成之一，在各种类型的煤中都或多或少含有硫。一般而言，中国东北、华北地区煤田的含硫量较低，而中南、西南地区较高。

煤中硫根据其存在状态可分为有机硫和无机硫两大类。与煤的有机质相结合的硫称为有机硫，简记符号为 S_o。有机硫存于煤的有机质中，其组成结构非常复杂，主要来自于成煤植物和微生物的蛋白质。硫分在 0.5% 以下的大多数煤，所含的硫主要是有机硫。有机硫均匀分布在有机质中，形成共生体，不易清除。

无机硫以黄铁矿、白铁矿（它们的分子式均为 FeS_2，但结晶形态不同，黄铁矿呈正方晶体，白铁矿呈斜方晶体）、硫化物和硫酸盐的形式存在于煤的矿物质内，偶尔也有元素硫存在。把煤的矿物质中以硫酸盐形式存在的硫称为硫酸盐硫，简记符号为 S_s；以黄铁矿、白铁矿和硫化物形式存在的硫，称为硫化铁硫，简记符号为 S_p。高硫煤的硫含量中硫化铁硫所占比例较大，其清除的难易程度与硫化物的颗粒大小及分布状态有关，粒度大时可用洗选方法除去，粒度极小且均匀分布在煤中时就十分难选。

硫酸盐硫在煤中含量一般不超过 0.1%～0.3%，主要以石膏（$CaSO_4 \cdot 2H_2O$）为主，也有少量的硫酸亚铁（$FeSO_4$，俗称绿矾）等。通常以硫酸盐含量的增高，作为判断煤层受氧化的标志。煤中石膏矿物用洗选法可以除去；硫酸亚铁水溶性好，也易溶于水洗除去。

硫化铁硫和有机硫因其可燃称为可燃硫，硫酸盐硫因其不可燃称为不可燃硫或固定硫。煤中各种形态硫的总和，称为全硫，以符号 S_t 表示。即

全硫 $\begin{cases} \text{无机硫} \begin{cases} \text{硫酸盐硫：不可燃硫} \\ \text{元素硫} \\ \text{硫化铁硫} \end{cases} \\ \text{有机硫} \end{cases}$ 可燃硫

硫含量高的煤，在燃烧、储运、气化和炼焦时都会带来很大的危害，因此，硫含量是评价煤质的重要指标之一。高硫煤用作燃料时，燃烧后产生的二氧化硫气体，不仅严重腐蚀金

属设备和设施，而且还严重污染环境，造成公害；硫化铁硫含量高的煤，在堆放时易氧化和自燃，同时使煤碎裂、灰分增加、热值降低；煤气化中，用高硫煤制半水煤气时，由于煤气中硫化氢等气体较多且不易脱净，会使合成氨催化剂毒化而失效，影响操作和产品质量；在炼焦工业中，硫分的影响更大，煤在炼焦时，约60%的硫进入焦炭，煤中硫分高，焦炭中的硫分势必增高，从而直接影响钢铁质量，钢铁中含硫量大于0.07%，会使钢铁产生热脆性而无法轧制成材。为了除去硫，必须在高炉中加入较多的石灰石和焦炭，这样又会减小高炉的有效容量，增加出渣量，从而导致高炉生产能力降低，焦比升高。经验表明，焦炭中硫含量每增加0.1%，炼铁时焦炭和石灰石将分别增加2%，高炉生产能力下降2%~2.5%，因此炼焦配合煤要求硫分小于1%。

硫对煤的工业利用有各种不利影响，但硫又是一种重要的化工原料。可用来生产硫酸、杀虫剂及硫化橡胶等，工业生产中，硫大多数变成二氧化硫进入大气，严重污染环境，为了减少污染，寻求高效经济的脱硫方法和硫的回收利用途径，具有重大意义。目前，正在研究中的一些脱硫方法有物理方法、化学方法、物理与化学相结合的方法及微生物方法等。回收硫的方法，可在洗选煤时，回收煤中黄铁矿；在燃烧和气化的烟道气和煤气中，回收含硫的各种化合物；也可在燃烧时向炉内加入固硫剂；还可从焦炉煤气中回收硫以制取硫酸和化肥硫酸铵。

第六节 煤的发热量

煤的发热量是指单位质量的煤完全燃烧时所放出的热量，用符号 Q 表示。发热量的单位是 J（焦耳）/g 或 MJ（兆焦）/kg，其换算关系是 $1MJ/kg=10^3 J/g$。

煤的发热量不但是煤质分析及煤炭分类的重要指标，而且是热工计算的基础。在煤质研究中，利用发热量可以表征煤化程度及黏结性、结焦性等与煤化程度有关的工艺性质。在煤的国际分类和中国煤炭分类中，发热量是低煤化程度煤的分类指标之一。在煤的燃烧或转化过程中，常用发热量来计算热平衡、热效率及耗煤量等。利用煤的发热量还可估算锅炉燃烧的理论空气量、烟气量及可达到的理论燃烧温度等，这些指标是锅炉设计、燃烧设备选型的重要技术依据。此外，煤的发热量还是动力用煤计价的主要依据，可见测定煤的发热量有着非常重要的意义。

煤的发热量是表征煤炭特性的综合指标，煤的成因类型、煤化程度、煤岩组成、煤中矿物质、煤中水分及煤的风化程度对煤的发热量高低都有直接影响。

在煤化程度基本相同时，腐泥煤和残殖煤的发热量通常比腐殖煤的发热量高。例如，江西乐平产的树皮残殖煤，其发热量可达37.93MJ/kg。

在腐殖煤中，煤的发热量随着煤化程度的增高呈现出规律性的变化。其中，从褐煤到焦煤阶段，随着煤化程度的增高，煤的发热量逐渐增大，焦煤的发热量达到最大值（$Q_{gr,v,daf}=37.05MJ/kg$）。从焦煤到无烟煤阶段，随着煤化程度的增高，煤的发热量略有减小（见表1-2）。研究表明，产生这种变化的原因是从褐煤到焦煤阶段，煤中氢元素的含量变化不大，但是碳元素的含量明显增加，而氧元素的含量则大幅减少，导致煤的发热量逐渐增大；从焦煤到无烟煤阶段，煤中碳含量仍在增加，氧含量继续降低，但幅度减小，与此同时，氢含量却在明显降低，由于氢的发热量是碳发热量的3.7倍，所以煤的发热量缓慢降低。

表 1-2　各种煤的发热量（$Q_{gr,v,daf}$）

煤　种	$Q_{gr,v,daf}$/(MJ/kg)	煤　种	$Q_{gr,v,daf}$/(MJ/kg)
褐煤	25.12～30.56	焦煤	35.17～37.05
长焰煤	30.14～33.49	瘦煤	34.96～36.63
气煤	32.24～35.59	贫煤	34.75～36.43
肥煤	34.33～36.84	无烟煤	32.24～36.22

在煤的各种有机显微组分中，壳质组的发热量最高，镜质组居中，惰质组的发热量最低。

在煤燃烧的过程中，煤中的矿物质大多数都需要吸收热量进行分解，所以煤中矿物质越多（灰分产率越高），煤的发热量越低，一般煤的灰分产率每增加 1%，其发热量降低约 370J/g。

在煤燃烧的过程中，煤中的水汽化时要吸收热量，所以煤中水分含量高，煤的发热量降低，一般煤的水分每增加 1% 其发热量降低约 370J/g。当煤风化以后，煤中氧含量显著增加，碳、氢含量降低，导致煤的发热量降低。

煤的发热量是评价煤炭质量，特别是评价动力用煤质量好坏的一个主要参数，还是动力用煤计价的重要依据。根据煤的收到基低位发热量，可把煤分成六个等级（见表 1-3）。

表 1-3　煤炭发热量分级标准（GB/T 15224.3）

序　号	级别名称	代　号	发热量($Q_{net,v,ar}$)/(MJ/kg)
1	低热值煤	LQ	8.50～12.50
2	中低热值煤	MLQ	12.51～17.00
3	中热值煤	MQ	17.01～21.00
4	中高热值煤	MHQ	21.01～24.00
5	高热值煤	HQ	24.01～27.00
6	特高热值煤	SHQ	>27.00

第七节　煤的工艺性质

煤的工艺性质是指煤在一定的加工工艺条件下或某些转化过程中呈现的特性，如煤的黏结性、结焦性。煤的其他工艺性质如煤的结渣性、煤的燃点、煤的反应性能及煤的可选性等。

不同种类或不同产地的煤往往工艺性质差别较大，不同加工利用方法对煤的工艺性质有不同的要求。为了正确地评价煤质，合理使用煤炭资源并满足各种工业用煤的质量要求，必须了解煤的各种工艺性质。

一、胶质体

当煤样在隔绝空气条件下加热至一定温度时，煤粒开始分解并有气体产物析出，随着温度的不断上升，有焦油析出，在 350～420℃ 时，煤粒的表面上出现了含有气泡的液相膜，此时液相膜开始软化，许多煤粒的液相膜汇合在一起，形成了气、液、固三相为一体的黏稠混合物，这种混合物称为胶质体。胶质体中的液相是形成胶质体的基础，胶质体的组成和性质决定了煤黏结成焦的能力。

二、煤的黏结性（结焦性）指标

煤的黏结性和结焦性是炼焦用煤的重要工艺性质。黏结性是指煤在隔绝空气条件下加热时，形成具有可塑性的胶质体，黏结本身或外加惰性物质的能力。煤的结焦性是指在工业条件下将煤炼成焦炭的性能。煤的黏结性和结焦性关系密切，结焦性包括保证结焦过程能够顺利进行的所有性质，黏结性是结焦性的前提和必要条件。黏结性好的煤，结焦性不一定就好（如肥煤）。但结焦性好的煤，其黏结性一定好。所以，炼焦用煤必须具有较好的黏结性和结焦性，才能炼出优质的冶金焦。

煤黏结性的好坏，取决于煤热分解过程中形成胶质体的数量和质量。在相同的加热条件下，一般煤所产生的液体量越多，形成的胶质体的量也就越多，黏结性也就越好。煤热解时产生的液体量的多少取决于煤的组成和结构。煤化程度低的煤（如褐煤、长焰煤），分子结构中的侧链多，氧含量高，氧和碳之间的结合力差，热解时多数呈气态产物挥发，液相产物数量少且热稳定性差，所以没有黏结性或黏结性很差。煤化程度高的煤（如贫煤、无烟煤）虽然氧含量少，但侧链的数目少且短，热解时生成相对分子质量低的物质大部分都是氢气，几乎不产生液体，因此没有黏结性。只有中等煤化程度的煤（如肥煤、焦煤），其侧链数目中等，氧含量较少，煤热分解产物中液体量较多且热稳定性高，形成胶质体的数量多，黏结性好。

由于煤的黏结性和结焦性对于许多工业生产部门至关重要，因而出现了多种测定煤的黏结性和结焦性的方法。所有这些方法的目的都是企图用物理测量方法获得一些可以将煤分类和预测煤在燃烧、气化或炭化时的行为和特征数字。有些测量方法是针对某一特定的生产过程开发的，因此，有几种测量方法只有微小的差别，有的方法只适用于某些特殊的用途。

测定煤黏结性和结焦性的方法可以分为以下三类。

① 根据胶质体的数量和性质进行测定，如胶质层厚度、基氏流动度、奥亚膨胀度等。

② 根据煤黏结惰性物料能力的强弱进行测定，如罗加指数和黏结指数等。

③ 根据所得焦块的外形进行测定，如坩埚膨胀序数和葛金指数等。

测定煤的黏结性和结焦性时，煤样的制备与保存十分重要，一般应在制样后立即分析，以防止氧化的影响。

三、煤的其他工艺性质

在煤的气化和燃烧工艺过程中，通常需要了解一些与之有关的工艺性质，如煤的反应性、结渣性、燃点、可选性等。

1. 煤的反应性

煤的反应性又称煤的化学活性，是指在一定温度下煤与不同气体介质（如二氧化碳、水蒸气、氧气等）相互作用的反应能力。

反应性强的煤，在气化和燃烧过程中，反应速率快，效率高。尤其当采用一些高效能的新型气化技术（如沸腾床或悬浮气化）时，反应性的强弱直接影响到煤在炉中反应的情况、耗氧量、耗煤量及煤气中的有效成分等。在流化燃烧过程中，煤的反应性强弱与其燃烧速度也有密切关系。因此，煤的反应性是气化和燃烧的重要指标。

2. 煤的结渣性

煤的结渣性是反映煤灰在气化或燃烧过程中结渣的特性，它对煤质的评价和加工利用有非常重要的意义。

在气化和燃烧过程中，煤中灰分在高温下会熔融而结成渣，给炉子的正常操作带来不同程度的影响，结渣严重时将会导致停产。因此，必须选择不易结渣或只轻度结渣的煤炭用作气化或燃烧原料。由于煤灰熔融性并不能完全反映煤在气化或燃烧炉中的结渣情况，因此，必须用煤的结渣性来判断煤在气化和燃烧过程中结渣的难易程度。

3. 煤的燃点

煤的燃点是将煤加热到开始燃烧时的温度，叫做煤的燃点（也称着火点，临界温度或发火温度）。

4. 煤的可选性

选煤就是使混杂在煤中矸石、黄铁矿以及煤矸共生的夹矸煤与精煤按照它们在物理和化学性质上的差异进行分离的过程。选煤可以清除煤中的矿物、降低煤的灰分和硫分，改善煤质，生产多品种煤炭，节约运输能力，使产品各尽其用，提高煤炭的利用率和经济效益。

煤的可选性是指通过分选改善原煤质量的难易程度，也即原煤的密度组成对重力分选难易程度的影响。各种煤在洗选过程中能除去灰分杂质的程度是很大差异的。有些煤洗选后精煤灰分可降至较低，精煤收率也很高；有些煤经洗选后精煤灰分虽然降低，但收率却下降较多，这就是煤的可选性不同的表现。煤的可选性与煤中矿物质存在的形式有很大关系，煤中矿物质如以粗颗粒状存在，则原煤经过破碎后，矿物质容易解离，形成较纯净的精煤和矸石，洗选时由于两者相对密度显著不同而很容易将矸石除去，精煤的收率也就高，这种煤的可选性就好；煤中矿物质如以细粒状嵌布在煤中，形成煤与矸石共生的夹矸煤，其相对密度介于煤和矸石之间，洗选时就难以除去。因此，含夹矸煤多的原煤在洗选后往往精煤灰分降低不多，但收率却显著减少，这种煤可选性差。至于硫分，洗选时只能除去以粗颗粒状存在于煤中的黄铁矿，以细粒均匀嵌布在煤中的黄铁矿通过洗选是较难除去的，有机硫则不能除去。

因此，煤的可选性是判断煤炭洗选效果的重要依据，是判断煤炭是否适用于炼制冶金焦炭的重要性质之一。

第八节　煤的分类及用途

中国煤炭主要分为褐煤、烟煤和无烟煤，烟煤分为贫煤、贫瘦煤、瘦煤、焦煤、肥煤、1/3焦煤、气肥煤、气煤、1/2中黏煤、弱黏煤、不黏煤、长焰煤。煤的工业用途与煤的物理性质、化学性质、工艺性质等关系密切。

1. 褐煤（HM）

褐煤的特点是水分大、孔隙大、密度小、挥发分高、不黏结，含有不同数量的腐殖酸。煤中氢含量高达15%～30%，化学反应性强，热稳定性差。块煤加热时破碎严重，存放在空气中容易风化，碎裂成小块甚至粉末。发热量低，煤灰熔点大都较低，煤灰中常有较多的氧化钙。根据目视比色法透光率（P_M）分成年老褐煤（$P_M>30\%～50\%$）和年轻褐煤（$P_M\leqslant 50\%$）。褐煤大多用作发电厂锅炉的燃料，也可用作化工原料，有些褐煤可用来制造磺化煤或活性炭，有些褐煤可用作提取褐煤蜡的原料，腐殖酸含量高的年轻褐煤可用来提取腐殖酸，生产腐殖酸铵等有机肥料。中国内蒙古霍林河及云南小龙潭矿区是典型褐煤产地。

2. 长焰煤（CY）

长焰煤是煤化程度最低的烟煤，有的还含有一定量的腐殖酸。煤的燃点低，储存时易风化碎裂。长焰煤无黏结性或弱黏结性，有的长焰煤加热时能产生一定量的胶质体，结成细小的长条形焦炭，但焦炭强度低，易破碎，粉焦率高。长焰煤一般不用于炼焦，多用作电厂、机车燃料及工业窑炉燃料，也可用作气化用煤。辽宁省阜新、铁法及内蒙古准格尔矿区是长焰煤基地。

3. 不黏煤（BN）

不黏煤是一种在成煤初期就遭受相当程度氧化作用的低煤化到中等煤化程度的非炼焦用烟煤。隔绝空气加热时不产生胶质体。煤中水分含量高，发热量较低，有的含一定量再生腐殖酸，煤中氧含量多在10%～15%。主要用作发电和气化用煤，也可作动力用煤及民用燃料。中国东胜、神府矿区和靖远、哈密矿区都产典型的不黏煤。

4. 弱黏煤（RN）

弱黏煤是一种黏结性较弱的从低煤化程度到中等煤化程度的非炼焦用烟煤。隔绝空气加热时产生的胶质体较少，炼焦时有的能结成强度差的小块焦，有的只有少部分能凝结成碎屑焦，粉焦率高。一般适宜作气化原料及动力燃料使用。山西大同是典型的弱黏煤矿区。

5. 1/2中黏煤（1/2ZN）

1/2中黏煤是一种中等黏结性、中高挥发分的烟煤。一部分煤在单独煤焦时能结成一定强度的焦炭，可用于配煤炼焦；另一部分黏结性较弱，单独炼焦时焦炭强度差，粉焦率高。主要用于气化或动力用煤，炼焦时也可适量配入。目前中国未发现单独生产1/2中黏煤的矿井。

6. 气煤（QM）

气煤是一种煤化程度较低的炼焦煤，结焦性较好，热解时能产生较多的煤气和焦油，胶质体的热稳定性较差，也能单独炼焦，焦炭呈细长条且易碎，有较多纵向裂纹，焦炭的抗碎强度和耐磨强度低于其他炼焦煤。在配煤炼焦时多配入气煤可增加煤气和化学产品的回收率，有些气煤也可用于高温干馏制造城市煤气。中国抚顺老虎台、山西平朔等矿区产典型气煤。

7. 气肥煤（QF）

气肥煤是一种挥发分产率和胶质层厚度都很高的强黏结性炼焦煤，结焦性优于气煤而劣于肥煤，单独炼焦时能产生大量的气体和液体化学产品。气肥煤最适宜高温干馏制煤气，用于配煤炼焦可增加化学产品的回收率。中国江西乐平和浙江长广为典型气肥煤矿区。

8. 1/3焦煤（1/3JM）

1/3焦煤是一种中等偏高挥发分的强黏结性炼焦煤，其性质介于气煤，肥煤与焦煤之间，属于过渡煤类。单独炼焦时能生成熔融性良好、强度较高的焦炭，焦炭的抗碎强度接近肥煤，耐磨强度明显高于气肥煤和气煤。它既能单独炼焦，同时也是良好的配煤炼焦的基础煤，炼焦时它的配入在较宽范围内波动都能获得高强度的焦炭。安徽淮南、四川永荣等矿区产1/3焦煤。

9. 肥煤（FM）

肥煤是中等挥发分及中高挥发分的强黏结性炼焦煤，热解时能产生大量胶质体。单独炼焦时能生成熔融性好、强度高的焦炭，耐磨强度优于相同挥发分的焦煤炼出的焦炭，但是单独炼焦时焦炭有较多的横裂纹，焦根部位常有蜂焦。肥煤是配煤炼焦的基础煤。中国河北开滦、山东枣庄是生产肥煤的主要矿区。

10. 焦煤（JM）

焦煤是一种结焦性较强的炼焦煤，加热时能产生热稳定性很高的胶质体。单独炼焦时能得到块度大、裂纹少、抗碎强度和耐磨强度都很高的焦炭，但是单独炼焦时膨胀压力大，有时推焦困难，一般用作配煤炼焦较好。峰峰五矿、淮北后石台及古交生产典型的焦煤。

11. 瘦煤（SM）

瘦煤是低挥发分中等黏结性的炼焦煤，炼焦过程中能产生相当数量的胶质体。单独炼焦时能得到块度大、裂纹少、抗碎强度较好的焦炭，但耐磨强度较差，用于配煤炼焦使用较好。高硫、高灰的瘦煤一般只用作电厂及锅炉燃料。峰峰四矿产典型的瘦煤。

12. 贫瘦煤（PS）

贫瘦煤是炼焦煤中变质程度最高的一种，其特点是挥发分较低，黏结性比典型瘦煤差。单独炼焦时，生成的粉焦多，配煤炼焦时配入较少比例就能起到瘦化作用，有利于提高焦炭的块度。这种煤也可用于发电、机车、民用及锅炉燃料。山西西山矿区产典型贫瘦煤。

13. 贫煤（PM）

贫煤是煤化程度最高的烟煤，不黏结或弱黏结。燃烧时火焰短、耐烧、燃点高。主要用作电厂燃料、民用和工业锅炉的燃料，低灰、低硫的贫煤也可用作高炉喷吹的燃料。中国潞安矿区产典型贫煤。

14. 无烟煤（WY）

无烟煤的特点是挥发分产率低，固定碳含量高，纯煤真相对密度达到 $1.35\sim1.90$，无黏结性，燃点高，燃烧时不冒烟。无烟煤主要供民用和作合成氨造气的原料。低灰、低硫、可磨性好的无烟煤不仅是理想的高炉喷吹和烧结铁矿石的燃料，而且还可制造各种碳素材料（碳电极、炭块、阳极糊和活性炭等）。某些无烟煤制成的航空用型煤还可用作飞机发动机和车辆发动机的保温材料。北京、晋城和阳泉分别产 01 号（年老）、02 号（典型）和 03 号（年轻）无烟煤。用无烟煤配合炼焦时，需经过细粉碎。一般不提倡将无烟煤作为炼焦配料使用。

第九节　煤的综合利用

煤炭的综合利用是指充分合理地利用各种煤炭资源（包括石煤、煤矸石等劣质煤），使其发挥最大的经济效益和社会效益。

中国煤炭资源丰富，煤种繁多，如褐煤、烟煤、无烟煤、石煤等应有尽有，还有在煤开采过程中堆积如山的煤矸石。如何根据各种煤的特点加以充分利用，而又不污染环境，是研究煤综合利用的复杂课题。近年来中国在煤的综合利用方面做了大量工作，取得很多成绩。在今后相当长的时间内，煤的综合利用还有待向纵深发展。

通常煤作为一次能源直接燃烧利用。世界总发电量的 47% 来自燃煤的火力发电。中国的煤炭在一次能源消费中的比重始终维持在 70% 左右。它给人类带来温暖和光明。但燃煤对大气环境的污染是不容忽视的。

世界各国正致力于煤炭转化技术的开发利用，期望通过把煤炭转化为洁净的二次能源

（流体燃料）减轻对大气环境的破坏，也需要以煤为原料为人们的生产和生活提供更多化工产品和制品。煤的开发利用包括煤的焦化、加氢、液化、气化、氧化以及用煤制造电石以获取更多的乙炔，制造各种化工原料。煤经气化制合成气（CO 和 H_2），再由 CO（即 C_1 化学）可制造多种化学品。煤液化制取苯等芳香烃已日益引起人们的关注。

1. 煤的气化

煤的气化是指气化原料（煤或焦炭）与气化剂（空气、水蒸气、氧气等）接触，在一定温度和压力下，发生一系列复杂的热化学反应，使原料最大限度地转变为气态可燃物（煤气）的工艺过程。煤气的有效成分主要是 H_2、CO 和 CH_4 等。

煤气是洁净的燃料，也是化学合成工业的原料。煤转化为煤气后成为理想的二次能源，可用于发电、工业锅炉和窑炉的燃料、城市民用燃料等。与固体煤炭相比，煤气具有许多优点：首先，使用煤气热能利用率高，煤炭直接燃烧，热能利用率只有 15％～18％，若使用煤气，热效率可达 55％～60％，可以节约大量煤炭；其次，煤气作为燃料，没有排灰、排渣问题，且煤气中硫、氮可通过一定的加工方法脱除，所以燃烧用煤气可以减轻环境污染；煤气可用管道运输，这样可节约运力。另外，煤气着火容易，燃烧稳定，火力大小便于调节，而且居民使用起来方便。总之，从煤炭中制取干净、高效、方便的燃料，以减少对大气和环境的污染，大力提倡煤炭气化，具有重要意义。

2. 煤的液化

煤的液化是指经过一定的加工工艺，将固体煤炭转变成液体燃料或原料的过程。煤的液化有以下几点意义。

① 煤的液化用于生产石油的代用品，可以缓解石油资源紧张的局面。从全世界能源消耗组成看，可燃矿物（煤、石油、天然气）占 92％左右，其中石油 44％、煤 30％、天然气 18％。每个国家由于工业发达程度的不同，各种能源所占的比重也有所不同。目前全世界已探明的石油可采储量远不如煤炭，不能满足能源、石油化工生产的需求量，因此，应将储量丰富的煤炭液化成石油代用品。

② 通过液化，将难处理的固体燃料转变成便于运输、储存的液体燃料，减少了煤中含硫、氮化物和粉尘、煤灰渣对环境的污染，因此，目前许多国家为寻找石油代用品和保护环境而提供洁净燃料，都在积极开发研究煤炭液化技术。

③ 煤的液化还可用于制取碳素材料、电极材料、碳素纤维、针状焦，还可制取有机化工产品等，以煤化工代替部分石油化工，扩大煤的综合利用范围。

3. 炼焦

在隔绝空气的条件下，加热到 950～1050℃，经过干燥、热解、熔融、黏结、固化、收缩等阶段最终制得焦炭，这一过程叫高温炼焦也称作高温干馏，通常也简称为炼焦。

由高温炼焦得到的焦炭可作为高炉冶炼、铸造、气化和化工等工业部门的燃料或原料；炼焦过程中得到的干馏煤气经回收、精制得到的各种有机物质，可作为合成纤维、染料、医药、涂料和国防等工业的原料；经净化后的焦炉煤气既是高热值燃料，又可作为合成氨、合成燃料和一系列有机合成工业的原料，因此，高温炼焦是煤综合利用的重要方法之一，也是冶金工业的重要组成部分。

4. 石煤

石煤是一种劣质腐泥无烟煤。中国石煤资源丰富，已探明储量达 39 亿吨。在中国江南地区，石煤埋藏较为集中。浙江已探明储量约 10 余亿吨，湖南有 2 亿多吨。目前，开发利用石煤资源已成为煤炭综合利用的重要项目。

从石煤中可以提取钒。目前，钒主要用于制钒铁、有色金属合金、催化剂等方面，用途极为广泛，因此，从石煤中提取钒是一项很有意义的工作。

石煤是低热值燃料，可用于发电。石煤用于发电有两种方式，一种是在烟煤中掺入大约 10% 的石煤，这样可以节约部分烟煤，降低发电成本；另一种是将石煤用于沸腾炉作燃料，由于沸腾炉的蓄热能力强，燃烧效果好，所以可用劣质煤。中国浙江已有电厂采用石煤发电取得一定效果。

建筑行业是耗能大户，所以，建筑行业节能尤为重要。目前，人们已利用石煤和煤矸石代替部分煤炭应用于建筑行业。在水泥的生产过程中，石煤既是燃料又是原料，石煤有一定的发热量，且其矿物组成与黏土质原料相似，燃烧后产生的灰分直接转移到水泥熟料中，可以减少水泥生料中黏土的配入量。石煤中还含有某些稀有元素，起到复合矿化剂的作用，在较低的煅烧温度下，也能烧成熟料。所以，用石煤煅烧水泥不存在灰渣的处理问题。石煤燃烧后产生的灰渣还可以作水泥的混合材料，且使用石煤渣作混合材料的水泥产品外观比用其他混合材料的水泥好。另外，石煤渣还可制砖瓦、混凝土砌块等建筑材料。

5. 煤矸石

煤矸石是在成煤过程中与煤共同沉积的有机化合物和无机化合物混合在一起的岩石，以炭质灰岩为主要成分，是在煤矿建设和煤炭采掘、洗选加工过程中产生的固态排弃物。煤炭是埋藏于地下的化石燃料，由于在成煤过程中可产生或由外界混入不少无机物，加上地壳运动及岩浆的浸蚀，在煤中还夹杂有其他岩石及无机矿物。另外在煤炭开采、加工过程中，也不可避免地混入大量夹石。

目前，煤矸石的利用途径主要有以下几个方面。

(1) 热值利用

煤矸石因含碳，具有一定热值，尤其是选煤矸石发热量一般在 6270kJ/kg 以上，把它加工成粒径小于 13mm，水分小于 10% 的煤矸石，与洗选过程中产生的热值较低的劣质煤一起配置成发热量为 10000～13000kJ/kg 的煤，可作为发电厂流化床锅炉的燃料，也可用于小型流化床锅炉燃料供热用。自从煤矿坑口电站使用流化床锅炉以来，均可使用这种燃料，为国家节约了大量的优质煤，并大大减少环境污染。

到 2003 年底，全国已建成煤矸石（含煤泥）综合利用电厂 150 座，总装机容量约 250 万千瓦，占当年全国发电装机容量的 0.74%；年耗煤矸石 1500 多万吨，约占目前煤矸石综合利用量的 23%。煤矸石电厂机组单机容量小，平均装机容量为 1.5 万千瓦，最大运行单台机组容量为 5 万千瓦。

(2) 矿物成分的利用

以煤矸石、矸石沸腾炉灰及高灰煤泥为原料或填料生产矸石砖、砌砖、水泥等技术已工业化，正开发煤矸石生产轻质、高强度及具有特殊性能的新型建筑材料技术。从煤矸石中提取有用的化工产品及有用矿物正在得到重视。

① 应用于建材行业。由于煤矸石在组成上与黏土相近，因而煤矸石加土生产砖瓦可以使制砖不用土或少用土，烧砖不用煤或少用煤，节省耕地，减少污染。煤矸石可用于生产水泥，代替黏土作水泥生料的配料；还可作水泥的混合材料，生产无熟料或少熟料水泥等。煤

矸石和生石灰、石膏等材料混合可制造混凝土空心砌块。由于煤矸石化学成分与一般陶瓷土相近，因而还可作为原料生产陶管、釉面砖、卫生陶瓷、日用陶瓷、包装陶瓷等。

② 从矸石中回收有用矿物。有些矸石中往往混入发热量较高的煤、硫铁矿，可以采用适当的加工方法回收有用矿物，提高其品位，使其作为燃料或原料使用。国外如美、英、法、日、波、匈等国都建立了从矸石中回收煤的工厂。中国硫铁矿资源比较丰富，其中一半以上是与煤共生或伴生的形式存在。因此，从矸石中回收硫铁矿，使资源得到合理利用，减少硫黄进口，具有显著的经济效益和社会效益。

③ 从矸石中提取化工产品。煤矸石作为化工原料，主要是用于生产无机盐类的化工产品。例如，用洗矸作原料，生产氯化铝、聚合氯化铝和硫酸铝，并从氯化铝的残渣中制取氯化钛和二氧化硅。另外，还可利用煤矸石中含碳酸铁、硫酸铝和硫酸镁较高的特点制取明矾等。

(3) 煤矸石作为充填材料及用作筑路基材

掘进和维修巷道的矸石以及选煤矸石，可作为井下充填材料，解决建筑物下的煤柱回采、巷道维护、复杂顶板管理及自燃煤层的开采问题。

可将排矸的路轨铺向塌陷区或山沟，用小型架线电机车运往塌陷区或山沟直接倾卸，如果是山沟或没有水的塌陷区，则分层压实，并覆盖黄土使之密封。

煤矸石作为修筑公路、铁路路基或其他建筑物地基等的材料在中国不少地区已推广应用，这是大量处理矸石的一种途径。

(4) 用煤矸石制造肥料

有的煤矸石有机质含量在15%～25%，甚至25%以上，并含有植物生长所必需的B、Cu、Mo、Mn等微量元素和较大的吸收容量，这种煤矸石适宜于生产肥料。

利用煤矸石生产农用肥料，在国外已有应用。英国曾在小块土地上播种冬小麦前试施浮选矸石制成的肥料，结果增产7%～10%。美国、前苏联施用矸石肥料，使农作物产量提高10%～40%。

中国煤矸石肥料（煤矸石复合肥料和煤矸石微生物肥料）的研制实验和推广应用工作取得较大进展。煤科总院西安分院开发的全养分矸石肥料，是以煤矸石为主要原料，经粉碎后加入改性物质，经陈化后掺入适量氮、磷、钾和微量元素制成的一种有机无机复合肥料，田间实验表明，西瓜、苹果等经济作物施用这种专用矸石肥料后，一般可增产15%～20%。

煤矸石的应用途径广泛，但各地产的矸石在组成和特性方面各不相同。因此，应根据不同的矸石类型，确定煤矸石的综合加工利用方向。

复 习 题

1. 煤是如何形成的？
2. 根据煤的成因可将煤分成哪几类？
3. 根据煤化程度不同，腐殖煤可分为哪几类？
4. 简述泥炭、褐煤、烟煤及无烟煤的特征。
5. 成煤过程包括哪几个阶段？每一个阶段的主要作用是什么？
6. 什么是煤样的制备，煤样制备包括哪些程序？
7. 煤样缩分的方法有哪些？

8. 煤的工业分析包括哪些项目?
9. 煤中的水分对煤的加工利用有何影响?
10. 什么是煤的灰分?什么是煤的矿物质?二者之间有什么联系和区别?
11. 简述煤种矿物质和灰分对工业利用的影响。
12. 什么是煤的挥发分?什么是煤的固定碳?
13. 什么是煤的元素分析?煤中的硫元素对煤的工业利用有何影响?
14. 什么是煤的发热量?
15. 什么是煤的灰熔点?
16. 什么是胶质体?什么是煤的黏结性?什么是煤的结焦性?黏结性和结焦性有区别和联系?
17. 测定煤黏结性和结焦性的主要方法有哪些?
18. 中国煤炭主要分为哪些?各种煤的特点和用途是什么?
19. 煤炭的综合利用主要有哪些?
20. 什么是煤质评价?煤质评价的方法主要有哪些?
21. 什么是煤的气化?煤气化有何意义?
22. 什么是煤的液化?煤的液化有何意义?
23. 煤矸石的用途是什么?
24. 石煤的用途是什么?

第二章 炼 焦

烟煤在隔绝空气的条件下，加热到 950~1050℃，经过干燥、热解、熔融、黏结、固化、收缩等阶段最终制得焦炭，这一过程叫高温炼焦也称作高温干馏，通常也简称为炼焦。

第一节 炼焦概述

一、炼焦化学产品及其用途

高温炼焦生产焦炭的同时还产生了大量的焦炉煤气和煤焦油。这两种副产品中含有大量的化工原料，如果不加以回收利用，不但会造成资源浪费而且会严重污染环境。

1. 焦炭

由烟煤、沥青或其他液体碳氢化合物为原料，在隔绝空气的条件下干馏得到的固体产物，都可称为焦炭。根据干馏温度的高低，又可分为高温（950~1050℃）焦炭和低温（500~700℃）焦炭。低温焦炭又称为半焦；高温焦炭用于高炉炼焦称为高炉焦；用于冲天炉熔铁的称为铸造焦；用于生产铁合金的称为铁合金用焦，还有用于有色金属冶炼用焦，这些高炉焦、铸造焦、铁合金焦和有色金属冶炼用焦统称为冶金焦，由于 90% 以上的冶金焦均用于高炉炼铁，因此往往把高炉焦称为冶金焦。

（1）高炉焦

高炉焦在高炉中的作用主要有以下几个方面。

① 作为提供矿石还原、熔化所需热量的燃料。一般每炼 1t 生铁需焦炭 500kg 左右，焦炭燃烧所提供的热量是在风口区产生的，当风口喷吹燃料并在通入氧气的情况下，焦炭提供的热量占全部热量的 70%~80%。焦炭灰分低，进入风口区仍能保持一定的块度是保证燃烧良好所必需的条件。

② 作为还原剂提供矿石还原所需的还原气体 CO。高炉中的矿石是通过间接还原和直接还原完成的。间接还原反应约从 400℃ 开始，直接还原约在 850℃ 以上的区域开始，主要反应如下：

$$FeO + CO \longrightarrow Fe + CO_2$$
$$CO_2 + C \longrightarrow CO$$
$$FeO + C \longrightarrow Fe + CO\uparrow$$

不论是间接还是直接还原，都是以 CO 为还原剂，为了不断补充 CO，需要焦炭有一定的反应性。

③ 对高炉料层具有支撑作用。焦炭是高炉炉料的支撑骨架，焦炭在高炉中比其他炉料的堆密度小，具有很大空隙度，给高炉炉料提供了一个炉气通过的透气层，减小高炉中气流流动阻力，使气流均匀，成为高炉顺行的必要条件。

④供碳作用。生铁中的碳全部来源于高炉焦炭,进入生铁中的碳占焦炭中碳含量的 7%～10%。焦炭中的碳进入生铁的途径是碳从高炉熔融开始渗入生铁;滴落的液态铁与焦炭接触,碳渗入铁内。

(2) 铸造焦

铸造焦是化铁炉熔铁的主要燃料。其作用是熔化炉料并使铁水过热,支撑料柱保持其良好的透气性。因此铸造焦应具有足够的强度,具备块度大、反应性低、气孔率小、灰分和硫分低等特点。

(3) 气化焦

气化焦主要用于固态排渣的固定床煤气发生炉内,作为气化原料,生产以 CO 和 H_2 为可燃成分的煤气。气化过程的主要反应如下:

$$C+O_2 \longrightarrow CO_2 \quad \Delta H=-408177 \text{kJ/mol}$$
$$CO_2+C \longrightarrow 2CO \quad \Delta H=162142 \text{kJ/mol}$$
$$C+H_2O \longrightarrow CO+H_2 \quad \Delta H=118628 \text{kJ/mol}$$
$$C+2H_2O \longrightarrow CO_2+2H_2 \quad \Delta H=75115 \text{kJ/mol}$$

由以上反应式可见,气化焦是气化过程的热源。气化用焦要求焦炭块度适当和均匀、灰分低、灰熔点高。

(4) 电石用焦

电石用焦是在生产电石的电弧炉中作导电体和发热体用的焦炭。电石用焦在电弧炉中,在电弧热和电阻热的高温作用下,其主要反应过程如下:

$$CaO+3C \longrightarrow CaC_2+CO\uparrow \quad \Delta H=46.52 \text{kJ/mol}$$

电石用焦的特点是粒度适中、反应性高、灰分低、电阻率大等。

2. 焦炉煤气

焦炉煤气的主要成分是氢气、甲烷以及一氧化碳,是大吨位能源资源和化工原料。净化了的焦炉煤气是无色、无味、能引起爆炸和慢性中毒的气体,其爆炸范围为 4.4%～34%(煤气在混合气体中的体积分数),它的着火点在 600～650℃。焦炉煤气热值高,燃烧速度快,火焰短而亮,辐射力强,易产生石墨。

焦炉煤气可用来合成氨、甲醇和化学肥料等,将其净化后,可以用作工业燃料和民用煤气。从焦炉煤气中可提取氨,氨的产率为 0.25%～0.4%(质量分数),用于生产硫酸铵和无水氨;可提取粗苯和酚类产品,粗苯精制可得到苯、甲苯、二甲苯、溶剂油、古马隆树脂等;还可提取吡啶、轻吡啶盐基,提取的吡啶主要用于医药工业。

3. 煤焦油

煤焦油是煤黑色或黑褐色的黏稠状液体,是一种基础原料,需对其进行加工提炼后分级利用。我国煤焦油主要用来生产轻油、酚油、萘油、洗油、蒽油及改性沥青等,再经深加工可制取酚、甲酚、二甲酚、苯酚、萘、蒽、菲、咔唑等多种化工原料。现在能从煤焦油提取的成分已有五十多种,它们是生产塑料、合成纤维、染料、橡胶、医药、耐高温材料以及国防用品的重要原料,所以,焦化工业在国民经济中占有越来越重要的地位。

二、煤的成焦机理

1. 煤的成焦过程

在高温炼焦过程中,煤料在隔绝空气的条件下,随着温度的变化经历着干燥预热、热解、熔融、黏结、收缩、成焦等物理化学过程。全过程大致可分为以下几个阶段。

(1) 烟煤的干燥预热阶段

从常温加热到200℃，烟煤在炭化室主要是干燥预热，并放出吸附于煤表面和气孔中的二氧化碳和甲烷气体，煤没有发生外形上的变化。在此阶段温度上升时间相当于整个结焦时间的一半左右。这是因为供给煤料的热量是由炭化室两侧炉墙向炭化室中心传导，水的汽化潜热大而煤的热导率小，水汽不易向炭化室的外层流出，致使大部分水汽窜入内层湿煤中，使内层温度更低而冷凝下来，导致内层湿煤水分增加，炭化室中心温度较长时间停留在了110℃以下。煤料水分越多，干燥时间越长，炼焦消耗热量越多。

加热到200~350℃时，煤开始分解，产生气体和液体。主要分解出化合水、二氧化碳、一氧化碳、甲烷、硫化氢等气体。此时焦油蒸出量很少，生成微量的胶质体。

(2) 生成胶质体阶段

煤加热到350~450℃范围内，煤中的大分子结构发生分解，生成大量的相对分子质量较小的有机化合物，相对分子质量最小的有机物以气体形式析出或存在于黏结性煤转化成的胶质体中，相对分子质量最大的则以固体形式存在于胶质体中，因而，形成了气、液、固三相共存的胶质体状态。

(3) 半焦收缩阶段

温度上升到450~650℃，继续进行热解，整个系统则发生了剧烈缩合反应，胶质体中的液体不断分解，气体不断析出，胶质体黏度不断增加，在液体表面开始固化，形成硬壳（半焦），中间仍为胶质体，但这种状态维持时间较短，在半焦壳上会出现裂纹，胶质体从裂纹中流出，这些胶质体又发生固化和形成新的半焦层，一直到煤粒全部熔融软化，形成胶质体并转化为半焦为止。如图2-1所示热解过程中，胶质体的液相分解、缩聚和固化而生成半焦。

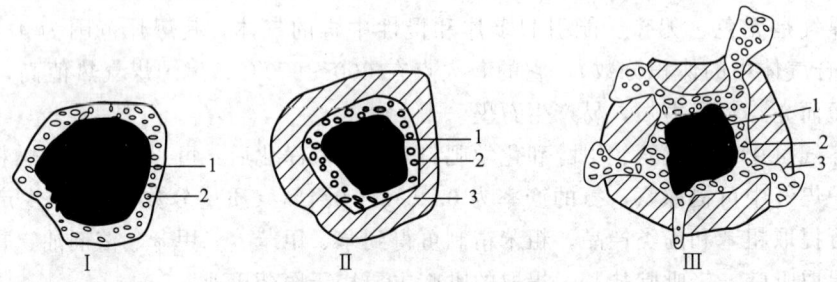

图 2-1 胶质体的生成及转化示意图

Ⅰ—软化开始阶段；Ⅱ—开始形成半焦阶段；Ⅲ—煤粒强烈软化和半焦破裂阶段；
1—煤；2—胶质体；3—半焦

(4) 生成焦炭阶段

650~950℃时，半焦内的有机物质继续进行热分解和热缩聚，此时主要析出气体，半焦继续收缩。实验证明，煤料中的挥发分一半以上是胶质体固化后到形成焦炭时分解出来的。焦炭收缩，体积减小，焦炭变紧。由于焦炭内部各层所处的成焦阶段不同，收缩速度也不同，导致焦炭破裂形成裂纹。当温度达到1000℃时，形成具有一定机械强度和一定块度的银灰色的焦炭。

2. 成层结焦机理

装入炭化室中的煤料不是加热整体均匀成焦的，而且是由两侧向中心一层一层形成的。因为供给煤料的热量是由炭化室两侧炉墙向炭化室中心传导，传给的热不易迅速传到内部，由此造成结焦过程中，炭化室内部温度分布不均，靠近炉墙的煤料先成焦，中心部分最后成焦。炭化室中的煤料在加热2~3h后存在着全部成焦过程的形态层。从靠近炉墙一侧开始分布有焦炭层、半焦层、胶质层、干煤层、湿煤层。如图2-2所示为炭化室内各层煤料的温度与状态。

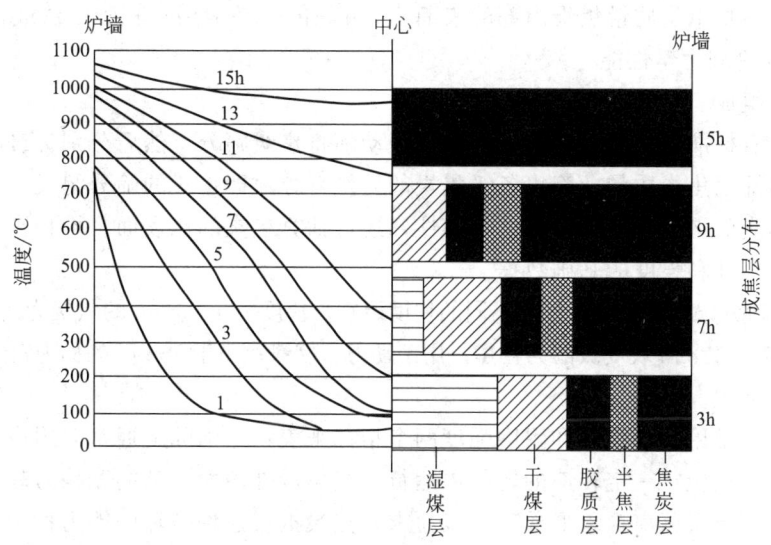

图2-2 不同结焦时间炭化室各层煤料的温度与状态

3. 化学产品的产生

在胶质体生成、固化和半焦分解、缩聚的过程中，都有大量气态产物析出。由于炭化室内层层结焦，大部分气体不能穿过胶质体层，干煤层热解生成的气态产物和塑性层内所产生的气态产物中的一部分只能向上从塑性层内侧流往炉顶空间，这部分气态产物称为"里行气"，见图2-3。塑性层内和半焦层内所产生的大部分气态产物则穿过高温焦炭层缝隙，沿焦饼与炭化室墙之间的缝隙向上流入炉顶空间，这部分气态产物称为"外行气"。里行气和外行气最后在炉顶空间汇集而导出。煤热解的产物称为一次热解产物，在流经焦炭、炉墙和炉顶空间时，部分气态产物再进行分解，这个再分解的过程称为二次分解。总的来说，煤的热解过程中的化学反应是非常复杂的。

三、焦炭的基本性质

1. 焦炭的物理性质

（1）焦炭的密度

真密度是焦炭排除空隙后单位体积的质量，即单位体积（既不包括煤粒间的空隙，也不包括煤粒内的孔隙）煤的质量。焦炭的真密度通常为1.7~2.2g/cm³；视密度是干燥焦块单位体积的质量，视密度与焦炭的气孔

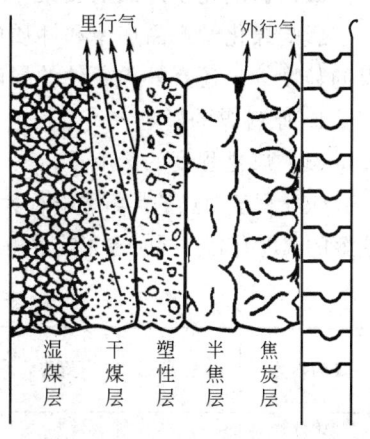

图2-3 化学产品析出示意图

率、真密度有关；堆积密度是单位体积焦炭堆积体的质量。堆积密度与水分、视密度有关，而焦炭块度的均匀性对其影响最大。

(2) 气孔率

焦炭的气孔率是指气孔体积与总体积之比的百分数。焦炭的气孔有大有小，有开口的有封闭的。气孔大小是不均一的，直径大于 0.1mm 的气孔为大气孔，0.02~0.1mm 的为中气孔，小于 0.02mm 的为微气孔。

(3) 比表面积

比表面积是指单位质量焦炭内部的表面积（m^2/g），一般用气相吸附法或色谱法测定。

2. 焦炭的物理力学性能

(1) 筛分组成

一般用具有标准规格和规定孔径的多级振动筛将焦炭筛分，然后分别称量各级筛上焦炭和最小筛孔的筛下焦炭质量，算出各级焦炭的质量百分数即焦炭的筛分组成。通过焦炭的筛分组成计算焦炭的平均粒度及粒度的均匀性，还可估算焦炭的比表面、堆积密度，并由此得到评定焦炭透气性和强度的基础数据。

通过采用筛分方法可将焦炭分为不同的块度级别，块度大于 25mm 的焦炭为冶金焦，一般用于高炉炼铁；10~15mm 块度级的为粒焦，用于动力、燃料；小于 15mm 的称为粉焦。

(2) 耐磨强度

焦炭强度通常用抗碎强度和耐磨强度两个指标来表示。国际上通常采用冷态转鼓试验来测定焦炭强度。焦炭在一定转速的转鼓内运行，当焦炭外表面受到的摩擦力超过气孔壁强度时，会产生表面薄层分离现象形成碎屑或粉末，焦炭抵抗这种破坏的能力称为耐磨性或耐磨强度，用 M_{10}（质量分数）值表示。

$$M_{10}=\frac{出鼓焦炭中小于 10mm 的质量}{入鼓焦炭质量}\times100\%$$

当焦炭承受冲击力时，焦炭沿结构的裂纹或缺陷处碎成小块，焦炭抵抗此种破坏的能力称焦炭的抗碎性或抗碎强度。用 M_{40}（M_{25}）表示。

$$M_{40}=\frac{出鼓焦炭中大于 40mm 的质量}{入鼓焦炭质量}\times100\%$$

四、影响化学产品的因素

影响煤化学产品产率和性质的因素很多，有原料煤性质的影响如煤化程度、岩相组成、煤的粒度等，还有外界条件的影响，如加热条件、装煤条件等。

1. 原料煤的影响

(1) 煤化程度的影响

煤化程度对煤的热解影响很大，尤其影响煤开始热解的温度。随着煤化程度的增加，煤开始热解的温度升高。同时也影响热解产物、热解反应活性、黏结性和结焦性等，见表 2-1。

表 2-1　煤中有机质开始分解的温度

煤的种类	泥炭	褐煤	烟煤					无烟煤
			长焰煤	气煤	肥煤	焦煤	瘦煤	
开始分解温度/℃	<100	160	170	210	260	300	320	380

对加热产物及产率的影响表现为：在同一热解条件下，煤化程度低的煤（如褐煤）热解时，煤气、焦油和热解水产率高，但由于没有黏结性（或很小），而不能结成块状焦炭；中等变质程度的烟煤，热解时煤气、焦油产率高而热解水少，黏结性强，能形成强度高的焦炭；煤化程度高的煤（贫煤以上），热解时煤气量少，基本没有焦油，由于没有黏结性，故生成大量焦粉。

（2）岩相组成的影响

煤气和焦油的产率都是以稳定组为最高，丝质组最低，镜质组居中；焦炭产量丝质组最高，镜质组居中，稳定组最低。

2. 外界条件的影响

从化学产品的产量和质量的角度看炭化室顶部空间的温度在 750℃ 为宜。在此条件下可得到质量很高的煤气、焦油，并能保证正常的苯、甲苯、二甲苯、萘、氨、酚的产量。炉顶空间温度在 800℃ 时氨的产量最高。但为了焦炭成熟良好，保证焦炭的机械强度，不能因增产化学产品而降低焦饼中心温度。焦饼中心温度应保证在 900℃ 以上，但炉顶空间温度总是大于 750℃，所以只能力求降低，不能完全满足。炉顶空间温度超过 900℃，焦油中含游离炭、萘、蒽、沥青增加，密度增大，含酚减少。在平煤操作良好，荒煤气导出顺利的条件下，炉顶空间容积应尽可能小，以减少荒煤气在炉顶二次热解的停留时间。

另外热解时的压力增加，可以阻止热解产物的挥发和抑制低分子气体的生成，但不利于化学产品的回收。

第二节 选 煤

一、选煤的重要性

煤炭洗选加工过程称为选煤。选煤是根据原煤（毛煤）中的煤（密度 1200～1600kg/m³）与其中的矿物质（如 FeS_2，密度 4950～5100kg/m³）、煤矸石（密度 1800～2600kg/m³）等杂质的密度、表面物理化学性质及其他性质的差别，清除原煤中的有害杂质，降低灰分、硫分和水分，改善煤炭质量的过程。

通过洗选脱除煤中的无机矿物质，可减少煤燃烧时产生的大量的灰分和炉渣，提高煤炭的热效率；脱除煤中的黄铁矿硫，可以减轻煤燃烧时产生的硫化物对环境的污染；一般原煤中混有大量的有害物"矸石"，就地除去它，能减少无效运输。发展煤炭洗选也有利于煤炭产品由单结构、低质量向多品种、高质量转变，以实现产品的优质化，因此选煤是煤炭后续深加工的必要前提，是洁净煤技术的源头和重要组成部分，具有重大的社会经济意义。

二、洗选概况

目前一些发达国家入选原煤几乎接近 100%，重介质旋流器、跳汰机、浮选机等成熟的选煤技术已被广泛采用，洗煤厂具有规模大、自动化程度高、处理能力强、洗选效率高等优点。

中国是世界上最早采用选煤技术的国家。早在宋代（公元 960～1279 年），已经采用人工拣矸和筛分技术进行选煤排除杂物。从 20 世纪 30 年代开始发展机械煤炭洗选加工。到了 90 年代，其洗选工艺已基本与世界同步发展，但入选比例不到 20%，通常只有炼焦煤和供出口的动力煤才进行洗选。目前中国原煤入选比例还是很低，仅为 30%，同发达国家相比差距很大，这为选煤加工技术及发展提供了较大的空间。

中国长期以来，选煤规模以中小型为主，大型选煤厂很少。而且由于煤炭洗选工艺简单、技术设备较落后、自动化水平较低、产品品种少、精煤质量差、浪费严重、售价比原煤高等因素，影响了选煤业的高速发展。但近几年来，随着煤化工的快速发展，煤炭市场竞争加剧，以及大气环境法规和标准趋严，促使中国选煤工业快速发展，商品煤质量明显改善。

三、选煤厂的构成

一般来说，选煤厂对煤的加工处理大致可分为准备、分选和产物处理三个阶段。准备阶段对原煤进行储存、破碎、筛分、拣矸等环节，为分选作业准备好粒度适当的原煤。分选阶段使用各种分选机械，将煤和矸石、矿物杂质分离，分成不同产物。产物处理阶段主要是对选后的各类产物进行脱水、浓缩、过滤、压滤和干燥等，最终把选后产物收集成不同产品。

四、煤炭洗选方法

煤炭洗选过程要利用煤和杂质（矸石）的物理、化学性质的差异来完成。按选煤方法的不同，可分为物理选煤、化学选煤及微生物选煤等方法。

物理选煤是根据煤炭和杂质物理性质（如粒度、密度、硬度、磁性及电性等）上的差异进行分选，主要分为重力选煤、浮选、磁选。重力选煤主要是依据煤与矸石密度差别，实现煤与矸石分选的方法。包括跳汰选煤、重介质选煤、斜槽选煤、摇床选煤、风力选煤等。浮游选煤（简称浮选）主要是依据煤与矸石表面物理化学性质（如表面润湿性）的差别进行分选，多用于分选细粒煤（一般粒度小于 0.5mm）的选煤方法。磁选主要利用煤和杂质的磁性差异进行分选，这种方法在选煤实际生产中应用很少。物理选煤的优点是过程比较简单，能够实现大规模生产；缺点是去除煤中有机硫的效果较差。

化学选煤是借助化学反应使煤中有用成分富集、除去杂质和有害成分的工艺过程。根据常用的化学药剂种类和反应原理的不同，可分为碱处理、溶剂萃取和氧化法等。它们的优点是能脱出大部分硫分；缺点是需要高温、高压，而且药剂具有腐蚀性，到目前，因经济成本太高未能实际应用。

微生物选煤是直接或间接地利用微生物的新陈代谢过程，能够有选择性地氧化有机或无机硫的特点，达到脱硫的目的。它的优点是反应条件温和，设备简单，成本低；缺点是生产周期长，目前规模化生产技术尚未成熟。

目前工业化生产中广泛应用的选煤方法为跳汰、重介质、浮选等选煤方法，此外干法选煤等方法近几年发展也很快。

1. 重介质选煤

重介质选煤是根据阿基米德原理，将被分选煤置于密度介于煤与矸石密度之间的重液体或重悬浮液中，按密度差异实现分层和分离的选煤方法。使用重液分选则称为重液选；使用重悬浮液分选则称为重悬浮液选。重液是指某些高密度的无机盐类的水溶液或高密度的有机溶液；重悬浮液是由高密度固体微粒与水配制成有一定密度且呈悬浮状态的两相流体。

重介质选煤原理是经预先筛分后的原煤（一般粒径大于 13mm 或 6mm）进入充满重介质悬浮液的分选机后，密度小于悬浮液密度的煤上浮，密度大于悬浮液密度的矸石或重煤下沉，实现了按密度分选。目前，国内外普遍采用磁铁矿粉与水配制的悬浮液作为选煤的分选介质，这种悬浮液可以配制成需要的密度，而且容易净化回收。而重液选煤由于所用介质有腐蚀性，加上回收难、成本高，因而在工业生产中未能得到实际应用。

2. 跳汰选煤

跳汰选煤也称为跳汰选，它是将细煤粒混合物，在垂直升降的变速介质流中，按密度差异进行分层和分离的重力选煤方法。在跳汰选煤的过程中，以水作为分选介质时，称为水介质跳汰或水力跳汰；若以空气为分选介质，则称为风力跳汰。当前，国内外选煤或选矿的工业生产中，水介质跳汰的应用最为广泛。风力跳汰应用很少，只在干旱缺水地区或原料不宜用水时使用。

实现跳汰过程的设备称为跳汰机。被选物料给入跳汰机内落到筛板上，便形成一个密集的物料层，称为床层。在给料的同时，从跳汰机下部周期性地给入上下交变的水流，垂直变速水流透过筛孔进入床层，物料就是在这种水流中经受跳汰的分选过程。

当水流上升时，床层被冲起，呈现松散及悬浮的状态。此时，床层中的煤粒，按其自身的特性（密度、粒度和形状），彼此做相对运动，开始进行分层。当水流已停止上升，但还没有转为下降水流之前，由于惯性力的作用，煤粒仍在运动，床层继续松散、分层。当水流转为下降时，床层逐渐紧密，但分层仍在继续。当全部煤粒落回筛面，它们彼此之间已丧失相对运动的可能，则分层作用基本停止。此时，只有那些密度较高、粒度很细的矿粒，穿过床层中大块物料的间隙，仍在向下运动，这种行为可看成是分层现象的继续。当下降水流结束，床层完全紧密，分层便暂告终止。水流每完成一次周期性变化所用的时间称为跳汰周期。在一个跳汰周期内，床层经历了从紧密到松散分层再紧密的过程，颗粒达到了分选的效果。只有经过多个跳汰周期之后，分层才逐趋完善。最后，高密度矿粒集中在床层下部，低密度煤粒则聚集在上层，然后从跳汰机分别排放出来，从而获得了两种密度不同，即重量不同的产物。物料在一个跳汰周期中，所经历的松散与分层过程如图 2-4 所示。

 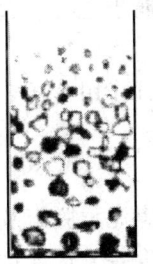 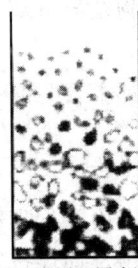 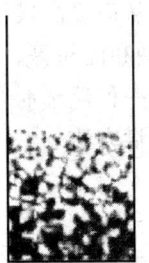

(a) 分层前煤粒混杂床层紧密　(b) 水流上升床层冲起　(c) 床层分层水流上升逐渐终止转而下降　(d) 水流下降床层紧密

图 2-4　物料在一个跳汰周期中所经历的松散与分层过程

物料在跳汰过程中之所以能分层，起主要作用的内因，是煤粒自身，但能让分层得以实现的客观条件，则是垂直升降的交变水流。跳汰分选法的特点是工艺流程简单、设备操作维修方便、处理能力大且有足够的分选精确度，所以全世界每年入选煤炭中，有 50% 左右是采用跳汰机处理的，我国跳汰选煤占全部入选原煤量的 70%。另外，跳汰选煤处理的粒度级别较宽，在 0.5～150mm 范围内，因此，跳汰选煤的适应性较强，除极难选的煤以外均可优先考虑采用跳汰的方法选煤。

3. 浮游选煤

浮游选煤又称为浮选或泡沫浮选，它是利用煤和矸石表面润湿性的差异来实现分选的，是对小于 0.5mm 的细粒煤最有效的分选方法。

润湿是一种常见的自然现象，表面能被水润湿的物质称为亲水性物质，表面不能被润湿的物质称为疏水性物质。煤是一种很好的天然疏水性物质，而矸石呈亲水性。在浮选过程中，水、煤和大量气泡在浮选机中运动，由于煤表面疏水，煤粒易被气泡捕获，随气泡上升，聚集于液面，经刮出即为浮选精煤。亲水的矸石微粒滞留在煤浆中作为尾矿排出。

为了扩大煤和矸石表面性质的差异，强化分选效果，浮选中常添加各种浮选剂。浮选剂是为实现或促进浮选，所使用的各种化学药剂的总称。浮选剂按其作用可分为以下几类。

（1）捕收剂

捕收剂是指在固、液界面上，能够有选择性地附着在煤表面，提高煤粒表面的疏水性，使煤粒易于并牢固地和气泡附着的浮选剂。最常用的捕收剂为非极性烃类化合物，如煤油、轻柴油、页岩轻柴油、天然气冷凝油、芳烃以及多烷基苯类等。

（2）起泡剂

起泡剂是指在浮选过程中用以控制气泡大小、维持气泡稳定性的浮选剂。属于这类浮选剂的是各种有机表面活性物质，如脂肪醇、仲辛醇以及合成气泡剂。

（3）调整剂

调整剂是指调整煤浆及矿物表面的性质，提高浮选剂的性能或消除副作用的浮选剂。选煤用调整剂主要包括介质 pH 调整剂和抑制剂。

介质 pH 调整剂可以调整煤浆酸碱度，用以改变煤粒和矿物杂质表面的电性，来提高浮选过程的选择性。属于这类浮选剂的有石灰、硫酸等。

抑制剂在浮选过程中用于控制矿物杂质对分选有害的行为，降低某种矿物表面疏水性，使其不易浮起，从而提高煤与矿物杂质分离。属于这类浮选剂的有偏硅酸钠、水玻璃（硅酸钠）、六偏磷酸钠和淀粉等。

事实上，每一种浮选剂通常都不会只起一种作用，还兼有其他作用。

五、其他选煤方法

1. 摇床

摇床是重力分选设备之一，多用于处理粗煤泥、脱硫及洗选低灰精煤等。摇床是利用机械往复运动和水流冲洗的联合作用，使煤按密度差分选，这种方法称为摇床选煤。

摇床的优点是设备简单、分选产品质量易于调节，它与传统工艺相比具有不用药剂、耗能低、便于管理。缺点是单位占地面积处理量低，占地面积大。

2. 水介质旋流器

水介质旋流器是用水作为介质，利用离心力按密度进行分选的设备，主要用于处理易选末煤和粗煤泥，能够脱除煤中黄铁矿硫。

水介质旋流器优点是工艺流程简单、占地面积小、生产费用低。但设备易被磨损，效率较低。

3. 斜槽分选机

斜槽分选机是在封闭的倾斜槽体内，利用逆向上冲水流使煤按颗粒密度差别进行洗选的设备，斜槽分选机是一种粗选设备，主要用于分选动力煤、脏杂煤以及毛煤排矸。

由于斜槽分选机具有设备制造容易、洗煤工艺简单、投资少等特点，因此，它适用于生产年限短、煤质差、不易建选煤厂的小型煤矿。

4. 螺旋分选机

螺旋分选机是选矿和选粉煤、粗煤泥的设备之一。它的工作原理是煤粒和液流进入分选机内，在螺旋槽面上做螺旋运动，产生离心力，在离心作用下重煤泥沉入液流下层，轻煤粒浮于液流上层，螺旋下降的水流，推动浮于上层的煤粒，逐渐移向中间偏外区域，而重煤泥逐渐收敛到槽底，沿槽底滑向排料口。在排料口断面上，轻、重煤粒从内缘至外缘均匀排列，设在排料口的截取器将煤带沿横向分成精、中、尾煤三部分。螺旋分选机具有生产费用低、无动力、占地面积少等特点。

5. 干法选煤

干法选煤一般有风力选煤、空气重介流化床选煤、摩擦选、磁选、电选等。与湿法选煤相比，干法选煤的优点显而易见，由于没有产品脱水和煤泥处理等一系列复杂过程而使工艺大为简单化，从而节省投资和生产成本，特别适合干旱缺水与高寒地区的需要。在干法选煤中最具代表性的是磁选煤和风力选煤。

（1）磁选煤

磁选主要用于精选细颗粒煤或从重介质选煤工艺流程中回收磁铁矿粉。磁选是利用颗粒的不同磁化特性进行分选的。一般认为与煤共生的黄铁矿和其他矿物质都具有弱顺磁性，但煤是逆磁性，因此，黄铁矿等矿物可被微弱地吸引到强磁场区，而煤被排斥开。

磁选机一般具有结构简单、处理量大、操作方便、易于维护等优点。

（2）风力选煤

风力选煤是利用空气作为分选介质的选煤方法。它是以空气和粉煤为介质，以空气流和机械振动为动力，使物料松散，按物料密度分选的选煤方法，主要用于排除各种煤炭中的矸石杂质、提高褐煤等易泥化煤及劣质煤分选精度、脱除高硫煤中硫铁矿硫等。

过去由于风选法的分离能力和分选效率很低，所以它的应用受到了很大限制，只适用于干旱缺水的地区选煤。而近年来风选理论和技术有了重大突破，设备有了很多改进，入选煤的级别明显放宽，甚至不分级煤，分选效率显著提高。因此，风力选煤将会逐渐引起了人们的广泛重视，因为这种选煤方法投资少，生产成本低，见效快。

第三节 配　　煤

焦炭质量的高低取决于炼焦煤的质量、煤的预处理和炼焦过程等。炼焦煤的制备是炼焦生产的第一道工序，该工艺过程包括来煤的接收、储存、倒运、粉碎、配合和混匀等工序。为了扩大煤源，可采用干燥、预热、捣固、配型煤、配添加剂等预处理方法。

一、配煤的意义

早期炼焦只用单种煤，随着工业的发展，炼焦煤储量明显不足。而且还存在着单种煤炼焦焦饼收缩小、推焦困难、膨胀压力大、容易损坏炉墙等缺点。为了克服这些缺点，采用了多种煤的配煤炼焦。

配煤炼焦就是将两种或两种以上的单种煤，均匀地按适当的比例配合，使各种煤之间取长补短，生产出优质的焦炭，并能合理利用煤炭资源，增加炼焦产品。

配煤炼焦可以少用好的焦煤，多用结焦性差的煤，使国家资源不但利用合理，而且还能获得优质产品。

二、单种煤的结焦特性

掌握单种煤的结焦特性是指导配煤比变化的主要依据。

(1) 褐煤

褐煤是煤化程度最低的煤,在隔绝空气加热时不产生胶质体,没有黏结性,不能单独炼成焦炭,但在配煤中可加入少量的褐煤以增加配煤的挥发分。

(2) 长焰煤

长焰煤是烟煤中煤化程度最低的煤,胶质体厚度小于5mm,结焦性能很差,不能炼出合格的焦炭。因长焰煤脆性小,一般难以粉碎,在配煤中配入长焰煤时,最好将其单独粉碎,以免影响焦炭质量的均匀性。

(3) 气煤

气煤挥发分含量高,黏结性低,收缩量大,膨胀压力小,在炼焦配煤中加入适量的气煤,即可炼出质量好的焦炭,又能增加化学产品产率,还便于推焦、保护炉体。

(4) 肥煤

肥煤的黏结性很高,配煤中加入肥煤,还可以加入黏结性差的煤种。肥煤挥发分高,可提高化学产品产率和煤气产率。肥煤收缩量很大,炼焦时形成的焦饼裂纹较多,且多以横裂纹出现,若配用肥煤量多,生成的焦炭易碎成小块,强度不好,耐磨性也差。

(5) 焦煤

焦煤受热能形成热稳定性能好的胶质体,配煤时加入焦煤,可以提高焦炭强度,是配煤的基础煤。但焦煤的膨胀压力大,收缩性小,在炼焦过程中对炉墙极为不利,易造成推焦困难。

(6) 瘦煤

瘦煤在这四种基本炼焦煤中,挥发分最低。配煤时配入量过多,会使配煤的黏结性降低,焦炭耐磨性能变差,易生成焦粉,炼不出好的焦炭。

(7) 贫煤

贫煤是煤化程度较高的烟煤,属于高变质程度的煤,没有黏结性,不能单独炼焦。在配煤中加入少量的贫煤可起瘦化作用。因贫煤硬度大,最好将其单独粉碎,以增加焦炭质量的均匀性。

(8) 无烟煤

无烟煤煤化程度最高,挥发分低,固定碳含量高,加热不产生胶质体,在没有瘦煤区的地方可配入无烟煤,但其密度大,脆性小,配入时应单独粉碎。另外,加入一定量的沥青或强黏结性煤作为黏结剂,可将无烟煤加压生产型焦。

三、配煤工艺指标

1. 配煤工业指标

(1) 配煤水分对焦炉产量的影响

配煤水分含量对焦炉产量有很大影响。煤料含水分多少影响堆密度大小。堆密度增大,产量增加;但水分过小,会恶化焦炉装煤操作环境;水分过大,会使装煤操作困难。如图2-5所示为煤料堆密度和水分的关系图。

由图2-5可知,干煤时堆密度最大,随着水分增加,堆密度逐渐降低,水分在6%~7%时,堆密度最小。随着水分增加,堆密度略有增加。

配煤堆密度的大小对焦炉生产有密切关系。堆密度大时,焦炉装煤多,且有利于焦炭强度提高。此外,配煤水分高时,消耗炼焦热量多,延长结焦时间。根据国内外生产数据,当配煤水分在 8% 左右时，每增减 1% 水分，结焦时间变动 20min 左右。配煤水分增大对焦炉寿命有很大影响。因为水分大的煤装入炉内，吸收炉墙大量热量，使炉墙温度剧烈下降，有损炉砖。

(2) 配煤灰分对焦炭质量影响

焦炭灰分主要来自配煤，所以应当严格控制配煤灰分。一般配煤成焦率为 75%～80%，其中配煤灰分全部转入焦炭，导致焦炭灰分要比配煤灰分大 1.4 倍左右。因此一般规定焦炭灰分小于 15%，配煤灰分小于 12%。

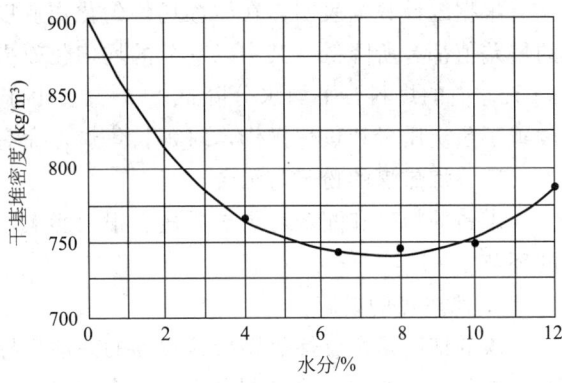

图 2-5　煤料堆密度与水分关系

2. 黏结性和膨胀压力

黏结性是配煤炼焦中首先应考虑的指标。黏结性是指煤在炼焦时形成熔融焦炭的性能。煤加热生成胶质体状态时，胶质体中液体的多少决定着其黏结性的好坏，液体多，流动性大，黏结性好。

膨胀压力是配煤中的指标。膨胀压力的大小与煤在热解中形成的胶质体的性质有关。一般挥发分高的煤膨胀压力小；胶质体透气性差，膨胀压力大。膨胀压力促进胶质体均匀化，有助于焦炭质量的提高。膨胀压力过大，能损坏炉墙。通过试验证明结焦性好的煤膨胀压力为 8～15kPa。

3. 粉碎度

煤料必须粉碎才能均匀混合。煤料粉碎度（又叫细度）是指粉碎后配合煤中的小于 3mm 的煤料量占全部煤料的质量分数。煤粉碎混匀，才能炼得熔融性好、质量均一的焦炭。

装炉配煤粒度一般控制在小于 3mm 的煤料占 90% 左右。粉碎过细，不仅粉碎机动力消耗增大，设备生产能力降低，而且装炉煤的堆密度下降，焦炭质量受到影响。粉碎过粗，配合煤混合不均匀，焦炭内部结构不均一，强度降低。具体配煤操作中，从焦炭质量出发，不同煤种选择不同要求。黏结性强的煤不能细碎，黏结性差的煤和惰性物质应细碎，使其均匀分散，这样可使黏结性成分不瘦化，堆积密度又能提高。消除惰性成分的大颗粒可使黏结性弱的煤料提高黏结性。

四、原料煤的接受和储存

原料煤的接受是备煤车间的第一道工序。接受煤时应先按规定取样分析来煤的水分、灰分、硫分和结焦性，以核准和掌握煤种和煤质。然后根据煤种不同，分别卸到指定位置，防止不同煤种在卸煤过程中互混。各种煤的卸煤场地必须保持清洁，更换堆放场地时要彻底清扫，这样才能做到配煤质量稳定。

储煤时要保证各种来煤都有一定的储备量，如因煤矿或运输部门的原因，原煤未能及时运到，储煤场的存煤可补足这一部分煤料。因此在煤场管理时，需根据各类煤的配用量，向煤矿和运输部门提出各类煤的供煤计划，及时组织调运。焦化厂的来煤，最好全部先进入煤场堆储，经过煤场作业可实现煤质的均匀化和脱除水分，以保证煤料质量的稳定。

根据统计数据表明,在经煤场均匀化作业以后,水分、挥发分、灰分、硫分等多项指标的偏差值都有所降低,其中以灰分的均匀化效果最为明显。统计数据还表明,经过煤场堆储10天左右的煤料,平均水分降低2.33%。由于水分的降低和稳定,减少了煤炉的耗热量,改善了焦炭质量和焦炉操作,对延长焦炉寿命有利,同时还有利于配煤槽均匀出料。

五、炼焦煤的粉碎与配合

煤料的粉碎和配合对焦炭质量有很大影响,因此煤的粉碎与配合是配煤工艺中十分重要的环节之一。

1.炼焦煤的粉碎

煤的细度是衡量炼焦煤粉碎程度的一项指标,也是装炉煤质量控制的指标之一。煤的细度用0~3mm粒级占全部煤的质量分数来表示,常规炼焦细度为72%~80%,配型煤炼焦为85%,捣固炼焦为90%以上。

各种煤其硬度和脆度有很大差异,粉碎性也不同。中等变质程度的焦煤、肥煤黏性大,活性成分多,容易被粉碎;低变质程度和高变质程度的煤,如长烟煤、气煤、瘦煤和无烟煤,黏结性差,含惰性成分多,粉碎性小,且不易粉碎。

2.配煤工艺

我国常用的配煤系统是由配煤槽依靠其下部的定量给料设备进行配煤。

3.备煤车间的工艺流程

为保证配合煤粒度的最佳组合,提高焦炭质量,必须选择合理的粉碎工艺。各焦化厂根据各自不同的煤料及场地的差异,可选择不同的粉碎工艺。

(1)先配后粉工艺流程

先配合后粉碎是将炼焦煤料的各单种煤,先按规定比例配合,再进行粉碎的工艺流程,简称"混破"工艺,工艺流程如图2-6所示。

图2-6 先配后粉工艺流程

先配后粉在许多焦化厂普遍采用,其特点是工艺流程简单、设备较少、布局紧凑、操作方便。但在操作中不能根据不同的煤种进行不同粒度的粉碎,因此只适用于煤质较均匀、黏结性较好煤料。对硬度差别较大的煤质,粉碎粒度不均匀,对焦炭质量有一定影响。

(2)先粉后配工艺流程

这种工艺流程是将炼焦煤的各单种煤,按各自不同的性质进行同细度的粉碎,然后按规定的比例配合和混合。如图2-7所示为该工艺流程示意图。该工艺过程复杂,需多台粉碎机,且配煤后还需设有混合设备,故投资大,操作复杂。

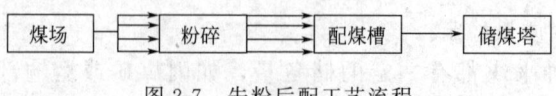

图2-7 先粉后配工艺流程

为简化工艺,当炼焦煤只有1~2种硬度较大的煤时,可先将硬质煤粉碎,然后再按比例与其他煤配合、粉碎。也可以先将配合煤的各单种煤分组粉碎,先按不同性质和要求分组合,分别粉碎到不同细度,最后再混合(图2-8),该简化后的工艺减少了粉碎设备。此工

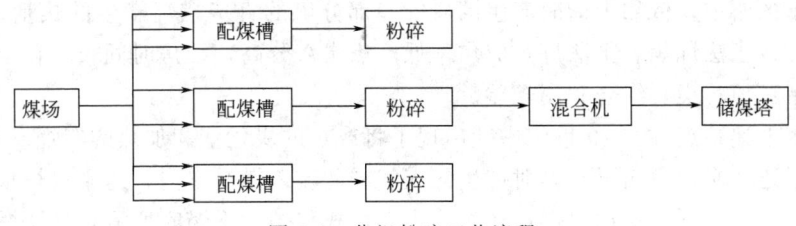

图 2-8　分组粉碎工艺流程

艺用于生产规模较大、煤种较多和煤质有显著差别的焦化厂。

(3) 选择粉碎工艺流程

根据煤质不同，可选择相应的粉碎工艺流程。对于结焦性能较好，但岩相组成不均一的煤料，可采用先筛出细颗粒的单程循环选择粉碎流程，如图 2-9 所示。

煤料在倒运和装卸过程中，黏结组分和活性组分含量高的煤易粉碎，大多数颗粒较小，避免过细粉碎，先过筛将它们筛出后，再将粒度较大的惰性组分煤块送入粉碎机粉碎。然后与原料煤在混合转筒中混合，再筛出细粒煤，筛上物再循环粉碎，这样可将各种配合煤粉碎到大致相同的粒度，从而改善结焦性能。如图 2-10 所示是一种两路平行选择粉碎的工艺流程，适用于两类结焦性差别较大的煤，它可按结焦性能、硬度及粒度要求，分别控制筛分粒级，以达到合理的粒度。

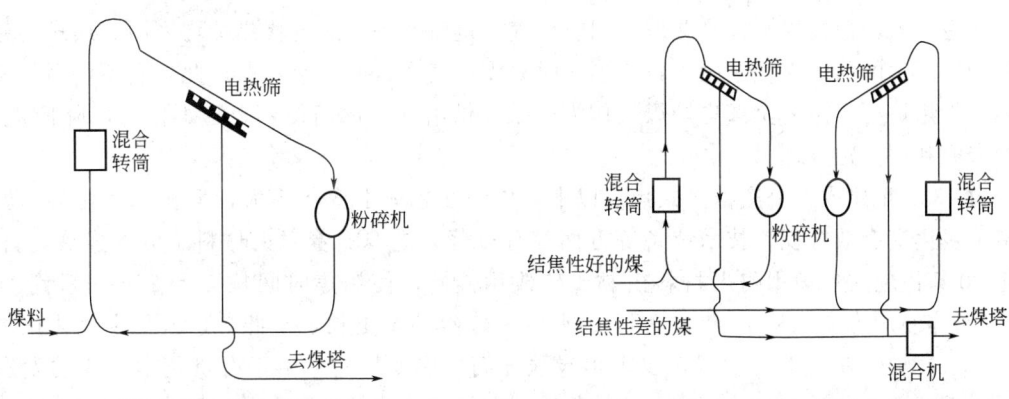

图 2-9　单程循环选择粉碎工艺流程　　　图 2-10　两路平行选择粉碎工艺流程

邯钢焦化厂利用在粉碎机前增加电热筛的方法，使小于某一粒度的煤料不通过粉碎机，而直接经旁路进入粉碎机后的胶带输送机上，改善了入炉煤料的粒度分布，节省了粉碎机的动力消耗。

第四节　炼焦炉及其机械设备

一、炼焦炉

(一) 炼焦炉的发展阶段及现代焦炉的基本要求

焦炉是炼制焦炭的工业窑炉，焦炉结构的发展大致经过四个阶段，即成堆干馏（土法炼焦）、倒焰式焦炉、废热式焦炉和现代的蓄热式焦炉。

中国早在明代就出现了用简单的方法生产焦炭的工艺，它类似于堆式炼制木炭，将煤置于地上或地下的窑中,依靠干馏时产生的煤气和部分煤的直接燃烧产生的热量来炼制焦炭,称为成堆干馏或土法炼焦。土法炼焦成焦率低,焦炭灰分高,结焦时间长,化学产品不能回收,还造成了环境污染,综合利用较差。

为了克服上述缺点,在19世纪中叶出现了将成焦的炭化室和加热的燃烧室分开的焦炉,隔墙上设有通道,炭化室内煤干馏时产生的煤气经此流入燃烧室内,与来自炉顶的通风道内的空气混合,自上而下边流动边燃烧,故称为倒焰式焦炉,干馏时所需热量从燃烧室经炉墙传给炭化室内的煤料。

随着化学工业的发展,要求从干馏煤气中回收有用的化学产品,为此将炭化室和燃烧室完全隔开,炭化室内生产的荒煤气送到回收车间分离出化学产品后,净煤气再送回燃烧室内燃烧或民用。1881年德国建成了第一座回收化学产品的焦炉。由于煤在干馏过程中产生的煤气量及煤气组成是随时间变化的,所以炼焦炉必须由一定数量的炭化室组成,各炭化室按一定的顺序装煤、出焦,才能使全炉的煤气量及煤气组成接近不变,以实现稳定的连续生产,这就出现了炼焦炉组。焦炉燃烧产生的高温废气直接排入大气,故称为废热式焦炉,这种焦炉所产生的煤气几乎全部用于自身的加热。

燃烧生成的1200℃的高温废气所带走的热量相当可观,为了减少能耗、降低成本,并将节余部分的焦炉煤气供给冶金、化工等部门作原料或燃料,又发展成为具有回收废气热量装置的换热式或蓄热式焦炉。换热式焦炉靠耐火砖砌成的相邻通道及隔墙,将废气热量传给空气,它不需换向装置,但易漏气,回收废气热量效率差,故近代焦炉均采用蓄热式。蓄热式焦炉所产生的焦炉煤气,用于自身加热时只需煤气产量的一半左右,此外它还可用贫煤气加热,将焦炉所产生的全部焦炉煤气作为产品提供给其他部门使用,这不仅可以降低成本,还使资源利用更加合理。

自1884年建成第一座蓄热式焦炉以来,焦炉在总体上变化不大,但在筑炉材料、炉体构造、炭化室有效容积、技术装备等方面都有显著改进。随着耐火材料工业的发展,自20世纪20年代起,焦炉用耐火材料由黏土砖改用硅砖,使结焦时间从24~28h缩短到14~16h,炉体使用寿命也从10年左右延长到20~25年甚至更长,至此,进入了现代化焦炉阶段。由于高炉炼铁技术的发展,要求焦炭强度高,块度均匀;由于有机化学工业的发展需要,也希望提高化学产品的产率。这就促进了对炉体构造的研究,使之既实现均匀加热以改善焦炭质量,又能保持适宜的炉顶空间温度以控制二次热解而提高化学产品的产率。

近年来,焦炉向大型化、高效化发展,焦炉发展的主要方向是大容积,20世纪20年代,焦炉炭化室高度达4~4.5m。此后,不断出现炭化室更高、容积更大的焦炉,到80年代初德国的曼内斯曼公司建成炭化室高7.85m的焦炉。到现阶段,一些技术较发达的国家所建的焦炉多为6~7.5m。目前,德国TKS公司建成年产260万吨的超大型炉组,炭化室的有效容积为90m^3(20.8m×0.6m×8.4m)、每孔装湿煤79t,每孔产焦54t,同时采用致密硅砖,减薄炭化室墙和提高加热火道的标准温度。

焦炉的发展趋势应满足下列要求。

① 生产优质产品。为此焦炉应加热均匀,焦饼长向和高向加热均匀,加热水平适当,以减轻化学产品的裂解损失。

② 生产能力大,劳动生产率和设备利用率高。为了提高焦炉的生产能力,应采用优质耐火材料,从而可以提高炉温,促进炼焦速度的提高。

③ 加热系统阻力小，热工效率高，能耗低。
④ 炉体坚固、严密、衰老慢、炉龄长。
⑤ 劳动条件好，调节控制方便，环境污染少。

(二) 焦炉炉体结构

现代焦炉有多种炉型，但大多是根据火道结构、加热煤气种类及其入炉方式、蓄热室结构和装煤方式的不同而进行的分类。焦炉结构的变化与发展，主要是为了更好地解决焦饼加热的均匀性，节能降耗，降低投资及成本，提高经济效益。为了保证焦炭、煤气的质量及产量，不仅要有合适的煤配比，而且还需有合理的焦炉结构。现代焦炉的结构如图2-11所示，炉体最上部是炉顶，炉顶之下为依次相间的燃烧室和炭化室，炉体下部有蓄热室，蓄热室通过斜道区将燃烧室连接起来，每个蓄热室下部的小烟道通过废气开闭器与烟道相连。烟道设在焦炉基础内或基础两侧，烟道末端通向烟囱，故焦炉是由三室两区组成的，即炭化室、燃烧室、蓄热室、斜道区、炉顶区和基础部分。

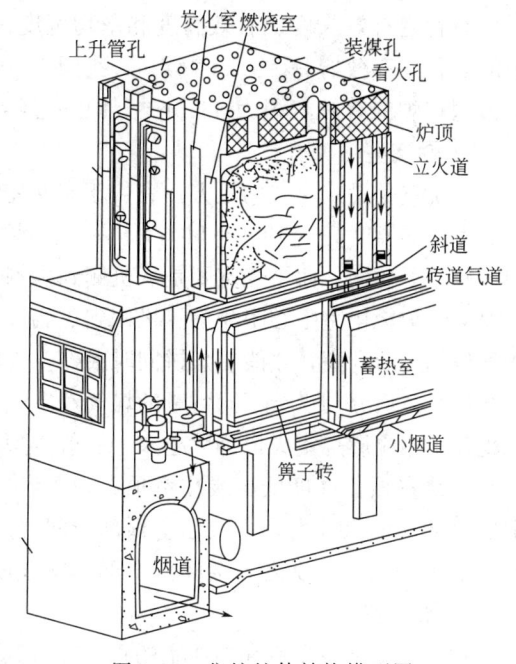

图 2-11　焦炉炉体结构模型图

1. 炭化室

炭化室是接受煤料并对其隔绝空气进行干馏的区域。炭化室两侧是燃烧室，顶部有3~5个加煤孔，并有1~2个导出干馏煤气的上升管。炭化室两端有炉门。整座焦炉靠推焦车一侧称为机侧，另一侧称为焦侧。顶装煤的焦炉，焦侧宽度大于机侧，两侧宽度之差称锥度，一般焦侧比机侧宽30~80mm。捣固焦炉由于装入炉的捣固煤饼以及机侧、焦侧宽度相同，故锥度为零或很小。由于机、焦两侧宽度不同，通常所说的炭化室宽度是指平均宽度。

炭化室宽度一般在400~550mm。宽度减小能使结焦时间大大缩短，但宽度太窄会使推焦困难，操作次数频繁，污染环境，增加耐火材料用量，所以炭化室宽度一般不小于350mm。宽度也不宜过大，因为增加宽度，虽然焦炉的容积增大，装煤量增多，但煤料传热不良，随炭化室宽度的增加，结焦速度降低，结焦时间也大为延长。

炭化室长度为13~17m，其全长减去两侧炉门衬砖伸入炭化室的长度称为有效长度。增加炭化室长度，有利于提高焦炉生产能力，但长度的增加取决于推焦机械装备，如推焦杆和平煤杆的热强度以及炭化室长向加热的均匀性等，因此大容积焦炉的炭化室长度一般不超过17m。

国内炭化室高度一般为4~6m，国外可达8m或8m以上。炭化室全高减去平煤后顶部空间的高度（即装煤线高度）称炭化室的有效高度。顶部空间一般为300mm。增加炭化室高度是提高生产能力的重要措施。高度增加，装煤量增加，装煤的堆积密度相应增加，这有利于焦炭质量的提高。但增加炭化室高度，会受高向加热均匀性的限制。为使炉墙具有足够的强度，随着高度的增加，必须相应增加炭化室和燃烧室的隔墙厚度；为防止炉体变形和炉门冒烟，应有坚固的护炉设备和有效的炉门清扫机械。因此选择炭化室高度应综合考虑各项技术经济指标，不能脱离实际，片面追求焦炉炭化室的大型化。

炭化室有效长度、有效高度和平均宽度三者的乘积称为炭化室的有效容积。一般大型焦炉的炭化室有效容积为 21~40m³。我国 5.5m 高的大型焦炉的有效容积为 35.4m³，6m 高的大型焦炉的有效容积为 38.5m³。国外近年来的大型焦炉的有效容积可达 50~90m³。

2. 燃烧室

燃烧室是燃烧煤气的地方，它位于炭化室两侧，燃烧室比炭化室稍宽，以利于辐射传热，燃烧室墙面温度高达 1300~1400℃。每座焦炉的燃烧室都比炭化室多一个。炭化室宽度从机侧到焦侧逐渐变宽，而燃烧室则是从机侧到焦侧逐渐变窄，但燃烧室和炭化室锥度相等，这样才能保证焦炉炭化室中心距相等。机侧到焦侧逐渐变宽，装煤量逐渐增多，燃烧室温度只有从机侧到焦侧逐渐升高，才能使焦饼同时成熟。为此用隔墙将燃烧室分成了一个个的立火道，以便按照温度高低分别供给不同数量的煤气和空气，同时增强了燃烧室砌体的结构强度。炭化室长度越长，相应燃烧室火道个数越多，一般大型焦炉的燃烧室有 26~32 个立火道。

燃烧室顶盖高度低于炭化室顶部，两者之差称为加热水平高度，它是炉体结构中的一个重要尺寸。该尺寸太小，炭化室顶部空间温度过高，不利于提高焦化产品的质量和产率，还会增加炉顶积炭；反之，会降低上部焦饼温度，影响焦饼上下均匀成熟。

3. 蓄热室

蓄热室位于炭化室和燃烧室的正下方，其上经斜道同燃烧室相连，其下经废气盘分别同分烟道、贫煤气管道和大气相通。蓄热室用来回收焦炉燃烧废气的热量并预热贫煤气和空气。蓄热室自上而下由蓄热室顶部空间、格子砖、箅子砖和小烟道，以及主墙、单墙和封墙组成。下喷式焦炉，主墙内还设有直立砖煤气道。蓄热室墙多用硅砖砌筑，如图 2-12、图 2-13 所示。

小烟道和废气盘连接，通过废气盘向蓄热室交替地导入冷煤气、空气和排出热废气。由于交替变换的冷、热气流温差较大，为承受温度的急变并防止气体对墙面的腐蚀，小烟道内砌有黏土衬砖。小烟道黏土衬砖上砌有箅子砖，如图 2-13 所示。箅子砖的孔径大小改变可使气流沿长向分布均匀。箅子砖上架设格子砖，目前较常采用的是九孔薄壁格子砖，如图 2-14 所示。安装时上下砖孔要对准，以降低蓄热室阻力，蓄热室内温度变化大，故格子砖采用黏土砖。格子砖的作用是当废气气流下降时，用来吸收其热量；当气流上升时，将积蓄热量传给贫煤气或空气。格子砖上部留有顶部空间，主要使上升或下降气流在此混匀，然后以均匀的压力向上或向下分布。

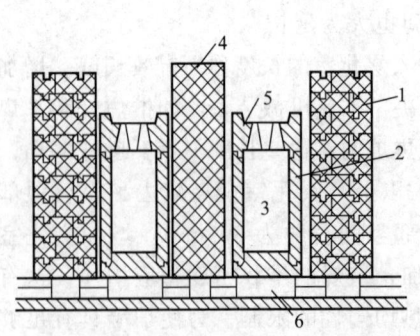

图 2-12 焦炉蓄热室结构图
1—主墙；2—小烟道黏土衬砖；3—小烟道；
4—单墙；5—箅子砖；6—隔热砖

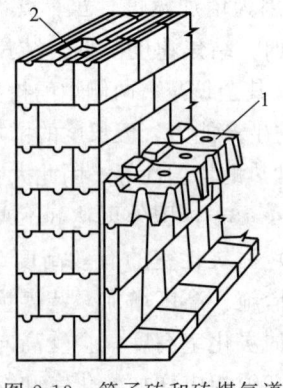

图 2-13 箅子砖和砖煤气道
1—扩散型箅子砖；2—直立砖煤气道

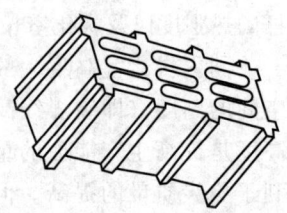

图 2-14 九孔薄壁格子砖

当用焦炉煤气加热时，不需要预热。因为焦炉煤气热值高，直接由砖煤气道通入立火道燃烧即可。若焦炉煤气进入蓄热室预热，会因受热分解生成石墨，造成蓄热室堵塞，且预热后会增大燃烧速度，火焰变短，造成高向加热不均匀。

蓄热室隔墙包括中心隔墙、单墙和主墙。中心隔墙将蓄热室分成机侧和焦侧两个部分，通常两个部分的气流方向相同。单墙是同向气流之间的隔墙，一侧为上升煤气，另一侧为上升空气，压力接近，串漏的可能性小。主墙是异向气流之间的隔墙，即一组上升煤气和空气的蓄热室与另一组下降废气的蓄热室之间的隔墙，主墙两边压差大，易漏气。当上升煤气漏入下降蓄热室时，不但会损失煤气，而且会发生"下火"现象，严重时可烧熔格子砖、蓄热室隔墙，使废气盘变形，所以主墙必须坚固和严密，因此多用厚度较大且用带舌槽的异型砖砌筑。

封墙的作用是密封和隔热。焦炉生产时，蓄热室内始终是负压，如果封墙不严密，空气漏入上升空气蓄热室，使炉头格子砖温度下降，导致边火道温度骤降，会出现生焦；空气漏入贫煤气蓄热室，煤气可能在蓄热室上部燃烧，降低了炉头火道温度，又可能烧熔局部的格子砖；外界空气漏入下降蓄热室会使废气温度降低，减小烟囱吸力。封墙能降低蓄热室走廊温度，起到隔热的作用，还可以改善劳动条件；同时为了减少热损失，封墙的绝热性能必须良好。封墙内外用抗急冷急热黏土砖，中间用隔热砖砌成，总厚度约为400mm；外部用硅酸铝纤维保温，表面刷白或覆以银白色保护板。

4. 斜道区

连通蓄热室和燃烧室的通道称为斜道。它位于蓄热室顶部和燃烧室底部之间。斜道区结构复杂，砖型很多，不同类型焦炉的斜道区结构有很大差异。如图2-15为JN型焦炉斜道区的结构图，每个立火道底部都有两条通道，一条通向空气蓄热室，另一条通向贫煤气蓄热室。复热式焦炉还有一条砖煤气道通向焦炉煤气。

燃烧室的每个立火道与相应的斜道相连。当用贫煤气加热时，一个斜道送入煤气，另一个斜道送入空气，换向后这两个斜道均导出废气；当用焦炉煤气加热时，由两个斜道送入空气或导出废气，而焦炉煤气由垂直砖煤气道进入。

斜道是变截面的，这些通道各走各的气体，它们距离接近，压力不同，容易漏气，所以结构必须保证严密。斜道区设有膨胀缝和滑动缝，以吸收砖体的线膨胀，排砖时各膨胀缝应错开，膨胀缝不应设在异向气流、炭化室底和蓄热室封顶等处，以免漏气。

斜道的倾斜角一般不应低于30°，以免积灰和存物，日久堵塞。图2-15 JN型焦炉斜道区结构中斜道断面逐渐缩小的夹角应小于7°，以减少阻力。同一火道内的两条斜道出口中心线的夹角尽量减小，它决定着火焰高度，近年来斜道出口中心线定角约20°。斜道出口收缩和突然扩大产生的阻力应约占整个斜道阻力的75%，这样当改变斜道口调节砖厚度时，可以改变出口截面积，有效调节煤气量和空气量。

5. 炉顶区

炭化室盖顶砖以上部位即为炉顶区，如图2-16所示。炉顶区设有装煤孔、上升管孔、看火孔、烘炉孔及拉条沟。为减少炉顶区散热，改善炉顶区的操作条件，在不受压力的实体部位用隔热砖砌筑，实体部位需设置膨胀缝。炭化室和燃烧室的盖顶砖用硅砖，其他部位采用黏土砖，炉顶表面用耐磨性好、能抵抗雨水侵蚀的缸砖砌筑。JN型焦炉看火孔盖下方设有挡火砖。我国现代焦炉炉顶区高度为1000~1250mm。

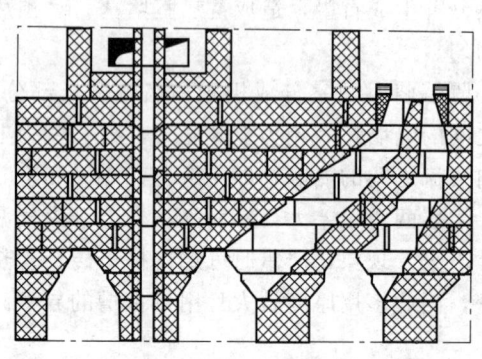

图 2-15　JN 型焦炉斜道区结构

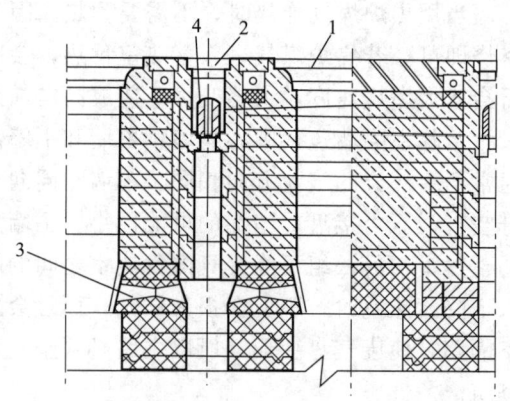

图 2-16　焦炉炉顶区结构
1—装煤孔；2—看火孔；3—烘炉孔；4—挡火砖

烘炉孔是设在装煤孔、上升管孔等处连接炭化室与燃烧室的通道。烘炉时，燃料在炭化室两封墙外的烘炉炉灶内燃烧后，废气经炭化室和烘炉孔进入燃烧室。烘炉结束后，用塞子砖堵死烘炉孔。

为了装煤顺利，装煤孔呈喇叭状。炉顶还有纵横拉条沟和装煤车轨道，此外，在多雨地区，炉顶最好有一定的坡度以供排水。

6. 焦炉基础和烟道

蓄热室下部设有分烟道，来自各下降蓄热室的废气流经各废气盘，分别汇集到机侧或焦侧的分烟道内，进而在炉组端部的总烟道汇合后导向烟囱根部，借烟囱吸力排入大气，以便燃烧所需空气进入加热系统。烟道用钢筋混凝土浇筑而成，内砌黏土衬砖。分烟道与总烟道衔接处之前设有吸力自动调节翻板，总烟道与烟囱衔接处之前设有闸板，用以分别调节吸力。

焦炉基础位于焦炉的地基之上，炉体的底部。焦炉基础起着支承整个炉体、设备、炉料和车辆的作用。焦炉基础包括基础结构和抵抗墙构架两部分。基础结构形式根据煤气供入方式，有下喷式（图 2-17）和侧喷式两种（图 2-18）。下喷式焦炉基础是一个地下室，由底板、顶板和支柱组成。侧喷式焦炉基础是无地下室的整片基础。这两种形式的焦炉基础的分烟道均位于基础结构的机、焦两侧。

抵抗墙对炉体的纵向膨胀起一定的约束作用，因此炉顶设置纵拉条，来限制炉体纵向膨

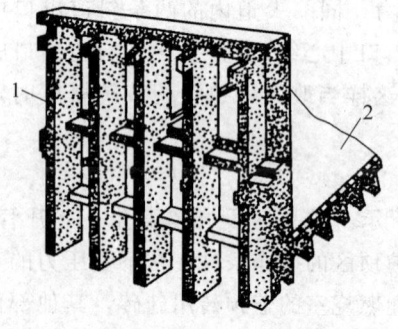

图 2-17　下喷式焦炉基础结构
1—抵抗墙构架；2—基础

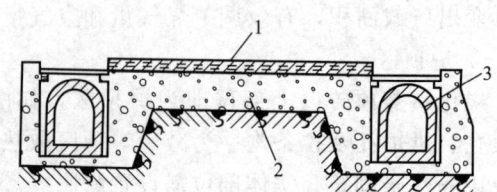

图 2-18　侧喷式焦炉基础结构
1—隔热层；2—基础；3—烟道

胀变形，约束抵抗墙柱顶的位移。

（三）主要炉型介绍

1. 焦炉的分类

现代焦炉因装煤方式、火道结构、加热煤气种类及入炉方式、实现高向加热均匀性的方式不同等分成许多形式。

（1）根据装煤方式不同分类

根据装煤方式焦炉可分为顶装（散装）焦炉和侧装（捣固）焦炉。两种焦炉的总体结构没有原则上的差别，但捣固焦炉为适应捣固煤饼侧装的要求，有以下特点。

① 捣固焦炉的炭化室锥度较小（0~20mm）。

② 为保证煤饼的稳定，煤饼的高宽比有一定的限制，国内已有炭化室高度高于6m的捣固焦炉。

③ 捣固煤饼靠托煤板送入炭化室，它对炭化室底层炉墙的磨损较严重，炭化室以上第一层炉墙砖需特别加厚。

④ 炉顶只需设1~2个供消烟车抽吸装炉时粗煤气或烧除沉积炭用的孔。

（2）根据火道结构不同分类

根据火道结构焦炉可分为二分式、双联式及少数的过顶式焦炉。目前二分式焦炉已基本淘汰，在我国双联式火道被大型焦化厂广泛采用。双联式焦炉是指燃烧室中每相邻火道联成一对，一个是上升气流，另一个是下降气流。

（3）根据煤气的加入方式不同分类

根据煤气的加入方式焦炉可分为下喷式或侧入式。下喷式焦炉加热用的煤气（或空气）由焦炉下部经垂直砖煤气道进入火道。侧入式焦炉是指焦炉煤气由焦炉两侧水平砖煤气道进入火道。

（4）根据加热方法不同分类

根据加热方式焦炉可分为单热式焦炉或复热式焦炉。单热式焦炉是指从炉体结构上只能用一种煤气加热。复热式是指可用两种煤气加热。

（5）根据高向加热均匀性方式不同分类

高向加热方式分为高低灯头、分段燃烧和废气循环三种方式。现在废气循环式被广泛采用。

① 高低灯头。双联火道中，单数火道为低灯头，双数火道为高灯头，火焰在不同高度燃烧，以改善高向加热的均匀性。

② 分段燃烧。将空气和贫煤气沿火道在不同的高度上通入火道中燃烧，一般分为上、中、下三点，使其分段燃烧。

③ 废气循环。由于废气是惰性气体，将它加入煤气中，可以降低煤气中可燃组分浓度，从而使燃烧反应速率降低，火焰拉长，保证高向均匀加热。

2. 主要炉型

我国现有的焦炉炉型较多，1953年以前主要炉型有奥托型、考贝型、索尔维型等老炉。1958年之后，我国成功设计了具有世界先进水平的大型的双联火道式的58型焦炉，以及小型焦炉和中型焦炉。改革开放以来，我国又引进和自行设计建造了一批具有世界先进水平的新型焦炉，由日本引进的新日铁M型焦炉（上海宝钢焦化厂），鞍山焦化耐火材料设计研究院为宝钢二期工程设计的 6m 高的下喷式 JNX60-87 型焦炉，JN43-58 型焦炉的改进型下调式 JNX43-83 型焦炉以及 1982 年设计的 6m 高焦炉 JN60-82 型和捣固焦炉等。

目前，应用较多的是双联火道、废气循环、加热煤气下喷的复热式焦炉。

(1) JN 型焦炉

由鞍山焦化耐火材料设计研究院设计的焦炉，其结构特点是双联火道带废气循环，焦炉煤气下喷的复热式焦炉，如图 2-19 所示。它们的炭化室高分别为 5.5m 和 6m，每个炭化室下面设两个宽度相同、气流方向也相同的蓄热室，一个是煤气蓄热室，另一个是空气蓄热室，在燃烧室下方异向气流蓄热室之间的主墙内设垂直砖煤气道，焦炉煤气通过它供入炉内。

用高炉煤气加热时，高炉煤气和空气通过炭化室下方的两个蓄热室与其上方的炭化室两侧的燃烧室相通，一侧连单数火道，另一侧连双数火道，如图 2-20 所示。蓄热室内气流方向成对相同，气流途径如图 2-21 所示，图中所示为一种交换状态。

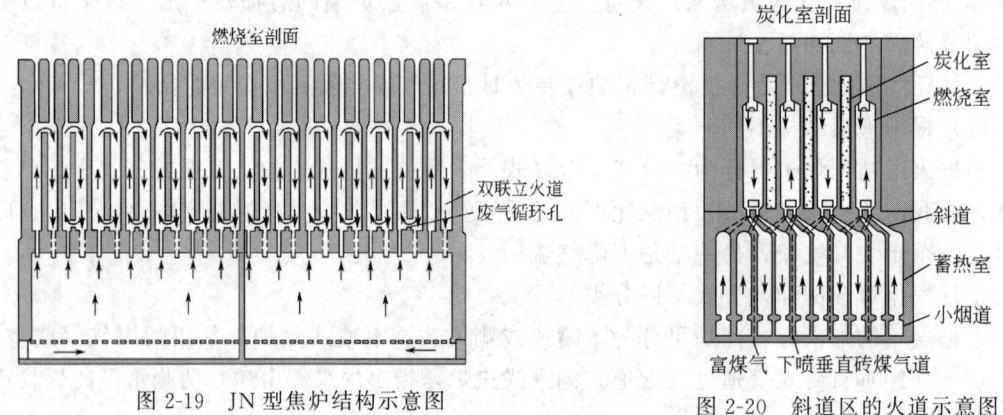

图 2-19　JN 型焦炉结构示意图　　图 2-20　斜道区的火道示意图

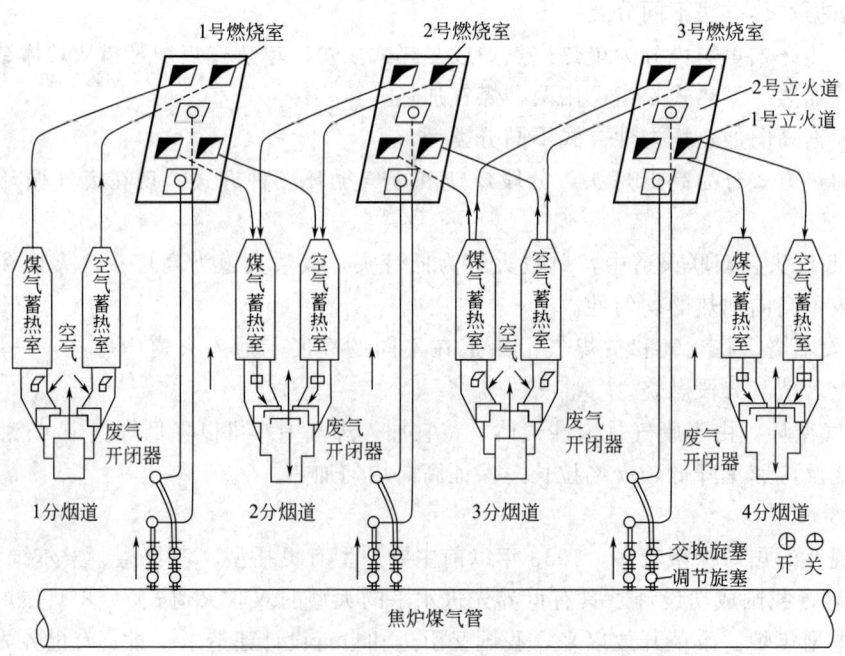

图 2-21　JN 型焦炉气流途径示意图

用焦炉煤气加热时，蓄热室全部预热空气，焦炉煤气经焦炉煤气主管 1-1、2-1、3-1 旋塞，由下排横管经垂直砖煤气道，进入单数燃烧室的双号火道和双数燃烧室的单号火道，空气则由单数蓄热室进入这些火道与煤气混合燃烧。废气在火道内上升经跨越孔由与它相连的火道下降，经双数蓄热室、交换开闭器、分烟道、总烟道，最后由烟囱排入大气。

面对焦炉的机侧，从左到右，单数号蓄热室均为煤气蓄热室，双数号蓄热室均为空气蓄热室。

JN 型焦炉经过几十年的改进，我国现在大型焦炉有 JN-60 型焦炉和 JNX60 型焦炉。其基本结构与 JN 型焦炉基本相同，它们的炭化室高均为 6m。与 JN-43 型焦炉相比，各部分尺寸有所变化，局部结构有所改进。每个燃烧室由 32 个立火道组成，边火道断面比中间火道小，减少了炉头火道的热负荷，提高了炉头焦的温度。焦炉煤气加热时增加循环孔、跨越孔的尺寸，以增加废气循环量，再加上采用高低灯头结构，能够保证高向加热均匀。

(2) TJL43-50D 型捣固焦炉

由中国化学工程第二设计院设计的中国第一座 4.3m 捣固焦炉（21 锤固定连续捣固炼焦），该炉炭化室高 4.3m，宽 500mm，为宽炭化室、双联火道、废气循环、下喷单热式、捣固侧装焦炉结构，由该炉生产的焦炭质量符合国家一级冶金焦的指标。

2006 年 7 月，中国化学工程第二设计院开发设计的 5.5m 捣固焦炉，使中国的捣固炼焦技术提高到了一个新的水平，结束了我国只能设计 4.3m 捣固焦炉的历史。该焦炉为 TJI5550D 型捣固焦炉具有双联火道、废气循环、下喷、复热式、侧装煤，在开发试验中能将 31.1t 散煤捣成略小于炭化室，高 5.5m，宽 0.5m，长 15.9m 的巨型煤饼，装入炭化室干馏成焦，结焦率达 78.4%。该捣固焦炉用于云南省云维集团 200 万吨/年焦化工程，这种捣固焦炉可以用于多配高挥发分弱黏结性煤或掺入焦粉生产优质高炉用焦和铸造焦，也可用 100% 高挥发分煤生产气化焦。是目前国内炭化室最高、炭化室容积最大的新型捣固焦炉。使用这种捣固焦炉可以提高焦炭的产量和质量，产生的煤气和煤焦油可以回收利用，且消烟除尘设施的可靠性、实用性、机械化、自动化、大型化均达到国际先进水平，是我国焦化设计技术的一个新里程碑。

2006 年 12 月 28 日云南云维 200 万吨/年焦化工程中顺利推出第一炉焦，经现场考察焦炉运行正常，产品达到优质指标。这是我国拥有自主知识产权的捣固型焦炉大型化、系列化技术的又一个新纪录。

二、护炉设备

1. 护炉设备（护炉铁件）的作用

焦炉砌体的建筑材料主要是硅砖，在烘炉和生产过程中，二氧化硅晶体形态会发生变化；推焦过程中炭化室的炉门及炉体会受到很大的机械作用力，使得炉体特别是炉头产生周期性的收缩和膨胀，容易产生裂缝和损坏。为了使炉体在上述情况下能够适应生产需要，减少破损，所以要安装护炉设备。保护焦炉砌体的完整性和严密性的炉体附件统称为护炉设备，如图 2-22 所示。

护炉设备的主要作用是利用可调节弹簧，连续不断地向砌体施加保护性压力，使砌体在自身膨胀和外力作用下仍能保持完整性和严密性，并有足够的强度，从而保证焦炉的正常生产。

护炉设备对炉体的保护分别沿炉组长向（纵向）和燃烧室长向（横向）分布，纵向为两

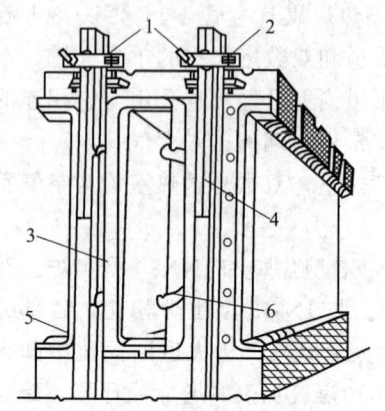 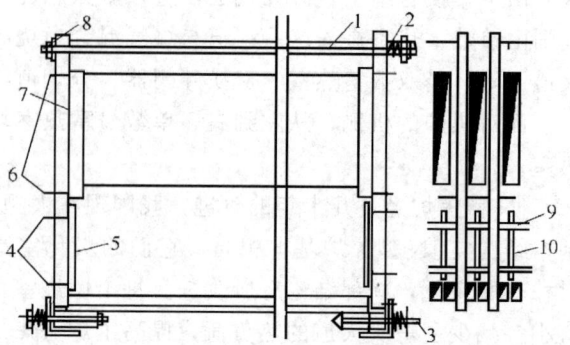

图 2-22 护炉设备装配简图
1—拉条；2—弹簧；3—炉门框；
4—炉柱；5—保护板；6—炉门挂钩

图 2-23 炉柱、横拉条和弹簧装配示意图
1—上部横拉条；2—上部大弹簧；3—下部横拉条；
4—下部小弹簧；5—蓄热室保护板；6—上部小弹簧；
7—炉柱；8—木垫；9—小横梁；10—小炉柱

端抵抗墙、弹簧组、纵拉条。横向为两侧炉柱、上下横拉条、弹簧、保护板和炉门框等。

2. 保护板、炉门框

保护板的作用是保护炉头砌体不受损坏，同时通过它将弹簧经炉柱传递给砌体的压力分布在燃烧室炉间砌体上。炉门框的主要作用是固定炉门，并与炉门相配合密封炭化室。保护板的材质是铸铁，不同的保护板与炉门框的连接方式不同。

炉门框与炉头或保护板间的密封，过去采用石棉绳，由于石棉绳最高工作温度约为530℃，且没有弹性，当炉门框稍有变形就会出现缝隙，致使炉头冒烟。国外有用陶瓷纤维毡代替石棉绳的介绍，因其工作温度高，且具备高温密封材料的基本要求，近几年来使用陶瓷纤维的炉门框，尚无漏气现象。

3. 炉柱

炉柱是用两根工字钢（或槽钢）焊接而成的，安装在机、焦两侧的保护板外面，由上下横拉条将机、焦两侧的炉柱拉紧。使砌体或砖缝始终处于压缩状态，限制炉体伸长，保持砌体完整严密。焦侧的上部横拉条因受焦饼推出时的烧烤，故不设弹簧。横拉条在机侧的上、下部及焦侧下部均装有大弹簧。护炉设备的保护性压力，就是上、下两个大弹簧的弹力拉紧横拉条而作用到炉柱上，然后由炉柱分配到沿炉体高向的各个区域。所以当护炉设备正常时，炉柱应处于弹性变形状态；炉柱内沿高向设四线小弹簧，分别压紧燃烧室和蓄热室保护板，如图 2-23 所示。

炉柱通过保护板和炉门框承受炉体的膨胀压力，同时又将炉柱本身和弹簧的外加力传给炉体保护性压力，从而保持砌体的稳定，炉体完整严密。因此，炉柱是护炉设备中最主要的部件。

另外炉柱还起着架设机侧和焦侧操作台、支撑集气管的作用。大型焦炉的蓄热室单墙上还装有小炉柱，小炉柱经横梁与炉柱相连，借以压紧单墙，起保护作用。

4. 拉条

拉条的作用是固定炉柱。焦炉用的拉条分为横拉条和纵拉条两种，横拉条用圆钢制成，沿燃烧室长向安装在炉顶和炉底。上部横拉条放在炉顶的砖槽沟内，应保持自由窜动，下部横拉条埋设在机侧和焦侧的炉基里。

为了保证横拉条在弹性范围内正常工作,其任一断面的直径不得小于原始直径的75%。否则,将影响拉条对炉体的保护作用。

纵拉条由扁钢制成,设于炉顶,其作用是沿炉组长向拉紧两端抵抗墙,以控制焦炉的纵向膨胀。纵拉条两端穿在抵抗墙内。一座焦炉一般有5～6根纵拉条。

5. 炉门

炭化室的机侧和焦侧是用炉门封闭的,通过摘、挂炉门可进行推焦和装煤生产操作,炉门的严密与否对防止冒烟、冒火、炉门框和炉柱的变形、失效有密切关系。因此,不属于护炉设备的炉门实际上起着很重要的护炉作用。现代焦炉采用自封式刀边炉门(图2-24),其基本要求是结构简单,密封严实,操作轻便,清扫容易。

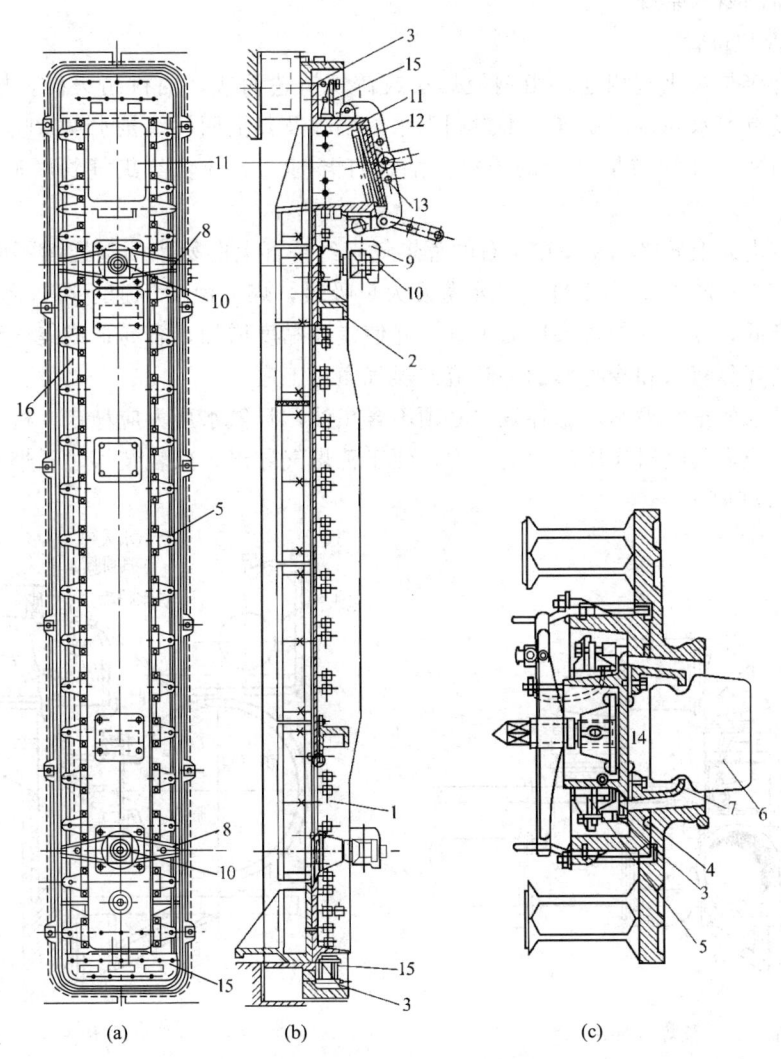

图 2-24 自封式刀边炉门

1—外壳;2—提钩;3—刀边;4—角钢;5—刀边支架;6—衬砖;7—砖槽;
8—横铁;9—炉门框挂钩;10—横铁螺栓;11—平煤孔;12—小炉门;
13—小炉门压杆;14—砌隔热材料空隙;15—支架;16—横铁拉杆

为了提高炉门密封性和可调性，进行了大量工作。如采用双刀边和敲打刀边以及气封炉门。为了操作方便，如采用弹簧门栓、气包式门栓、自重炉门。达到清扫容易的有效方法是气封炉门，由于炉门附近沉积的焦油渣大大减少，而且质地松软，故容易铲除，此法还有效地提高了刀边与炉门框间的密封程度。

三、荒煤气导出设备

荒煤气导出设备其作用有两个，一是顺利导出各炭化室内产生的荒煤气，不致因煤气压力过高而引起冒烟冒火，但又要保持和控制炭化室在整个结焦过程中为正压；二是将出炉荒煤气适度冷却，不致因温度过高而引起设备变形、阻力升高和鼓风冷凝的负荷增大，但又要保持焦油和氨水具有良好的流动性。

荒煤气导出设备主要包括上升管、桥管、水封阀、集气管、Π形管、焦油盒、吸气管以及相应的喷洒氨水系统。

1. 上升管和桥管

上升管直接与炭化室相连，由钢板焊接或铸铁铸造而成，内衬耐火砖。桥管为铸铁弯管，桥管上设有氨水和蒸汽喷嘴。水封阀靠水封翻板及其上面桥管氨水喷嘴喷洒下来的氨水形成水封，切断上升管与集气管的连接。翻板打开时，上升管与集气管联通，如图2-25、图2-26所示。

由炭化室进入上升管的700℃左右的荒煤气，经桥管上的氨水喷嘴连续不断地喷洒氨水（氨水温度为75～80℃），由于部分氨水蒸发大量吸热，煤气温度迅速下降。若用冷水喷洒，氨水蒸发量降低，煤气冷却效果反而不好，并使焦油黏度增加，容易造成集气管堵塞。冷却后的煤气、循环热氨水和冷凝焦油一起流向煤气净化工序。

为保证氨水的正常喷洒，循环氨水必须不含焦油，且氨水压力应稳定。桥管上的蒸汽在装煤时打开，依靠其喷射作用产生的吸力，便于荒煤气导出，减轻装煤时冒烟冒火，蒸汽压力应在690～785kPa。

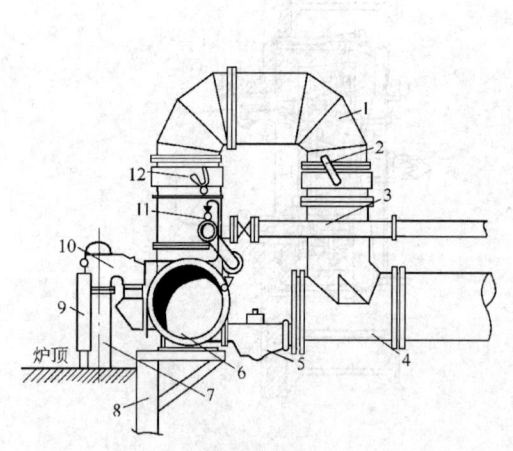

图2-25 荒煤气导出系统

1—Π形管；2—自动调节翻板；3—氨水总管；
4—吸气管；5—焦油盒；6—集气管；7—上升管；
8—炉柱；9—隔热板；10—弯头与桥管；
11—氨水管；12—手动调节翻板

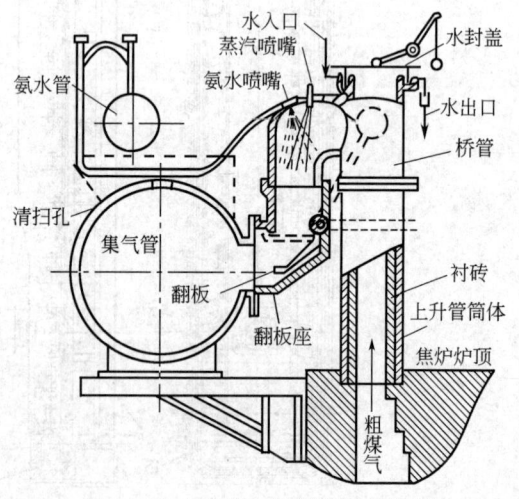

图2-26 上升管、集气管结构简图

2. 集气管、吸气管

集气管是用钢板焊接或铆接成的圆形或槽形的管子,沿整个炉组长向置于炉柱的托架上,以汇集各炭化室中由上升管来的荒煤气及由桥管喷洒下来的氨水和冷凝下来的焦油。集气管上部每隔一个炭化室均设有带盖的清扫孔,以清扫沉积于底部的焦油和焦油渣。上部还有氨水喷嘴,以进一步冷却煤气。

集气管可以按 6‰~10‰ 的倾斜度安装,以利于集气管中的氨水、焦油冷凝液等的流动。集气管倾斜方向与焦油、氨水的导出方向相同。

每个集气管上设有放散管,当荒煤气压力大或开工时放散用。Π 形管专供荒煤气排出,其上装有手动或自动的调节翻板,用以调节集气管的压力。Π 形管下方的焦油盒供焦油、氨水通过,并定期由此捞出焦油渣。经 Π 形管和焦油盒后,煤气与焦油、氨水又汇合于吸气管,为使焦油、氨水顺利流至回收车间的气液分离器并保持一定的流速:吸气管应有 1‰~1.5‰ 的坡度。

集气管分单、双两种形式。单集气管多布置在焦炉的机侧,其优点是投资省、炉顶通风较好等,但装煤时炭化室内气流阻力大,容易造成冒烟冒火。因为煤气由炭化室两侧析出而汇合于吸气管,从而降低集气管两侧的压力,使全炉炭化室压力分布较均匀,装煤时炭化室压力低,减轻了冒烟冒火,易于实现无烟装煤;双集气管有利于实现炉顶机械化清扫炉盖。但双集气管基建投资大,炉顶通风较差。

总之,荒煤气导出设备是要保证焦炉炭化室内产生的气体顺利导出,控制合适稳定的集气管压力,既防止炉门的冒烟着火,又使各炭化室在结焦末期保证正压,能保证荒煤气冷却到 80~100℃,使焦油和氨水保持良好的流动性,以便顺利排走。

四、焦炉加热设备

炼焦生产工艺要求供热均匀稳定和调节灵活方便,因此在煤气管道上设有调节和控制用的不同类型的节流管件及测温、测压、测流量的接点,还有为改善加热条件,配备有预热器、水封等附属设备。

大型焦炉一般为复热式,可用两种煤气加热(贫煤气和富煤气),配备两套加热煤气系统;单热式焦炉,只配备一套焦炉煤气加热系统。

单热式焦炉及复热式焦炉中的焦炉煤气加热管系基本相同,JN 型等大型焦炉煤气管系如图 2-27、图 2-28 所示。

来自焦炉煤气总管的煤气,在地下室一端经煤气预热器预热进入地下室中部的焦炉煤气主管,由此经各煤气支管(其上设有调节旋塞和交换旋塞)进入煤气横管,再经小横管(设有小孔板或喷嘴)、下喷管进入直立砖煤气道,最后进入立火道与斜道内的空气混合燃烧。为了防止焦炉煤气中所含的焦油和萘等物质在低温时冷凝析出堵塞管件或管道,故设煤气预热器预热气温低时的煤气。

各种炉型的高炉煤气管系的布置基本相同,来自总管的高炉煤气在煤气混合器中和一部分焦炉煤气混合后分配到机焦两侧的两根高炉煤气主管,再经支管(设有交换旋塞、调节旋塞、孔板盒)、废气开闭器、小烟道进入蓄热室,预热后经斜道送入燃烧室的立火道。

为提高高炉煤气的热值,需掺入一部分焦炉煤气,故高炉煤气主管的开始端设有煤气混合器。炉孔数较多的大型焦炉,加热煤气主管较长,两端压差较大,为调节方便,使全长静压力分布均匀,可将管道设计为变径,高炉煤气主管的开始端管径大于后半段管径,且变径

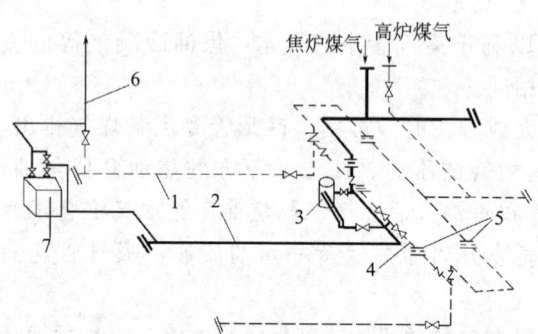
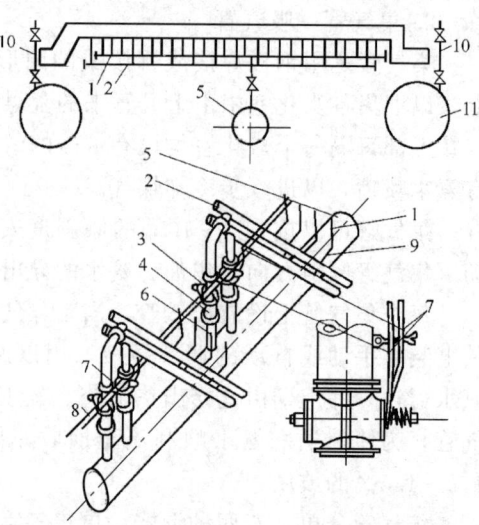

图 2-27 JN型（下喷式）焦炉的煤气管系
1—高炉煤气主管；2—焦炉煤气主管；3—煤气预热器；
4—混合用焦炉煤气管；5—孔板；6—放散管；7—水封

图 2-28 JN型焦炉入炉煤气管道配置图
1—煤气下喷管；2—煤气横管；3—调节旋塞；
4—交换旋塞；5—焦炉煤气主管；6—煤气支管；
7—交换扳把；8—交换拉条；9—小横管；
10—高炉煤气支管；11—高炉煤气主管

时要逐渐缩小。

煤气管道应有一定的坡度，利于管道内冷凝水和焦油顺利排出，在管道最低点应设有水封槽，为防止煤气窜出液面，要求冷凝液排出管插入液面间的水封压力应大于煤气可能达到的最大压力。当换向时，管道中煤气压力急增对仪表等设备带来危害，通常还设有自动放散水封槽，当煤气压力超过插入深度的液柱压力时，煤气冲出水面由放散管排出，如图 2-29 所示。

为防止生产中煤气外泄引起中毒或爆炸事故，投产前应按规定进行气密性打压试验。在日常的生产中要经常对煤气管进行检查和维护，保持煤气管线严密。

总之，焦炉加热设备的作用是向焦炉输送和调节加热用煤气、空气以及排出燃烧后的废气。

五、废气导出设备

焦炉废气系统有废气盘、机焦侧分烟道及总烟道翻板。

1. 废气盘

废气盘（废气开闭器）是控制焦炉加热用空气、煤气和排出废气的装置。结构类型很多，废气盘大体上可分为两种类型，一种是提杆式双砣盘型；另一种为杠杆式交换砣型。

提杆式双砣盘型废气盘如图 2-30 所示。废气盘由筒体、砣盘、两叉部和连接管组成。两叉部内有两条通道，分别与空气蓄热室和煤气蓄热室的小烟道连接，上部设有进空气盖板。筒体内设有两层砣盘，上砣盘的套杆套在下砣盘的芯杆外面，芯杆经小链与交换链条连接。

用贫煤气加热时，空气叉上部的空气盖板与交换链连接，

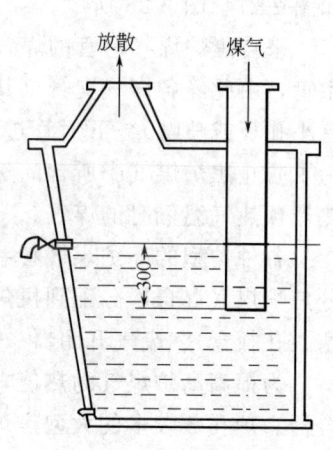

图 2-29 冷凝液水封槽

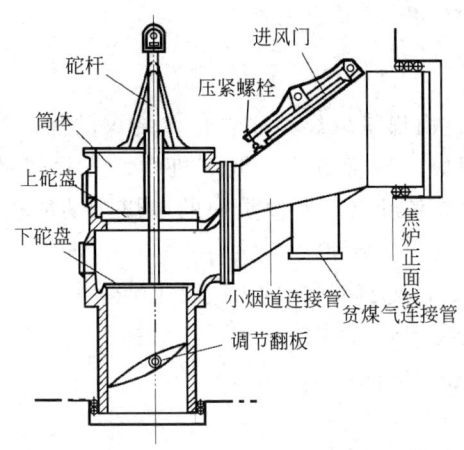

图 2-30　提杆式双砣盘型废气盘

煤气叉上部的空气盖板关死。气流上升时，筒体内两个砣盘落下，上砣盘将煤气与空气隔开，下砣盘将筒体与烟道弯管隔开；气流下降时，煤气交换旋塞靠单独的拉条关死，在废气交换链提起两层砣盘的同时空气盖板关闭，使两叉部与烟道接通排出废气。

焦炉煤气加热时，两叉部的空气盖板均与交换链连接，上砣盘可用卡具支起使其一直处于开启状态，仅用下砣盘开闭废气。气流上升时，下砣盘落下，空气盖板提起；气流下降时则相反。

砣杆提起的高度和砣盘落下后的严密程度均对气流有影响，故要求全炉砣杆提起高度应一致，砣盘严密无卡砣现象，还应保证废气盘与小烟道及烟道弯管的连接处严密。贫煤气流量主要取决于支管压力和支管上调节流量的孔板直径，与蓄热室的吸力关系不大；空气流量取决于风门开度和蓄热室的吸力；废气流量则主要取决于烟囱吸力。

杠杆式废气盘与提杆式双砣型废气盘相比，杠杆式废气盘用煤气砣代替贫煤气交换旋塞，通过杠杆卡轴和扇形轮等转动废气砣、煤气砣和空气盖板，省去了贫煤气的交换拉条。

2. 烟道翻板

烟道翻板的作用是调节和控制烟道吸力，一般设置机、焦侧分烟道和总烟道翻板。在总烟道和各分烟道上设有测量温度和吸力的接点。

3. 交换设备

交换设备是改变焦炉加热系统气体流动方向的动力设备和传动机构，包括交换机和传动拉条。

焦炉无论用哪种煤气加热，交换都要经过三个基本过程，即先关煤气，再交换废气和空气，最后开煤气。这是因为先关煤气，可防止加热系统中有剩余煤气而发生爆炸事故。煤气关闭后，有一短暂的时间间隔，再进行空气和废气的交换，以使残余煤气完全烧尽。交换废气和空气时，废气砣和空气盖要稍微打开，以免吸力过大而受冲击。

六、焦炉机械

炼焦生产中焦炉机械包括装煤车、推焦车、拦焦车和熄焦车（焦炉四大车）。侧装焦炉用装煤推焦车代替装煤车和推焦车，增加了捣固机和消烟车，用以完成炼焦炉的装煤出焦任务。

1. 炼焦炉四大车

(1) 装煤车

装煤车是在焦炉炉顶上由煤塔取煤并往炭化室装煤的焦炉机械。装煤车由钢结构架、走行机构、装煤机构、闸板、导管机构、振煤机构、开关煤塔斗嘴机构、气动（液压）系统、配电系统和司机操作室组成。大型焦炉的装煤车功能较多，机械化、自动化水平较高。

由鞍山焦化耐火材料设计研究院研制的干式除尘装煤车，它将烟尘净化系统直接设置在装煤车上，除尘采用非燃烧、干式除尘净化和预喷涂技术；装煤采用螺旋给料和球面密封导套等先进技术，具有国际先进水平。

(2) 推焦车

推焦车的作用是完成启闭机侧炉门、推焦、平煤等操作。主要由钢结构架、走行机构、开门装置、推焦装置、平煤装置、气路系统、润滑系统以及配电系统和司机操作室组成。

推焦车在一个工作循环内，操作程序很多，但时间只有10min左右，要求每孔炭化室的实际推焦时间与计划推焦时间相差不得超过5min。为此，推焦车各机构应动作迅速，安全可靠。为减少操作差错，最好采用程序自动控制或半自动控制。

(3) 拦焦车

拦焦车是由摘门和导焦两大部分所组成。其作用是启闭焦侧炉门，将炭化室推出的焦饼通过导焦槽导入熄焦车中，以完成出焦操作。为防止导焦槽在推焦时后移，还设有导焦槽闭锁装置。

拦焦车工作场地狭窄，环境温度高，烟尘大，故对其结构的要求是稳定性好，一次对位完成摘挂炉门和导焦槽定位，安全可靠，防尘降温，定位次数少。拦焦车在运转过程中，导焦槽的底部应与炭化室的底部在同一平面上，以防焦炭推出时夹框或推焦杆头撞击槽底而损坏。

(4) 熄焦车

熄焦车由钢架结构、走行台车、耐热铸铁车厢、开门机构等部位组成，用以接受由炭化室推出的红焦，并送到熄焦塔通过水喷洒而将其熄灭，然后再把焦炭卸至晾焦台上。操作过程中，由于经常在急冷急热的条件下工作，故熄焦车是最容易损坏的焦炉机械。

2. 捣固机

捣固机是将储煤槽中的煤粉捣实形成煤饼的机械。捣固机有可移动式的车式捣固机和固定位置连续成排捣固机两种。可移动式的捣固机上有走行传动机构，每个捣固机上有2～4个捣固锤，由人工操作，沿煤饼方向往复移动，分层将煤饼捣实。

连续捣固机的捣固锤头多，在加煤时，锤头不必来回移动或在小距离内移动，煤塔给料器采用自动控制均匀薄层连续给料。

3. 装煤推焦车

捣固焦炉的装煤推焦车除了摘门、推焦外，还增加了推送煤饼的任务，同时取消了平煤操作。相应地车辆上增加了捣固煤饼用的煤槽以及往炉内送煤饼的托煤板等机构。

通常箱形煤筒的一侧是固定壁,另一侧是活动壁,煤箱前部有一个可张开的前臂板,装煤饼时打开,托煤板托着煤饼一起进入炭化室,装完煤后抽出。

4. 四大车联锁

焦炉的生产操作是在各机械相互配合下完成的,所以装煤车、推焦车、拦焦车和熄焦车之间的工作要求操作协调、联系准确,才能使各车操作协调一致。为保证焦炉安全正常生产,四大车应实现联锁。为达到此要求,我国目前四大车的联锁控制主要有以下几种方式。

① 有线联锁控制。在焦炉四大车上均设一条联锁滑线,出焦时每车操作前都用信号联系。各车之间还有有线联锁装置,如推焦前只有当拦焦车打开炉门,导焦槽对准推焦炉号,熄焦车对位,并待熄焦车司机接通推焦车上的继电器时,推焦车方能推焦。

② 载波电话通讯。在每辆车上安装载波电话,进行通话联络和控制操作,这种方式虽然可靠但通话和操作频繁,有时会出现人为的误操作。

③ γ射线联锁信号。这种联锁装置可以不用附设联锁滑线,在装煤车、拦焦车和推焦车上设有γ射线的发射和接收装置,一般推焦车给拦焦车发出γ射线,同时装煤车给推焦车发出γ射线,实现相互之间的对准和联锁。使用期间维修工作量极少,因此是一种比较理想的联锁装置,但应防止漏散。

除此之外,焦炉机械还可设有各种信号装置,有气笛、电铃、打点器或信号灯等,以用来联系、指示行车安全。

七、炼焦炉的维护

1. 焦炉损坏的原因

焦炉在长期使用过程中,受到高温、机械及物理化学反应等作用,炉体逐渐衰老和损坏,表现为墙面剥蚀、炉墙和顶砖裂缝、炉长增长、炉墙变形、炉底砖磨损产生裂纹、燃烧室砖烧熔等。炉墙损坏的原因可总结为以下几点。

① 砌炉时砖缝大小不合适,使用了质量不好的耐火砖。

② 烘炉时没有控制好升温速度。

③ 生产操作不良,二次推焦较多,炭化室负压操作,炉门或炉盖敞开时间较长,推焦平煤不准确等。

④ 铁件管理不好,使炉体局部自由膨胀。

⑤ 热工制度不稳定,经常变换结焦周期,使炉体收缩和变换频繁。

2. 焦炉维护的主要措施

① 三班操作。要做好炉门和炉门框的清扫,杜绝炭化室装煤不满和负压操作,避免打开炉门过久和上升管盖打开过早,开关炉门时避免强烈碰撞炉体。

② 严格执行推焦计划。加强炉温管理,维护好机械设备,要规定推焦电流,发生推焦困难时,要查明原因,采取措施,防止炉体强行推焦而损坏炉体。

③ 加强铁件管理。定期检查,及时分析调整,保证铁件对炉体的压力,监护好拉条,使其保持完整的状态。

④ 做好日常的维修工作。

⑤ 配煤操作力求准确,配煤质量力求稳定。

第五节 炼焦炉的生产操作

炼焦炉的生产操作，包括装煤、推焦、熄焦和筛焦四道主要工序。各工序操作必须紧密配合，严格执行技术操作规程，做到均衡、稳定和安全生产，才能保证焦炉稳产、高产、优质、低耗和焦炉寿命。

一、焦炉装煤

装煤要求装满、装平、装均匀，装煤过程中尽量少冒烟、冒火。装满煤是指炭化室有效容积都装上煤。如装煤太满，平煤时会增加平煤时带出的余煤量，延长平煤时间，炉顶空间变小，影响荒煤气流速，上部荒煤气压力增大，容易产生生焦；装煤不满，炭化室有效容积没有全部被利用，焦炭产量减少，同时由于炉顶空间增大，炉顶空间温度增高，化学产品分解物增多，降低了化学产品的质量，炉顶石墨增加，容易造成上升管堵塞，推焦困难。炭化室煤料装平能减少推焦阻力，有利于推焦顺利，并能保证炼焦过程中产生的荒煤气析出畅通，有利于减少焦炉炉门冒烟冒火。每个炭化室煤料装均匀有利于稳定焦炉的加热制度，改善焦炭的质量。

装煤车的各个煤斗的下料口的螺旋给料器要同时开始和同时结束。如果炭化室中某一个煤峰提前或推迟形成，都会影响相邻煤峰的体积，造成气体通道不畅。

装煤时为了不让烟气逸出，在装煤孔与闸套之间、所有的闸套的连接处和卸料口，采取不漏气密封措施。可最大限度减少装煤时污染物的排放量，减少烟尘收集和净化处理环节。除采用不漏气密封装置外，还要保证生产的气体顺利通过上升管排出，在装煤过程中不平煤，仅在装煤完成后才进行平煤。

煤车取煤、装煤要严格按规程操作，装煤时要对准炉号，严禁装错炭化室。要加强与推焦车、拦焦车的联系，严禁推焦杆未收回、炉门未关闭时装煤。

二、焦炉推焦

对推焦操作总的要求是安全、准点、稳推。推焦时各车和设备应处于良好的状态，推焦前做好必需的一切准备工作，推焦计划编排准确，摘炉门前看准炉号，防止推错炉门。推焦前机、焦侧做好联系，确实准确无误方可推焦。

每次推焦的时间不允许提前或落后推焦计划 5min。提前推焦，由于焦炭成熟不够，会影响焦炭质量，同时由于焦炭收缩不够还可能造成推焦困难而损坏炉墙，影响焦炉的正常生产。落后推焦，由于焦炭成熟过火，导致炼焦耗热量升高，同时由于焦炭变细变碎，还有可能造成推焦困难而损坏炉墙，影响焦炉的正常生产。准点推焦是指实际推焦时间应符合计划推焦时间。摘门后均应清扫炉门、炉门框和小炉门上的焦油和沉积炭等脏物，推焦车司机只有确认得到焦侧拦焦车和熄焦车做好接焦准备的信号后才能推焦，推焦车司机要认真记录推焦时间、装煤时间和推焦最大电流。

炭化室摘开炉门的敞开时间不应超过 7min。因为炭化室炉头受装煤、推焦影响剥蚀较快，摘开炉门时间越长，冷空气侵蚀时间越长，炉头砖剥蚀越快。且炉头焦炭因遇空气燃烧而使焦炭灰分增加。焦炭在炭化室成熟后看到的现象是焦炭与炭化室墙之间应产生一条收缩缝，才能使出焦顺利，否则易产生推焦困难。

焦饼推出到装煤开始的空炉时间不应超过 8min，烧空炉时不应超过 15min。反之，烧空炉时间过长，不仅使炭化室温度过高，而且炉墙灰缝中石墨易被烧掉，不利于炭化室炉墙的严密。

推焦时焦炭没有正常地通过拦焦车导焦栅落入熄焦车车厢（或焦罐），而落到炉台等处的现象即为红焦落地。红焦落地是十分严重的操作事故。大量红焦落入炉台、熄焦车轨道，会损坏或烧坏炉台、拦焦车轨道、熄焦车轨道；红焦落入拦焦车车体或电机车车头则有可能使之完全报废，并造成人身伤亡事故。因此必须高度重视安全推焦问题。

1. 推焦串序

焦炉各炭化室装煤、出焦的次序称为推焦顺序。在编制推焦顺序时应考虑以下因素。

① 全炉每个炭化室应保持规定的结焦时间。

② 推焦时相邻炭化室处于结焦中期，以免推焦时造成炉墙损坏，并且在装煤后，两边燃烧室对新装煤料加热均匀。

③ 尽量沿炉组全长均匀推焦和装煤，以防砌体局部过冷或过热，保证炉温均匀。

④ 使集气管负荷均匀。

⑤ 使焦炉机械行程较短，节约运转时间和能源。

⑥ 使工人操作条件得到改善。

目前工厂采用的推焦串序有 9-2、5-2、2-1 等。通式为 $m-n$，其中 m 代表一座或一组焦炉所有炭化室所划分的组数（笺号），即相邻两次推焦相隔的炉孔数；n 代表两趟笺号对应炭化室号相隔的数。

以 65 孔焦炉为例：按 9-2 推焦串序排列时，为便于记忆，不编结尾为"0"的号，则实际炉号 65 的炉组，其使用的炉号为 72。因为由 1～65 共有 6 个"0"，又因 6+5=11，又经过一个"0"，所以使用号为 65+7=72。反之，使用号减去其中相当于 10 的个数，即为实际号，如 72-7=65。故 65 孔焦炉的 9-2 串序如下：

1 号笺　1、11、21、31、41、51、61、71；
3 号笺　3、13、23、33、43、53、63；
5 号笺　5、15、25、35、45、55、65；
7 号笺　7、17、27、37、47、57、67；
9 号笺　9、19、29、39、49、59、69；
2 号笺　2、12、22、32、42、52、62、72；
4 号笺　4、14、24、34、44、54、64；
6 号笺　6、16、26、36、46、56、66；
8 号笺　8、18、28、38、48、58、68。

由此可见按 9-2 串序出焦（装煤）时，65 孔炭化室共分为 9 组，车辆要走 9 个行程才能推完全炉。同号笺相邻炉号为 9，而相邻笺号对应炉号则差 2。当按 5-2、2-1 串序出炉时，则编入末尾带"0"的号码。三种串序的优缺点可作如下比较（表 2-2）。

表 2-2　三种串序的优缺点比较

特　点	串序		
	2-1	5-2	9-2
炉温均匀性	好	差	好
集气管负荷均匀性	差	次之	好
车辆利用率	高	次之	低
操作维护条件	差	次之	好

2. 焦炉操作中的几个时间概念

(1) 结焦时间

结焦时间是指煤料在炭化室内的停留时间，一般规定从平煤杆进入炭化室（即装煤时间）到推焦杆开始推焦（即推焦时间）的一段时间间隔。

(2) 操作时间

操作时间是指某一炭化室从推焦开始到平完煤，关上小炉门，车辆移至下一炉号开始推焦为止所需的时间，也即相邻两个炭化室推焦或装煤的时间间隔。

(3) 炭化室处理时间

炭化室处理时间是指炭化室从推焦开始（推焦时间）到装煤后平煤杆进入炭化室（装煤时间）的一段时间间隔。

(4) 检修时间

在一个时间段内（每个小循环、每昼夜或每班），保证焦炉炭化室按照规定的结焦时间和操作时间完成作业后剩余的时间，用于焦炉机械维修和检修等，这段时间称为检修时间。

(5) 周转时间（小循环时间）

周转时间是指结焦时间和炭化室处理时间之和，即某一炭化室两次推焦（或装煤）的时间间隔。在一个周转时间内除一组焦炉所有炭化室的焦炭全部推出、装煤一次外，多余时间用于设备检修，因此周转时间包括全炉操作时间和设备检修时间。全炉操作时间则为每孔操作时间和车辆所操作的炭化室孔数的乘积。

对于每个炭化室：

$$周转时间＝结焦时间＋炭化室处理时间$$

对于整个炉组：

$$周转时间＝全炉操作时间＋检修时间$$

一般情况下，检修时间不应低于2h。

3. 循环检修计划

焦炉的机械设备应定期检修，焦化厂通常采用循环检修计划组织推焦操作。循环检修计划按月编排，其中规定焦炉每天、每班的操作时间、出炉数和检修时间。实际上，当周转时间和24h可取最小公倍数时，只要安排一个大循环的计划，就可以重复使用。大循环时间是指不同日期在相同的时间推同号炭化室焦炭的时间间隔，即小循环时间开始重复的时间间隔。

一个大循环时间＝大循环需要的天数×24h＝大循环包括的小循环数×周转时间

因此，为找出大循环时间，可由24h与周转时间的最小公倍数求得。如周转时间为12h和16h，其大循环时间为24h和48h。

4. 装煤、推焦过程中烟尘的控制

目前国内外装煤时烟尘控制主要采用的高压氨水消烟装煤，即在桥管处安装高压氨水喷嘴，使上升管内形成负压，使装煤时产生的烟尘吸入集气管，以达到消烟除尘的目的。

推焦时的除尘大致有以下几种方法。

增设焦侧大棚防尘，整个焦炉的推焦侧设大棚密封，在地面或棚的顶部设专门的抽烟除尘系统，将烟尘集中抽吸处理。

使用大型移动式洗涤车防尘，该装置采用一次对位推焦，焦炭通过密闭的焦槽进入密封的焦车中，烟尘通过导焦槽和连接导管被抽吸到一个密封的、拖挂式的洗涤车中，烟尘经过洗涤后排放。

增设地面积尘系统，该系统是一种将除尘设备固定在地面的系统，其中吸气装置固定在推焦车上，吸气罩接口与管道系统连接，管道系统与袋式除尘系统相连，烟气经除尘后外排。

5. 炼焦炉生产常见事故处理

焦炉推焦时，推焦电流超过规定的最大电流时称为难推焦。推焦一次推不动再推第二次时一般称为二次推焦事故。难推焦对炉体损害极大，操作中多注意观察，可以避免许多事故的发生，见表2-3。

表 2-3 焦饼难推原因及处理措施

难推原因		推焦症状	影响程度	焦炭特征	防止及解决措施
配煤不良	配煤中缺乏足够数量的收缩性煤	难推或堵塞	大量炉室	焦炭正常	变更煤种或配煤比有较大变动时需做配煤试验
	足够数量的收缩性煤	难推	大量炉室	焦饼失掉完整性	变更煤种或配煤比有较大变动时需做配煤试验
	装入已被氧化的煤	难推或堵塞	大量炉室	焦饼失掉完整性，易碎	加强煤场管理
	个别来煤的质量不稳定	难推或堵塞	个别或部分炉室	焦炭质量不均匀	加强煤场管理和煤质化验
	配煤比破坏	难推	大量或部分炉室	焦饼失掉完整性，易碎	加强对入炉煤的质量检测
	煤粒度不良或空煤塔中煤粒分层	难推	大量或个别炉室	焦炭质量不均匀	向煤塔送煤和给煤车装煤应按规程进行
	装入煤水分增高	难推	大量或个别炉室	焦炭正常	加强对入炉煤的质量检测
装平煤不良	平煤不良堵塞装煤孔	堵塞	个别炉室	焦炭正常	严格执行操作规程，严禁平煤后将余煤扫入炉内
	未考虑炉室变形而装煤过多	难推或堵塞	个别炉室	焦炭正常	定期检修炉室，加强维修
	炭化室机侧装煤不满	难推或堵塞	个别炉室	焦炭正常	严禁装煤不满
加热不良	全炉温度偏低	难推或堵塞	大量炉室	不成熟或易碎	经常观察，推出焦饼
	横排温度不均	难推或堵塞	大量或个别炉室	焦炭质量不均匀	经常观察，推出焦饼
	破坏推焦计划提前推焦	难推	个别炉室	不成熟或易碎	遵循推焦图表
	压力制度被破坏炭化室漏入空气	难推	个别炉室	局部过热，焦炭易碎	确定合理的压力制度
炉墙变形	炭化室墙有病变	难推或堵塞	个别炉室	焦炭正常	对病号炉应建立专门装煤制度
	炉头或炉框变窄（特别是焦侧）	难推或堵塞	个别炉室	焦炭正常	注意推焦电流变化

若发现个别炭化室炉墙变形或损坏，出炉时要特别小心。若变形严重，可作病号炉处理。当炉墙沉积石墨较多时，推焦电流逐渐增大，应清除石墨。方法是烧空炉清除石墨，或

用压缩空气吹扫石墨。当焦侧炉门框变形更换前，出焦时先将靠炉门框部位的焦炭拔掉以防止夹焦。

遇到下列特殊操作应统一听从指挥、遵守技术操作规程，做到处理及时、确保安全。

(1) 停煤气、停鼓风机

当停止加热、停鼓风机时，应停止出炉操作，将打开的上升管盖、炉盖盖上并密封。停止加热后炉温下降较快，如继续推焦、装煤将加速炉温下降、损坏炉体。

停鼓风机使炭化室压力增大，集气压力太大时需要放散大量的荒煤气，此时出焦将引起煤气着火，也容易使工人在操作时发生意外。

(2) 停动力电

在生产中发生停动力电时，首先将控制器拉回零位，拉下电源开关，并通知有关人员解决。若停电时间较长，遇煤车正在装煤应继续装到不下煤为止，关上闸板、提起套筒，将煤车推离炉口，盖上炉盖；遇推焦时应用手摇装置将炉内的推焦杆或平煤杆摇回原位，以免烧损变形，有条件时应对上炉门和关好小炉门；拦焦机应用手摇装置退回导焦槽，有可能时应对上炉门。如导焦槽内有红焦，将车移到炉端台，扒出槽内红焦，用水熄灭；熄焦车内如有红焦，也用水熄灭。

三、熄焦与筛焦

炼焦车间送往筛焦系统的焦炭，需分级过筛，筛出不同规格的焦炭，以便使焦炭合理、有效的使用。送焦系统包括熄焦装置、晾焦台、放焦装置、胶带输送机、筛焦设备及储焦焦仓等。

1. 熄焦

目前的熄焦方法有湿法熄焦和干法熄焦。

(1) 湿法熄焦

湿法熄焦设备包括熄焦塔、喷洒装置、水泵、粉焦沉淀池及粉焦抓斗等。

熄焦塔为钢筋混凝土构筑物，内衬耐蚀砖和挡热板条，熄焦塔内顶部设有除尘装置，使焦粉和大颗粒水滴结合防止排出塔外，以减少环境污染。熄焦车进入塔内，进行熄焦操作时，靠极限开关接通熄焦时间继电器，自动开启水泵，水经分配管上的小孔喷出，一般喷水时间在100s左右，熄焦效果良好。

熄焦后的焦炭，卸至焦台，在焦台上停留15~20min，使水分蒸发和冷却，依靠人工手动或机械自动放焦至沿焦台长向的胶带机上，运往筛焦楼分级。

(2) 干法熄焦

干法熄焦装置主要由冷却槽、废热锅炉、惰性气体循环系统和循环保护系统构成。

干法熄焦是将红焦送入密封仓内用冷的惰性气体（主要用 CO_2 及 N_2）循环熄灭并冷却红热焦炭的一种方法。干法熄焦装置形式多种，目前主要是集中槽式结构。集中槽式结构是将焦炉推出的红焦送至竖式干熄槽（炉）内，槽底被干熄的焦炭不断排出，惰性气体连续从槽底送入，与红焦换热，再由槽顶进入废热锅炉，并经烟泵循环使用。冷却的焦炭被连续排出，再去进行筛分。

如图2-31所示为干法熄焦工艺流程：

红焦4→台车6上的焦罐5→干熄站→移动式提升机1→干熄槽顶→装料装置11→前室（热焦预存段）12→冷却室13→排焦装置15→焦台16→胶带机17。

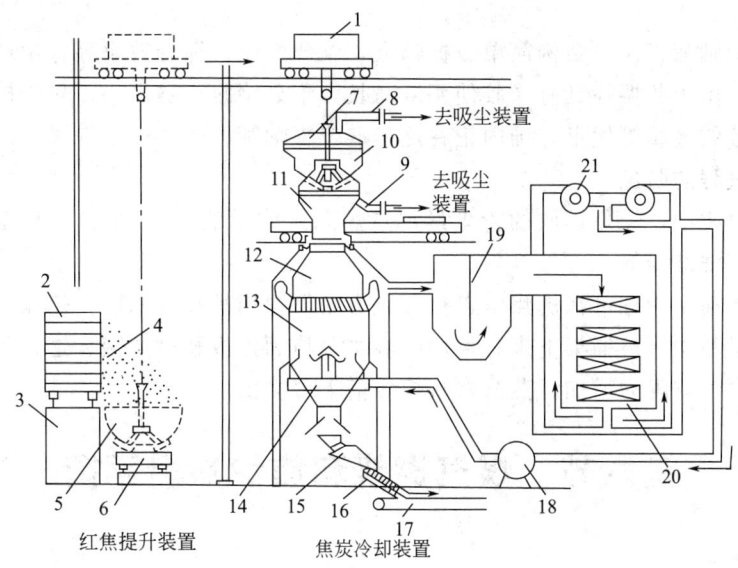

图 2-31 地上集中槽式干法熄焦工艺流程图

1—提升机；2—导焦机；3—操作台；4—红焦；5，10—焦罐；6—台车；7—盖；8，9—去吸尘装置；11—装料装置；12—前室（热焦预存段）；13—冷却室（干熄段）；14—槽底气体分配帽；15—排焦装置；16—焦台；17—胶带机；18—循环风机；19—重力沉降槽；20—锅炉；21—旋风除尘器

惰性气体流程：

冷却室出来的热惰性气体→斜道→环形道→重力沉降槽19→余热锅炉20→旋风除尘器21→循环风机18→干熄槽底气体分配帽14→冷却室。

干法熄焦过程连续稳定，热效率高，且单槽处理能力大，设备紧凑，适合大型焦炉使用。由于干法熄焦在密封的循环系统中进行，消除了对空气和水的污染。干法熄焦回收效果明显，推焦时不污染环境，与湿法熄焦相比，焦炭裂纹少，焦炭质量有所提高。干法熄焦有代替湿法熄焦的趋势。红焦在惰性气体中缓慢降温，不存在湿法熄焦中焦炭的急冷作用，所以焦炭块度均匀，强度有所提高。

2. 筛焦

筛焦设备主要有辊轴筛和共振筛。

（1）辊轴筛

用辊轴筛主要筛分混合焦，辊轴筛有8轴和10轴两种，每个轴上有数片带齿的铸铁轮片，片与片之间的空隙构成筛孔，按照需要筛分的尺寸来进行筛分。

辊轴筛结构简单，运转平稳，但设备重且筛片磨损快，维修量大，焦炭磨损率大。

（2）共振筛

共振筛由铺有筛板的筛箱、激振器和上、下橡胶缓冲器及板弹簧等组成。激振器靠自重压在下缓冲器上，并通过板弹簧与筛箱连接，其轴是偏心的，轴的两端皮带轮上装有可调的附加配重，激振器和上缓冲器间有一定的空隙，筛子被弹簧支承在基础上。筛子运转时，由于偏心轴惯性力的作用，激振器离开下缓冲器越过上间隙打击上缓冲器，上缓冲器产生一定的压缩量，下缓冲器和激振器间形成一定的空隙，由于激振器偏心轴所引起的周期性变化的惯性力作用，激振器又打击下缓冲器。如此往复循环，筛子在保持稳定振幅的情况下，正常地进行筛分作业。

共振筛与辊轴筛相比，结构简单，振幅大，维修方便，筛分效率高，生产能力大，运转平稳，故障少。由于共振筛具有橡胶使用寿命长，不易堵眼，噪声小，焦炭破碎小，安装方便，成本低，节约金属等优点，国内正在逐步取代辊轴筛。

四、熄焦过程的防尘

炼焦生产过程中，熄焦排放的粉尘量占焦炉总排放量的10%以上，干法熄焦的防尘采用的是集尘罩、洗涤器等。

湿法熄焦的粉尘治理可在熄焦塔自然通风道内设置挡板和过滤网，熄焦时散落到熄焦塔周围地区的大量粉尘可被捕集下来，再用喷雾水泵喷洒挡板和过滤网。这种集尘效果虽然较好，但由于塔内气体阻力增加，蒸汽常从熄焦塔下部喷出。

第六节 煤气燃烧和焦炉热量平衡

一、煤气燃烧

焦炉加热所用燃料可用焦炉煤气、高炉煤气、发生炉煤气，这些煤气大致组成见表2-4。

表2-4 几种煤气的组成

名 称	组成(体积分数)/%								低发热值/(kJ/m³)
	H_2	CH_4	CO	C_mH_n	CO_2	N_2	O_2	其他	
焦炉煤气	55~60	23~27	5~8	2~4	1.5~3.0	3~7	0.3~0.8	灰	17167~18842
高炉煤气	1.5~3.0	0.2~0.5	26~30	—	9~12	55~60	0.2~0.4	灰	3810~4396
发生炉煤气	5~9	—	32~33	—	0.5~1.5	64~66		灰	4145~4313

焦炉煤气可燃成分在90%以上，主要是H_2和CH_4，发热值高，提供一定热量所需煤气量较少。由于H_2含量占50%以上，所以燃烧速度快，火焰短，煤气燃烧产生的废气密度小。若焦炉煤气在回收车间净化不好时，煤气中萘、焦油和焦油渣增多，容易堵塞管道和管件，煤气中氨、氰化物、硫化物会腐蚀管道和设备。

高炉煤气和发生炉煤气中含有大量的N_2，可燃成分占30%，主要可燃成分是CO。高炉煤气燃烧速度慢，火焰长，纵向加热均匀，当高炉煤气不预热时，理论燃烧温度低，所以必须经蓄热室预热到1000℃以上，才能达到燃烧室温度的要求。

煤气在焦炉火道中燃烧，放出热量，此热量以辐射和对流方式传给炉墙表面，热流再以传导方式经过炉墙传给炭化室中的煤料。所以焦炉中传热包括热传导、热辐射和热对流三种方式。

焦炉热量平衡的原则是基于焦炉收入物料带入热能等于焦炉支出物料带走的热能及炉表散热。焦炉消耗热量很大，通过焦炉热量平衡可以了解焦炉的热量分布，分析操作条件或提供焦炉设计数据，确定焦炉炼焦耗热量以及揭示降低耗热量的途径。

二、焦炉流体力学基础

焦炉内煤气燃烧产生的热量与煤气量和空气量有关，燃烧时气体流动的动力是烟囱。因为炉内气体温度较高，气体密度较小，炉子燃烧系统又和大气相连通，所以燃烧系统和大气构成了连通器。炉内气体密度小于大气的密度，所以炉内气体把大气吸入，也可以说成是大气把炉内气体压出，这样炉内气体由烟囱导出。

三、焦炉热工效率

评定焦炉加热情况的好坏，除了焦炉的加热均匀性外，重要的标志是热量利用效率。常用炼焦炉的热效率和热工效率作为评定热量利用的指标。焦炉热效率是指焦炉除去废气带走的热量外所放出的热量，占供给总热量的比例。焦炉热效率，是衡量焦炉能量利用的技术水平和经济性的一项综合指标，反映炉体的耗热程度。

焦炉热效率可按下式进行计算：

$$\eta = \frac{Q_{总} - Q_{废}}{Q_{总}} \times 100\%$$

式中　$Q_{废}$——废气带走的热量，MJ；

　　　$Q_{总}$——传入焦炉的总热量，MJ。

焦炉热工效率是指传入炭化室的炼焦热量（称为有效热 $Q_{效}$），占供给焦炉总热量的比例（%）。也可用供给焦炉的总热量 $Q_{总}$ 减去废热 $Q_{废}$ 和散热 $Q_{散}$，占供给焦炉总热量的比例（%）来表示焦炉的热工效率。焦炉热工效率可按下式计算：

$$\eta_{热工} = \frac{Q_{效}}{Q_{总}} \times 100\% = \frac{Q_{总} - Q_{废} - Q_{散}}{Q_{总}} \times 100\%$$

式中　$Q_{效}$——传入炭化室的热量，称为有效热，MJ；

　　　$Q_{散}$——焦炉散失的热量，MJ。

由于计算热效率和热工效率需作大量的测量、统计等工作，因此往往根据燃烧情况进行估算。

第七节　炼焦新技术

炼焦新技术主要包括以下几方面：一是为扩大炼焦煤源，对配煤的预处理技术，包括选择性破碎、型煤、干燥预热和调湿、缚硫焦技术以及捣固炼焦等；二是型焦；三是焦炉的大型化；四是新型的炼焦方法。

一、捣固炼焦

1. 捣固原理

捣固炼焦是将配煤在捣固机内捣实成体积略小于炭化室的煤饼后，推入炭化室内炼焦的技术措施。

煤料经过捣固后，由于煤粒间的距离缩小，堆积相对密度提高，由散装法的 0.75~0.85t/m³ 提高到捣固法（湿基）的 1.05~1.15t/m³。使入炉煤料粒间所需填充液态产物的数量相对减少，热解气体产物不易逸出，并增加胶质体的不透气性和膨胀压力，可以达到改善煤料结焦性能和提高焦炭质量的目的。

2. 捣固技术特点

与常规顶装（散装煤）工艺相比，捣固炼焦具有下述特点。

① 捣固炼焦可扩大炼焦用煤来源，多用高挥发分中等或弱黏结煤　通常情况下，普通炼焦工艺只能配入气煤 30%~35%，而捣固炼焦工艺可配入气煤 50%~55%。

② 改善焦炭质量。在原料煤同一配比的情况下，利用捣固工艺所生产的焦炭，无论从

耐磨强度，还是抗碎强度，都比常规顶装焦炉所生产出的焦炭有很大程度的改善，其机械强度 M_{40} 提高 5.6%～7.6%，耐磨指标 M_{10} 下降 2%～4%。

③ 降低炼焦成本，提高经济效益。在总投资方面，同样生产能力的捣固焦炉与顶装焦炉的投资大体相当，近期设计的 5.5m 捣固焦炉与同类型顶装焦炉比较，吨焦成本降低约10%；其次是煤料的费用：煤料的费用占焦炭成本费用的 70%～75%，常规焦炉往往需要配用价格较高的优质强黏结煤以保证焦炭质量，而捣固炼焦配煤选择比较灵活，煤源广，可以用价廉的弱黏结性煤，使生产成本降低；再次，由于捣固炼焦可增加煤料的堆密度，在相同炭化室条件下能够增加焦炭的产量。

3. 捣固炼焦工艺

捣固炼焦工艺比较简单，只需增加一个捣固、推焦装煤联合机（见图 2-32）。

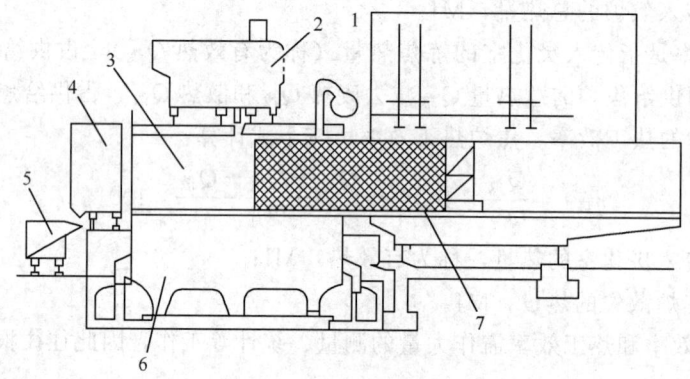

图 2-32 煤炼焦示意
1—捣固机；2—煤气净化车；3—焦炉；4—导焦车；5—熄焦车；6—蓄热室；7—煤饼

工艺流程主要由粉碎、配合、捣固、装炉炼焦等工序组成。粉碎好的煤料，按预先安排好的配比充分混合均匀后，经捣固装入炉中。为了使煤料能够捣固成型，煤料的水分要保持在 9%～11%。当水分偏低时，需在制备过程中适当喷水。煤料的粉碎细度（<3mm 粒级含量）要求达到 90% 以上。为了提高煤料的粉碎细度，往往需要进行两次粉碎。对挥发分较高的捣固煤料，一般需要配一定比例的瘦化剂。如焦粉、石油焦粉和无烟煤粉等。瘦化剂经单独细磨处理后与煤配合。焦粉用作瘦化剂时，如水分偏大，还要先进行干燥。

煤料的捣固是在焦炉机侧的装煤推焦机上进行的。这种装煤推焦机有两种结构形式：一种是将捣固、装煤和推焦全部功能集中在一台机器上，其优点是每一操作循环的作业时间短，缺点是车体庞大、自重大；另一种是机上只设捣固煤箱，并具有装煤和推焦功能，捣固机单设在贮煤塔下，装煤推焦机在贮煤塔下边装煤边捣固。其优点是车体较轻，缺点是每一操作循环的作业时间长。

国内捣固焦炉的使用已有近百年的历史，20 世纪在很长的一段时期内捣固炼焦技术在国内没有取得显著的进展，只占整个炼焦能力的很小一部分。21 世纪初鞍山焦耐院、中国化学工程第二设计院相继开发成功了 4.3m 和 5.5m 捣固焦炉，2006 年，鞍山焦耐院又开发出了当今世界最高的 6.25m 捣固焦炉，并于 2009 年 3 月在河北唐山建成出焦，这标志着我国大型捣固焦炉技术达到了国际先进水平。

二、型焦

1. 概述

型焦是以非炼焦煤粉或炭质粉料（半焦粉、焦粉、石油焦粉和木炭等）为主体原料，配入或不配入黏结剂，加压成型煤，再经炭化等后处理制备成具有一定形状、一定强度和块状均匀的制品，用以代替焦炭。

常规炼焦，配煤的主体是焦煤，非黏结性煤和弱黏结性煤只能作为辅助煤。我国的国情是焦煤储存量少，而弱黏结性煤储存量多，急需扩大炼焦煤源，而型煤和型焦（统称为成型燃料），由于是以非炼焦煤为主体的煤料生产焦炭，所以，被认为是广泛使用劣质煤炼焦的最有效措施。

型焦可用于工业或民用的块状燃料和气化原料，也可代替常规焦炭用于炼铁和铸造等工业。

2. 型焦的分类

按原料种类分为两种，一是单种煤型焦，如褐煤、长焰煤和无烟煤等；二是以不黏结性煤、黏结性煤和其他添加物的混合料制得的型焦。按型焦的用途可分为冶金用、非冶金用或民用的无烟燃料。

习惯上是按成型时煤料的状态分，可分为冷压和热压型焦。前者是在远低于煤料塑性状态的温度下加压成型，后者为煤料处于塑性状态下成型，见图 2-33。

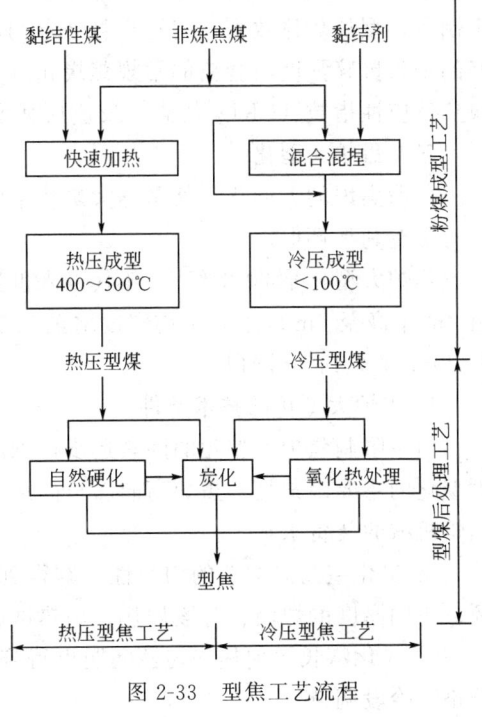

图 2-33　型焦工艺流程

(1) 冷压型焦

又分为无黏结剂成型和加黏结剂成型两大类。

① 无黏结剂冷压型焦。粉煤不加黏结剂，只靠外力成型。多用于低变质程度的泥煤和软质褐煤。因这类煤可塑性大，煤结构中具有大量氧键，故压型时容易形成"固体搭桥"，型煤强度较高。无黏结剂成型一般是在成型压力为 100~200MPa 的较高压力下成型。

② 加黏结剂冷压型焦。是以不黏结性和弱黏结性煤为主体配料，配入一定比例的黏结剂经混合和通蒸汽加热混捏后，混合料在低于 100℃ 下成型。所得冷压型煤有 3 种后处理方式制成型焦：经深度氧化、经一次炭化和先经轻度氧化再经高温或中温炭化制成型焦。所用黏结剂多种多样，由于借助黏结剂的作用，成型压力较低（一般为 30MPa 或更低），工业上便于实现，但需提供优质的、廉价的黏结剂来源。

(2) 热压型焦

热压型焦热压成型按加热方式不同，分为气体热载体和固体热载体两种类型。按配料不同，又分为单组分和双组分热压成型两种。

① 单组分热压成型一般是将单种煤或两种以上煤的配煤快速加热到其塑性温度区间，也可以称为无黏结剂成型法。这种方法以热废气做载体，适用于高挥发分弱黏结煤。

② 双组分热压成型法以低挥发分不黏煤（或焦粉、惰性组分）为主体原料，加热后做载体，和预热的黏结性烟煤（黏结组分）混合，然后在煤的塑性温度范围（400～500℃）成型。

所得热压型煤也有 3 种后处理方式制成型焦，即趁热进行自热硬化处理（即热焖）；直接炭化成型焦；先经自热硬化处理后，再经炭化成型焦。

3. 型焦的质量

型焦性质因受所用原料和工艺条件的影响，有较大的差异。型焦质量的评定至今尚无单独国家标准。作为焦炭代用品使用时，一般参照或套用相同用途的常规焦炭标准。

型焦与常规焦炭的区别是：型焦的形状规则，块度均匀，其大小和形状可根据用户需要来制备，型焦焦体致密，气孔小且分布均匀，整体气孔率低，视密度和堆积密度较大，质量好的型焦抗碎强度与合格的常规焦炭相近，抗压强度也较高，但有的耐磨强度较差；型焦的块焦反应性指数（CRI）较高，反应后强度（CSR）大都较低。

三、焦炉大型化

所谓焦炉的大型化，就是增大炭化室的几何尺寸和有效容积，以提高焦炉的生产能力，同时更有利于环保。

焦炉大型化是 20 世纪 70 年代以来世界炼焦技术发展的总趋势。几十年来，炭化室高度由 4m 增高至 8m 以上，平均宽度增至 0.51～0.61m，其长度超过 20m，单孔炭化室容积由约 20m^3 增大到 90m^3 以上。

1. 焦炉大型化的技术条件

由于限制焦炉大型化的因素逐步得到解决，焦炉的大型化取得了长足的发展。限制焦炉大型化的主要因素是：焦炉高向、长向加热的均匀性、筑炉材料的性能、焦炉设备的强度、焦炉机械的装备水平等。

① 炭化室高向加热的均匀性问题得到了较好的解决。常用的技术有高低灯头、废气循环、不同厚度的炉墙、分段加热、加热微调等。

② 炭化室长向加热均匀性问题也得到了较好的解决。常用的技术主要是蓄热室的长向分格和冷段调节。

③ 炭化室宽度对焦炭质量和焦炉生产能力的影响研究。研究表明：在常用火道温度和炭化室宽 400～600mm 的条件下，结焦时间 T 与炭化室宽度 b 的 1.2～1.4 次方成正比，即 $T \propto b^{1.2～1.4}$，而不是传统的看法 $T \propto b^{1.8～2.0}$。研究还表明，炭化室宽度对焦炭质量几乎没有影响。

④ 筑炉材料的质量有了较大的提高。致密硅砖和含金属氧化物的硅砖的采用，使得筑炉材料的强度有了很大提高，为炭化室高向的发展提供了物质保证。

⑤ 护炉设备、焦炉机械的强度和结构有了较大的提高和改进。钢柱的整体轧制等大大提高了护炉设备的强度。

⑥ 焦炉机械装备水平的提高，操作的机械化和自动化，使焦炉的大型化成为可能。

2. 焦炉大型化的优点

（1）基建投资省

大型化后，同样的产量时，炭化室的孔数减少，所以相应使用的筑炉材料、护炉铁件、煤气、废气设备等均减少，这样都使基建费用降低。

(2) 劳动生产率高

由于每班每人处理的煤量和生产的焦炭多,劳动生产率高,生产成本低,就更具有竞争能力。

(3) 减轻了环境污染

由于密封面长度减少,泄漏的机会减少,大大减少了推焦装煤和熄焦散发的污染物;同时,也节约了用于环保设施的投资和操作费用。

(4) 有利于改善焦炭质量

大型化后,由于堆密度的增大,有利于焦炭质量的提高或多配弱黏煤。

(5) 热损失少,热效率高

由于吨煤的散热面减少,热损失降低,热效率提高。

(6) 占地面积小

由于炉组数减小,占地面积相应减少。

(7) 维修费用低

以年产 200 万吨焦炭规模的焦炉组为例,不同炭化室容积焦炉的投资和生产成本方案比较见表 2-5。

表 2-5 年产 200 万吨焦炭的投资和生产成本方案比较

炭化室容积/m³	21	38	70	操作人员组数	4	2	1
炉高/m	4	6	6.75	每天出焦孔数	464	270	136
炭化室宽/m	0.45	0.45	0.62	每天摘门次数	928	540	272
炭化室长/m	13.9	16	18	每天启炉盖数	1856	1080	544
结焦时间/h	16	18	25	相对投资:			
炉孔数/孔	308	180	144	焦炉/%	105.8	100	96.8
炉组数/组	4	4	2	机械/%	48.6	33.6	28.3
每天使用机械套数/套	6	3	2	总数/%	154.4	133.6	125.1

3. 焦炉大型化的方向

① 增大炭化室的长度 增加炭化室的长度,焦炉生产能力成比例增长,砌体造价升高,单位产量的设备价格则因每孔炉的护炉设备不变、煤气设备增加不多而显著降低。增大炭化室虽有利于提高产量和降低基建投资及生产费用,但受长向加热均匀性、推焦杆和平煤杆热态强度的限制。目前,国外大容积焦炉的炭化室长度一般在 17~18m。

② 增加炭化室的高度 增加炭化室高度来扩大炭化室有效容积,是提高焦炉生产能力的重要措施。但是,为使炉墙具有足够的极限负荷,必须相应加大炭化室中心距和炉顶砖厚度。此外,为了保证高向加热均匀,势必在不同程度上引起燃烧室结构的复杂化;为了防止炉体变形和炉门冒烟,应该有更坚固的护炉设备及更有效的炉门清扫机械。凡此种种,使每个炭化室的基建投资和材料消耗增加。因此必须从当前经济技术条件出发,以单位产品的各项技术指标进行总额和平衡,选定炭化室高度的适应值。国内鞍山焦耐院已设计出炭化室高 6.95m 的大型焦炉,国外设计的焦炉炭化室高度已达到 8m 以上。

③ 增加炭化室的宽度 增加炭化室的宽度,可以提高劳动生产率,降低单位产品的生产费用。炭化室宽度的选择,应注意按冶金焦的质量和产率,综合考虑合理的炭化室宽度。国

内外已有设计、建造宽炭化室焦炉的趋势，如德国鲁尔煤业公司建造的炭化室平均宽610mm、炭化室高7.65m、长18m的焦炉组。

2004年我国发布的《当前部分行业制止低水平重复建设目录》中炭化室高度小于4.3m焦炉已被列入禁止范围。《钢铁产业发展政策》中又明确规定：焦炉准入条件是炭化室高度应达6m及以上。

目前，世界各国6m及以上焦炉的炭化室高度有多种规格，如6m、6.25m、6.74m、6.95m、7.1m、7.63m、7.85m、8.43m等。德国史韦根（Schwelgem）焦化厂拥有当今世界最大焦炉，炭化室高达8.43m，该焦炉为两座70孔焦炉，年产焦炭250万吨，相当于我国普通4.3m焦炉8座，6m焦炉4.5座。表2-6所列为德国考伯斯公司8m高焦炉的参数。

表2-6　德国考伯斯公司8m高焦炉的参数

参数	Ⅰ	Ⅱ	参数	Ⅰ	Ⅱ
炭化室高/m	8	8	炉孔数/孔	94	78
炭化室长/m	16.56	16.56	炭化室一次装煤量/(t/孔)	40	33.5
炭化室平均宽/mm	460	382	昼夜推焦数/(孔/昼夜)	150	180
结焦温度/℃	1450	1450	操作人数	9	9
结焦时间/h	15	10.4	每孔炭化室的生产能力/(t/昼夜)	64	77

近年来，我国每年新建投产的焦炉都在50座以上，新增焦炭产能均在3000万吨以上，其中顶装焦炉绝大多数为6m以上的大型焦炉，6m以上大容积机焦年产能已在1亿吨左右，已接近当前总产能的25%。自动化程度更高的7.63m焦炉也在兖矿、太钢、马钢、武钢等企业相继投产。

4. 我国大型焦炉举例

(1) JN-60型焦炉

我国最早设计炭化室高6m的焦炉是20世纪90年代初投产的JN-60型焦炉，其基本尺寸见表2-7。该焦炉的结构特点是双联火道，废气循环、富煤气设高低头，蓄热室分格，焦炉煤气下喷，贫煤气和空气侧喷的复热式焦炉。也有仅仅燃烧贫煤气的单热式焦炉，炉体结构与58-Ⅱ型焦炉相似。

表2-7　6m焦炉基本尺寸

炉型 部位	JN-60型	炉型 部位	JN-60型
炭化室全长/m	15.98	炭化室平均宽/mm	450
炭化室有效长/m	15.14	炭化室锥度/mm	60
炭化室全高/m	6	炭化室有效容积/m³	38.5
炭化室有效高/m	5.65	燃烧室立火道个数	32

(2) JNX-60型焦炉

JNX型焦炉是在JN型焦炉基础上设计的下部调节气流式焦炉，其结构特点为双联火道、废气循环、焦炉煤气下喷、蓄热室分格、贫煤气和空气下调的复热式焦炉。其主要尺寸和基本结构与相应的 JNX 型焦炉基本相同,主要不同在于蓄热室长向用横隔墙分成独立的小格,每一格与上部立火道一一对应,数目相同。

(3) 新日铁 M 型焦炉

新日铁 M 型焦炉是日本八幡制铁所开发的一种多段加热的复热式焦炉。它按炭化室高度的不同有 5.5m、6m 和 6.5m 三种不同的规格。其中 5.5m 和 6m 两种焦炉加热用的焦炉煤气为下喷供入,而 6.5m 焦炉的焦炉煤气则为侧喷供入。不同规格的 M 型焦炉的主要尺寸见表 2-8。

表 2-8 新日铁 M 型焦炉的主要尺寸

项 目		炭化室高/m		
		5.5	6	6.5
炭化室全长/mm		15700	15700	15700
炭化室有效长/mm		14800	14800	14800
炭化室全高/mm		5500	6000	6500
炭化室有效高/mm		5150	5650	6150
炭化室宽/mm	机侧	420	420	397.5
	焦侧	480	480	462.5
	平均	450	450	430
炭化室中心距/mm		1300	1300	1350
立火道中心距/mm		500	500	500
炉顶厚度(平均)/mm		1225	1225	1300
炭化室有效容积/m³		34.3	37.6	39.1

上海宝山钢铁总厂从日本引进的炭化室高 6m 的新日铁 M 型焦炉,其结构如图 2-34 所示,该焦炉为双联火道,蓄热室沿长向分格,为了改善高向加热均匀性,采用了三段加热,为调节准确方便,焦炉煤气和贫煤气(混合煤气)均为下喷式。在正常情况下空气用管道强制通风,再经空气下喷管进入分格蓄热室,强制通风有故障时,则由废气盘吸入(自然通风)。

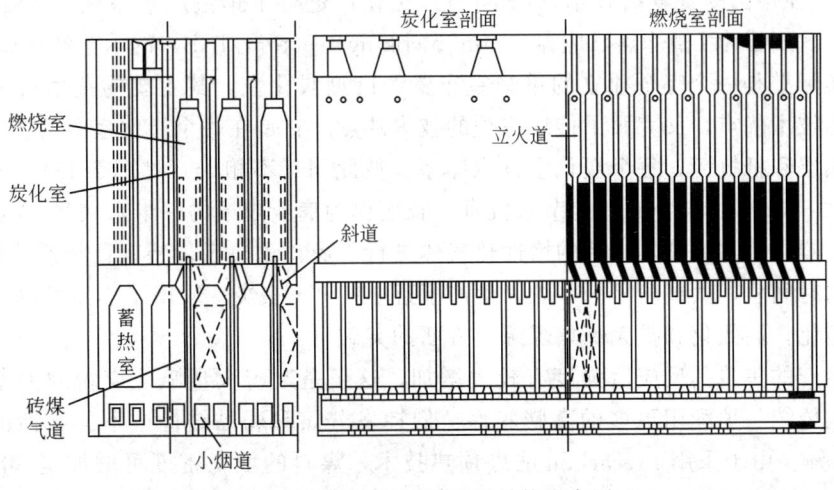

图 2-34 新日铁 M 型焦炉结构示意图

(4) 7.63m 大容积焦炉

从 2003 年起，兖矿、太钢、马钢相继引进德国技术与设备，建成了年产 200 万吨的 7.63m 大容积焦炉，大大推动了我国焦炉大型化和技术进步的进程。

其特点为双联火道、废气循环、分段加热、焦炉煤气下喷、混合煤气和空气侧入、蓄热室分格的复热式超大型焦炉。

5. 德国的大容积焦炉

德国焦炉大型化非常迅速。2003 年，TKS Schwelgern 焦化厂投产了炭化室高度 8.3m、宽 0.6m、单炭化室容量 93m³，2×70 孔的大容积焦炉，其生产能力达 264 万吨/年。

过去，只从焦炉长度和高度方面考虑焦炉容积的增大，从 20 世纪 70 年代开始，德国开始研究炭化室宽度对增大炉容的影响。经研究，采用宽炭化室有以下优越性：

① 减少了焦炉炭化室摘门和装煤次数，有利于环境保护、操作人员的安全和健康，以及减少炉体受损，延长焦炉寿命；

② 宽炭化室使焦炭产生的裂纹变小、焦炭粒度均匀，焦炭的 M_{40}、M_{10} 都有改善；

③ 减小了膨胀压力，从而减小了炉墙的负荷；

④ 使炭化室煤料的堆密度分布更均匀。

但是，荒煤气在较宽的炭化室内停留时间较长，裂解反应加剧，焦油产率和荒煤气中的甲烷和更高碳氢化合物的含量减少，而氢气含量却增加，焦炭产率也有所上升。

另外，德国 ZKS 厂已经实现了 6m 捣固焦炉技术，捣固堆密度达 1100kg/m³ 以上。

四、几种新型炼焦方法

水平室式焦炉炼焦炉已经历了一个世纪，在此期间，焦炉结构做了多次重大变革，使其在热工性能和环保等方面达到了一定的水平，但仍存在许多问题。国际上有关专家认为，室式传统焦炉应向着大型化、自动化、可靠、节能、扩大炼焦煤资源、长寿以及严格控制污染方向发展。

1. 单室炼焦系统

欧盟专家早在 20 世纪 80 年代后期就提出了单炉室式巨型反应器的设计思想，同时提出煤预热与干熄焦直接联合的方案。90 年代，欧洲 8 个国家的 13 家公司共同组建"欧洲炼焦技术中心"，在德国的普罗斯佩尔（Prosper）焦化厂进行了单室炼焦系统（single chamber system，SCS）也叫巨型炼焦反应器（jumbo coking reactor，JCB）的示范性试验。

SCS 实际上是一个完全独立的单炉室布置的巨型炭化室，其主要的技术特征既保留了传统焦炉的技术优点，又克服了传统焦炉的技术缺点。它是在每个炭化室的两边各有一个燃烧室、隔热层和抵抗墙，每个炭化室自成体系，彼此间互不相干（见图 2-35）。该试验装置高 10m、宽 850mm、长 10m（为节省投资，长度仅为商业规模的一半）。装炉煤用于熄焦系统蒸汽发生器中回收部分热量后的惰性热气体进行干燥、预热后，装入巨型反应器中炼焦。在三年多的时间里，共试验了 650 炉，生产了近 $3×10^4$t 焦炭，取得了满意的结果。实现了焦炉超大型化，高效化和扩大炼焦煤源等方面的突破。

SCS 生产的焦炭其反应后强度有较大增加，这正是改善大量喷吹煤粉的大型高炉操作的前提，比传统焦炉配用更多的高膨胀性、低挥发分煤和弱黏结性或不黏结性的高挥发分煤，节能 8%。由于采用 Precarbon 法煤预热技术，煤料的堆积密度可增加至 860~880kg/m³，污染物的散发总量约可减少一半，生产成本约下降 10%，但投资稍有增加。欧盟专家

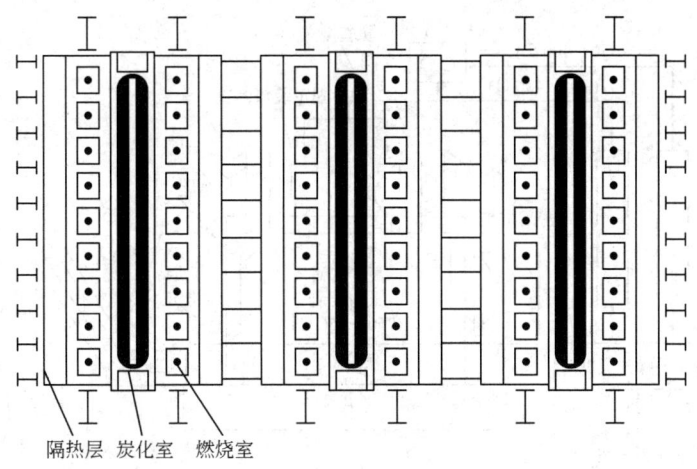

隔热层 炭化室 燃烧室

图 2-35 SCS 炼焦反应器结构

预测，这种 SCS 工艺很快就能投入工业应用，成为替代传统焦炉的新炉型。

但这种技术的商业化还受到诸如推焦和出焦机械的大型化，干熄焦和煤预热联合生产装置能力的大幅度提高等因素制约，尚有一定的发展过程。

2. 日本的炼焦新技术

日本是现代室式炼焦先进技术应用最多、最完善的国家之一。日本现在生产的焦炉全部实现了加热自动控制；新日铁、川崎公司、住友公司等已实现了焦炉机械（四大车）完全自动化、现场无人操作；干熄焦基本普及；各炼焦厂普遍采用了煤调湿、煤预热、配型煤、选择粉碎等炼焦煤处理技术。

针对节能和环保的要求，日本钢铁联盟于 1994 年携手日本煤炭利用中心共同启动了 SCOPE21（Super Coke Oven for Productivity and Environmental Enhancement Toward the 21 Century，即 21 世纪高产无污染大型焦炉）工程，旨在面向 21 世纪对焦炉的生产率和环保性能进行革新。1994～2003 年 10 年时间内，进行了基础研究、原煤处理量 0.6t/h 的实验室和原煤处理量 6t/h 的中试研究，取得了预期的效果，2004 年进行了实验装置的解体研究。新日铁大分制铁所于 2005 年 4 月开建，2008 年 2 月份建成投产，年产能约 100 万吨。

根据现有炼焦工艺的生产流程，SCOPE21 工程将其工艺过程划分为三大块，即煤炭快速加热、煤炭快速炭化和焦炭中温精炼。SCOPE21 工程的目标在于实现每个工艺过程的功效最大化，并开发出一种高度协调的新型炼焦工艺。

图 2-36 为 SCOPE21 工艺的流程示意图。湿煤经干燥后在快速加热的预热装置中预热到约 400℃，为防止细粒煤的温度过高而引起变质，预热分两段进行，前段采用流动床加热，并将粗、细级筛分分离，细粒煤进行成型，以避免预热煤装炉时夹带煤粉，影响焦炉操作和焦油质量；粗粒煤你续采用气流床加热，使其达到规定的预热温度。成型煤与进一步预热的粗粒煤采用脉冲式输送技术混合装炉，进行中温干馏（焦饼中心温度为 700～800℃）。由中温干馏炉排出的焦炭经密闭输送系统送入带加热系统的干熄焦装置中进行高温（1000℃左右）改质，将其改质成为与高温焦炭一样质量的焦炭。

SCOPE21 工程的特点是：将煤干燥、煤预热、粉煤热压成型、管道化装煤、快速中温炭化、焦炭炉外高温处理、干熄焦等技术集于一个系统中。

煤化工生产技术

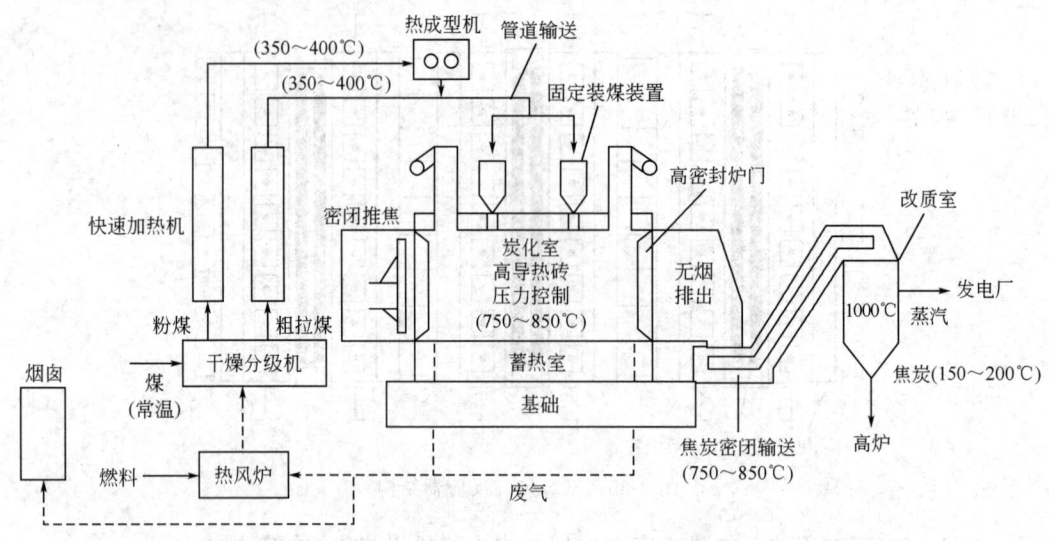

图 2-36　日本 SCOPE21 炼焦工艺示意图

SCOPES 工程的优点如下所述。

（1）有效利用煤炭资源

通过快速加热提高炼焦煤的焦化特性，并通过对细煤部分进行干燥和压块处理增加其堆密度，以改善焦炭质量。通过上述方法，可以把劣质煤的利用率从过去传统工艺的 20% 提高到 50%。

（2）高效炼焦技术

对入炉煤加以预热，采用热传导率高的炉砖，并降低焦炭的出炉温度，也可以缩短炼焦时间。煤炭预热工作温度为 350～400℃，焦炉炭化室温度为 800℃，干熄焦二次加热温度为 1000℃。通过这种加热方法，与传统工艺相比，可将生产率提高 3 倍。

（3）节能

节能技术致力于降低炭化所需的热量。通过高温预热煤炭，提高炭化过程的初始温度，同时采用中温炭化，降低焦炭的出炉温度。此外，还回收利用炭化过程中所产生的荒煤气及烟囱中排放的废气的显热。

（4）环保

通过采用密封结构传送煤炭、焦炭，来改善环保水平；同时避免焦炉漏气，通过提高焦炉加热系统的性能，降低氮氧化物的排放量。

复　习　题

1. 什么是炼焦？
2. 炼焦化学产品主要有哪些？炼焦化学产品的用途有哪些？
3. 影响炼焦煤化学产品产率和性质的因素有哪些？
4. 选煤的意义是什么？
5. 煤炭洗选主要有哪些方法？
6. 配煤的意义是什么？
7. 炼焦炉主要由哪些部分构成？其作用是什么？

8. 护炉设备主要有哪些？护炉设备的作用？
9. 焦炉废气导出设备主要有哪些？
10. 炼焦炉的生产操作主要包括哪些工序？
11. 熄焦的方法有哪些？
12. 筛焦的设备主要有哪些？
13. 炼焦新技术主要有哪些？各有何效果？

第三章 炼焦化学产品的回收与精制

第一节 概 述

一、炼焦化学

炼焦化学是研究以煤为原料,经高温干馏获得焦炭和荒煤气(或称粗煤气),并用经济合理的方法将荒煤气分离和精制成化学产品的技术和工艺原理的学科。以煤为原料,经过高温干馏生产焦炭,同时获得煤气、煤焦油、并回收其他化工产品的工业称为炼焦化学工业。生产和经营炼焦化学产品的单位为炼焦化学工厂。在中国钢铁联合企业能耗中,焦炭和焦炉煤气提供的能源占60%以上,所以大部分焦化厂设在钢铁联合企业中,是钢铁联合企业的重要组成部分,另有一部分是设在民用煤气或化工部门。

二、炼焦化学产品

煤是一种结构复杂的由很多苯环缩合而成的多环结构物质,煤中的价键以碳原子结合为主,氢、氧、氮、硫等原子镶嵌在苯环之间。

在加热时能黏结成块的煤种,通常称之为炼焦煤。炼焦煤于炼焦炉内在隔绝空气高温加热的条件下,煤质发生一系列的变化,除生成固态焦炭外,还裂解生成挥发性产物(简称为荒煤气)。荒煤气中含有许多种化合物,包括常温下的气态物质,如氢、甲烷、一氧化碳、二氧化碳等,其中$C_1 \sim C_6$直链烃类和氢是焦炉煤气的主要成分。缩环裂解后,含一个苯环的为苯系化合物,包括苯、甲苯、乙基苯和二甲苯、三甲苯的同分异构体;含两个苯环的为萘系化合物,包括萘和甲基萘、二甲基萘的异构体,也包括芴、联苯及茚等;含三个苯环的为蒽系化合物,包括蒽、菲和荧蒽等;含四个和四个以上苯环的为多环系化合物,包括芘、䓛、苯并荧蒽等。煤结构中除碳、氢元素外的氮、氧、硫等成分,在裂解中除了一部分生成一氧化碳、氰化氢、硫化氢、氨等进入焦炉煤气外,其余部分与苯环和多环化合物结合,形成一系列复杂化合物,例如含氧的苯环生成酚、甲酚、二甲酚等酸性物质,含氧的萘环生成萘酚、萘二酚等,氧也能生成杂环含氧化合物如古马隆、氧芴等;氮在裂解时可生成吡啶、甲基吡啶等碱性物质,也可生成喹啉、异喹啉等,此外还可生成咔唑、吲哚、苯胺、萘胺等化合物;硫与碳原子直接结合组成二硫化碳,存在于焦炉煤气中,另外硫还能与直链化合物生成噻吩,与苯环缩合生成硫杂茚,与萘化合成萘硫酚等。煤高温下裂解转入荒煤气的物质有上万余种,目前有些国家生产的炼焦化学产品品种已达500多种。中国目前经过生产试制,包括小批量生产的大约为150余种,正式生产的有70多个品种,这70多个品种的含量约占煤中所含化学产品的95%。搞好这些炼焦化学产品的回收与精制,对经济建设将起到重大作用。

三、回收炼焦化学产品的重要意义

炼焦化学产品在国民经济中占有重要的地位,炼焦化学工业是国民经济的一个重要部门,是钢铁联合企业的主要组成部分之一,是煤炭的综合利用工业。煤在炼焦时,除有75%左右变成焦炭外,还有25%左右生成多种化学产品及煤气。来自焦炉的荒煤气,经冷却和用各种吸收剂处理后,可以提取出煤焦油、氨、萘、硫化氢、氰化氢及粗苯等化学产品,并得到净焦炉煤气。

荒煤气中的氨可用于制取硫酸铵和无水氨;煤气中所含的氢可用于制造合成氨、合成甲醇、双氧水、环己烷等,合成氨可进一步制成尿素、硝酸铵和碳酸氢铵等化肥;所含的乙烯可用作制取乙醇和二氯乙烷的原料。

荒煤气中的硫化氢是生产单斜硫和元素硫的原料,氰化氢可用于制取黄血盐钠或黄血盐钾。同时,回收硫化氢和氰化氢对减轻大气和水质的污染,加强环境保护以及减轻设备腐蚀均具有重要意义。

粗苯和煤焦油都是组成很复杂的半成品,经精制加工后,可得到的产品有二硫化碳、苯、甲苯、二甲苯、三甲苯、古马隆、酚、甲酚、萘、蒽和吡啶盐基及沥青等,这些产品具有极为广泛的用途,是塑料、合成纤维、染料、合成橡胶、医药、农药、耐辐射材料、耐高温材料以及国防工业的重要原料。

在钢铁联合企业中,经过回收化学产品的焦炉煤气是具有较高热值的冶金燃气,是钢铁生产的重要燃料。焦炉煤气除满足钢铁生产自身的需要外,其余部分经深度脱硫后,可供民用或送往化学工厂用作合成原料气。

由于石油和天然气的化学加工和合成技术的发展,炼焦化学产品受到竞争,但石油储量有限,开采量加大,按目前耗用速度,石油使用年限估计为几十年,而煤的使用年限估计在几百年。世界各国都重视炼焦化学工业的发展,以从中取得化学工业的原料。一些重要化工原料,主要来自炼焦化学工业,如全世界萘的需求量90%来自煤焦油,作为染料原料的精蒽也几乎全来自煤焦油,生产碳素电极的电极沥青绝大部分来自煤焦油沥青。近年来,为了进行经济上的竞争和加强环境保护,炼焦化学工业在改进生产工艺,生产优质多品种的炼焦化学产品、降低生产成本和减少单位投资等方面均取得了很大进展。中国已从焦炉煤气、粗苯、煤焦油中提取出百余种产品(见表3-1)。今后,在中国丰富的煤炭资源基础上,煤的综合利用将更加合理和高效地发展。

四、炼焦化学产品的组成

荒煤气中除净焦炉煤气外的主要组成(g/m^3)如下:

水蒸气	250~450	硫化氢	6~30
煤焦油气	80~120	其他硫化物	2~2.5
苯族烃	30~45	氰化氢等氰化物	1.0~2.5
氨	8~16	吡啶盐基	0.4~0.6
萘	8~12		

经回收化学产品和净化后的煤气,称为净焦炉煤气,也称回炉煤气。其组成如表3-2所示。

表 3-1　国内生产的主要炼焦化学产品

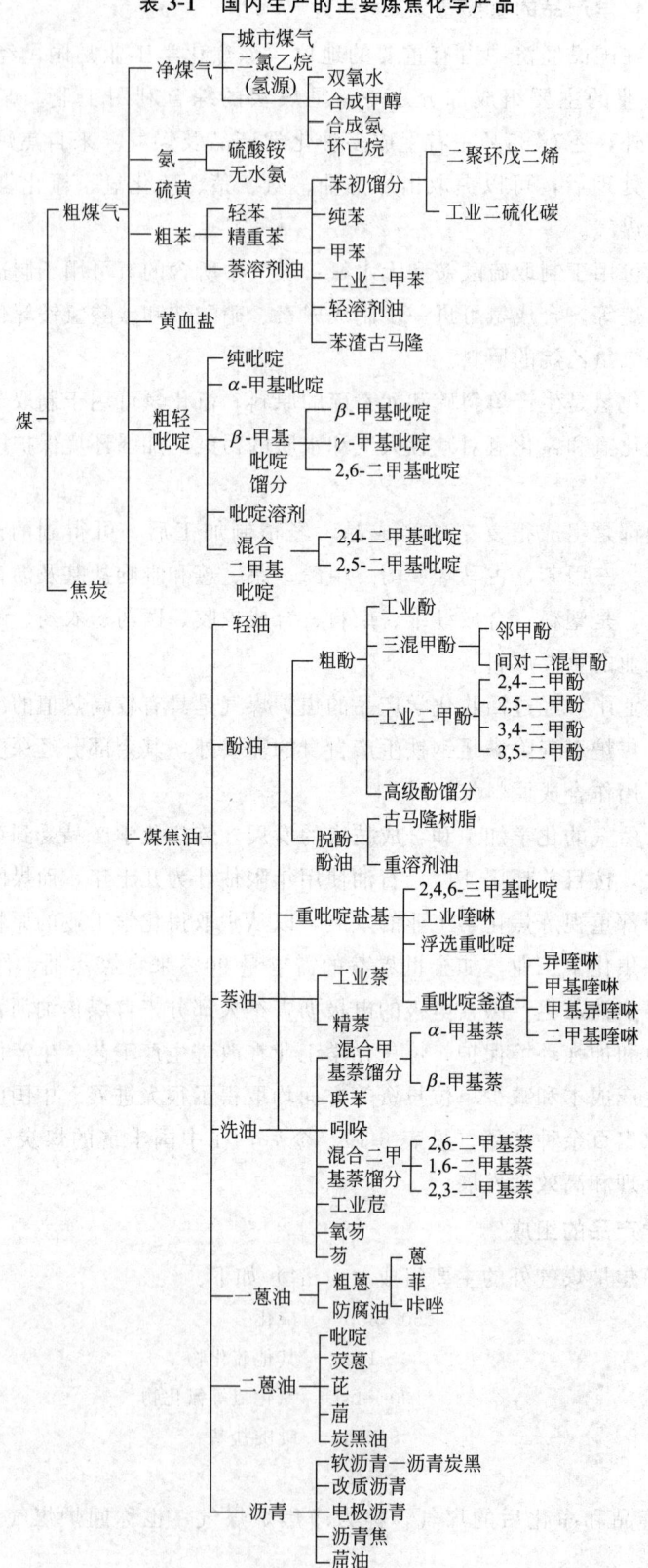

表 3-2 净焦炉煤气组成

名称	组成						
	$\varphi(H_2)$	$\varphi(CH_4)$	$\varphi(CO)$	$\varphi(N_2)$	$\varphi(CO_2)$	$\varphi(C_nH_m)$	$\varphi(O_2)$
干煤气	54%~59%	24%~28%	5.5%~7%	3%~5%	1%~3%	2%~3%	0.3%~0.7%

由表 3-2 可见，净煤气的组分有最简单的碳氢化合物、游离氢、氧、氮及一氧化碳等，因此煤气是分子结构复杂的煤质分解的最终产品。煤气中氢、甲烷、一氧化碳、不饱和烃是可燃成分，氮、二氧化碳、氧是惰性组分。净焦炉煤气的低热值为 17580~18420kJ/m³，密度为 0.45~0.48kg/m³。

五、炼焦化学产品的产率

炼焦化学产品的数量和组成随炼焦温度和原料煤质量的不同而波动。在工业生产条件下，煤料高温干馏时各种产物的产率（对干煤的质量）为：

焦炭/%	70~78	苯族烃/%	0.8~1.4
净焦炉煤气/%	15~19	氨/%	0.25~0.35
煤焦油/%	3~4.5	其他/%	0.9~1.1
化合水/%	2~4		

其中化合水是指煤中有机质分解生成的水分。

从炭化室逸出的荒煤气（也称出炉煤气）所含的水蒸气，除少量化合水外，大部分来自煤的表面水分。

第二节 回收与加工化学产品的方法及典型流程

从焦炉炭化室生成的荒煤气需在化学产品回收车间（简称化产回收车间）进行冷却、输送，回收煤焦油、氨、硫、苯族烃等化学产品，同时净化煤气。这一方面是为了得到有用的化学产品，另一方面是为了便于煤气顺利地输送、储存和用户的使用。

煤气中除氢、甲烷、乙烷、乙烯等成分外，其他成分含量虽少，却会产生有害的作用。如萘会以固体结晶析出，堵塞设备及煤气管道；煤焦油气的存在，有害于氨和苯族烃的回收；氨水溶液会腐蚀设备和管路，生成的铵盐会引起堵塞，燃烧时产生的 NO_x 污染大气；硫化氢及硫化物会腐蚀设备，生成的硫化铁会引起堵塞，拆开设备检修时遇空气会自燃；一氧化氮及过氧化氮能与煤气中的丁二烯、苯乙烯、环戊二烯等聚合成复杂的化合物——煤胶，不利于煤气输送和使用；不饱和碳氢化合物（苯乙烯、茚等）在有机硫化物的催化剂作用下，能聚合生成"液相胶"而引起障碍。对上述能产生障碍的物质，根据煤气的用途不同而有不同程度的清除要求，在选择净化方法时，应本着既满足净化要求，又符合因地制宜，化害为利的原则，通过综合评价确定，因而从煤气中回收化学产品及精制处理的方法和流程也有所不同。

焦化厂一般采用冷却、冷凝的方法除去煤气中的煤焦油和水；利用鼓风机抽吸和加压输送煤气；用电捕方法除少量的煤焦油雾；煤气中其他成分的脱除大多采用吸收法；对于净化程度要求高的场合，可采用吸附法或冷冻法。

一、在正压下操作的焦炉煤气处理系统

在钢铁联合企业中，如焦炉煤气只用作本企业冶金燃料时，除回收煤焦油、氨、苯族烃和硫等外，其余杂质只需清除到煤气在输送和使用中都不发生困难的程度即可。比较典型的

处理方法和工艺系统有两大类，根据鼓风机设置位置不同分为正压和半负压工艺系统。

1. 正压操作系统

焦炉煤气净化精制处理系统中鼓风机设在初冷器的后面，如图 3-1 所示。

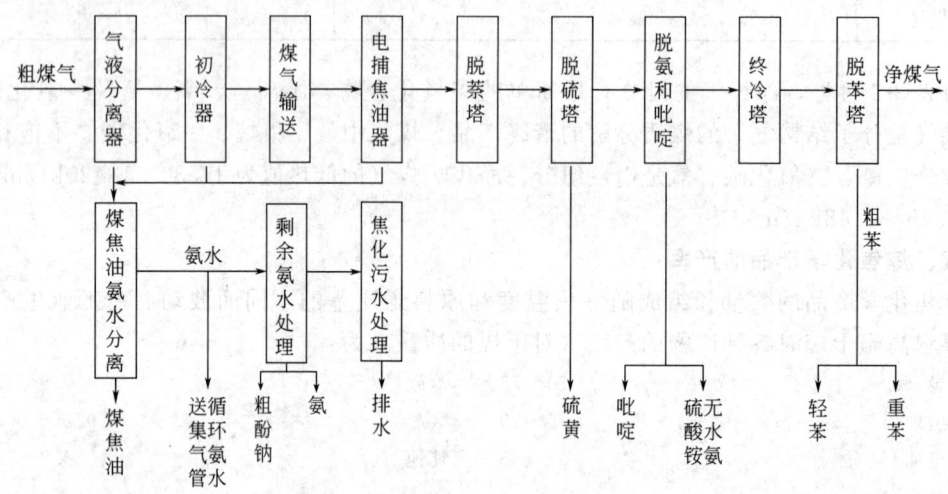

图 3-1　正压下操作的焦炉煤气处理系统

2. 半负压操作系统

焦炉煤气净化精制处理系统中鼓风机设在电捕（煤）焦油器（习惯称电捕焦油器，下同）的后面，如图 3-2 所示。对民用焦炉煤气，其中的杂质必须清除到较彻底的程度，处理

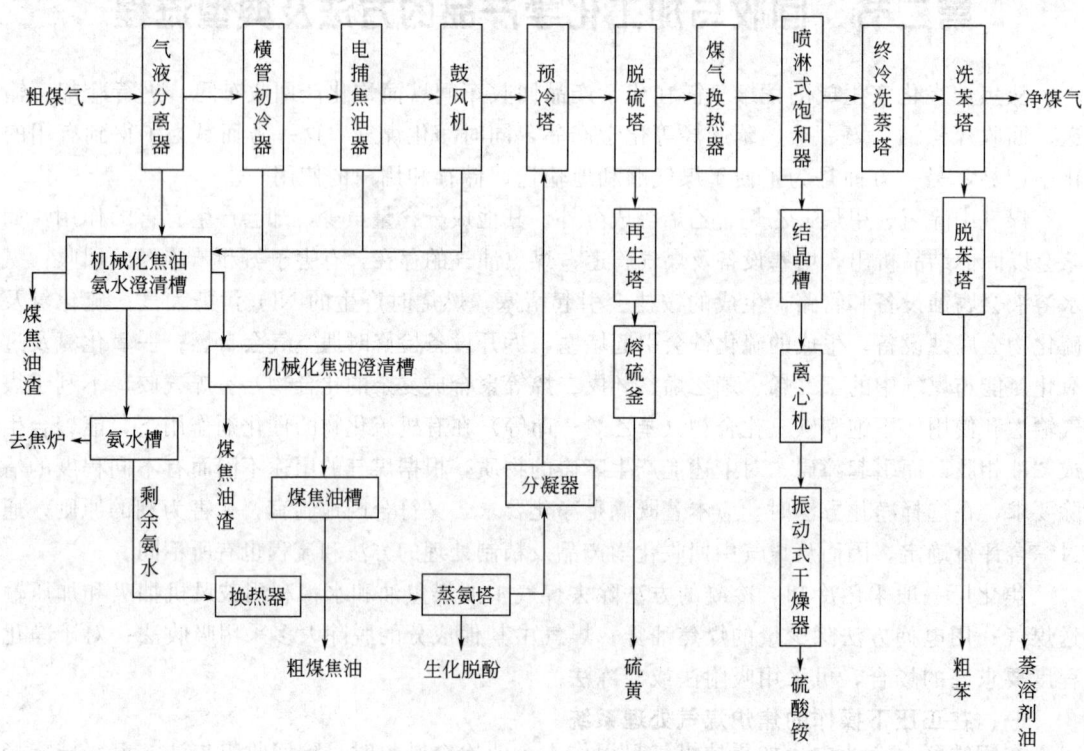

图 3-2　半负压下操作的焦炉煤气处理系统

系统与正压操作基本相同，另加干法脱硫以达到深度脱除硫化氢和氰化氢。如需远距离输送，在煤气储柜后需加压缩机和深冷脱湿。

经处理后的煤气净制程度可达到表 3-3 所列标准。

表 3-3 焦炉煤气的净制程度

煤气用途	煤气成分/(g/m³)						
	氨	苯类	萘	煤焦油	硫化氢	有机硫	氰化氢
钢铁厂自用	<0.03~0.1	2~4	0.2~0.7	<0.05	<0.2	<0.5	<0.05~0.5
城市民用	<0.03~0.1	2~4	<0.05~0.2	<0.05	0~0.02	0.05~0.2	0~0.01

在如图 3-1、图 3-2 所示处理系统中，鼓风机分别位于初冷器后或电捕焦油器的后面，自鼓风机以后的全系统均处于正压下操作。这两种工艺应用广泛，由于鼓风机后煤气升温到 50℃左右，对选用半直接饱和器法（需 55℃左右）或冷弗萨姆法（需 55℃）回收氨的系统特别适用。又因在正压下操作，煤气体积小，有关设备及煤气管道尺寸相应较小，吸收氨、苯族烃等的吸收推动力较大，有利于提高吸收速率和回收率。

二、在负压下操作的焦炉煤气处理系统

在采用水洗氨的系统中，因洗氨塔操作温度尽可能低些（22~25℃）为宜，故鼓风机可设在煤气净化系统的最后面，这就是全负压工艺流程。负压下操作的焦炉煤气处理系统如图 3-3 所示。

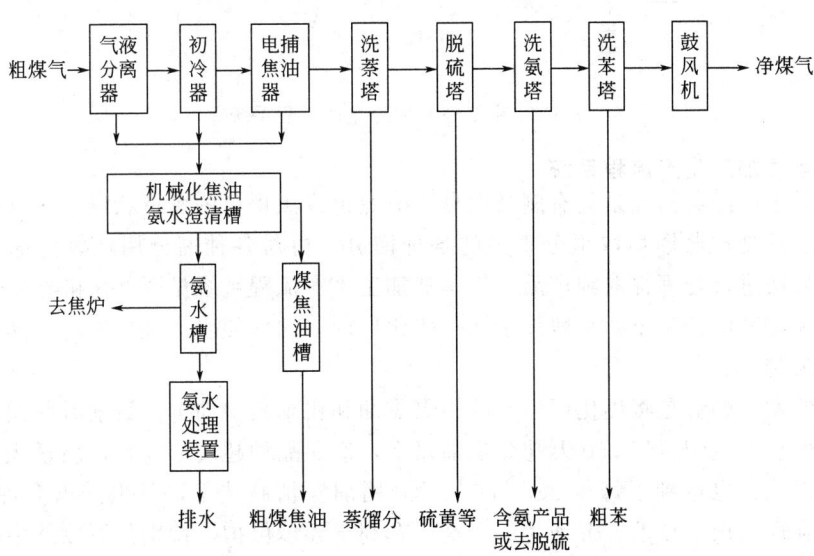

图 3-3 负压下操作的焦炉煤气处理系统

全负压流程中的设备均处于负压下操作，鼓风机入口压力为 -7~-10kPa，机后压力为 15~17kPa。此种系统发展于德、法等国，目前中国也有采用。

全负压处理系统具有如下优点。

① 不必设置煤气终冷系统和黄血盐系统。

② 可减少低温水用量，总能耗亦有所降低。

③ 净煤气经鼓风机压缩升温后，成为过热煤气，远距离输送时，冷凝液甚少，减轻了管道腐蚀。

全负压处理系统也存在如下缺点。

① 负压状态下，煤气体积增大，有关设备及煤气管道相应增大。例如洗苯塔直径增7%～8%。

② 负压设备与管道越多，漏入空气的可能性增大，需特别加强密封。

③ 在较大的负压下，煤气中硫化氢、氨和苯族烃的分压降低，减少了吸收推动力。据计算，负压操作下苯族烃回收率比正压操作时降低2.4%。

综上所述，全负压回收工艺可供采用水洗氨工艺或弗萨姆法生产无水氨工艺的回收系统选用。

化产回收车间回收的煤焦油和粗苯，均是组成复杂的液体混合物，进一步加工精制可得到各种有用产品，也可作为商品出售。

三、粗苯加工生产流程系统

粗苯工段生产的粗苯，经两苯塔分馏为轻苯和重苯。苯、甲苯、二甲苯的绝大部分和硫化物的大部分及50%的不饱和化合物聚集于轻苯中，苯乙烯、古马隆和茚等高沸点不饱和化合物聚集于重苯中。轻苯和重苯分别加工。粗苯精制加工生产流程系统见图3-4。

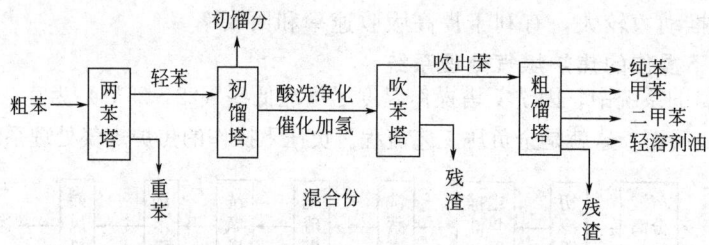

图3-4 粗苯精制加工生产流程系统

四、煤焦油加工生产流程系统

冷凝工段生产的煤焦油是具有刺激性臭味的黑色或黑褐色的黏稠状液体，含有上万种的物质，需经过预处理蒸馏切取组分集中的各种馏分，再对各种馏分用酸碱洗涤、蒸馏、聚合、结晶等方法进行处理提取纯产品。煤焦油加工生产流程系统见图3-5和图3-6。

煤焦油和粗苯的精制车间一般设于同一焦化厂内，这样使生产规模、生产品种及技术发展等均受到限制。

近年来的发展趋势是将焦化厂生产的粗煤焦油和粗苯集中加工。目前有些国家的煤焦油加工厂的处理能力达到每年150万吨煤焦油以上，产品品种超过200种，质量优良。粗苯的集中加工处理能力也达到了每年28万吨，且采用加氢精制技术，可生产出多种优质产品。集中加工可合理利用新技术，劳动生产率高，有利于环境保护，特别是可以从中提取出浓度很低，产量不大，而价值却较高的物质，现已逐步在许多国家得到利用。目前中国已投产的煤焦油加工机组能力达到每年30万吨，粗苯加工机组能力达到每年10万吨。

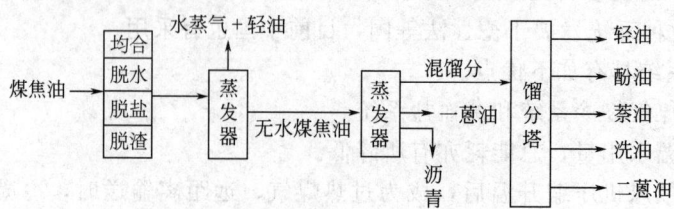

图3-5 煤焦油加工生产流程系统

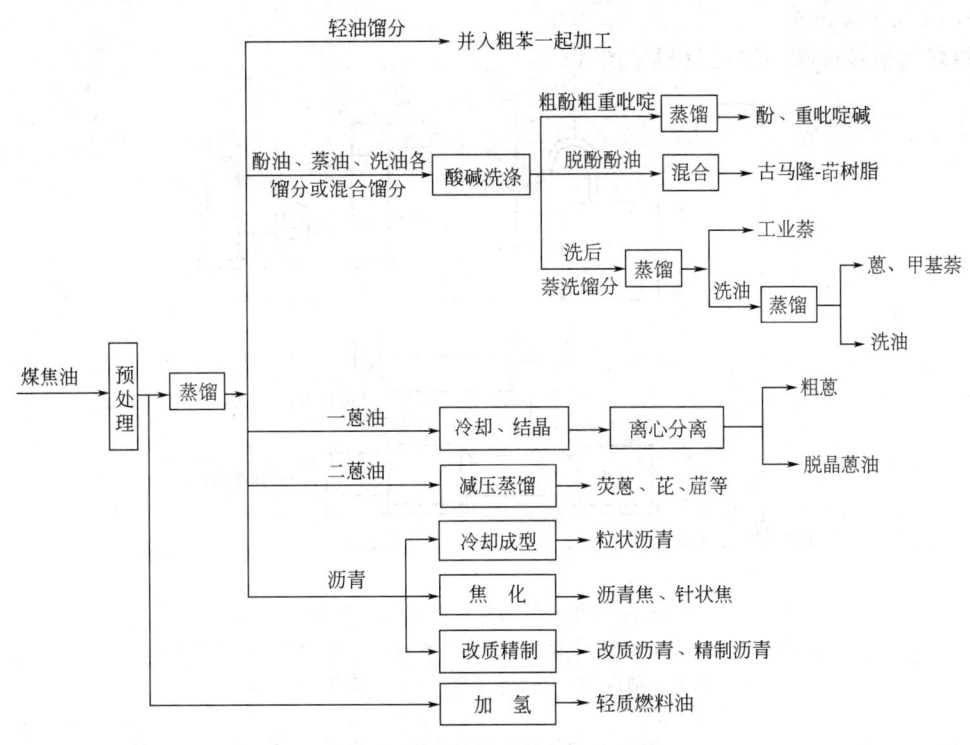

图 3-6 煤焦油馏分精制加工系统

第三节 煤气初冷和煤焦油氨水的分离

一、粗煤气的初步冷却

1. 煤气冷却

焦炉煤气从炭化室经上升管逸出时的温度为 650~750℃，此时煤气中含有煤焦油气、苯族烃、水汽、氨、硫化氢、氰化氢、萘及其他化合物，为回收和处理这些化合物，首先应将煤气冷却，原因如下：

① 从煤气中回收化学产品和净化煤气时，多采用比较简单易行的冷凝法、冷却法和吸收法，在较低的温度下（25~35℃）才能保证较高的回收率。

② 含有大量水汽的高温煤气体积大，所需输送煤气管道直径、鼓风机的输送能力和功率均增大，耗费加大。

③ 在煤气冷却过程中，不但有水汽冷凝，且大部分煤焦油和萘也被分离出来，部分硫化物、氰化物等腐蚀性介质溶于冷凝液中，从而可减少回收设备及管道的堵塞和腐蚀。

煤气的初步冷却分两步进行：第一步是在集气管及桥管中用大量循环氨水喷洒，使煤气冷却到 80~90℃；第二步再在煤气初冷器中冷却。在初冷器中将煤气冷却到何种程度，随化学产品回收与煤气净化所选用的工艺方法而异，经技术经济比较后才能确定。例如若以硫酸或磷酸作为吸收剂，用化学吸收法除去煤气中的氨，经初冷器后煤气温度可以高一些，一般为 25~35℃；若以水作吸收剂，用物理吸收法除去煤气中的氨初冷后煤气温度要低些，一般为 25℃以下。

2. 煤气冷却流程

粗煤气初步冷却和输送流程见图3-7。

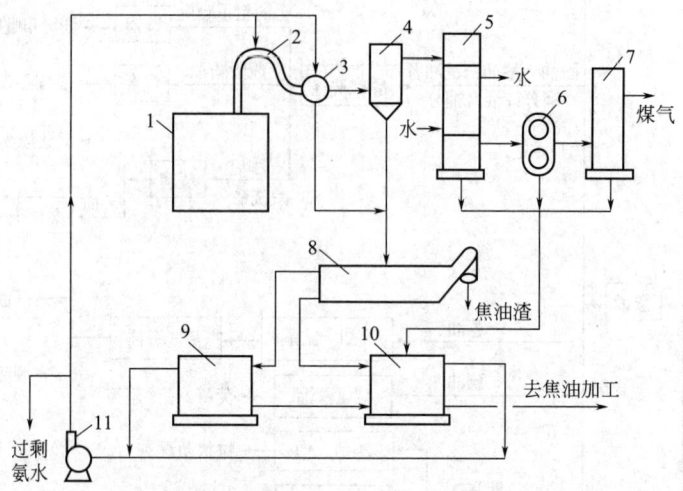

图 3-7　粗煤气初步冷却和输送流程
1—焦炉；2—桥管；3—集气管；4—气液分离器；5—初冷器；6—鼓风机；
7—电捕焦油器；8—油水澄清槽；9,10—储槽；11—泵

由焦炉来的粗煤气温度为650~800℃，经上升管到桥管，然后到集气管，在此用70~75℃循环氨水进行喷洒，冷却到80~85℃，有60%左右的焦油蒸气冷凝下来，这是重质焦油部分。焦油和氨水混合物自集气管和气液分离器去澄清槽。

煤气由分离器去初冷器，在此进行冷却，残余焦油和大部分水汽冷凝下来，煤气被冷却到25~35℃，经鼓风机增压，因绝热压缩升温10~15℃。初冷器后的煤气含有焦油和水的雾滴，在鼓风机的离心力作用下大部分以液态析出，余下部分在电捕焦油器的电场作用下沉降下来。

在澄清槽因密度不同进行焦油和氨水分离，氨水在上，焦油在下，底部沉降物是焦油渣。焦油渣由煤尘和焦粉构成，用刮板由槽底取出，可以送回到配煤中去。氨水用泵送到桥管和集气管进行喷洒冷却，循环利用。焦油用泵送去焦油精制车间。为防止焦油槽底沉积焦油渣，可采用泵搅拌方法消除人工清渣。

氨水有两部分，一是集气管喷洒用循环氨水，二是初冷器冷凝氨水。氨水中含有铵盐，氨含量为4~5g/m^3，氨水中含有酚类。在循环氨水中有70%~80%为难水解的氯化铵，加热时不分解，称固定铵。初冷器的冷凝氨水中铵盐有80%~90%为易水解的碳酸氢铵、硫化铵以及氰化铵，加热时可分解，称挥发氨。为了防止氯化铵在循环氨水中积累，部分循环氨水外排入剩余氨水中，并补充一部分冷凝氨水入循环氨水。

1t煤炼焦约产粗煤气480m^3（在炉顶空间的操作状态下，其容积约为1700m^3），其体积组成为煤气75%，水汽23.5%，焦油和苯蒸气为1.5%。此气体进行冷却，放出热量约为0.5GJ，其中85%~90%用于蒸发喷洒氨水，其余热量则用于加热水和散热。当冷却用的喷洒氨水温度为70~80℃时，以炼焦装煤量计的喷洒量为5~6m^3/t，其中蒸发氨水量仅占2%~3%。

冷却喷洒氨水量大是由于出炉的粗煤气温度较高所致，粗煤气与喷洒氨水之间的蒸发换热，是在形成的水滴表面上进行的。桥管和集气管喷头所处的几何空间小，水滴与粗煤气接触时间短，故换热表面积小，冷却效率低，同时喷洒氨水中含有煤和焦的尘粒、焦油以及腐蚀性盐类，限制了喷嘴采用小孔径结构，因小孔径易堵，需要经常清扫。喷嘴喷洒可行孔径为 2~3mm，但是水滴较大，落下途径短，恶化了换热条件，蒸发水分量占水滴量的小部分。为此，采用热水喷洒，增大水滴蒸发蒸气压，加快蒸发速度，改善煤气冷却。因水汽化热大，水升温显热小，故不能用冷水喷洒，否则喷洒量要增大几倍。

过量喷洒氨水还有一个作用，由于水量大使集气管中的重质焦油能与氨水一起流动，便于送到回收车间。

初冷器入口粗煤气含有水汽量约有 50%（体积分数）或 65%（质量分数）。这些水来自煤带入水分为 60~80kg/t；煤热解生成水为 20~30kg/t 以及集气管蒸发水汽 180~200kg/t。在初冷器中冷却冷凝水量可达 92%~95%，初冷器后煤气被水汽饱和，其水汽含量按装炉煤计为 10~15kg/t。初冷器中交换热量的 90% 为煤气中水汽冷凝放出的热量。

初冷器后的粗煤气质量少了 2/3，而容积少了 3/5 倍，从而减少了继续输送的电能消耗。

在初冷器中焦油也冷凝下来，特别是含于其中的萘，萘的沸点与焦油中其他组分相比较低，为 218℃；熔点高，为 80℃；并能升华，形成雾状和尘粒（悬浮于气体中的萘晶粒）。因此，煤气在冷却管的表面上有萘结晶析出，导致传热系数降低，此外，萘在导管中能形成堵塞物。为了防止萘于管道和设备中凝结，应充分脱除焦油和萘。因此，初冷器的操作将影响煤气输送和回收车间的后续工艺制度，特别是对氨的回收部分。

3. 煤气冷却的主要设备

煤气冷却采用的主要设备是冷却器。被冷却的煤气与冷却介质直接接触的冷却器，称为直接混合式冷却器，简称为直接冷却器或直接冷却（直冷）；被冷却的煤气与冷却介质分别从固体壁面的两侧流过，煤气将热量传给壁面，再由壁面传给冷却介质的冷却器，称为间壁式冷却器，简称为间接冷却器或间接冷却（间冷）。常见初冷器如下。

（1）立管式间接初冷器

如图 3-8 所示，立管式间接初冷器的横断面呈长椭圆形，直立的钢管束装在上下两块管栅板之间，被五块纵挡板分成六个管组，因而煤气通路也分成六个流道。煤气走管间，冷却水走管内，两者逆向流动。冷却水从初冷器煤气出口端底部进入，依次通过各组管束后排出器外。由图可见，六个煤气流道的横断面积是不一样的，这是因为煤气流过初冷器时温度逐步降低，并冷凝出液体，煤气的体积流量逐渐减小。为使煤气在各个流道中的流速保持稳定，所以沿煤气流向各流道的横断面积依次递减；而冷却水沿其流向各管束的横断面积则相应地递增。冷却器所用钢管规格为 $\phi 576mm \times 3mm$。

立管式冷却器一般均为多台并联操作，煤气流速为 3~4m/s，煤气通过阻力为 0.5~1kPa。

当接近饱和的煤气进入初冷器后，立即有水汽和煤焦油气在管壁上冷凝下来，冷凝液在管壁上形成很薄的液膜，在重力作用下沿管壁向下流动，并因不断有新的冷凝液加入，液膜逐渐加厚，从而降低了传热系数。此外，随着煤气的冷却，冷凝的萘将以固态薄片状晶体析出。

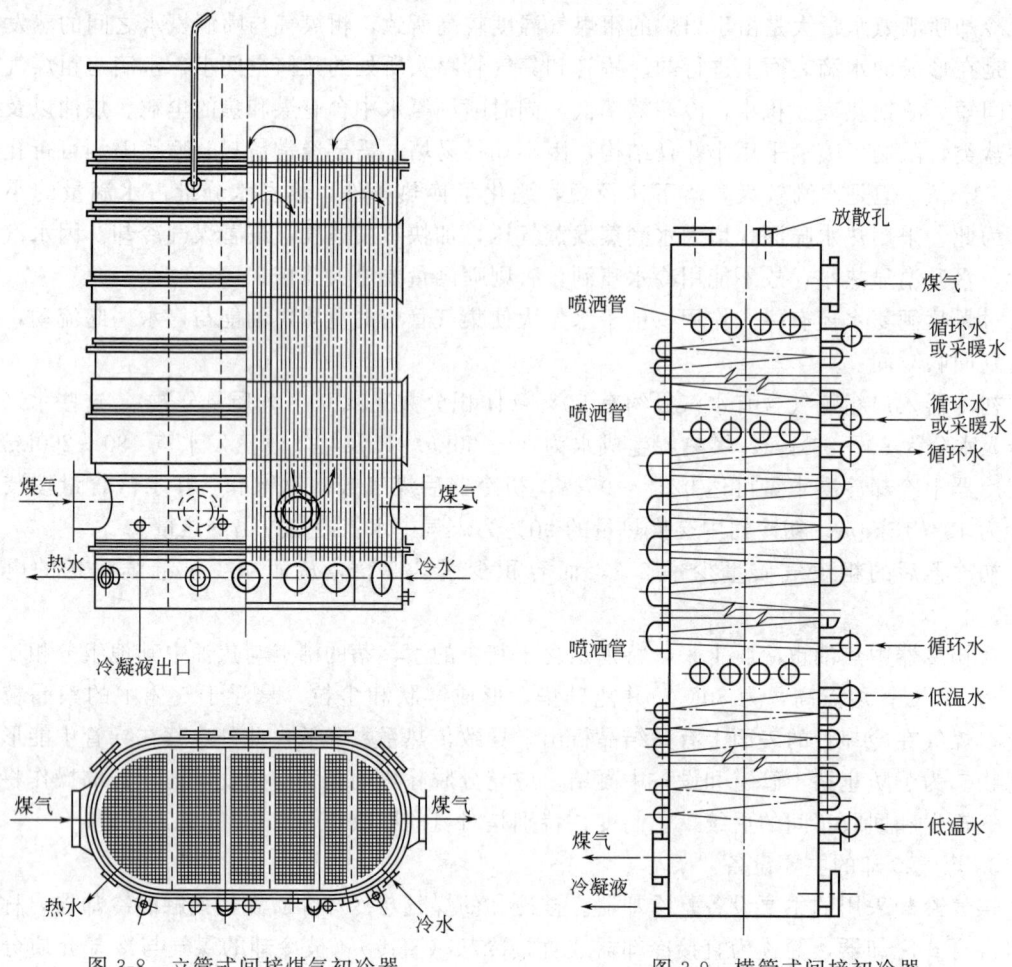

图 3-8 立管式间接煤气初冷器　　　图 3-9 横管式间接初冷器

在初冷器前几个流道中，因冷凝煤焦油量多，温度也较高，萘多溶于煤焦油中；在其后通路中，因冷凝煤焦油量少，温度低，萘晶体将沉积在管壁上，使传热系数降低，煤气流通阻力亦增大。在煤气上升通路上冷凝物还会因接触热煤气而又部分蒸发，因而增加了煤气中萘的含量。上述问题都是立管式初冷器的缺点。为克服这些缺点，可在初冷器后几个煤气流道内，用含萘较低的混合煤焦油进行喷洒，可解决萘的沉积堵塞问题，还能降低出口煤气中的萘含量，使之低于集合温度下萘在煤气中的饱和浓度。

（2）横管式间接初冷器

如图 3-9 所示，横管初冷器具有直立长方体形的外壳，冷却水管与水平面成 3°角横向配置。管板外侧管箱与冷却水管连通，构成冷却水通道，可分两段或三段供水。两段供水是供低温水和循环水，三段供水则是供低温水、循环水和采暖水。煤气自上而下通过初冷器。冷却水由每段下部进入，低温水供入最下段，以提高传热温差，降低煤气出口温度；在冷却器壳程各段上部，设置喷洒装置，连续喷洒含煤焦油的氨水，以清洗管外壁沉积的煤焦油和萘，同时还可以从煤气中吸收一部分萘。

在横管初冷器中，煤气和冷凝液由上往下同向流动，较为合理。由于管壁上沉积的萘可被冷凝液冲洗和溶解下来，同时于冷却器上部喷洒氨水，自中部喷煤焦油，能更好地冲洗掉沉积的萘，从而有效地提高了传热系数。此外，还可以防止冷凝液再度蒸发。

在煤气初冷器内 90% 以上的冷却能力用于水汽的冷凝，从结构上看，横管式初冷器更有利于蒸汽的冷凝。

横管初冷器用 $\phi 54mm \times 3mm$ 的钢管，管径细且管束小，因而水的流速可达 $0.5 \sim 0.7 m/s$。又由于冷却水管在冷却器断面上水平密集布设，使与之成错流的煤气产生强烈湍动，从而提高了传热系数，并能实现均匀的冷却，煤气可冷却到出口温度只比进口水温高 2℃。横管初冷器虽然具有上述优点，但水管结垢较难清理，要求使用水质好的或加有阻垢剂的冷却水。

横管初冷器与竖管初冷器相比，横管初冷器有更多的优点，如对煤气的冷却、净化效果好，节省钢材，造价低，冷却水用量少，生产稳定，操作方便，结构紧凑，占地面积小。因此，近年来，新建焦化厂广泛采用横管初冷器，已很少再用竖管初冷器。

(3) 直接式冷却塔

直接冷却塔是煤气与冷氨水直接接触换热的冷却器，用于煤气初冷的直接式冷却塔有木格填料塔、金属隔板塔和空喷塔等多种形式，其中空喷塔已在大型焦化厂的间接—直接初冷流程中得到使用。如图 3-10 所示，空喷塔为钢板焊制的中空直立塔，在塔的顶段和中段各安设六个喷嘴来喷洒 $25 \sim 28℃$ 的循环氨水，所形成的细小液滴在重力作用下于塔内降落，与上升煤气密切接触，使煤气得到冷却。煤气出口温度可冷却到接近于循环氨水入口温度（温差 $2 \sim 4℃$），且有洗除部分煤焦油、萘、氨和硫化氢等效果。由于喷洒液中混有煤焦油，所以可将煤气中萘含量脱除到低于煤气出口温度下的饱和萘的浓度。

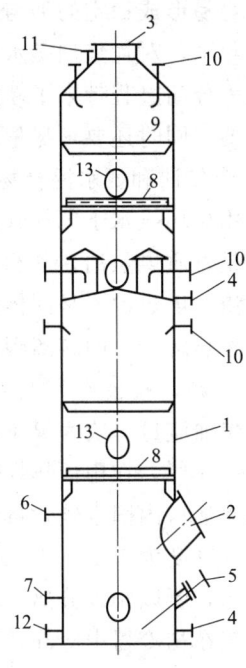

图 3-10 空喷初冷塔
1—塔体；2—煤气入口；3—煤气出口；
4—循环液出口；5—煤焦油氨水出口；
6—蒸汽入口；7—蒸汽清扫口；
8—气流分布栅板；9—集液环；
10—喷嘴；11—放散口；
12—放空口；13—人孔

空喷冷却塔的冷却效果主要取决于喷洒液滴的黏度及在全塔截面上分布的均匀性，为此沿塔周围安设 $6 \sim 8$ 个喷嘴，为防止喷嘴阻塞，需定时通入蒸汽清扫。

二、焦油和氨水的分离

1. 分离原因

由集气管来的氨水、焦油和焦油渣的混合物必须进行分离，有如下理由。

① 氨水循环回到集气管进行喷洒冷却，它应不含有焦油和固体颗粒物，否则会堵塞喷嘴使喷洒困难。

② 焦油需要精制加工，其中如果含有少量水将增大耗热量和冷却水用量。此外，有水汽存在于设备中，会增大设备容积，阻力增大。

氨水中溶有盐，当加热高于 250℃，将分解析出 HCl 和 SO_3，导致焦油精制车间的设备腐蚀。

③ 焦油中含有固体颗粒，是焦油灰分的主要来源，而焦油高沸点馏分即沥青的质量主要由灰分含量来评价。焦油中含有焦油渣，在导管和设备中逐渐沉积，会破坏正常操作。固

体颗粒容易形成稳定的油与水的乳化液。

近年来，对煤焦油氨水的分离引起了重视，一方面是由于采用预热煤炼焦和实行无烟装煤给这一分离过程带来了新问题，另一方面是因为要求提供无煤焦油氨水和无渣低水分煤焦油的需要，同时还要求尽量减少煤焦油渣中的煤焦油的含量以增产煤焦油。

2. 煤焦油和氨水混合物的性质及分离要求

在用循环氨水于集气管内喷洒冷却荒煤气时，约60%的煤焦油冷凝下来，这种集气管煤焦油是重质煤焦油，其相对密度（20℃）为1.22左右，黏度较大，其中混有一定数量的煤焦油渣。煤焦油渣是固体微粒与煤焦油形成的混合物。固体微粒包括煤尘、焦粉，还有炭化室顶部热解产生的游离碳及清扫上升管和集气管时所带入的多孔物质。煤焦油渣中的固体含量为30%，其余约70%为煤焦油。

煤焦油渣量一般为煤焦油量的0.15%～0.3%，当实行蒸汽喷射无烟装煤时，其量可达0.4%～1.0%，在用预热煤炼焦时，其量更高。

煤焦油渣内固定碳含量约为60%，挥发分含量约为33%，灰分约为4%，气孔率约为63%，真密度为1.27～1.3kg/L。因其与集气管煤焦油的密度差小，粒度小，易与煤焦油黏附在一起，所以难以分离。

煤气在初冷器中冷却，冷凝下来的煤焦油为轻质煤焦油，其轻组分含量较多。在两种氨水混合分离流程中，上述轻质煤焦油和重质煤焦油的混合物称之为混合煤焦油。混合煤焦油20℃密度可降至1.15～1.19kg/L，黏度比重质煤焦油减少20%～45%，煤焦油渣易于沉淀下来，混合煤焦油质量明显改善。但在煤焦油中仍存在一些浮煤焦油渣，给煤焦油分离带来一定困难。

煤焦油的脱水直接受温度和循环氨水中固定铵盐含量的影响，在80～90℃时和固定铵盐浓度较低情况下，煤焦油与氨水较易分离，因此，在独立的氨水分离系统中，集气管煤焦油脱水程度较差，而在采用混合氨水分离流程时，混合煤焦油的脱水程度较好，但只进行一步澄清分离仍不能达到要求的脱水程度，还需在煤焦油储槽内保持在80～90℃的条件下进一步脱水。

目前中国焦化厂生产的煤焦油质量标准见表3-4。经澄清分离后的循环氨水中煤焦油物质的含量越低越好，最好不超过100mg/L。

表3-4 煤焦油质量标准 （YB/T 5075—93）

指标名称	指标		指标名称	指标	
	一级品	二级品		一级品	二级品
密度(ρ_{20})/(kg/L)	1.15～1.21	1.13～1.22	水分/% ≤	4.0	4.0
甲苯不溶物(无水基)/%	3.5～7.0	≤9	黏度(E_{80}) ≤	4.0	4.2
灰分/% ≤	0.13	0.13	萘含量(无水基)/% ≥	7.0	7.0

注：萘含量指标不作质量考核依据。

3. 煤焦油氨水混合物的分离方法和流程

近年来，为改善煤焦油脱渣和脱水提出了许多改进方法，如用蒽油稀释，用初冷冷凝液洗涤，用微孔陶瓷过滤器在压力下净化煤焦油，在冷凝工段进行煤焦油的蒸发脱水，以及振动过滤和离心分离等。其中以机械化焦油氨水澄清槽和离心分离相结合的方法应用较为广泛，其工艺流程如图3-11所示。

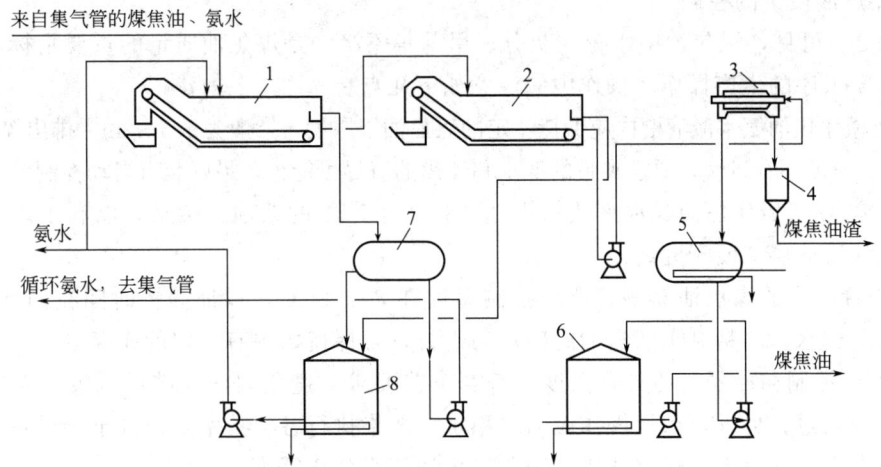

图 3-11 重力沉降和离心分离结合的焦油氨水分离流程图
1—机械化焦油氨水澄清槽；2—焦油脱水澄清槽；3—卧式连续离心沉降分离机；4—煤焦油渣收集槽；
5—煤焦油中间槽；6—煤焦油储槽；7—氨水中间槽；8—氨水槽

由集气管来的液体混合物先进入机械化焦油氨水澄清槽 1，分离了氨水的煤焦油由此进入焦油脱水澄清槽 2，然后由泵送至卧式连续离心沉降分离机 3 除渣，分离出的煤焦油渣放入煤焦油渣收集槽 4，净化的煤焦油放入煤焦油中间槽 5，再送入煤焦油储槽 6。

卧式连续离心沉降分离机的操作情况如图 3-12 所示，温度为 70~80℃ 的煤焦油经由中空轴送入转鼓内，在离心力作用下，煤焦油渣沉降于鼓壁上，并被设于转鼓内的螺旋卸料机连续地由一端排到机体外，澄清的煤焦油也连续地从另一端排出。

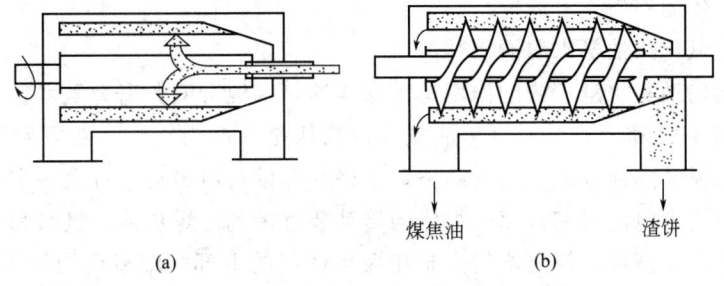

图 3-12 卧式连续离心沉降分离机操作示意图

在采用预热煤炼焦时，为不使煤焦油质量变坏，在焦炉上可设两套集气管装置，将装炉时产生的煤气抽到专用集气管内，并设置较简易的专用氨水煤焦油分离及氨水喷洒循环系统。由装炉集气管所得到的煤焦油（约占煤焦油总量的 1%）含有大量煤尘，这部分煤焦油一般只供筑路或燃料用，也可与集气管出来的氨水在混合搅拌槽内混合，再经离心分离以回收煤焦油。

此外，还可采用在一定压力下分离煤焦油中水分的装置。将经过澄清仍然含水的煤焦油，泵入一卧式压力分离槽内进行分离，槽内保持 81~152kPa 的压力，并保持温度为 70~80℃，在此条件下，可防止溶于煤焦油中的气体逸出，及因之引起的混合液上下窜动，从而改善了分离效果，煤焦油水分可降至 2% 左右。

4. 煤焦油质量的控制

由表 3-4 可见,煤焦油中水分、灰分、甲苯等不溶物是煤焦油质量的重要指标,它主要取决于冷凝工序的生产操作。操作中应注意如下几点。

① 机械化焦油氨水澄清槽内应保持一定的煤焦油层厚度,一般为 1.5～2m,排出煤焦油时应连续均匀,速度不宜过快,要求夹带的氨水和煤焦油渣尽可能少,最好装有自动控制装置。

② 严禁在机械化焦油氨水澄清槽内随意排入生产中的杂油、杂水,以利于煤焦油、氨水、煤焦油渣分层,便于分离。

③ 静置脱水的煤焦油储槽,严格控制温度在 80～90℃,保证静置时间在两昼夜以上,同时应按时放水。向精制车间送油时应均匀进行,且保持槽内有一定的库存量。

④ 严格控制初冷器后的集合温度,符合工艺要求,避免因增大鼓风机吸力而增加煤粉和焦粉的带入量。另外,焦炉操作应力求稳定,严格执行各项技术操作规定,尽量减少因煤粉、焦粉带入煤气而形成煤焦油渣,防止煤焦油氨水分离困难。

⑤ 机械化焦油氨水澄清槽氨水满流情况、煤焦油压油情况、油水界面升降情况和减速机、刮渣机的运行情况应保持正常。

⑥ 严格控制装炉煤细度,采用高压氨水喷射或蒸汽喷射实现无烟装煤技术的厂家,要严格控制高压氨水或蒸汽的压力不宜太高。

5. 澄清分离设备

煤焦油、氨水和煤焦油渣组成的液体混合物是一种悬浮液和乳浊液的混合物,煤焦油和氨水的密度差较大,容易分离。因此所采用的煤焦油氨水澄清分离设备多是根据分离粗悬浮液的沉降原理制作的,主要有卧式机械化焦油氨水澄清槽、立式焦油氨水分离器、双锥形氨水分离器等。广泛应用的是卧式机械化焦油氨水澄清槽,较新的发展是将氨水的分离和煤焦油的脱水合为一体的斜板式澄清槽。

(1) 卧式机械化焦油氨水澄清槽

卧式机械化焦油氨水澄清槽的作用是将煤焦油氨水混合液分离为氨水、煤焦油和煤焦油渣。其结构如图 3-13 所示,机械化焦油氨水澄清槽是一端为斜底,断面为长方形的钢板焊制容器,由槽内纵向隔板分成平行的两格,每格底部设有由传动链带动的刮板输送机,两台刮板输送机用一套由电动机和减速机组成的传动装置带动。煤焦油、氨水和煤焦油渣由入口管经承受隔室进入澄清槽,使之均匀分布在煤焦油层的上部。澄清后的氨水经溢流槽流出,沉聚于槽下部的煤焦油经液面调节器引出。沉积于槽底的煤焦油渣由移动速度为 0.03m/min 的刮板刮送至前伸的头部漏斗内排出。

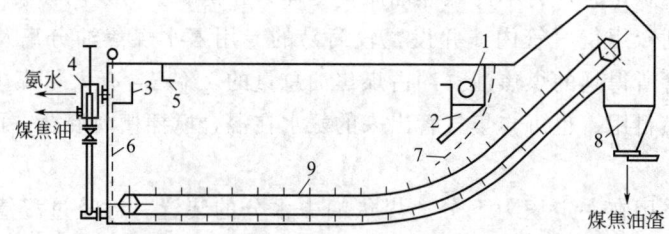

图 3-13 卧式机械化焦油氨水澄清槽简图

1—入口管;2—承受隔室;3—氨水溢流槽;4—液面调节器;5—浮煤焦油渣挡板;
6—活动筛板;7—煤焦油渣挡板;8—放渣漏斗;9—刮板输送机

为阻挡浮在水面的煤焦油渣,在氨水溢流槽附近设有高度为0.5m的木挡板。为了防止悬浮在煤焦油中的煤焦油渣团进入煤焦油引出管内,在氨水澄清槽内设有煤焦油渣挡板及活动筛板。煤焦油、氨水的澄清时间一般为0.5h。

在采用氨水混合流程时,由于混合煤焦油的密度较小,在保持槽内煤焦油温度为70~80℃和煤焦油层高度为1.5~1.8m的情况下,煤焦油渣沉降分离效果较好。但在采用蒸汽喷射无烟装煤时,由于浮煤焦油渣量大,煤焦油的分离需分为两步:第一步为与氨水分离,第二步为煤焦油氨水和细粒固体物质的分离。即采用两台煤焦油氨水澄清槽,一台用作氨水分离,而另一台用于煤焦油脱渣脱水。

煤焦油渣占全部分离煤焦油的0.2%~0.4%,焦炉装煤如采用无烟装煤操作时可达1.5%以上。煤焦油渣中的煤粉、焦粉有70%以上为2mm以下的微粒,所以很黏稠。为防止煤焦油渣在冬天结块发黏,漏嘴周围应设有蒸汽保温。对于地处北方的焦化厂,澄清槽整体最好采取保温措施,这样有利于氨水、煤焦油和煤焦油渣的分离。

机械化焦油氨水澄清槽有效容积一般分为210m³、187m³和142m³三种。以187m³为例,列出主要技术特性如下:

有效容积/m³	187	刮板输送机速度/(m/h)	1.74
长/m	16.2	电动机功率/kW	2.2
宽/m	4.5	氨水停留时间/min	20
高/m	3.7	设备质量/t	46.7

机械化焦油氨水澄清槽一般适用于大中型焦化厂的煤焦油氨水分离。

(2) 立式焦油氨水分离器

如图3-14所示,立式焦油氨水分离器上边为圆柱形,下边为圆锥形,底部由钢板制成(有的又称为锥形底氨水澄清槽)。冷凝液和煤焦油氨水混合液由中间或上边进入,经过一扩散管,利用静置分离的办法,将分离的氨水通过器边槽子接管流出,上边接一挡板,以便将轻煤焦油由上边排出。煤焦油渣为混合物中最重部分,沉于器底。立式焦油氨水分离器下部设有蒸汽夹套,器底设闸阀,煤焦油渣间歇地放出至带蒸汽夹套的管段内,并设有直接蒸汽进口管,通入适量蒸汽通过闸阀将煤焦油渣排出。

立式焦油氨水分离器一般有直径为3.8m和6m两种。其中直径为3.8m的分离器的主要技术特性为:氨水在器内停留时间39min,锥底煤焦油沉积高度1.2m,截面流速0.0007m/s,工作温度80℃,夹套内蒸汽压力40kPa。

立式焦油氨水分离器由于容积较小,一般适用于小型焦化厂的煤焦油氨水分离。

三、煤气的初冷操作

以横管式煤气初冷工艺为例。

(一) 初冷器的操作

1. 初冷器的正常操作

① 经常检查初冷器上、下段的冷却负荷,及

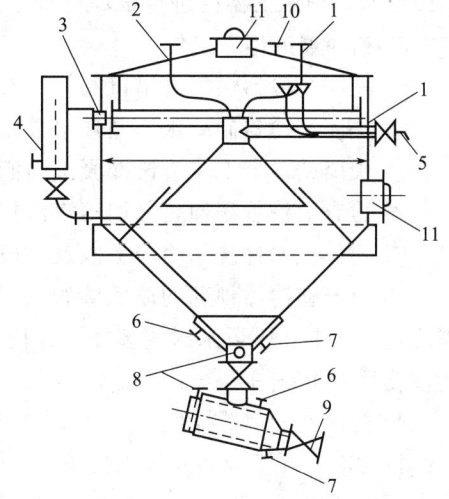

图3-14 立式焦油氨水分离器

1—氨水入口;2—冷凝液入口;3—氨水出口;4—煤焦油出口;5—轻油出口;6—蒸汽入口;7—冷凝水出口;8—直接蒸汽入口;9—煤焦油渣出口;10—放散管;11—人孔

时调整循环水和制冷水进出口流量和温度使之符合工艺要求。

② 经常检查初冷器前、后煤气温度和煤气吸力，并控制使之符合工艺要求。

③ 定时检查并清扫初冷器上、下段排液管及水封槽，保持其排液畅通。

④ 定期分析初冷器后煤气中萘的含量，使之符合技术要求。

⑤ 经常检查上、下段冷凝液循环泵的运转情况和循环槽液位、温度变化，检查上、下段冷凝炼焦化学产品回收与加工液循环喷洒情况。

⑥ 定期分析上、下段冷凝液含煤焦油的量及含萘情况。

⑦ 经常检查下段冷凝液循环槽连续补充轻质煤焦油的情况。

⑧ 经常注意初冷器的阻力，定期清扫初冷器。

2. 初冷器的开工操作

① 检查初冷器各阀门均处于关闭状态。

② 检查初冷器上、下段水封液位，并注满水。

③ 上、下段冷凝液循环槽初次开工注入冷凝液为冷凝液循环槽容量的 2/3。

④ 检查初冷器上、下段下液管排液是否畅通，必要时可用蒸汽吹扫。

⑤ 打开初冷器顶部放散，用氮气或蒸汽赶出器内空气，经分析排气含氧合格后，关闭放散。

⑥ 赶净空气后立即开启煤气进出口阀门，使煤气顺利通过初冷器。

⑦ 在开启初冷器煤气进出口阀门的同时，顺序打开循环水进出口阀门，打开制冷水出口阀门，慢开制冷水进口阀门，并调节初冷器煤气的出口温度符合工艺要求。

⑧ 开通初冷器上、下段冷凝液循环泵泵前泵后管道，按规程操作启动上、下段冷凝液循环泵，并根据工艺要求调整循环流量。

⑨ 初冷器开工后，要对初冷器前后煤气吸力、温度进行跟踪，以及对循环给水、回水、制冷给水、回水的温度进行跟踪检查，并逐步调整，最终达到工艺要求。

3. 初冷器的停工操作

① 关闭初冷器煤气进出口阀门。

② 关闭初冷器制冷水、循环水进出口阀门，并放空初冷器内冷却水。

③ 关闭初冷器上、下段冷凝液喷洒管，停止喷洒。

④ 检查下液管畅通，并用蒸汽清扫下液管。

⑤ 用热氨水冲洗初冷器上段及下段。

⑥ 打开初冷器顶部的放散管阀门，用蒸汽吹扫初冷器。吹扫完毕待冷却后关闭放散管阀门，放空上、下段水封槽液体，并把水封槽底部清扫干净，重新注入软水，初冷器经 N_2 惰性化后处于备用状态。

4. 初冷器的换器操作

按初冷器开工步骤先投入备用初冷器，当备用初冷投入正常后，按初冷器停工步骤，停下在用初冷器。

5. 初冷器的清扫

当初冷器阻力增大时，投入备用初冷器，再对停下的初冷器进行清扫处理。

① 检查上、下段下液管，保证畅通，放空初冷器内存水。

② 打开初冷器顶部的热氨水喷洒阀门，对初冷器上段管间进行冲洗。

③ 上段用热氨水冲洗完毕后，打开初冷器顶部放散和下部蒸汽阀门对初冷器进行蒸汽吹扫。吹扫前应关闭下液管，防止蒸汽冲破水封。

④ 蒸汽吹扫一段时间后，关闭蒸汽，排放冷凝液后，再关闭下液管，开蒸汽吹扫。如此反复吹扫操作，直到排出冷凝液基本不带油为止，初冷器清扫完毕。

⑤ 清扫完毕后，待初冷器温度降低至50℃以下时，关闭各阀门，如有条件最好向初冷器内充氮气或净煤气保持初冷器微正压，备用。

（二）冷凝液系统操作

1. 机械化氨水澄清槽的开工操作

① 关闭澄清槽各放空阀门。

② 检查人孔及备用口是否已经上好堵板。

③ 打开各路氨水、冷凝液入槽阀门，把煤焦油氨水、冷凝液引入澄清槽。

④ 当氨水将满槽时启动链条刮板机运行。

⑤ 氨水满槽后打开氨水出口阀门，把氨水引进循环氨水槽。

⑥ 调整调节器控制合适的油水界面，保证循环氨水不带油，煤焦油不带水，并把煤焦油连续压入煤焦油中间槽。

2. 煤焦油中间槽煤焦油脱水操作

① 当煤焦油入槽油面高度超过槽内加热器后，打开加热器蒸汽阀门和蒸汽冷凝水引出阀门，并检查冷凝水排出是否正常。

② 控制煤焦油的脱水温度为90~95℃。

③ 当槽中煤焦油液位升到槽上部排水口时，打开排水阀门，把煤焦油上层分离水排入废液收集槽，然后用液下泵间断送入机械化氨水澄清槽。

④ 排出煤焦油分离水后，把煤焦油泵送到酸碱油品库。

（三）排气洗净塔操作

① 向尾气液封槽注满水。

② 从洗净塔上部向塔注入循环水，使塔底循环槽水位达到液位指示2/3处。

③ 打开排气洗净泵循环管路上的全部阀，开通循环管线。

④ 关闭洗净泵出口阀门，按规程操作启动洗净泵，并调节循环喷洒量，满足排气洗净要求。

⑤ 打开排气风机入口阀门，启动排气风机，把各储槽放散排气送入洗净塔。

⑥ 待排气洗涤循环正常后，适当打开送生化处理装置阀门，适量排出洗涤污染废液送生化处理装置，并向塔内等量注入新鲜循环水，保持塔底液位稳定。

（四）各水泵、油泵的操作

循环氨水泵、剩余氨水泵、上段冷凝液循环泵、下段冷凝液循环泵、排气洗净泵、凝结水泵及煤焦油泵和液下泵的操作大致相同。

1. 开泵前的准备工作

① 检查泵及电动机地脚螺栓是否紧固，电动机接地是否可靠。

② 检查联轴器连接是否良好，盘车转动是否灵活，检查同轴度是否良好和有无蹭、卡现象，装好安全防护罩。

③ 检查轴承油箱油质、油位。

④ 煤焦油泵需用蒸汽清扫泵前泵后管道，冬季还需用蒸汽预热油泵至盘泵灵活。

⑤ 检查泵出口阀门、压力表取压阀、排气阀、放空阀均处于关闭状态，检查各法兰连接牢固可靠。

2. 开泵操作

① 打开泵前阀门和排气阀门，引液体赶净泵前管道内的空气后关闭排气阀。

② 启动水泵（或油泵），缓慢打开压力表取压阀，当压力表上压后缓慢打开泵出口阀，并调整其开度，使泵流量满足工艺要求。

③ 泵运转正常后要经常巡检、点检泵、电动机的运转声响、振动情况、轴承及电动机温度和润滑情况、介质温度的压力与流量情况。

3. 停泵操作

① 关闭泵出口阀门。

② 按停泵按钮停泵。

③ 关闭泵进口阀门。

④ 待压力表指针复零位后，关闭取压阀。

⑤ 冬季要放空泵及管道内液体，防止冻坏设备。

⑥ 煤焦油泵停泵后需用蒸汽吹扫泵前、泵后管道，防止堵塞。

4. 换泵操作

① 按开泵操作开启备用泵。

② 缓慢开启备用泵出口阀门的同时，缓慢同步关闭在用泵出口阀门。

③ 待备用泵运行稳定并符合工艺要求后，按停泵操作停在用泵。

四、煤气初冷常见事故的处理

1. 初冷器冷却效果变差

间接初冷器使用一段时间后，冷却效果变差，主要原因是管外壁和管内壁沉积了污物或生长了水垢，从而降低了传热效率，在生产中，通常采用下面的方法提高冷却效果。

（1）管外壁清扫

冷却水管的外壁沉积的萘、煤焦油、粉尘等，致使初冷器壳程阻力增大，主要是由高压氨水喷射无烟装煤氨水压力太高；煤料细度过大；喷洒氨水煤焦油混合液中萘含量高；低温段水温太低；长时间未清扫等原因引起。针对问题生产的原因进行处理：降低无烟装煤氨水压力；降低煤料细度；在喷洒氨水煤焦油混合液中补加轻质煤焦油；减少低温水量；清扫初冷器，可用水蒸气或煤气清扫。但最好用热煤气清扫，因为用水蒸气清扫时会增加酚水的处理量，另外，煤焦油气化后会在管壁上沉积一层不易清除的油垢。而用热煤气清扫操作简单，不产生废水，方法是先将初冷器内的冷却水放空，开大煤气入口阀，出口阀保持一定的开度，使初冷器内温度维持在 55~75℃（煤气的流量 700~1000 m^3/h），这样，粘在管壁上的萘、煤焦油等被热煤气熔化除去。

（2）管内壁的清扫

初冷器直管或横管内通过冷却水，故管内壁往往有水垢和沉砂等沉积物，主要是由冷却水水质差和水温过高引起。这种沉积物一般用机械法和酸洗法清扫。机械法清扫劳动强度大。酸洗法是用质量分数为 3% 的盐酸，酸中加入 0.2% 的质量分数为 4% 的甲醛或每升酸中加入 1~2g 六次甲基四胺[$(CH_2)_6N_4$，又名乌洛托品]作缓蚀剂，在 50℃左右的温度下冲洗管内壁，水垢中的碳酸盐和盐酸反应生成可溶性的氯化钙和二氧化碳，水垢消失。

$$CaCO_3 + 2HCl \longrightarrow CaCl_2 + CO_2\uparrow + H_2O$$

(3) 改进初冷器冷却水的水质

为防止在冷却器内管子的内壁结垢,可采取下述措施。

① 根据冷却水的硬度控制初冷器出水的温度,硬度越高,初冷出水的温度应越低。一般情况下,硬度(德国度)为 $10°dH$ 时,出水温应低于 $50℃$;硬度为 $15°dH$ 时,出水水温应低于 $45℃$;硬度 $20°dH$ 以上,冷却器出水的水温应低于 $40℃$。

② 掺入部分含酚废水,即可补充水的蒸发损失,也可防止结垢和长青苔。

③ 在进水主管安装永磁器,使水以一定的速度通过磁场,这样水中的一些碳酸盐在切割磁力线的过程中受到磁化,结晶生长受到破坏,亦即水垢生成困难。

④ 有些焦化厂对循环冷却水进行水质处理,也达到减少或防止结垢的目的。例如加入防垢剂,使水中的物质不结硬垢,而变成沉渣排除。

(4) 用间冷和直冷合一的煤气初冷器

在管式初冷器的最后一段(按煤气流向),采用冷凝液直冷方法,可以减少油垢的沉积,提高煤气的冷却效果。流程如图3-15所示。

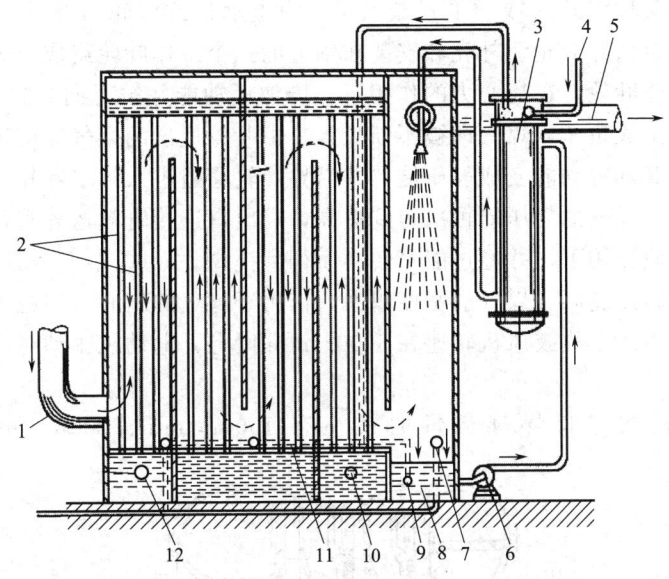

图3-15 间冷和直冷却合一的煤气初冷器
1—煤气入口;2—冷却水管;3—冷凝液冷却器;4—冷却水进口;5—煤气出口;6—冷凝液泵;
7—冷凝液满流管;8—直冷段冷凝液池;9—直冷段冷凝液入口;10—冷却水进口;
11—去直冷段的冷凝液管;12—冷却水出口

2. 冷却器冷凝液下液管堵塞

下液管堵塞引起下液管下液不畅通,煤气阻力增大,主要原因是煤料细度太大。处理方法是开备用初冷器,清理已停初冷器下液管,并请调度协调。

3. 循环氨水不清洁

到集气管、桥管的循环氨水比较脏,会给喷洒氨水带来不利影响,由此而使煤气冷却效果降低。循环氨水不清洁的主要原因是煤焦油与氨水分离不好,煤焦油被带入循环氨水中。如果煤焦油氨水澄清槽内循环水量不够,煤焦油未及时压出,则循环氨水中更容易带入煤焦油。为此,应确保循环氨水量正常,不跑水。此外,应定时将煤焦油从澄清槽压送出去,最好采用连续压送煤焦油的操作。

第四节 煤气输送及焦油雾的清除

煤气由炭化室导出经集气管、吸气管、冷却及回收设备到煤气储罐或送回焦炉,要经过很长的管道及各种设备。为克服管道和设备阻力并保持足够的煤气剩余压力,需要设置煤气鼓风机。

一、煤气输送

煤气输送所用的鼓风机主要有两种,一种为离心式鼓风机,另一种为罗茨式鼓风机。一般大、中型焦化厂用离心鼓风机,小厂用罗茨鼓风机。借助鼓风机将煤气由焦炉吸出,经过管道和回收设备到达用户。焦化厂生产送出的煤气出口压力应达到 4~6kPa。鼓风机前最大压力为 -5~-4kPa,机后压力为 20~30kPa。现代鼓风机总压头为 30~36kPa。

1. 离心式鼓风机

离心式鼓风机又称涡轮式或透平式鼓风机,由电动机或汽轮机驱动。其构造如图 3-16 所示,离心式鼓风机由导叶轮、外壳和安装在轴上的三个工作叶轮组成。煤气由吸入口进入高速旋转的第一工作叶轮,在离心力的作用下,增加了动能并被甩向叶轮外面的环形空隙,于是在叶轮中心处形成负压,煤气即被不断吸入。由叶轮甩出的煤气速度很高,当进入环形空隙后速度减小,其部分动能变成静压能,并沿导叶轮通道进入第二叶轮,产生与第一叶轮及环隙相同的作用,煤气的静压能再次得到提高,经出口连接管被送入管路中。煤气的压力是在转子的各个叶轮作用下,并经过能量转换而得到提高。

显然,叶轮的转速越高,煤气的密度越大,作用于煤气的离心力即越大,则出口煤气的压力也就越高。大型离心式鼓风机转速在 5000r/min 以上,电动机驱动时,需设增速器以提高转速。

离心式鼓风机按进口煤气流量的大小有 150m³/min、300m³/min、750m³/min、

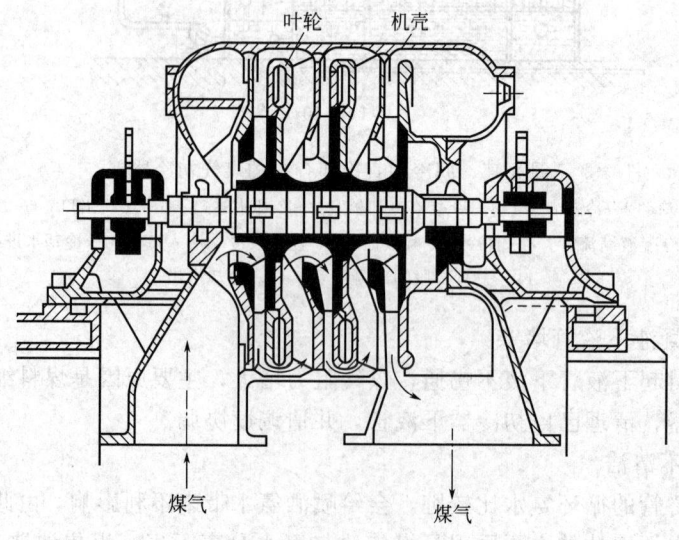

图 3-16 离心式鼓风机示意

900m³/min 和 1200m³/min 等各种规格，产生的总压头为 29.5～34.3kPa。

2. 罗茨式鼓风机

罗茨式鼓风机是利用转子转动时的容积变化来吸入和排出煤气的，见图 3-17。

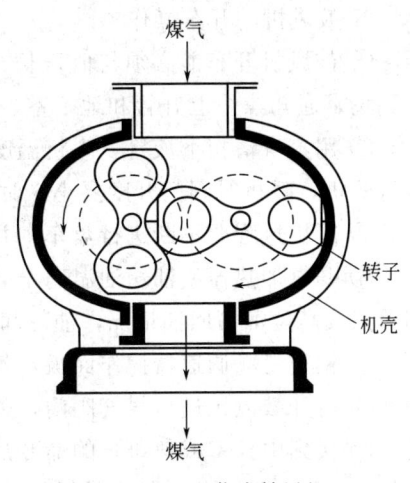

图 3-17　罗茨式鼓风机

罗茨式鼓风机有一铸铁外壳，壳内装有两个"8"字形的用铸铁或铸钢制成的空心转子，并将汽缸分成两个工作室。两个转子装在两个互相平行的轴上，在这两个轴上又各装有一个互相咬合、大小相同的转子，当电动机经由皮带轮带动主轴转子旋转时，主轴上的转子又带动了从动轴上的转子，所以两个转子做相对反向转动，此时一个工作室吸入气体，由转子推入另一个工作室而将气体压出。每个转子与机壳内壁及与另一个转子表面均需紧密配合，其间隙一般为 0.25～0.40mm。间隙过大即有一定数量的气体由压出侧漏到吸入侧，有时因漏泄量大而使机身发热。罗茨式鼓风机因转子的中心距及转子长度的不同，其输气能力可以在很大的范围内变动，在中国中小型焦化厂应用的罗茨式鼓风机有多种规格，其用电动机驱动，其生产能力为 28～300m³/min，所生成的额定压头为 19.61～34.32kPa。

罗茨式鼓风机具有结构简单、制造容易、体积小，且在转速一定时，如压头稍有变化，其输气量可保持不变，即输气量随着风压变化几乎保持一定，可以获得较高的压头，这都是优点。但在使用日久后，间隙因磨损而增大，其效率降低，此种鼓风机只能用循环管调节煤气量，在压出管路上需安装安全阀，以保证安全运转。此外，罗茨式鼓风机的噪声较大。

二、鼓风机操作及常见事故的处理

煤气鼓风机正常操作是焦化厂生产的关键，所以必须精心操作和维护。机体下部凝结的焦油和水要及时排出。

1. 正常操作

为了保证鼓风机的正常运转，按工艺规定完成输送焦炉煤气的任务，操作人员要做好以下常规工作，保证煤气的出口和入口的温度、压力、煤气流量稳定，轴承轴瓦及电机温升合理。

① 经常巡查和检查鼓风机运行声响、振动、温度、润滑等情况，发生问题及时处理并向值班长汇报。

② 认真检查油站的工作情况，包括油箱的油温、油位、油压、滤后压力、冷却器后油温、油压、油质等；检查润滑点和高位油箱的回油情况。

③ 保证进油冷却器水压低于油压，防止油冷却器的水进入油中使油乳化损坏鼓风机事故的发生。

④ 保证鼓风机各下液管排液顺畅，每班清扫一次下液管。

⑤ 定期向阀门润滑点加油，保持其灵活好用；定期对过滤器进行清洗和更换。

⑥ 备用鼓风机每班在转动灵活的情况下盘车 1/4 转。

2. 鼓风机的开车操作

① 鼓风机开车前必须与值班长、中控室进行联系,通知厂调度和电工、仪表工、维修工到场,通知焦炉上升管和地下室,通知煤气下游操作岗位。

② 用蒸汽清扫下液管,暖机温度不要超过70℃,利用出口蒸汽管道和各下液管的蒸汽进行暖机,暖机时阀门开度要小,时间不能太长(第一次开机不需要暖机)。

③ 暖机过程要不断进行盘车,并且要把暖机产生的冷凝水随时放掉。

④ 开电加热器使油箱油温高于25℃,然后启动工作油泵,使油系统投入运行,并检查润滑点及高位油箱回油情况,油冷却器的给排水情况。

⑤ 检查变频调速器操作面板,各参数要符合要求。

⑥ 打开鼓风机进口煤气阀门,关闭鼓风机前后泄液管阀门。

⑦ 接到中控室或值班长的命令后,手动操作启动鼓风机,待鼓风机运转正常后,逐渐增加液力耦合器液位,提高鼓风机转速。

⑧ 当鼓风机后压力接近4~5kPa时,逐渐开启鼓风机出口阀门,同时继续增加液力耦合器液位,当鼓风机接近临界转速区时,迅速增速越过临界转速区,使鼓风机在临界转速区外运行。

⑨ 开工过程中由于煤气量少,为了保证集气管压力稳定和鼓风机的正常运行,应以大循环管来调整,此后随煤气量的增大逐渐关小大循环,直至完全关闭。

⑩ 当鼓风机运行稳定后,与中控室及焦炉上升管、地下室联系,把鼓风机和焦炉吸气弯管翻板、地下室翻板,由手动切换成自动。

⑪ 鼓风机运行稳定后,打开鼓风机前后下液管阀门,并定期清扫下液管,保证下液管泄液畅通。

⑫ 鼓风机启动后,要认真进行检查轴承温度、机体振动、油温、油压,有问题要及时处理(仪表工要把各联锁加上)。

⑬ 鼓风机运行正常后转入正常生产,应坚持巡回检查,并认真做好鼓风机记录。

3. 鼓风机停车操作

① 与煤气用户和相关生产岗位联系,并通知调度,共同做好停鼓风机和煤气的准备。

② 接到值班长停鼓风机的命令后,降低鼓风机转速,同时慢关鼓风机出口阀门,然后按下停鼓风机按钮停鼓风机,关闭鼓风机煤气进出口阀门。

③ 微开蒸汽阀门清扫风机机体内部及卸液管(清扫温度不超过70℃),同时进行盘车,把转子上的附着物清扫干净。

④ 鼓风机停机后工作油泵继续运行至少半个小时后停油泵系统。

⑤ 清扫完毕后停蒸汽、凉机,放掉冷凝液,关闭排液阀门。

⑥ 长时间停鼓风机,应关闭油冷却器和冷却水阀门,并放空油冷却器内的液体,以防冬季冻坏设备。

4. 特殊操作

(1) 鼓风机的紧急停机

鼓风机处于下列情况之一时,可紧急停机。

① 鼓风机内部有明显的金属撞击声或强烈振动。
② 轴瓦处冒烟。
③ 油系统管道设备破裂,无法处理,辅油泵油压低于0.05MPa,油箱液位快速下降。
④ 轴瓦温度达65℃并以每分钟1~2℃速度增高。
⑤ 吸力突然增大,无法调节。
⑥ 鼓风机后着火,鼓风机前着火。

(2) 突然停电
① 突发全厂性大面积停电,应立即断开电源,并关闭全部正在运行的水泵、油泵的出口阀门。
② 突发停电应立即关闭鼓风机煤气出口阀门,在停电后鼓风机惯性运转期间所需润滑油改由高位油箱提供。
③ 鼓风机停机后应用蒸汽清扫鼓风机机体和各下液管。
④ 停电后应立即向值班长汇报,并与调度联系,询问停电原因和恢复供电的时间,并做好来电后的开工准备。
⑤ 做好突然停电记录。

(3) 突然停水
① 突然停循环水应请示值班长把稀油站油冷却器由循环水冷却切换为制冷水或临时水源;询问停水原因及恢复供水时间,认真做好记录;做好恢复循环水后正常生产操作的准备。
② 突然停制冷水时,如果稀油站油冷却器是采用制冷水冷却,此时应切换为循环水(或临时水源)冷却,增加冷却水量,维持生产;询问停水原因及恢复供制冷水时间,并做好恢复制冷水后,恢复正常生产操作的准备。

5. 鼓风机岗位主要注意事项
① 鼓风机岗位是安全防爆的要害岗位,非本岗位操作人员未经有关部门批准,不得进入鼓风机室,经批准后,进行登记方可进入。
② 生产中严禁烟火,任何人不得以任何借口带入任何火种。设备检修动火时必须安全,经保卫部门批准,采取有效措施后,并有消防人员在场监护,方可检修。
③ 输送的煤气属于易爆炸气体,应严防爆炸事故发生。操作中严禁煤气系统吸入空气或漏出煤气,发现不严密部位应立即处理。鼓风机前煤气系统设备管道如发现着火时,应立即停机,通蒸汽灭火;如鼓风机后煤气设备管道着火时,严禁停鼓风机,应立即降低鼓风机后压力(一般保持正压1kPa)后通蒸汽灭火。操作室内一切电器设备应符合防爆要求,并定期进行检查。
④ 严禁鼓风机长时间超负荷或"带病"运转,发现异常应立即换机和停机检修。检修后的鼓风机应空运转一昼夜,并全部更换为符合要求的新润滑油。
⑤ 鼓风机运转中不准检修、拆卸有关附属设备,危险部位不得随意擦洗。
⑥ 鼓风机操作中应严格遵守各项技术操作规定。

6. 鼓风机的常见事故及处理
鼓风机发生的一些常见事故特征、产生的可能原因及一般的处理方法见表3-5。

表 3-5　鼓风机事故特征、产生的可能原因及一般的处理方法

事故特征	产生的可能原因	一般的处理方法
鼓风机振动增大，响声不正常	1. 轴承内油温过高或过低 2. 鼓风机负荷急剧变化，机体内有煤焦油等杂质 3. 鼓风机轴瓦损坏 4. 鼓风机、电动机水平度或中心度被损坏 5. 转子失去动平衡	1. 调整油温 2. 调整煤气负荷，疏通排液管 3. 停机检修，换轴瓦 4. 停机调整水平和中心度 5. 停机做转子动平衡处理，重新刮研轴瓦
轴承温度升高	1. 轴承缺油 2. 冷凝液或其他杂质进入润滑油，使其变质 3. 轴颈与轴瓦间摩擦过度，使渣子堵塞 4. 轴承轴间力增大，使其轴承温度升高	1. 按油系统故障处理，严重时停机处理 2. 根据化验结果分析，可调换润滑油 3. 调整鼓风机负荷，停车清理，并检查两者粗糙度 4. 停车检查是否符合设计要求
油压急剧下降	1. 滤油网堵塞 2. 油管泄漏或损坏 3. 主油泵故障 4. 压力计失灵	根据情况酌情处理，严重时可停机检修
风机振动大，鼓风机前吸力增加且温度超过规定	煤气负荷太小	检查煤气开闭器的开启情况，可开大交通管开闭器
鼓风机吸入侧或排出侧发生脉冲	冷凝液排泄管失灵，造成煤气管道积存冷凝液	疏通冷凝液排出管；当脉冲剧烈时，应首先减少煤气负荷
鼓风机温度压力增高，超过技术规定	1. 出口开闭器故障 2. 焦炉出焦过于集中 3. 洗涤系统阻力增加	检查出口开闭器，与炼焦、洗涤联系，共同解决

三、焦油雾的清除

1. 焦油雾的形成及清除的目的

粗煤气经过集气管、初冷器冷却后，绝大部分焦油气被冷凝并被分离出来。但在冷凝过程中，会形成焦油雾或极细的焦油滴，由于又轻又小的焦油雾滴的沉降小于煤气的流速，所以悬浮于煤气中并被煤气带走。

煤气中的焦油雾在离心式鼓风机中，由于离心力的作用，可以去除一部分，经过鼓风机后焦油雾含量为 $0.3\sim0.5 g/m^3$，但在罗茨式鼓风机中仅能除去很少量的焦油。

煤气中的焦油雾应较彻底地清除，否则对化产回收有严重影响。如焦油雾在饱和器中凝聚下来，硫酸铵质量变坏，酸焦油量增多，并可能使母液起泡沫，密度减小，有使煤气从饱和器满流槽冲出的危险；焦油雾进入洗苯塔内，会使洗油质量变坏，影响粗苯回收；当脱除煤气中的硫化氢时，焦油雾会使脱硫率降低；对水洗氨系统，焦油雾会造成煤气脱萘不好和洗氨塔的堵塞。因此，必须采用专门措施予以清除。

清除焦油雾的方法和设备类型很多，如借助重力作用使焦油雾滴和气体分离的设备有旋风式、钟罩式等捕焦油器，但效率均不够高。回收工艺要求煤气中所含焦油量最好低于 $0.02 g/m^3$。采用电捕焦油器，从焦油雾滴的大小及所要求净化程度考虑最为经济，所以得到了广泛的应用。

2. 电捕焦油器的工作原理

如图 3-18 所示，将表面积较大的导体（沉淀极）A 和表面积小的导体（电晕极）B 相互配置，将 A 连接在高压直流电源的正极，B 接在电源的负极，在 AB 之间形成了很强的电场，其间含有灰尘和雾状的气体在电场作用下发生电离，形成了许多正、负电荷离子，离子与焦油雾滴相遇并附在其上，使焦油雾滴带有电荷，带电荷的焦油雾滴向沉淀极 A 移动，被电极吸引而从气体中除去。

3. 电捕焦油器的结构

电捕焦油器外壳为圆柱形，底部为带有蒸汽夹套的锥形，如图 3-19 所示。在每根沉淀管的中心处悬挂着电晕极导线，将电晕极导线接在负极，管壁接在正极。煤气自底部侧面进入并通过气体分布筛板均匀分配到沉淀管内，净化后的煤气从顶部煤气口逸出。

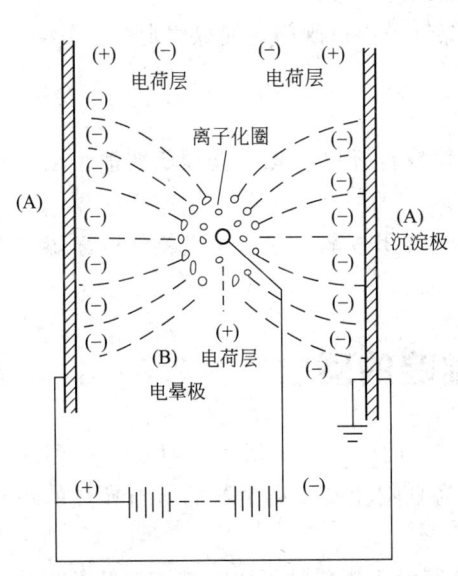

图 3-18　电捕焦油器的工作原理

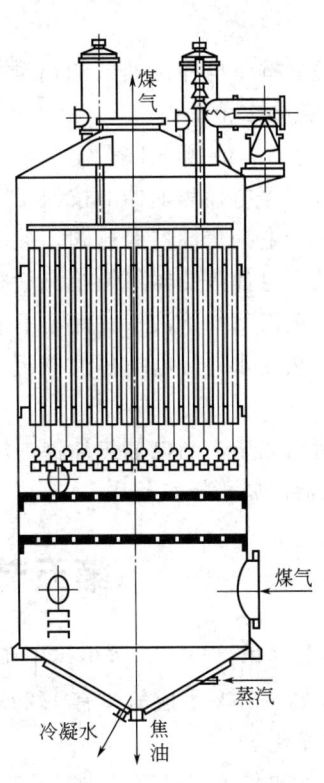

图 3-19　电捕焦油器

从沉淀管捕集下来的焦油，则由器底焦油排出口及时排出，由于焦油的黏度大，特别是在冬季不易排出，故在锥形底部设有蒸汽夹套加热。

四、电捕焦油器的操作

（1）正常操作

① 经常观察电捕焦油器绝缘箱温度，并保持在 90~110℃，煤气中氧含量控制在安全范围内。

② 经常检查疏水器工作是否正常，防止系统积水影响绝缘箱温度。

③ 经常观察电捕焦油器煤气进出口吸力，判断电捕焦油器阻力。

④ 经常检查和清扫下液管，保证电捕焦油器排液畅通。

⑤ 经常观察电捕焦油器的二次电流和电压,保证电捕焦油器处于正常的工作状态。

(2) 电捕焦油器开工操作

① 电捕焦油器开工前应认真检查电气系统绝缘性能,使其符合技术要求,必须检查各阀门处于关闭状态。

② 电捕焦油器开工前应进行气密性试验。

③ 向水封槽注满水确认电捕焦油器下液管畅通。

④ 用氮气置换电捕焦油器中空气,使氧含量合格[$\varphi(O_2)<1\%$]。

⑤ 打开绝缘箱加热系统蒸汽阀门,使绝缘箱温度达到 90℃ 以上(最好提前 2h 开蒸汽升温)。

⑥ 打开电捕焦油器煤气进出口阀门,使煤气通过电捕焦油器,并向绝缘箱通入氮气保护。

⑦ 最后按下电捕焦油器的启动按钮,逐级升压,直至升压到 50~60kV 和电流、电压稳定在工艺要求范围内。

(3) 电捕焦油器停工操作

① 按下停电捕焦油器的按钮切断电源,把三点式开关转为接地。

② 打开电捕焦油器旁通阀,关闭电捕焦油器煤气进出口阀门,使煤气走旁通。

③ 关闭电捕焦油器绝缘箱氮气阀门。

④ 用蒸汽清扫下液管,保证下液管畅通。

⑤ 用热氨水冲洗电捕焦油器沉降极(蜂窝管)或打开电捕焦油器顶部放散,用蒸汽吹扫电捕。

⑥ 清扫完毕,当电捕焦油器内温度低于 60℃ 时关闭放散,通入少量氮气或净煤气保持电捕焦油器内微正压,备用。

第五节 氨和吡啶的回收

在高温炼焦过程中,炼焦煤中所含的氮有 10%~12% 转变为氮气,约 60% 残留于焦炭中,有 15%~20% 生成氨,有 1.2%~1.5% 转变为吡啶盐基。所生成的氨与赤热的焦炭反应则生成氰化氢。

在煤气初步冷却过程中,一些高沸点的吡啶盐基溶于煤焦油氨水,沸点较低吡啶盐基几乎全部留在煤气中。氨则分配在煤气和剩余氨水中。初冷器后煤气含氨 4~6g/m³,氨是一种制造氮肥的原料,但合成氨工业规模很大,焦炉煤气中的氨回收与否对氨生产与使用的平衡影响不大。不过,焦炉煤气中的氨必须脱除,因为氨易溶于水,焦炉煤气中的水蒸气冷凝时,冷凝液中必含氨。为保护大气和水体,含氨的水溶液不能随便排放;焦炉煤气中的氨与氰化氢、硫化氢化合,对管道和设备腐蚀严重;煤气中氨在燃烧时会生成氧化氮;氨在粗苯回收中能使洗油和水形成乳化物,影响油水分离等。为此,焦炉煤气中的氨含量不允许大于 0.03g/m³。

目前,中国焦化厂回收煤气中氨的方法主要是生产硫酸铵,也有的焦化厂是用磷酸吸收氨,再加工成无水氨。过去有些小型焦化厂生产浓氨水,因氨易挥发损失,污染环境,产品运输困难,已被淘汰。

轻吡啶盐基的重要用途是作医药的原料和合成纤维的溶剂，在焦化厂粗轻吡啶盐基都是在生产硫酸铵的工艺中从硫酸铵母液中提取回收的。

一、硫酸铵的制备

硫酸洗氨法是以硫酸为吸收液回收煤气中的氨，同时制成硫酸铵，简称硫铵。

1. 回收氨与吡啶原理

氨和吡啶溶于水，可用水洗回收。氨和吡啶都是碱性的，能溶于酸中，氨和吡啶碱在煤气中的分压较小，为增大吸收推动力，应降低吸收温度，并减少吸收剂中氨和吡啶碱的浓度。氨和吡啶碱的吸收速度由煤气中的扩散速度限定。吸收按下式进行。

$$NH_3 + H_2O \rightleftharpoons NH_3 \cdot H_2O \rightleftharpoons NH_4^+ + OH^-$$

当用酸性溶液吸收时，平衡向右侧移动。用硫酸特别是用磷酸溶液进行化学吸收时，应考虑生成盐的水解。为了减少盐类的水解，不应在高温条件下回收氨和吡啶碱，温度要低于60℃，但不低于40～45℃，并使用硫酸过剩的溶液。在这种条件下于一段设备中可得到酸性盐。

2. 硫酸铵生产的工艺流程

(1) 饱和器法生产硫酸铵

饱和器法生产硫酸铵的工艺流程如图3-20所示，除去焦油雾的煤气经过预热器预热后，进入饱和器中央煤气管，经泡沸伞穿过母液层鼓泡而出，煤气中的氨即被硫酸吸收，同时吡啶碱也被吸收下来。煤气穿过饱和器，进入除酸器，分离出所夹带的酸雾后被送往脱硫或粗苯回收工段。

饱和器中母液经水封管流入满流槽，由此用泵打回到饱和器的底部，形成循环，并在饱

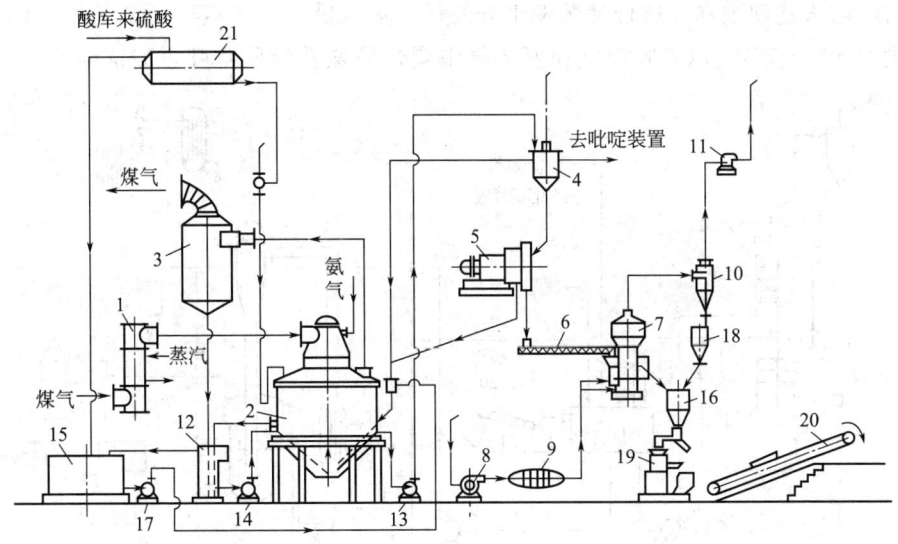

图 3-20 饱和器法生产硫酸铵的工艺流程

1—煤气预热器；2—饱和器；3—初酸器；4—结晶槽；5—离心机；6—螺旋输送机；7—沸腾干燥器；
8—送风机；9—热风机；10—旋风分离器；11—排风机；12—满流槽；13—结晶泵；14—循环泵；
15—母液储槽；16—硫酸铵储斗；17—母液泵；18—细粒硫酸铵储斗；
19—硫酸铵包装机；20—胶带运输机；21—硫酸高置槽

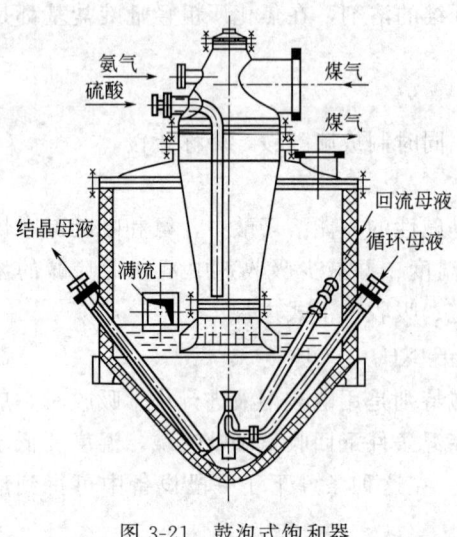

和器内形成上升的母液流，进行搅拌。

硫酸铵结晶沉于饱和器的锥底部，用泵把浆液送到结晶槽，在此从浆液中沉淀出硫酸铵结晶，结晶槽满流母液又回到饱和器，部分母液送去回收吡啶装置。

含量为72%~78%的硫酸自高位槽加入饱和器。除酸器液滴经满流槽泵送至饱和器，饱和器结构如图3-21所示。

硫酸铵结晶浆液在离心机分出结晶，结晶含水1%~2%，于干燥器中脱水后送去仓库。

饱和器的壁上会沉结细的晶盐，增加煤气流动阻力。为此，饱和器需定期用热水和大量酸进行洗涤。

(2) 无饱和器法生产硫酸铵

图3-21 鼓泡式饱和器

饱和器法生产硫酸铵煤气阻力大，硫酸铵结晶粒度小，易堵塞，为了克服这些缺点，改成喷洒酸洗塔制取硫酸铵方法。采用不饱和过程吸收氨，得到不饱和硫酸铵溶液，然后在另外一个设备中结晶，称无饱和器法生产硫酸铵。

无饱和器法生产硫酸铵工艺流程含氨回收、蒸发结晶和分离干燥过程，如图3-22所示。

煤气与蒸氨工段来的一部分氨气一起进入酸洗塔下段，煤气入口处及下段用游离酸度为2%~3%的循环硫酸母液喷洒，煤气中氨大部分在此被吸收下来，此段得到的硫酸铵浓度为40%左右，尚未达到饱和，这样使蒸发水分的耗用蒸汽量小，又不致造成堵塞。上段喷洒的母液酸度为4%~5%，以吸收煤气和氨蒸气中剩余的氨及轻质吡啶，酸洗塔后煤气中氨含

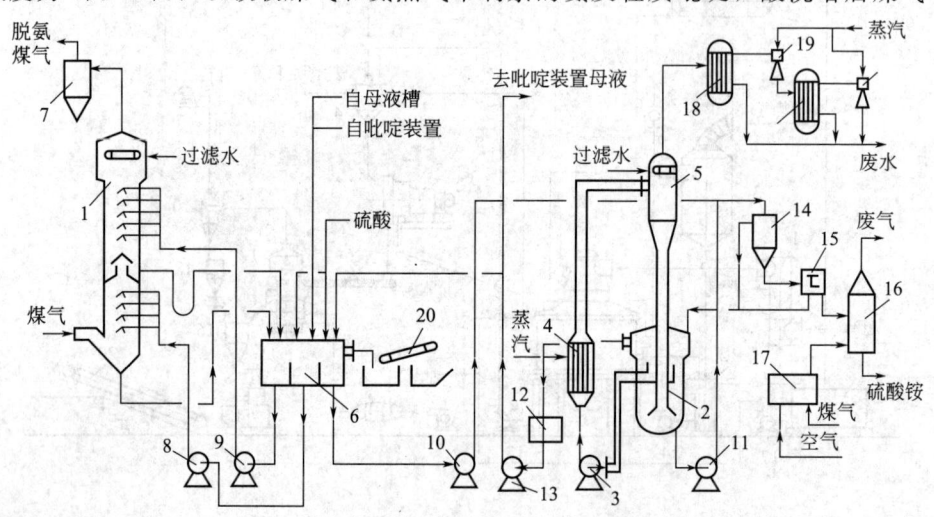

图3-22 无饱和器法生产硫酸铵的工艺流程

1—酸洗塔；2—结晶槽；3—循环泵；4—母液加热器；5—蒸发器；6—母液循环槽；7—除酸器；8——段母液循环泵；9—二段母液循环泵；10—供结晶母液泵；11—结晶母液泵；12—满流槽；13—满流槽母液泵；14—供料槽；15—离心机；16—结晶干燥器；17—热风炉；18—冷凝器；19—蒸汽喷射器；20—酸焦油分离

量低于 0.1g/m。

由酸洗塔出来的煤气经旋风除酸器脱除酸雾后去洗苯工段。

酸洗塔两段都有独自的喷洒系统。下段来的母液先进入酸焦油分离槽，经分离后去澄清槽。另一部分母液满流进入循环槽，由此进入（用泵）酸洗塔下段循环喷洒，母液循环量按 $3.5m^3/1000m^3$ 计算。由酸洗塔上段引出的母液经循环槽用于上段喷洒，其循环喷洒量按 $2.6m^3/1000m^3$ 计算。循环母液所需补充的酸由硫酸高置槽补给。

澄清槽内母液用结晶泵送到加热器，连同由结晶槽来的母液一起加热至 60℃ 左右，然后进入真空蒸发器。蒸发器内有两级蒸汽喷射器造成约 86450Pa 的真空度，母液沸点降低到 55～60℃，水蒸发则母液得到浓缩。浓缩后的饱和母液送到结晶槽，结晶长大并沉于底部，而仅含微量细小结晶的母液，则用循环泵送到加热器进行循环。由结晶槽顶溢出的母液送回循环母液槽。由蒸发器顶部引出的蒸汽进入冷凝器后，去生物脱酚处理。

结晶槽内形成含硫铵达 70% 以上的母液浆，用泵送供料槽后卸入连续式离心机进行分离。分离母液经滤液槽返回结晶槽，硫酸铵结晶经螺旋输送机送入干燥冷却器，由此用热空气使之沸腾干燥，并经管式冷却装置冷却，然后用皮带输送机送往仓库。由干燥机排出的气体与洗涤塔用水洗涤，洗液送往滤液槽。满流槽上部满流出的部分母液送吡啶回收装置，以脱吡啶母液，然后送回结晶液循环系统。

中和硫酸吡啶的氨气可由氨水蒸馏系统供给，也可以用液氨气化供给回收吡啶。使用液氨可防止中性油混入粗轻吡啶中。

二、粗轻吡啶的制备

焦化厂生产硫酸铵时，煤气中的轻吡啶盐基与氨一起被饱和器中的母液吸收，可将这种母液加工制取粗轻吡啶。粗轻吡啶是一种具有特殊气味的油状液体，沸点范围为 115～160℃，其主要组分（以无水计）为吡啶、α-甲基吡啶、残油（中性油）等，粗轻吡啶易溶于水。

1. 粗轻吡啶的回收原理

吡啶是粗轻吡啶中含量最多、沸点最低的组分，故以回收吡啶为例来说明回收的原理。

吡啶呈弱碱性，比氨的碱性还要弱，遇酸则中和成盐。因此在饱和器中煤气中的吡啶和硫酸作用生成酸式盐或中性盐。

$$C_5H_5N + H_2SO_4 \longrightarrow C_5H_5NH \cdot HSO_4$$
$$2C_5H_5N + H_2SO_4 \longrightarrow (C_5H_5NH)_2SO_4$$

随着吸收过程的进行，母液中吡啶含量增加，液面上吡啶蒸气分压增高，当其与煤气中吡啶分压相等时，即达到吸收过程的平衡状态。吸收过程主要决定于母液的酸度、温度及其吡啶浓度、硫酸浓度等因素。

硫酸吡啶是一种不稳定的化合物，在母液中主要含有酸式硫酸吡啶，此盐于温度升高时极易离解，并与硫酸铵反应生成游离吡啶。

$$C_5H_5NH \cdot HSO_4 + (NH_4)_2SO_4 \longrightarrow 2NH_4HSO_4 + C_5H_5N$$

在母液液面上总有相应压力的吡啶蒸气，使吡啶随煤气带走而损失，因此，控制饱和器内母液温度和一定的硫酸铵数量是增加吡啶含量的重要途径。

2. 粗轻吡啶回收工艺流程

如图 3-23 所示为我国焦化厂以氨气中和法从饱和器母液中生产粗吡啶的流程。母液从硫酸铵结晶槽中满流至母液沉淀槽，在此母液进一步使硫酸铵结晶沉淀，并除去母液面上的

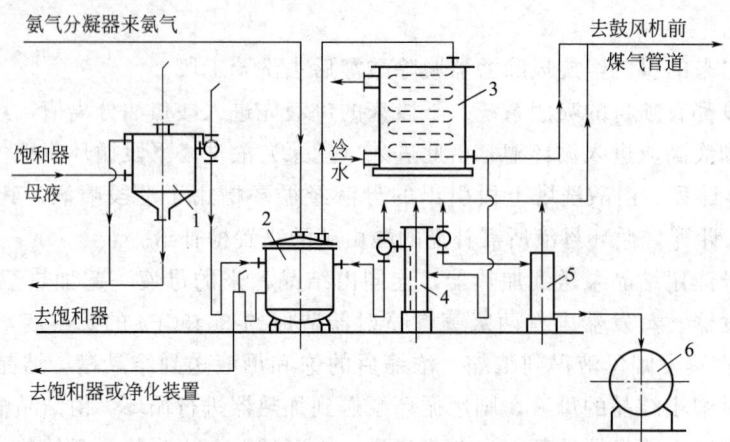

图 3-23 从饱和器母液中生产粗轻吡啶的流程（中和器法）
1—母液沉淀槽；2—中和器；3—冷凝冷却器；4—油水分离器；5—计量槽；6—储槽

焦油，然后进入中和器，在此用从蒸氨分缩器出来的 10%～12% 的氨气进行中和，分离出吡啶。大量的反应热及氨气的冷凝热使中和器内母液温度高达 95～99℃，在此温度下吡啶蒸气、氨气、硫化氢、氰化氢、二氧化碳、水汽及少量油气和酚等从中和器逸出，进入冷凝器冷却到 30～40℃，冷凝液进入油水分离器，上层的吡啶流入计量槽，然后放入储槽，下层的分离水则返回中和器。中和所消耗的氨并没有损失，而是以硫铵状态随吡啶母液流回到饱和器母液系统。

吡啶生产的主要设备是中和器，其结构如图 3-24 所示，它的直径一般为 1.2～1.8m，高 2.5m，带有锥底的直立圆槽，中央设有氨气引入管和鼓泡伞，使氨气和母液充分接触。中和器用钢板焊制，内衬防腐层或铅，国内有些焦化厂用文丘里管代替中和器，实现了吡啶生产管道化。

三、无水氨的制取

无水氨生产是以磷酸铵溶液吸收煤气中氨生成磷酸氢二铵富液，富液解吸所得到的氨气冷凝液，经精馏后得到无水氨，此法称弗萨姆方法。

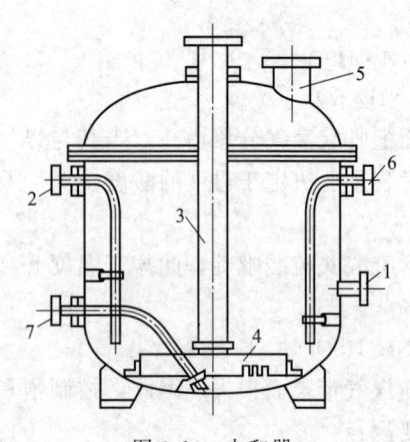

图 3-24 中和器
1—满流口；2—母液引入管；3—氨气引入管；
4—鼓泡伞；5—蒸气溢出口；
6—分离水回流口；7—放空管

1. 用磷酸铵吸收煤气中的氨

磷酸铵溶液吸收氨，实质是用磷酸吸收煤气中的氨。氨与磷酸水溶液作用能生成磷酸二氢铵 $(NH_4H_2PO_4)$、磷酸氢二铵 $[(NH_4)_2HPO_4]$ 和磷酸铵 $[(NH_4)_3PO_4]$ 三种盐，都为白色结晶，主要性质见表 3-6。

由表 3-6 可见，磷酸二氢铵十分稳定，加热到 125℃，蒸气压仅为 0.5Pa 时才开始分解；磷酸氢二铵较不稳定；磷酸铵最不稳定，在室温下就能分解放出氨气而变成磷酸氢二铵。因此，弗萨姆方法所用的磷酸铵溶液中主要含有磷酸二氢铵和磷酸氢二铵。在低于 120℃时，磷酸铵溶液的氨分压主要与磷酸氢二铵含量有关。在 40～60℃时，磷酸铵溶液中部分磷酸二氢铵能很好地吸收煤气中的氨

表 3-6 三种磷酸铵盐性质

名称	化学式	每100g水2h的溶解度/(g/g)	生成热/(kJ/kmol)	0.1mol溶液的pH值	氨蒸气压/Pa 100℃	氨蒸气压/Pa 125℃
磷酸二氢铵	$NH_4H_2PO_4$	41.6	1.21×10^5	4.4	0.0	0.5
磷酸氢二铵	$(NH_4)_2HPO_4$	72.1	2.03×10^5	7.8	49.0	294.2
磷酸铵	$(NH_4)_3PO_4$	24.1	2.45×10^5	9.0	6305.9	11549.7

生成磷酸氢二铵,得到富氨溶液。而在高温下将富氨液解吸时,溶液中部分磷酸氢二铵又受热分解放出氨气并还原为磷酸二氢铵,所得贫氨溶液返回吸收塔循环使用。

上述吸收与解吸过程的反应如下:

$$NH_3 + NH_4H_2PO_4 \underset{解吸}{\overset{吸收}{\rightleftharpoons}} (NH_4)_2HPO_4$$

在一定的吸收温度下,吸收塔贫液中的总铵含量,磷酸二氢铵与磷酸氢二铵之间的质量比是十分重要的。一般喷洒贫液中含磷酸铵量约为 41%,NH_3 与 H_3PO_4 的摩尔比为 1.1~1.3。当吸收操作温度为 40~60℃时,煤气中氨回收率可达 99%。

2. 无水氨生产的工艺流程

无水氨生产的工艺流程如图 3-25 所示。电捕焦油器清除了焦油雾后的煤气进入两段喷洒吸收塔的下部,与从解吸塔出来的贫液逆流接触。煤气中约有 99% 的氨气被吸收后,进入洗苯工序。塔后煤气中含氨为 0.02~0.1g/m³,由于溶液中部分水分蒸发到煤气中去,吸收塔后煤气露点温度升高 12~15℃。吸收塔低的富氨溶液,少部分在泡沫浮选焦油器中,在空气鼓泡作用下脱出焦油,然后送去解吸。大部分富氨液用于循环喷洒,循环喷洒量约为送去解吸液量的 30 倍。富氨液入解吸塔前经贫富氨液换热,温度升至 118℃左右,然后进入蒸发器,直接用蒸汽将溶液中的酸性气体蒸出,加压到 1.4MPa,并加热到 180~187℃进入解吸塔上部,进行解吸过程。在蒸发器脱出的酸性气体,随同少量氨气返回吸收塔前。

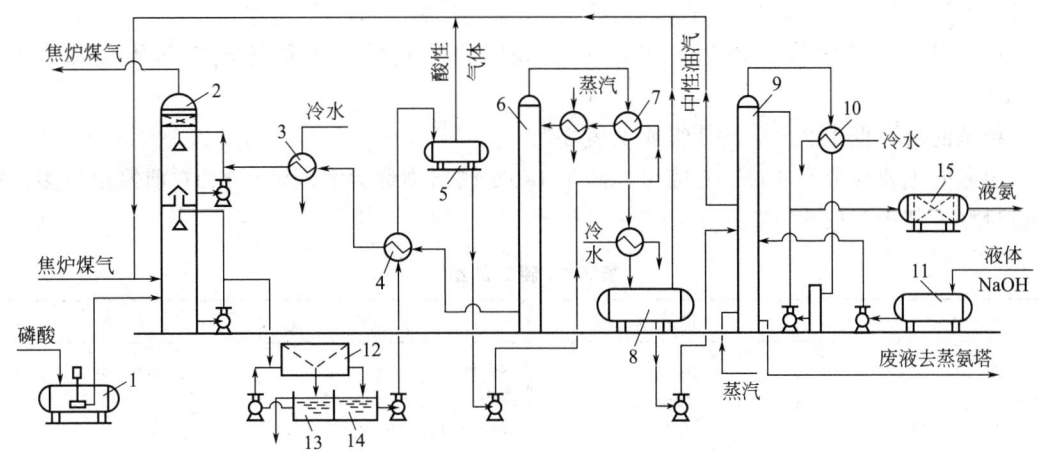

图 3-25 无水氨生产工艺流程图

1—磷酸槽;2—吸收塔;3—贫氨液冷却器;4—贫富氨液换热器;5—蒸发器;6—解吸塔;7—部分冷凝器;
8—精馏塔给料槽;9—精馏塔;10—精馏塔冷凝器;11—烧碱槽;12—泡沫浮选除焦油器;
13—焦油槽;14—溶液槽;15—活性炭吸附器

解吸塔为板式塔，操作压力约为 1.4MPa，塔低通入的过热蒸汽压力为 1.5～1.7MPa，与富氨液逆流接触中部分氨解吸。塔低排出贫氨液温度约为 198℃，经换热冷却到 75℃，再与吸收塔上段循环液合并进塔。

解吸塔顶出来的蒸气压力约为 1.4MPa，温度约为 187℃，含氨 18％左右，塔顶蒸气经冷凝与富氨液换热，并全部冷凝冷却至 120～140℃，去精馏塔给料槽，用泵加压至 1.7MPa 去精馏塔分离。

精馏塔为板式塔，精馏塔底直接通入压力为 1.8MPa 的过热蒸汽。塔顶得到 99.8％纯氨气，经冷凝冷却后部分回流，其余产品经活性炭吸附器除去液氨中微量油后送往产品槽。

精馏塔塔底排出的废液温度约为 200℃，压力约为 1.6MPa，含氨约为 0.1％，可送去蒸氨塔处理。

在精馏塔进料板附近送入 20％的氢氧化钠溶液，目的是将进料中残存的二氧化碳、硫化氢等酸性气体与氨结合生成的铵盐分解，生成钠盐溶于水中排出，否则，所形成的铵盐会在塔内聚集堵塞。

弗萨姆法设备结构较简单，但因氨气腐蚀性强，故材质要求较高，主要设备全部采用不锈钢材料。采用此技术回收氨，与生产硫酸铵相比，可克服生产硫酸铵成本高和缓解硫酸短缺的矛盾。

第六节 粗苯的回收

粗苯和煤焦油是炼焦化学产品回收中最重要的两类产品。在石油工业中曾被称为基础化工原料的八种烃类有四类（苯、甲苯、二甲苯、萘）从粗苯和煤焦油产品中提取。目前，中国年产焦炭达到 4 亿多吨，可回收的粗苯资源达 400 多万吨。虽然从石油化工可生产这些产品，但焦化工业仍是苯类产品的重要来源，因此，从焦炉煤气中回收苯族烃具有重要的意义。

焦炉煤气一般含苯族烃 25～40g/m^3，经回收苯族烃后焦炉煤气中苯族烃降到 2～4g/m^3。

粗苯的沸点低于 200℃，其组成见表 3-7。

粗苯的主要成分在 180℃前馏出，高于 180℃馏出物称为溶剂油。180℃前馏出量多，粗苯质量好，其量一般为 93％～95％。

表 3-7 粗苯的组成

组　　成	含量/％	组　　成	含量/％
苯	55～75	苯并呋喃类	1.0～2.0
甲苯	11～22	茚类	1.5～2.5
二甲苯(含乙基苯)	2.5～6	硫化物(按硫计)	0.3～1.8
三甲苯和乙基甲苯	1～2	其中	
不饱和化合物	7～12	二硫化碳	0.3～1.4
其中：		噻吩	0.2～1.6
环戊二烯	0.6～1.0	饱和化合物	0.6～1.5
苯乙烯	0.5～1.0		

粗苯为淡黄色透明液体，比水轻，不溶于水。储存时，由于不饱和化合物氧化和聚合形成树脂物质溶于粗苯中，色泽变暗。

自煤气回收粗苯或由低温干馏煤气回收汽油，最通用的方法是洗油吸收法。为达到90%～96%的回收率，采用多段逆流吸收法。吸收塔理论塔板数为7～10块。为了回收粗苯，吸收温度不高于20～25℃。

回收氨后的煤气温度为55～60℃，在回收粗苯之前需要冷却。故粗苯回收工段由煤气最终冷却、粗苯吸收和吸收油脱出粗苯过程构成。

一、煤气最终冷却和除萘

饱和器后的煤气温度为55～60℃，其中水汽是饱和的，此种煤气冷却到20～25℃，放出热量很大。煤气中含有氰化氢、硫化氢和萘。煤气中含萘 $1.0～1.5g/m^3$，在终冷时萘自煤气析出，故不能用一般的管壳式冷却器进行终冷，析出萘容易堵塞。一般采用直接式冷却器时，水中悬浮萘，必须清除，脱萘后煤气含萘量要求小于 $0.5g/m^3$。

目前焦化厂采用的煤气终冷和除萘工艺流程主要有三种：煤气终冷和机械除萘，终冷和焦油洗萘以及终冷和油洗萘。

煤气终冷和机械除萘方法，在机械化沉萘槽中把水中悬浮萘除去，但此法除萘不净，并且沉萘槽庞大笨重。有些焦化厂采用热焦油洗涤终冷水除萘方法，其工艺流程见图3-26。

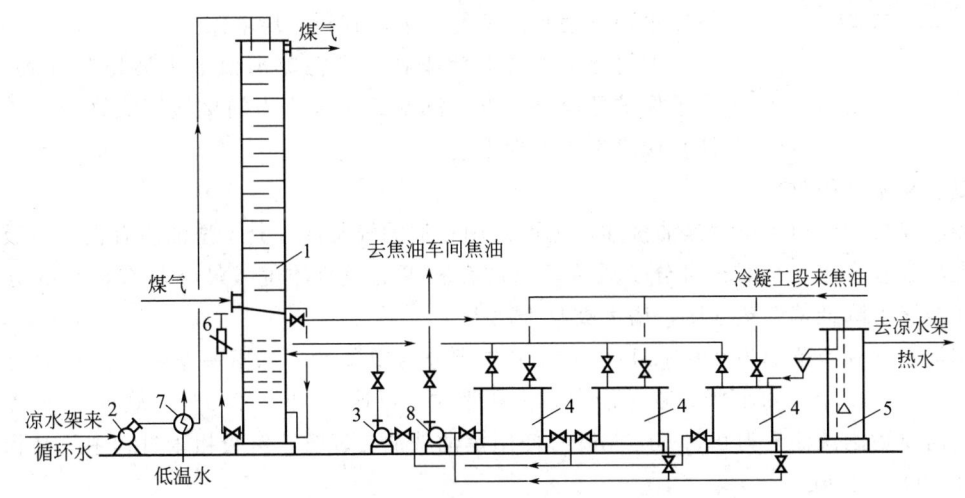

图3-26 热焦油洗涤终冷水除萘流程
1—煤气终冷塔（下部焦油洗萘）；2—循环水泵；3—焦油循环泵；4—焦油槽；
5—水澄清槽；6—液位调节器；7—循环水冷却器；8—焦油泵

煤气在终冷塔内自下而上流动，与经隔板喷淋下来的冷却水流接触被冷却。煤气被冷却至25～30℃，部分水汽被冷凝下来，相当数量的萘从煤气中析出并悬浮于水中，煤气中萘含量由 $2～3g/m^3$ 降至 $0.7～0.8g/m^3$。冷却后的煤气入苯吸收塔。含萘冷却水由塔底流出，经液封管导入焦油洗萘器底部，并向上流动。热焦油在筛板上均匀分布，通过筛孔向下流动，在油水逆流接触中萃取萘。含萘焦油由洗萘器下部排出，经液位调节器流入焦油储槽。每个焦油储槽循环使用24h后，加热静置脱水再送去焦油车间。洗萘器上部的水流入澄清槽，与焦油分离后去凉水架，焦油萘混合物去焦油储槽。送入洗萘器焦油温度约为90℃，洗萘器下部宜保持在80℃左右。温度过低，洗萘效果下降；温度过高，液面不稳，焦油易从液面调节器溢出。洗萘焦油量为终冷水量的 5%。新焦油量不足，必须循环使用。焦油在洗萘的同时，也萃取了水中酚，故终冷水中酚含量减少，有利于水处理。

带焦油洗萘器的终冷塔构造见图 3-27。塔的上部为多层带孔的弓形筛板，筛孔直径 10~12mm，孔间距 50~75mm。隔板的弦端焊有角钢，用以维持液位，水经孔喷淋而下，形成小水柱与上升的煤气接触，冲洗冷却。塔的隔板数一般为 19 层。塔下部洗萘器一般设 8 层筛板，筛孔直径为 10~14mm，孔中心距为 60~70mm，筛板间距为 600~750mm。水和焦油接触时间为 8~10min。洗萘器水中悬浮萘与焦油相遇，由于焦油温度较高，萘溶于焦油而被萃取。

油洗萘和终冷流程中油洗塔和终冷塔分立，除萘在油洗塔完成，除萘后的煤气再入终冷塔冷却，然后去苯吸收塔。除萘油洗塔所用油为洗苯富油，其量为洗苯富油的 30%~35%，入塔含萘量小于 8%。除萘油洗塔可为木格填料塔，填料面积为 0.2~0.3m²/m³ 煤气。煤气空塔速度为 0.8~1m/s。油洗萘效果好，终冷水用量为水洗萘的一半，有利于环境保护。

如终冷水中含有污染物，则在凉水架中污染物会进入大气。为了保护环境可将直接洒水式终冷改为间接横管式终冷，还可取消直接终冷水处理工艺。

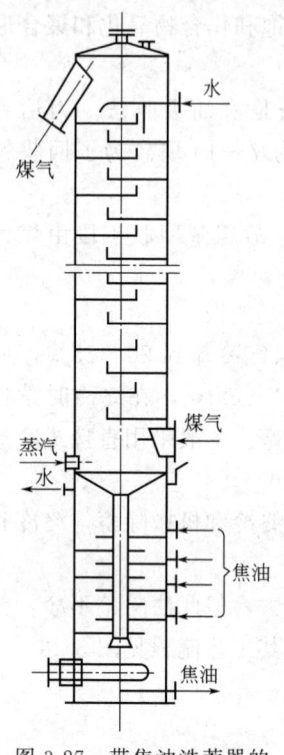

图 3-27 带焦油洗萘器的煤气终冷塔

二、粗苯的吸收

吸收煤气中的粗苯可用焦油洗油，也可以用石油的轻柴油馏分。洗油应有良好的吸收能力，大的吸收容量，小的相对分子质量，以便在相等的吸收浓度条件下具有较小的分子浓度，在溶液上降低苯的蒸气压，增大吸收推动力。

焦油洗油沸点范围为 230~300℃，其主要成分为甲基萘、二甲基萘和苊。相对分子质量为 170~180，有良好的吸收粗苯能力，饱和吸收量可达 2.0%~2.5%。故每 1t 炼焦煤所产煤气需要喷洒洗油量为 0.5~0.65m³。使用焦油洗油较轻时，解吸粗苯过程中每吨粗苯损失洗油 100~140kg。

在吸收和解吸粗苯过程中，洗油经过多次加热和冷却，来自煤气的不饱和化合物进入洗油中，发生聚合反应，洗油的轻馏分损失，高沸点物富集。此外，洗油中还溶有无机物，如硫氰化物和氰化物形成复合物。为了保持洗油性能，必须对洗油进行再生处理，脱出重质物。

终冷后的煤气含粗苯 25~40g/m³，进入粗苯吸收塔，塔上喷淋洗油，煤气自下而上流动，煤气与洗油逆流接触，见图 3-28(a)。洗油吸收粗苯成为富苯洗油，简称富油。富油脱掉吸收的粗苯，称为贫油。贫油在洗苯塔（吸收苯塔）吸收粗苯又成为富油。富油含苯 2%~2.5%，贫油含苯 0.2%~0.4%。塔后煤气中粗苯含量要求低于 2g/m³。煤气温度 25~30℃，贫油温度应略高于煤气温度 2~4℃，以防煤气中水汽凝出。

1. 粗苯吸收影响因素

粗苯吸收过程与吸收温度、洗油性质及循环量、贫油含苯量以及吸收面积有关。这些影响因素分述如下。

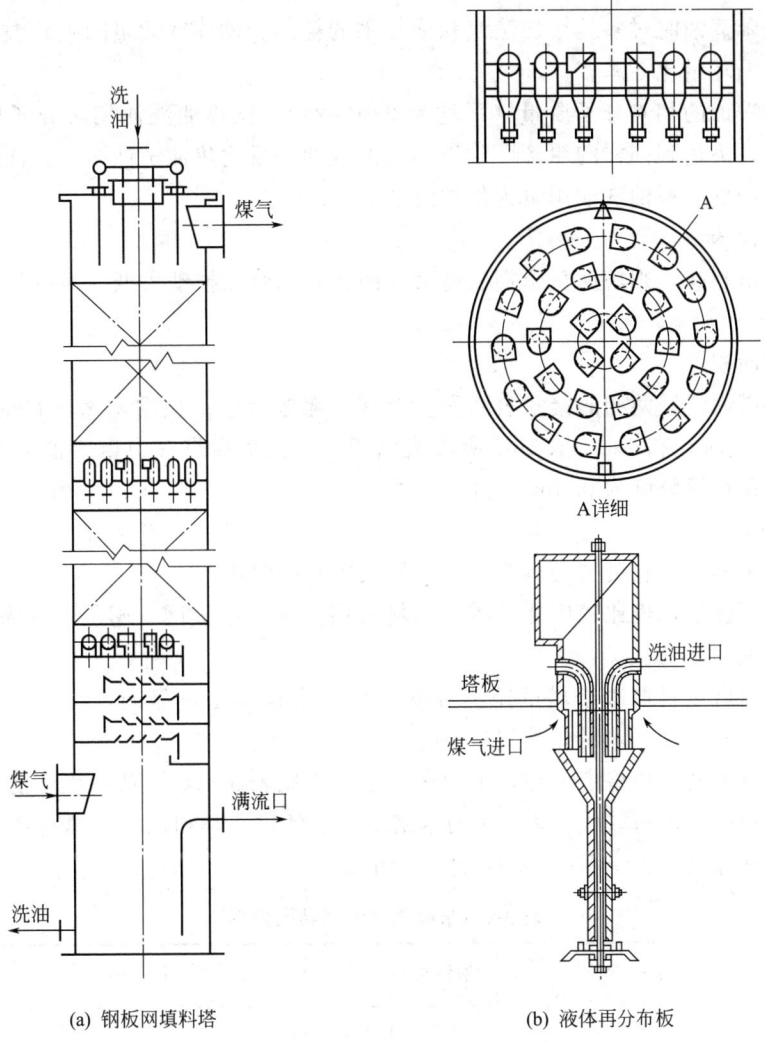

(a) 钢板网填料塔　　　　(b) 液体再分布板

图 3-28　吸收苯填料塔

(1) 吸收温度

吸收温度决定于煤气和洗油温度，也受大气温度的影响。吸收温度高时，洗油液面上粗苯蒸气压随之增大，吸收推动力减小，因而使粗苯回收率降低；但吸收温度也不宜过低，当温度低于 10~15℃，洗油黏度显著增加，吸收效果不好。适宜的温度为 25℃ 左右，实际操作温度波动于 20~30℃。洗油的温度比煤气温度高，以防煤气中的水汽被冷凝下来进入洗油。在夏季洗油温度比煤气高 1~2℃；冬季比煤气高 5~10℃。为了保证适宜温度，煤气在终冷器冷却至 20~25℃，贫油应冷却至 30℃。

(2) 洗油的相对分子质量及循环量

当其他条件一定时，洗油的相对分子质量变小，则苯在洗油中的物质的量浓度也变小，吸收效果将变好。吸收剂的吸收能力与其相对分子质量成反比。吸收剂与溶质的相对分子质量越接近，则吸收得越完全。但洗油的相对分子质量也不宜过小，否则在脱苯蒸馏时洗油与粗苯不易分离。

增加洗油循环量,可降低洗油中粗苯含量,因而可提高粗苯回收率。但循环量也不宜过大,以免在脱苯蒸馏时过多地增加蒸汽和冷却水的耗量。循环洗油量随吸收温度的升高而增加,一般夏季循环量比冬季多。

由于石油洗油的相对分子质量(平均为 230~240)比焦油洗油相对分子质量(平均为 170~180)大,为达到同样的粗苯回收率,石油洗油用量比焦油洗油多,石油洗油吸收粗苯能力比焦油洗油低。石油洗油用量为焦油洗油的 130%。

(3) 贫油含苯量

贫油含苯量越高,则塔后粗苯损失越大,因为粗苯吸收推动力低,吸收效率不好。贫油含苯为 0.2%~0.4%。

(4) 吸收面积

增大吸收塔内气液两相的接触表面积,有利于粗苯吸收。根据木格填料塔的生产数据,处理 $1m^3/h$ 煤气时,有 $1.1~1.3m^2$ 吸收表面积,可使塔后煤气中粗苯含量降至 $2g/m^3$ 以下。对于塑料花环填料则为 $0.3m^2$ 左右。

2. 吸收塔

焦化厂采用的苯吸收塔主要有填料塔、板式塔和空喷塔。

填料塔应用较早,也比较广泛。塔内填料可用木格、钢板网、塑料花环及其他形式等。钢板网填料塔见图 3-28。

选择苯吸收塔填料取决于塔的阻力要求。板式塔操作是可靠的,但是阻力较大为 7~8kPa。为此优先选用阻力小的填料塔。

通用的木格填料操作稳定可靠,阻力小。但由于比表面积小,所以生产能力小,设备庞大笨重,逐渐被高效填料取代。表 3-8 为木格填料、塑料花环和钢板网填料特性数据。表中数据是根据处理煤气量为 $130000m^3/h$ 计算得出。

表 3-8 苯吸收塔填料特性数据

填料	木格	塑料花环	钢板网	填料	木格	塑料花环	钢板网
比表面积/(m^2/m^3)	45	185	250	塔直径/m	7.0	5.5	4.0
填料容积/m^3	2900	190	520	塔高/m	40~45	27	30
填充密度/(kg/m^3)	215	110	150	塔数	3	1	2
填料重/t	524	77	60	填料比阻力/(Pa/m)	20~35	26	15~20
允许气体流速/(m/s)	1.0	1.4	3.0	填料总阻力/kPa	1.6~2.8	0.6~1.1	0.66~0.88
允许设备截面/m^2	36.0	26	12.0	填料自由截面积/%	71	88~95	95~97
填料有效高度/m	80.6	10	44.0				

由表 3-8 中数据可以看出,采用高效填料塑料花环和钢板网是合适的。木格填料效率低,其应用较多的原因是由于它的操作稳定可靠,制造简单。工业生产表明,煤气通过木格自由截面积流速由 1.5~1.7m/s 提高到 2.6m/s,比表面积可由 $1.0m^2/(m^3/h)$ 降至 $0.6m^2/(m^3/h)$。

提高吸收压力对回收粗苯是有效的,因为压力提高,可提高煤气中粗苯的分压,增大吸收粗苯的推动力。同时,提高吸收压力,可以降低粗苯的生产成本,提高粗苯回收率。

提高压力回收粗苯的成本费中未包括煤气压缩的电力,也没有包括采用活塞式压缩机的投资和折旧费。在煤气采用大容量离心式压缩机加压,并向远距离输送时,采用加压吸收苯是有利的。

三、富油脱苯

洗油饱和粗苯含量不大于 2.5%～3.0%，解吸后贫油中含粗苯为 0.3%～0.4%，为了达到足够的脱苯程度，富油脱苯塔底温度必须等于洗油的沸点温度（250～300℃）。但是，在如此高温条件下操作，洗油发生变化，质量迅速恶化。

富油脱苯的合适方法是采用水蒸气蒸馏，富油预热到 135～140℃再入脱苯塔，塔底通入直接水蒸气，常用的水蒸气压力为 0.5～0.6MPa。此法缺点为耗用水蒸气量大，设备大，多耗冷却水，形成了大量含苯、氰化物和硫氰化铵的废水。

采用管式炉加热富油到 180℃再入脱苯塔的方法，由于温度不高，对脱苯操作稳定性无大改变，但生产粗苯所有技术经济指标均得到了改善，直接水蒸气耗量可减少到 20%～25%。

为了消除脱苯生成的废水，可采用减压蒸馏，但减压方法用得少，因粗苯蒸气冷凝温度低于 10～15℃，需要冷冻剂。

1. 工艺流程

富油脱苯采用水蒸气蒸馏生产两种苯的工艺流程，见图 3-29。富油中含粗苯浓度甚低，洗油量是粗苯量的 40～45 倍，因此大量循环油携带的热量，需要回收利用。如图 3-29 所示的脱苯工艺解决了热量回收利用问题。

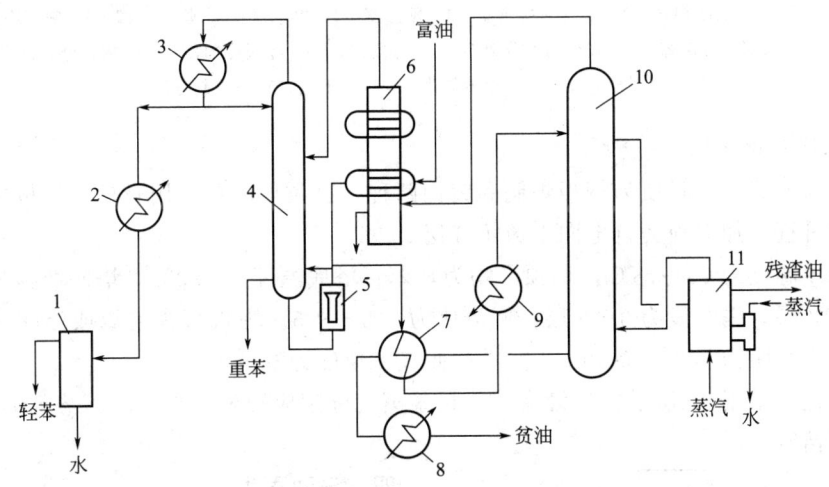

图 3-29 富油脱苯工艺流程

1—分离器；2—冷凝器；3,6—分凝器；4—两苯塔；5,9—加热器；
7—换热器；8—冷却器；10—脱苯塔；11—再生器

冷的富油在分凝器被脱苯塔来的蒸气加热，然后在换热器与脱苯塔底来的热贫油进行换热，最后用蒸汽加热或用管式炉加热后入脱苯塔上部。脱苯塔底部给入直接蒸汽以及自再生器来的水和油的蒸气。脱苯塔顶导出水、油和粗苯蒸气在分凝器中使洗油和大部分水蒸气冷凝下来。从分凝器上部来的是粗苯蒸气和余下的水蒸气。为得到合格粗苯产品，分凝器上部蒸气出口温度用冷却水控制在 86～92℃。如果是生产一种粗苯，分凝器出来的蒸气经冷凝分离，即得粗苯产品。

在图 3-29 是生产两种粗苯工艺流程中，由分凝器上部出来的蒸气进入两苯塔中部，在塔顶分出轻苯，塔底为重苯。

生产一种粗苯时,粗苯中含有5%～10%萘溶剂油,在粗苯精制时需先将其分离出去。在生产两种苯时,萘溶剂油集中于150～200℃的重苯中,而沸点低于150℃的轻苯中主要为苯类。因此,对于粗苯精制两种苯流程优于一种苯流程。一种苯工艺流程见图3-30。

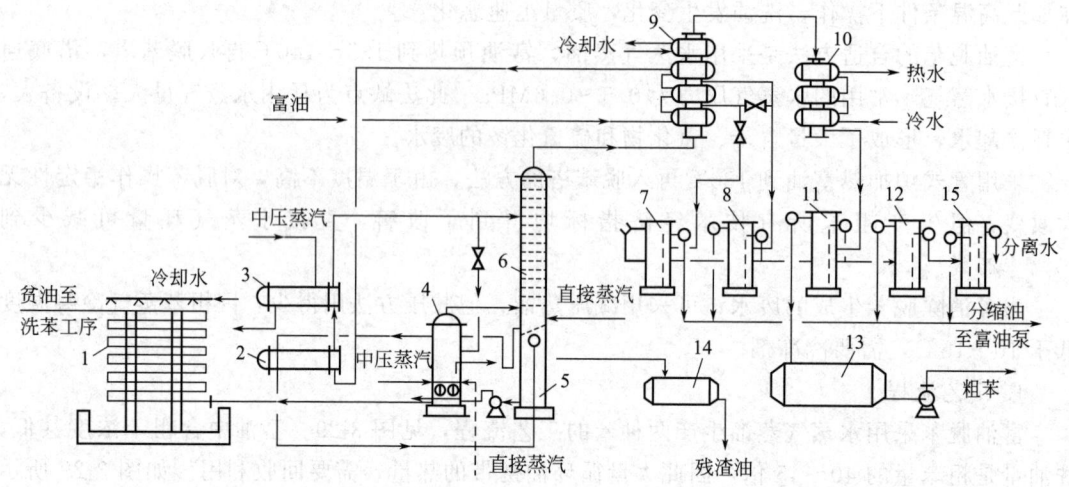

图 3-30　蒸汽法生产一种苯工艺流程

1—喷淋式贫油冷却器；2—贫富油换热器；3—预热器；4—再生器；5—热贫油槽；6—脱苯塔；
7—重分凝油分离器；8—轻分离油分离器；9—分凝器；10—冷凝冷却器；11—粗苯分离器；
12—控制分离器；13—粗苯储槽；14—残渣槽；15—控制分离器

2. 脱苯塔和两苯塔

脱苯塔为泡罩塔,材质为钢板焊制和铸钢两种,以条形泡罩应用较广。塔板数为14层,脱苯为提馏过程,加料板为自上向下数第3层。

两苯塔顶温度为73～78℃,塔顶产物为轻苯；塔底温度为150℃,塔底产物为重苯。精馏段为8～12层,提馏段为3～6层。回流比为2.5～3.5。塔板可为泡罩或浮阀式,当为浮阀塔板时,板间距为300～400mm,空塔截面气体速度为0.8m/s。

有的焦化厂采用30层塔板精馏塔,将粗苯蒸气分馏成轻苯、重苯和萘溶剂油三种产品,便于进一步精制。

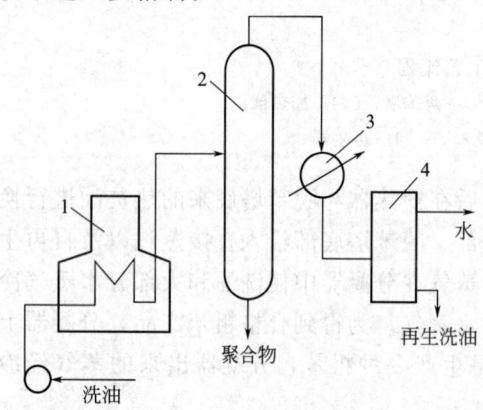

图 3-31　管式炉加热洗油再生流程

1—管式炉；2—蒸发器；3—冷凝器；4—分离器

四、洗油再生

为了保持循环洗油质量,取循环洗油量的1%～1.5%由富油入塔前管路或由脱苯塔进料板下的第一块塔板引入再生器,进行洗油再生,见图3-31。

再生器用0.8～1.0MPa间接蒸汽加热洗油至160～180℃,并用直接蒸汽蒸吹。器顶蒸出的油和水蒸气温度为155～175℃,一同进入脱苯塔底部。残留于再生器底部的高沸点聚合物及油渣称为残渣油,排至残渣油槽。残渣油300℃前的馏出量要求低于40%,以免洗油耗量大。

为了降低蒸汽耗量和减轻设备腐蚀,可采用

管式炉加热再生法,见图3-31。脱苯部分设备腐蚀,其原因是由于煤气和洗油中含有氨、氰盐、硫氰盐、氯化铵和水,腐蚀严重处为脱苯塔下部,该处温度高于150℃。由再生器来的蒸气,其中含氯化铵、硫化氢和氨,焦油洗油中溶有这些盐类。在管式炉加热时,洗油在管式炉加热到300~310℃,在蒸发器内水汽与油气同重的残渣油分开。蒸气在冷凝器内凝结,并于分离器进行油水分离。在此情况下,与蒸汽法再生不同,洗油不仅分出重的残渣,而且也分出促进腐蚀作用的盐类。故管式炉加热再生洗油法与蒸汽加热再生法相比,脱除聚合残渣干净,腐蚀情况较轻。

消除腐蚀设备的根本方法是消除上述盐类进入回收苯系统,并且合理选用脱苯塔材质。

第七节 粗苯的精制

粗苯精制目的是得到苯、甲苯、二甲苯等产品,它们都是宝贵的基本有机化工原料。粗苯精制包括酸洗或加氢、精馏分离、初馏分中的环戊二烯加工以及高沸点馏分中的茚与古马隆的加工利用。

一、粗苯的组成、产率和用途

粗苯产率以干煤计约为0.9%~1.1%。其中含苯及其同系物为80%~95%;不饱和化合物为5%~15%,主要集中于79℃以前低沸点馏分和140℃以上的高沸点馏分中,它们主要为环戊二烯、茚、古马隆及苯乙烯等,硫化物含量为0.2%~2.0%,饱和烃为0.3%~2.0%。此外,粗苯中还含有来自洗油的轻馏分、苯、酚和吡啶等成分。

中国大型焦化厂的粗苯和轻苯产品产率,见表3-9。

表3-9 粗苯和轻苯组成及产品产率　　　　　　　　　　　单位:%

原料	粗苯	轻苯	原料	粗苯	轻苯
初馏分	0.9	1.0	精制残渣	0.8	0.9
纯苯	69.0	74.5	重质苯	3.0	—
甲苯	12.8	13.9	苯溶剂油	4.0	—
二甲苯	3.0	3.3	洗涤损失	1.9	2.0
轻溶剂油	0.8	0.9	精制损失	1.6	1.0
吹苯残渣	2.2	2.4	合计	100	100

粗苯中主要成分是苯,是纯苯的主要来源。苯的用途很多,是有机合成的基础原料,可制成苯乙烯、苯酚、丙酮、环己烷、硝基苯、顺丁烯二酸酐等,进一步可制合成纤维、合成橡胶、合成树脂以及染料、洗涤剂、农药、医药等多种产品。甲苯和二甲苯也是有机合成的重要原料。

二、粗苯的精制原理

粗苯中主要成分为苯、甲苯、二甲苯,它们在101kPa压力下的沸点如下:

苯80.1℃;间二甲苯139.1℃;甲苯110.6℃;对二甲苯138.4℃;邻二甲苯144.9℃;乙苯136.2℃。

由上述数据可见,沸点有差别,即挥发度不同,可以很容易分离出苯和甲苯。二甲苯的三种异构体和乙苯的沸点差很小,难于利用精馏方法进行分离。

粗苯中与苯的沸点相近的有硫化物和不饱和化合物,故欲得纯苯较难。例如,噻吩和环己烷的沸点分别为84.07℃和81℃,精馏时分不开。由于以苯为原料进行催化加工时,硫化物能使催化剂中毒,不饱和化合物在储存时能聚合或产生暗色物,在催化加工时,易使催化剂结焦。所以要求从苯中必须除掉这些杂质。

由于精馏方法不能脱除苯中噻吩和不饱和化合物，所以在精馏之前采用化学净化方法。为此，可采用加入化学试剂或催化加氢，使之生成易于分离的产物，达到净化的目的。

采用化学净化法，需要消耗化学试剂和损失原料，所以仅对精馏分离不掉的硫化物和不饱和化合物，采用化学净化方法。粗苯中含有这些化合物的分布情况见图 3-32。由图可见，不同沸点馏分中不饱和化合物和硫化物含量不同，在低于苯沸点的初馏分中含量高。

在二甲苯高沸点馏分中不饱和化合物含量很高，很明显出高沸点馏分不用化学净化方法，而只对沸点较低的馏分进行化学净化，这不仅减少了化学净化消耗，而且可以分别利用各馏分。例如初馏分（低于苯沸点馏分）含有环戊二烯，是合成橡胶、药品和合成树脂的原料，此外还有二硫化碳。高沸点馏分富集有茚、古马隆、苯乙烯，可作为古马隆-茚树脂原料，该树脂可制造油漆、颜料和绝缘材料等。

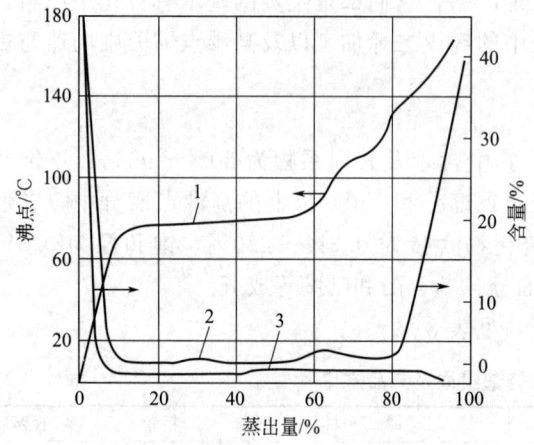

图 3-32　粗苯蒸馏曲线中硫化物及不饱和化合物的分布
1—粗苯蒸馏曲线；2—不饱和化合物；3—硫化物

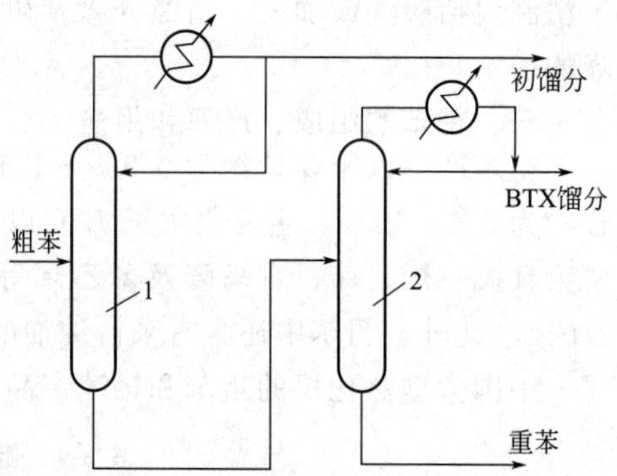

图 3-33　粗苯初步精馏工艺流程
1—初馏塔；2—苯、甲苯、二甲苯（BTX）塔

粗苯精制流程包括下述过程。
① 初步精馏。使低沸点化合物、高沸点含硫化合物和不饱和化合物分开。
② 化学精制。把粗苯主要组分沸点范围内所含的硫化物和不饱和化合物脱除。
③ 最终精馏。得到合乎标准的纯产品。

三、初步精馏

粗苯初步精馏可由两个精馏塔完成，见图 3-33。粗苯在初馏塔顶分出初馏分，在苯、甲苯、二甲苯（BTX）混合馏分塔顶分出 BTX 馏分，塔底分出重苯。假如粗苯回收工段把粗苯已分成轻苯和重苯，则不再需要混合馏分塔。

初馏塔很重要，初馏分要分离得很干净，否则二硫化碳进入 BTX 馏分中，进一步留在苯中。此外，使 BTX 馏分的化学净化难度增大。

环戊二烯反应能力大，黏度高，能形成高分子聚合物。初馏分塔采用效率足够高的精馏塔，塔板数为 30~50。回流比为 40~60，空塔气体流速为 0.6~0.9m/s。

轻苯的初馏分产率为 1.0%~1.2%，其组成约为环戊二烯等 50%~60%，二硫化碳为 25%~35%，苯为 5%~15%。纯苯中含二硫化碳不应超过 1~50mg/kg。

初馏塔的再沸器易堵塞,这是低沸点不饱和化合物发生聚合,堵塞物主要是胶状游离碳。应防止进料和回流带水,否则不仅塔操作不稳,而且增加堵塞再沸器的可能性。

四、硫酸法精制

混合馏分(BTX)用含量为90%～95%的硫酸洗涤时,不饱和化合物及硫化物发生了化学反应,生成复杂的产物。为了强化反应,于酸洗时添加0.5%～2%沸点为160～250℃的粗溶剂油,利用其所含茚等,将噻吩及其同系物完全除去。

酸洗用含量为93%～95%硫酸,含量低时,达不到洗净效果;含量高时,生成中性酯量增加,不饱和化合物聚合程度加深,磺化反应加剧。酸洗反应温度应不超过40～45℃,温度过高时,同样有硫酸含量增高的缺点。此外,温度高,苯的蒸气压大,苯损失增多。酸洗反应时间以10min左右为宜,延长时间,可改善洗涤效果,但时间过长会加剧磺化反应。

混合馏分硫酸洗涤在大、中型焦化厂采用连续流程,其生产工艺流程见图3-34。

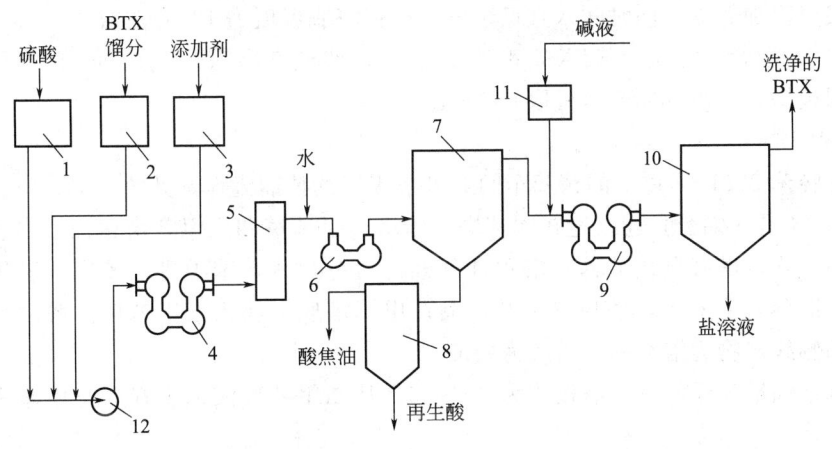

图3-34 BTX混合馏分酸洗工艺流程

1,2,3,11—高位槽;4,6,9—球形混合器;5—反应器;7,10—澄清槽;8—酸焦油澄清槽;12—泵

混合馏分和硫酸以及添加剂(1.2%～1.8%)经计量后用泵打入第一组球形混合器洗涤,然后在反应器内完成酸洗反应。在反应器后加入水洗,经第二组球形混合器,用水稀释硫酸,中断反应,并使硫酸再生,硫酸回收率介于65%～80%,再生酸含量为40%～50%。再生酸在澄清槽下分出,槽上混合馏分加碱中和,再于第三组球形混合器中混合并在澄清槽中澄清后,分出盐溶液,得洗净的苯、甲苯、二甲苯混合馏分。

球形混合器构造见图3-35。几个球连用使液流90度转弯扰动,达到混匀目的。

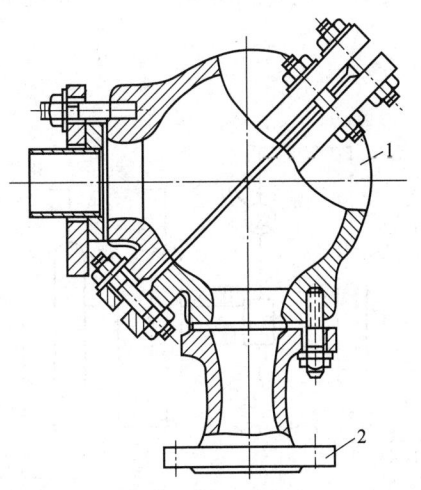

图3-35 球形混合器

1—铸铁半球;2—连接管法兰

五、吹苯和最终精馏

酸洗后,苯、甲苯、二甲苯混合馏分精制与其组成有关,其组成如下。

苯74%～76%;三甲苯(溶剂油)2.0%～

2.5%；二甲苯 2%～2.5%；高沸点聚合物 4%～6%；甲苯 11%～13%；低沸点聚合物3%～4%。

苯和甲苯含量占85%～89%，在中、小型精苯车间提取纯苯、甲苯可在连续式设备上进行，而其余组分甚少，只能在间歇式设备上生产。

1. 吹苯

已酸洗BTX混合馏分中除上述所含聚合物外，在酸洗时溶有中性酯，在高温作用下分解为二氧化硫、三氧化硫、二氧化碳及残渣，所以最终精馏的第一步在吹苯塔将苯、甲苯、二甲苯组分在塔顶随蒸汽蒸吹出，见图3-36，其余的聚合物等重质物留于塔底。为了中和蒸出气中酸性物，用 12%～16% 的氢氧化钠溶液喷洒。吹苯塔原料的预热温度为110～118℃，塔顶温度100～105℃。中和后苯类蒸气经冷凝冷却到25～30℃，再经油水分离得苯、甲苯、二甲苯混合馏分。塔底残渣作为生产古马隆的原料，为使残渣含水和含油合格，塔底有间接蒸汽加热器，同时吹入直接蒸汽，维持塔底温度为135℃左右。

已洗BTX混合馏分吹出BTX产率为97.5%，残渣产率为2.5%。吹苯塔可用20～22层塔板的栅板塔，空塔气体流速可取0.6～1.0m/s。

2. 连续精馏

年处理轻苯 $2×10^4$ t 以上的精苯车间，可采用连续精馏流程，见图3-36。

已洗BTX混合馏分，连续地在吹苯塔、苯塔、甲苯塔和二甲苯塔精馏，在各塔顶得到相应的产品。吹苯塔底分出残液，塔顶油气经冷凝分出水，苯类进入苯塔，塔顶得纯苯产品；苯塔底馏分入甲苯塔，塔顶得甲苯产品；甲苯塔底产物入二甲苯塔，塔顶得二甲苯产品，塔中部侧线产物为溶剂油，塔底为残液。

三种苯精馏塔为浮阀塔，塔板数为30～35。从二甲苯残液油中提取三甲苯需要塔板数约为85。

3. 半连续精馏

吹苯塔产生的吹出苯、甲苯和二甲苯混合馏分采用半连续精馏分离，混合馏分连续送入纯苯塔提取纯苯。纯苯塔塔底产物，即纯苯残油再进行半连续间歇釜式精馏，工艺流程见图3-37。

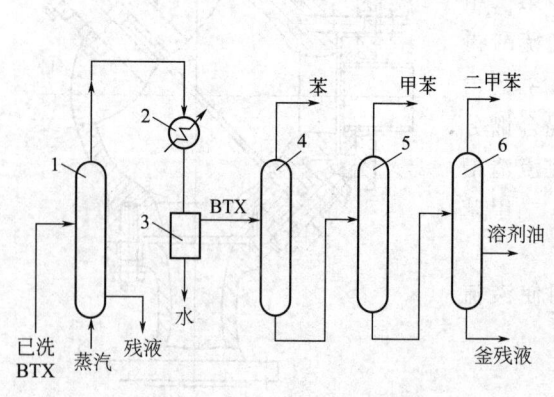

图3-36 混合馏分连续精馏流程
1—吹苯塔；2—冷凝器；3—分离器；
4—苯塔；5—甲苯塔；6—二甲苯塔

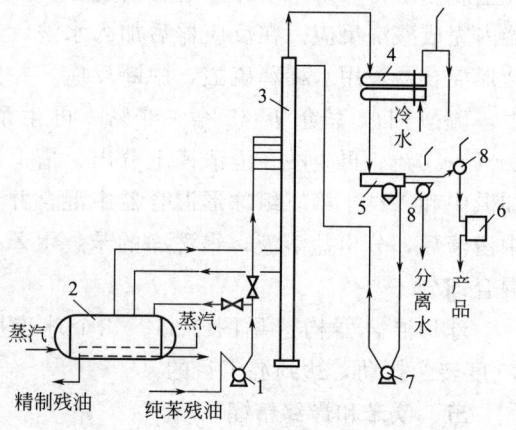

图3-37 间歇釜式半连续精馏工艺流程
1—原料泵；2—精制釜；3—精馏塔；4—冷凝冷却器；
5—油水分离器；6—计量槽；7—回流泵；8—视镜

纯苯残油用泵装入精制釜内，用蒸汽加热进行全回流。当釜温达到124～125℃时，开始切取苯—甲苯馏分；当塔顶温度达到110℃，开始切取甲苯。直至釜内高沸点组分富集到一定量，釜温约145℃时，停止向釜内进料。再继续切取甲苯—二甲苯馏分、二甲苯及轻溶剂油。釜底排出的精制残渣油用泵经套管冷却器送入储槽。

切取二甲苯和溶剂油时，釜底通入直接蒸汽，进行水蒸气蒸馏。也可以用蒸汽喷射泵造成一定的真空度，进行减压蒸馏，以便降低蒸馏温度，少耗蒸汽。

图3-37的间歇精馏装置，也可以用于精制重苯。精馏重苯时可得下列产品：

150℃前馏分（甲苯和二甲苯）　　　10%～15%　　溶剂油　　　　　　　　　　　　40%～60%
150～180℃馏分（重质苯）　　　　30%～50%

其中，150℃前馏分可加入初馏塔混合馏分中，重质苯可作为制取古马隆树脂的原料。

六、初馏分加工

初馏分随原料组成、初馏塔操作、储存时间、气温条件等的不同而有所不同，且组分含量波动较大。初馏分组成分布范围见表3-10。

表3-10　初馏分组成

原　料	粗苯初馏分	轻苯粗馏分	原　料	粗苯初馏分	轻苯粗馏分
二硫化碳/%	15～25	25～40	苯/%	30～50	5～15
环戊二烯及二聚环戊二烯/%	10～15	20～30	饱和烃/%	3～6	4～8
其他不饱和化合物/%	10～15	15～25			

由于二硫化碳和环戊二烯的沸点很接近，分别为42.5℃和46.5℃，因此用精馏方法难于分离得到纯产品。环戊二烯反应性好，加热可使其发生聚合生成二聚环戊二烯，也能与其他二烯烃发生聚合反应。

热聚合法在间歇反应釜内进行，聚合温度为60～80℃，用间接蒸汽加热，聚合时间为16～20h。聚合操作完成后进行精馏分离，其馏分产品见表3-11。

表3-11　聚合产物的组成

组分	比例	组分	比例
初馏分（40℃前）/%	7.4	釜底残液/%	31.5
工业二硫化碳（48℃前）/%	19.0	损失（主要为不凝性气体）/%	27.1
中间馏分（60℃前）/%	5.0	合计/%	100
轻质苯（78℃前，包括动力苯和苯馏分）/%	10.0		

上述初馏分送回炉煤气管道，中间馏分和轻质苯可并入粗苯。釜底残液为工业二聚环戊二烯，含量为70%～75%，其中还含有3%～5%沸点100℃的组分，以及环戊二烯和C_5烯烃等。用直接蒸汽蒸馏釜底残液，可得到含量大于95%的二聚环戊二烯。

对二聚环戊二烯采用热解法解聚，即得环戊二烯，它是制取二烯系有机氯农药和杀虫剂的重要原料。

七、古马隆-茚树脂生产

重苯中含有不饱和芳香化合物，如苯乙烯、茚和古马隆。古马隆又名苯并呋喃或氧杂茚，是白色油状液体，存在于煤焦油及粗苯的沸点为168～175℃馏分中，在粗苯中的含量为0.6%～1.2%。茚为无色油状液体，存在于煤焦油及粗苯的沸点为176～182℃馏分中，在粗苯中的含量为 1.5%～2.5%。茚的化学性质比古马隆更活泼，更易氧化。

古马隆和茚同时存在时，在催化剂（如浓硫酸、氯化铝、氟化硼等）作用下，或在光和热的影响下，能发生聚合反应，生成高分子古马隆-茚树脂。一般聚合物的相对分子质量在 500～2000 之间。

以宝钢古马隆-茚树脂生产工艺为例，原料为重苯和焦油蒸馏经过脱酚和脱吡啶的酚油，其中含树脂组分 23.5%～27%，135～195℃馏出量为 64%～67%。树脂制造工艺过程见图 3-38。

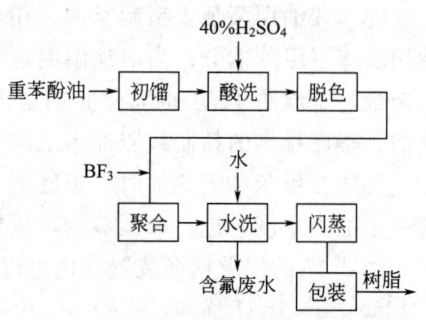

图 3-38　古马隆-茚树脂生产工艺流程

1. 初馏

初馏目的是脱除原料中的低沸点和高沸点组分，得到树脂成分集中的馏分。树脂组分主要是苯乙烯、古马隆和茚。苯乙烯的沸点 146℃，古马隆沸点 173.5℃，茚的沸点 181.5℃。通过两个精馏塔由原料得到沸点范围为 135～195℃古马隆馏分。脱低沸点馏分的塔顶温度为 130℃，塔底为 160℃；脱高沸点馏分的塔为减压蒸馏，塔顶温度为 110℃，塔底 163℃，压力 30.6kPa。

2. 酸洗

古马隆馏分中含 3%吡啶碱，吡啶碱能与催化剂发生反应，消耗催化剂；吡啶混入树脂，恶化颜色，需用稀硫酸洗涤脱除。

一般采用两段酸洗，酸油混合方式采用喷射混合器和管道混合器。硫酸含量为 40%。酸洗后的馏分用 1%～5%的氢氧化钠中和，然后用水洗脱除硫酸钠。

3. 脱色

中和后的原料馏分中含有酸焦油杂质，影响树脂颜色。采用精馏塔进行减压精馏，在塔底脱掉有色杂质。塔顶温度为 110℃，压力为 17.3kPa；塔底温度为 158℃，压力为 26.6kPa。

4. 连续聚合

将古马隆-茚馏分与催化剂连续通过聚合管，在流动状态下充分混合，发生聚合反应。在聚合过程中保证聚合热有效移出，维持恒定聚合温度。

聚合催化剂为三氟化硼乙醚配合物，反应温度为（100±5）℃。1，2，3 段聚合管内的流速分别为 0.5m/s，0.1m/s，0.06m/s。

由于催化剂腐蚀性强，设备和管道均需用高镍合金钢制造。

5. 聚合油水洗

水洗目的是除去聚合油中残留的催化剂。如不除去，经过一段时间放置，不仅树脂颜色恶化，而且腐蚀设备和管道。

6. 闪蒸

经水洗后的净聚合油，除了树脂还含有中性油，要进行闪蒸浓缩。闪蒸必在低温下进行，因聚合油中还残留一定量的不饱和化合物，经高温、氧化会引起树脂颜色变化，降低产品质量。闪蒸用两个减压薄膜蒸发器进行蒸馏。

7. 含氟废水处理

古马隆-茚树脂生产使用氟化硼乙醚配合物催化剂，在聚合和水洗之后，油水分离槽分出水中含有的氟离子，此排水需进行处理。

含氟废水加入石灰乳[Ca(OH)$_2$]和氯化钙(CaCl$_2$)发生化学反应,生成CaF$_2$。反应温度为150℃,通入蒸汽,维持压力392~539kPa。反应时间30~40min。

八、粗苯的催化加氢精制

将BTX混合馏分进行催化加氢,然后对加氢油进行精制,得到纯苯产品。

酸洗精制粗苯,产品纯度不高,满足不了用户要求,而且精制回收率低,并存在着环境污染。为此,早在20世纪50年代初,轻苯加氢精制工艺就已得到采用,目前在国外已广泛应用。

轻苯加氢工艺有多种,按反应温度区分有高温加氢(600~630℃)、中温加氢(480~550℃)以及低温加氢(350~380℃)。日本、美国采用高温加氢,即莱托(LITOL)法;德国等采用低温加氢的鲁奇工艺。中国的中温加氢流程和宝钢引进的莱托法基本相同。

鲁奇法采用钴-钼催化剂,反应温度为360~380℃,压力4~5MPa,以焦炉煤气或纯氢为氢源,进行气相加氢。加氢油通过精馏系统进行分离,得到苯、甲苯、二甲苯和溶剂油。产品收率可达97%~99%。

克虏伯-考伯斯(Krupp-Koppers)法采用钴-钼催化剂,反应温度为200~400℃,压力5.0MPa,可用焦炉煤气为氢源。苯的精制收率为97%~98%。通过萃取蒸馏制取纯苯。

莱托法采用三氧化二铬为催化剂,反应温度为600~650℃,压力为6.0MPa。由于苯的同系物加氢脱烷基转化为苯,苯的收率可高达114%以上,可得到合成用苯,结晶点5.5℃,纯度99.9%。

宝钢轻苯加氢精制包含预蒸馏得轻苯、轻苯莱托法加氢、苯精制和制氢系统。加氢精制工艺流程见图3-39。

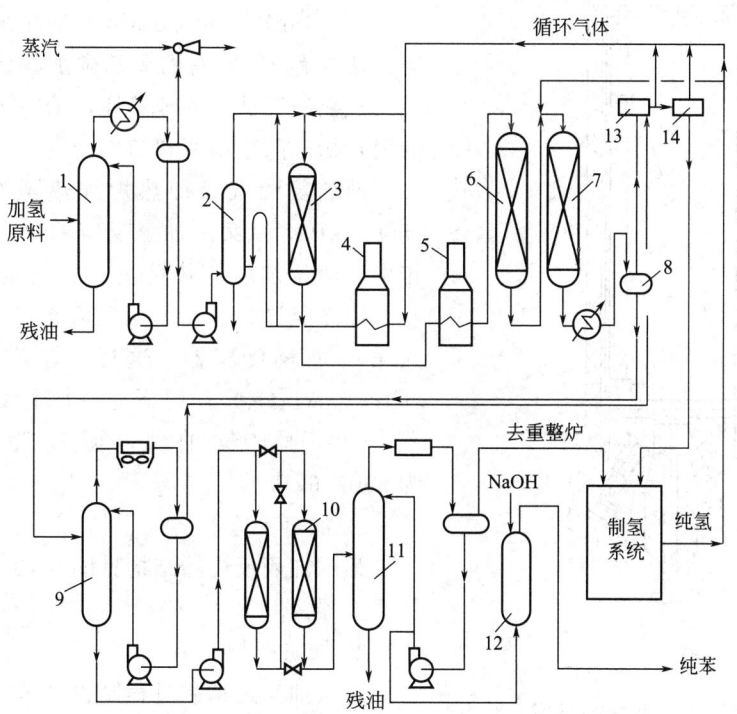

图3-39 轻苯加氢精制工艺流程

1—两苯塔;2—蒸发器;3—预反应器;4—循环气体加热炉;5—加氢原料用管式炉;6—第一加氢反应器;
7—第二加氢反应器;8—高压闪蒸器;9—稳定塔;10—白土塔;11—苯塔;12—碱处理槽;
13—H$_2$S脱除系统;14—氢精制系统

1. 轻苯加氢

加氢原料为轻苯,是由粗苯和焦油轻油混合,在两苯塔进行预蒸馏,将有利制苯物质集中于轻苯中。古马隆、茚等高分子化合物控制在重苯中,在预蒸馏过程中控制不饱和化合物的热聚合程度小些,以防堵塞。故预蒸馏采用负压操作,在轻苯蒸发预热器进口处加入阻聚剂 20~50mg/kg,阻止聚合物生成。预蒸馏的两苯塔为 20 层大孔筛板塔,由不锈钢板冲压制成。再沸器为竖型列管降膜式,有一台备用,强制循环加热。

加氢过程分成两步完成,先进行预加氢,再完成莱托法加氢。

轻苯经蒸汽预热至 120~150℃后,用高压泵送入蒸发器。蒸发器为钢制中空圆筒形设备,内部装有 1/3 液体,底部装有氢气喷射器,向上开口,使循环氢气喷入液体中。循环含氢体由加热炉加热至 470℃左右,进入蒸发器内喷出,与轻苯混合并使其气化。这样,轻苯在氢气保护下被直接加热,可以抑制轻苯中易聚合物的热聚合,是本法的关键。

循环气体进入蒸发器,供给轻苯潜热和显热,使轻苯蒸发,同时,也起到降低烃类分压,降低蒸发温度的作用。循环气体中氢含量为 65%~68%,经压缩至 6.0MPa,预热至 150℃,分两路:一路作为冷循环气体进入蒸发器出口油气管道;另一路进入循环气体加热炉,然后部分进入蒸发器底部,其余部分也加入蒸发器后的管道。

预加氢反应器温度为 230~250℃,压力为 5723~5743kPa,经 Co-Mo 系催化剂完成预加氢反应,使含有 2%左右的苯乙烯加氢成为乙苯。这样转化了热稳定性差的苯乙烯,消除了因热聚合形成的聚合物,防止堵塞和结焦。

预加氢油气经加热炉加热至 610℃,压力为 5566.4kPa,从第一加氢反应器顶部进入,由底部排出。由于加氢放热反应,油气温度升高 17℃左右,用冷氢进行急冷,温度降至 620℃,接着又进入第二加氢反应器。这样,轻苯在铬系催化剂(Cr_2O_3-Al_2O_3)作用下完成加氢反应由第二反应器排出的加氢油气,温度为 630℃、压力为 5507.6kPa。

2. 加氢反应器

第一加氢反应器结构见图 3-40,是固定床式绝热反应器。

3. 加氢产物精制

加氢油经过精制过程制得纯苯产品。精制工艺流程中主要设备为稳定塔、白土塔和苯精馏塔,见图 3-39。

稳定塔的作用是将加氢油中溶解的氢、小于 C_4 的烃类以及部分硫化氢等比苯轻的组分,由塔

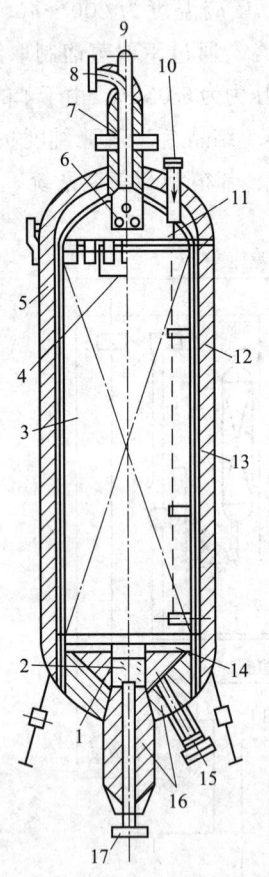

图 3-40 第一莱托加氢反应器
1,11,14—氧化铝球;2—油气排出栏筐;3—催化剂;4—沉箱;5—油气分布筛;6—缓冲器;7,12,16—隔热层;8—油气入口;9—人孔;10—热偶插孔;13—内衬板;15—催化剂排出口;17—油气出口

顶分馏出去。稳定塔进料油温为 120℃，塔顶压力为 793.8kPa。

白土塔的作用是脱除来自稳定塔底的加氢油中微量不饱和化合物。塔内填以 Al_2O_3 和 SiO_2 为主的活性白土，真密度 $2.4g/cm^3$，表面积 $200m^2/g$，孔隙体积 $280cm^3/g$，操作压力 1460.2kPa，温度 180℃。由于白土在 180℃ 左右进行吸附一些不饱和化合物成为黑色聚合物，活性下降，可用蒸汽吹扫再生。

苯塔进料为来自白土塔的加氢油，进料温度为 104℃，塔顶压力为 41.2kPa，塔顶温度为 92～95℃，塔顶产物冷凝后可得 99.9% 的纯苯；塔底温度为 144～147℃。苯塔是筛板塔，塔顶产品中含有微量硫化氢等，可用 30% 的氢氧化钠洗涤除去。

4. 制氢

制氢原料气为来自加氢反应器后的含氢气体，除 H_2 外还含有 CH_4 和 H_2S 等。CH_4 是过程产物，它是苯加氢方法氢的来源。采用蒸汽催化重整工艺，使 CH_4 转化为 H_2 和 CO；生成的 CO 与蒸汽变换反应得 H_2，化学反应如下。

脱硫反应

$$H_2S + ZnO \longrightarrow ZnS + H_2O$$

甲烷重整反应

$$CH_4 + H_2O \longrightarrow CO + 3H_2$$
$$CH_4 + 2H_2O \longrightarrow CO_2 + 4H_2$$

CO 变换反应

$$CO + H_2O \longrightarrow CO_2 + H_2$$

制氢系统含脱除 H_2S、甲苯洗净苯类、CH_4 重整和 CO 变换以及氢精制等过程。

① 脱除 H_2S。莱托加氢脱硫反应是使轻苯中硫化物转化为 H_2S，进入气体中为防止其在循环气体中积聚和起腐蚀作用，需要脱除之。一般采用化学吸收法，吸收剂为 13%～15% 单乙醇胺水溶液。吸收塔底压力为 5076.4kPa，温度 55℃ 左右，塔顶气体中含 H_2S 约 4mg/kg。脱硫后的气体约 90%，在补充部分纯度为 99.9% 氢气后，返回加氢系统循环利用。脱硫的另一部分约 10% 的气体用作制氢原料，首先送去甲苯洗净塔。

② 脱苯类。脱硫后的制氢原料中含有约 10% 的苯类，用甲苯洗涤吸收脱除，否则在高温的重整炉中的炉管内结焦。洗后气体中含芳烃浓度小于 1000mg/kg。

③ 重整。脱苯后的原料气中含有 CH_4，在重整炉内与蒸汽进行反应。工艺流程见图 3-41。

原料气先在重整炉对流段加热到 380℃，压力为 2136.4kPa，在脱硫反应器内用 ZnO 脱去残余的 H_2S，以防重整催化剂中毒。

脱硫后的气体与 2352kPa 的过热蒸汽混合，混合后气体温度 400℃，压力 2126.6kPa。该混合气进入重整炉辐射段炉管，炉管中装镍系催化剂。由下向上流动，完成重整反应。出炉管后的重整气体温度 790～800℃，压力 2107kPa。通过热量回收，发生 2646kPa 的蒸气，减压入重整炉过热，作为重整介质。

④ CO 变换。重整气回收热量后，温度降到 360℃，进入 CO 变换反应器，见图 3-41。在 Fe-Cr 系催化剂作用下，发生变换反应，生成 H_2 和 CO_2。变换后气体温度为 380～390℃，经换热降至 190℃ 左右，再冷至 60℃，分出水后去变压吸附装置。

⑤ 变压吸附制纯氢。变换后气体中尚含有 CO_2、CO、CH_4 及 H_2O 等气体，为了得到

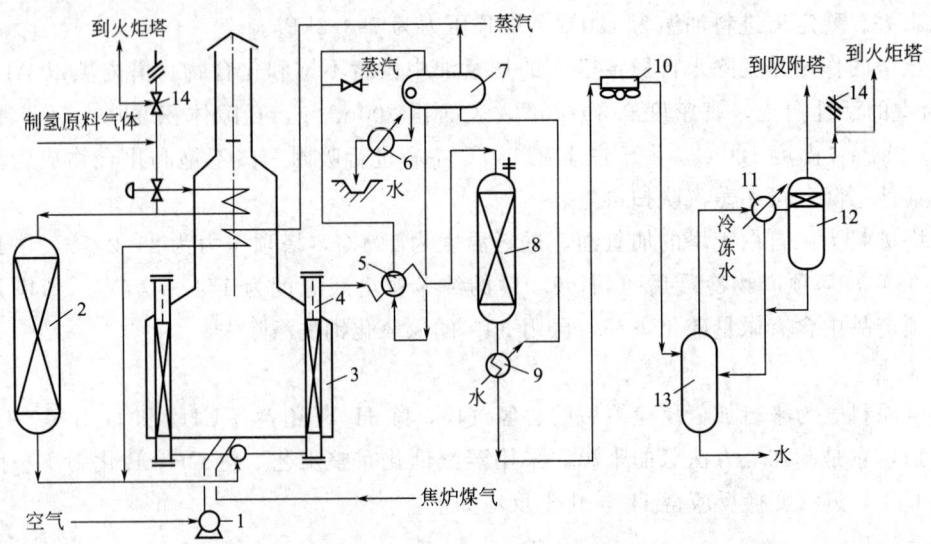

图 3-41　重整、变换工艺流程

1—重整空气鼓风机；2—脱硫反应器；3—重整炉；4—装有催化剂的反应管；5—蒸汽发生器；
6—排水冷却器；7—汽包；8—CO 变换反应器；9—反应气体凝缩器；10—反应气体空冷器；
11—辅助冷却器；12—气体分液槽；13—凝结水槽；14—安全阀

纯氢，在变压吸附装置中，用 Al_2O_3 吸附水；用活性炭吸附 CO_2；用 Al_2O_3 分子筛吸附 CO 和 CH_4 等，通过后的气体为纯度 99.9% 的氢气。

复 习 题

1. 炼焦化学产品回收的意义。
2. 简述正压下操作的焦炉煤气处理工艺流程。
3. 简述粗煤气初步冷却的原因。
4. 简述粗煤气初步冷却的工艺流程。
5. 煤气冷却的主要设备有哪些？这些设备有何区别？
6. 简述焦油和氨水分离的原因。
7. 煤气输送的主要设备有哪些？
8. 清除焦油雾的主要设备有哪些？
9. 回收氨和吡啶的原理是什么？
10. 简述无饱和器法生产硫酸铵的工艺流程。
11. 简述粗轻吡啶回收的原理。
12. 简述无水氨生产的工艺流程。
13. 煤气最终冷却的原因是什么？
14. 粗苯回收的原理是什么？
15. 简述富油脱苯的工艺流程。
16. 简述粗苯精制的原理和步骤。
17. 简述古马隆-茚树脂生产的工艺流程。
18. 简述轻苯加氢精制工艺流程。

第四章　煤焦油的加工

炼焦生产的高温煤焦油密度较高,其值为 1.160～1.220g/cm³,主要由多环芳香族化合物所组成,烷基芳烃含量较少,高沸点组分较多,热稳定性好。

低温干馏焦油和快速热解焦油所用的原料煤,干馏条件以及所得的焦油产率和性质都与高温焦油有差别。

各种焦油馏分组成见表 4-1。沸点高于 360℃的馏分在高温焦油中含量高。沸点低于 170℃的馏分在低温焦油中含量高,而高温焦油中含量甚低。低温焦油中酚含量高,而高温焦油中酚含量低。

表 4-1　各种焦油馏分组成

焦油	低温焦油				坎阿褐煤快速热解焦油	高温焦油
	乌克兰褐煤	莫斯科褐煤	长焰煤	气煤		
密度/(g/cm³) 馏分产率/%	0.900	0.970	1.066	1.065	1.080	1.190
<170℃	5.5	12.3	9.4	9.2	11.0	0.5
170～230℃	13.2	15.7	7.6	7.2	17.0	13.5
230～300℃	17.5	19.8	31.7	29.9	27.0	10.0
300～360℃	41.8	25.3	21.2	21.8	10.0	18.0
>360℃	22.0	26.9	30.9	31.7	23.0	58.0
酚含量/%	12.3	12.6	39.4	28.3	26.0	2.0

高温焦油与低温焦油性质差别较大,本章主要讨论高温焦油,以下简称为焦油。

第一节　概　　述

一、焦油馏分

焦油中主要中性组分见表 4-2,除萘之外,每个组分相对含量都较小,但是由于焦油数量较大,各组分的绝对数量也较大。

焦油各组分的性质有差别,但性质相近组分较多,需要先采用蒸馏方法切取各种馏分,使酚、萘、蒽等欲提取的单组分产品浓缩集中到相应的馏分中去,再进一步利用物理和化学方法进行分离。

焦油连续蒸馏切取的馏分一般有下述几种。

(1) 轻油馏分

170℃前的馏分,产率为 0.4%～0.8%,密度为 0.88～0.90g/cm³,主要含有苯族烃,酚含量小于 5%。

(2) 酚油馏分

170～210℃的馏分,产率为 2.0%～2.5%,密度为 0.98～1.01g/cm³,含有酚和甲酚

表 4-2 焦油中的主要中性组分

组　分	沸点(于101kPa)/℃	熔点/℃	焦油中含量/%		
			中国	前苏联阿夫捷夫厂	德国
萘	218	80.3	8～12	11.50	10.0
1-甲基萘	244.7	−30.5	0.8～1.2	0.62	0.5
2-甲基萘	241.1	34.7	1.0～1.8	1.24	1.5
苊	277.5	95.0	1.2～1.8	1.62	2.0
芴	297.9	114.2	1.0～2.0	1.65	2.0
氧芴	286.0	81.6	0.6～0.8	1.25	1.0
蒽	342.3	216.0	1.2～1.8	1.24	1.8
菲	340.1	99.1	4.5～5.0	4.25	5.0
咔唑	353.0	246.0	1.2～1.9	1.40	1.5
荧蒽	383.5	109.0	1.8～2.5	2.30	3.3
芘	393.5	150.0	1.2～1.8	1.85	2.1

为20%～30%，萘5%～20%，吡啶碱4%～6%，其余为酚油。

(3) 萘油馏分

210～230℃的馏分，产率为10%～13%，密度为1.01～1.04g/cm³，主要含有萘70%～80%，酚、甲酚和二甲酚4%～6%，重吡啶碱3%～4%，其余为萘油。

(4) 洗油馏分

230～300℃的馏分，产率为4.5%～7.0%，密度为1.04～1.06g/cm³，含有甲酚、二甲酚及高沸点酚类3%～5%，重吡啶碱类4%～5%，萘含量低于15%，还含有甲基萘及少量苊、芴、氧芴等，其余为洗油。

(5) 一蒽油馏分

280～360℃的馏分，产率为16%～22%，密度为1.05～1.13g/cm³，含有蒽16%～

20%，萘 2%～4%，高沸点酚类 1%～3%，重吡啶碱 2%～4%，其余为一蒽油。

(6) 二蒽油馏分

初馏点为 310℃，馏出 50% 时为 400℃，产率为 4%～8%，密度为 1.08～1.18g/cm^3，含萘不大于 3%。

(7) 沥青

沥青为焦油蒸馏残液，产率为 50%～56%。

二、焦油的主要产品及其用途

上述焦油各馏分进一步加工，可分离制取多种产品，目前提取的主要产品有以下几种。

(1) 萘

萘为无色晶体，易升华，不溶于水，易溶于醇、醚、三氯甲烷和二硫化碳，是焦油加工的重要产品。国内生产的工业萘多用来制取邻苯二甲酸酐，供生产树脂、工程塑料、染料、油漆及医药等用。萘也可以用于生产农药、炸药、植物生长激素、橡胶及塑料的防老剂等。

(2) 酚及其同系物

酚为无色结晶，可溶于水，能溶于乙醇。酚可用于生产合成纤维、工程塑料、农药、医药、染料中间体及炸药等。甲酚可用于生产合成树脂、增塑剂、防腐剂、炸药、医药及香料等。

(3) 蒽

蒽为无色片状结晶，有蓝色荧光，不溶于水，能溶于醇、醚、四氯化碳和二硫化碳。目前，蒽主要用于制蒽醌染料，还可以用于制合成鞣剂及油漆。

(4) 菲

菲是蒽的同分异构物，在焦油中含量仅次于萘的含量。它有不少用途，由于其产量较大，还有待进一步开发利用。

(5) 咔唑

咔唑又名 9-氮杂芴，为无色小鳞片状晶体，不溶于水，微溶于乙醇、乙醚、热苯及二硫化碳等。咔唑是染料、塑料、农药的重要原料。

以上是焦油中提取的单组分产品，加工焦油时还可得到下述产品。

(6) 沥青

是焦油蒸馏残液，为多种多环高分子化合物的混合物。根据生产条件不同，沥青软化点可介于 70～150℃ 之间。目前，中国生产的电极沥青和中温沥青的软化点为 75～90℃。沥青有多种用途，可用于制造屋顶涂料、防潮层和筑路、生产沥青焦和电炉电极等。

(7) 各种油类

各馏分在提取出有关的单组分产品之后，即得到各种油类产品。其中，洗油馏分经脱二甲酚及喹啉碱类之后得到洗油，主要用作回收粗苯的吸收溶剂。脱除粗蒽结晶的一蒽油是配制防腐油的主要成分。部分油类还可作柴油机的燃料。

上面所述，仅为焦油产品部分用途，可见综合利用焦油具有重要意义。目前，世界焦油年产量约有 2000×10^4 t，其中 70% 以上进行加工精制，其余大部分作为高热值低硫的喷吹燃料。世界焦油精制先进的厂家，已从焦油中提取 230 多种产品，并向集中加工大型化方向发展。

近年来，由于电炉冶炼、制铝、碳素工业以及碳纤维材料的发展，促进了沥青重整改质技术的发展。

第二节　焦油蒸馏

一、焦油精制前的准备

焦油精制前的准备包括匀合、脱水及脱盐等过程。

焦油在精制前含有乳化的水，其中含有盐，如氯化铵。焦油与盐和酸及固体颗粒形成复合物，以极小的粒子形式分散在焦油中，是较稳定的乳浊液。这种焦油受热时，含有的小水滴不能立即蒸发，处于过热状态，会造成突沸冲油现象。故焦油在加热蒸馏之前需要脱水。充分脱盐，有利于降低沥青中灰分含量，提高沥青制品质量，同时也减少设备腐蚀。有的脱盐采用煤气冷凝水洗涤焦油的办法，进入焦油精制车间的焦油含水应不大于4%，含灰低于0.1%。

焦油中含水和盐，其中固定铵盐（例如氯化铵）在蒸发脱水后仍留在焦油中，当加热到220～250℃，固定铵盐分解成游离酸和氨：

$$NH_4Cl \xrightarrow{220～250℃} HCl+NH_3$$

产生的游离酸会严重的腐蚀设备和管道。生产上采取的脱盐措施是加入8%～12%碳酸钠溶液，使焦油中固定铵含量小于0.01g/kg。

二、焦油的蒸馏工艺流程

用蒸馏方法分离焦油，可采用分段蒸发流程和一次蒸发流程，见图4-1。

分段蒸发流程是将产生的蒸气分段分离出来；一次蒸发流程是将物料加热到指定的温度，并达到气液相平衡，一次将蒸气引出。

1. 一次蒸发流程

由图4-1(b)可以看出，焦油在管式加热炉加热至气液相平衡温度，液相为沥青，其余馏分进入气相，在蒸发器底分出沥青，其余沸点较低馏分依次在各塔顶分出。沥青中残留低沸点物不多。蒸发器温度由管式炉辐射段出口温度决定，此温度决定馏分油和沥青产率及质

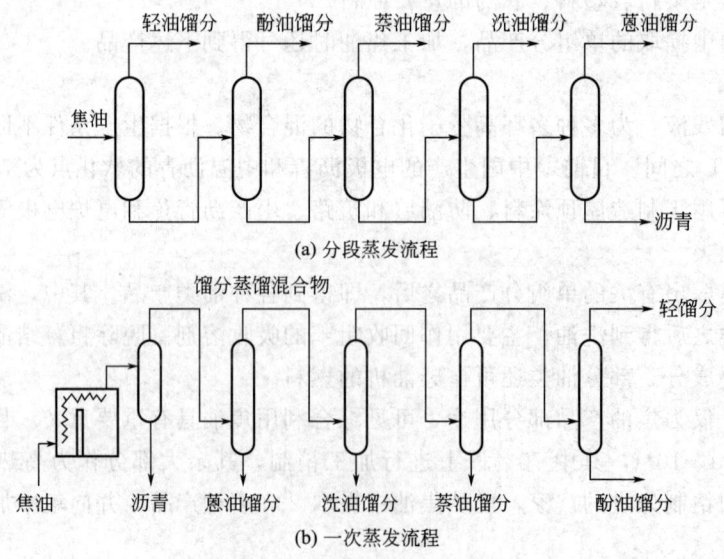

图4-1　焦油蒸馏分离方案

量，目前生产控制在390℃左右。

焦油馏分产率与一次蒸发温度呈线性增加的关系，见图4-2。沥青软化点与焦油加热温度（管式炉辐射段出口温度）是接近线性增加的关系，见图4-3。

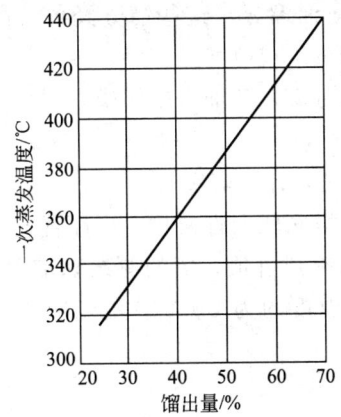
图4-2　焦油馏分产率与一次蒸发温度的关系

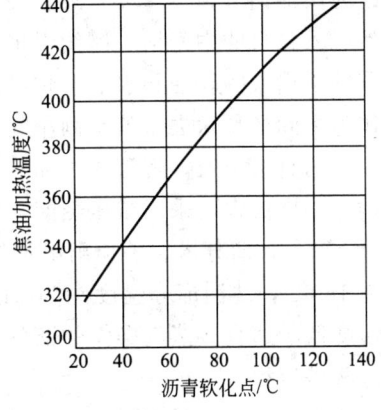
图4-3　沥青软化点与焦油加热温度的关系

（1）一塔流程

图4-4是一塔式焦油脱水和蒸馏的工艺流程。焦油在管式炉对流段加热到125～140℃去一段蒸发器，在此焦油中大部分水和轻油蒸发出来，混合蒸气由器顶排出来，温度为105～110℃，经冷凝冷却后进行油水分离，得到轻油。无水焦油由器底去无水焦油槽。在焦油送去加热脱水的抽出泵前加入碱液，在脱水的同时进行脱盐。

无水焦油用泵送到管式炉辐射段，加热到390～405℃，再进入二段蒸发器进行一次蒸

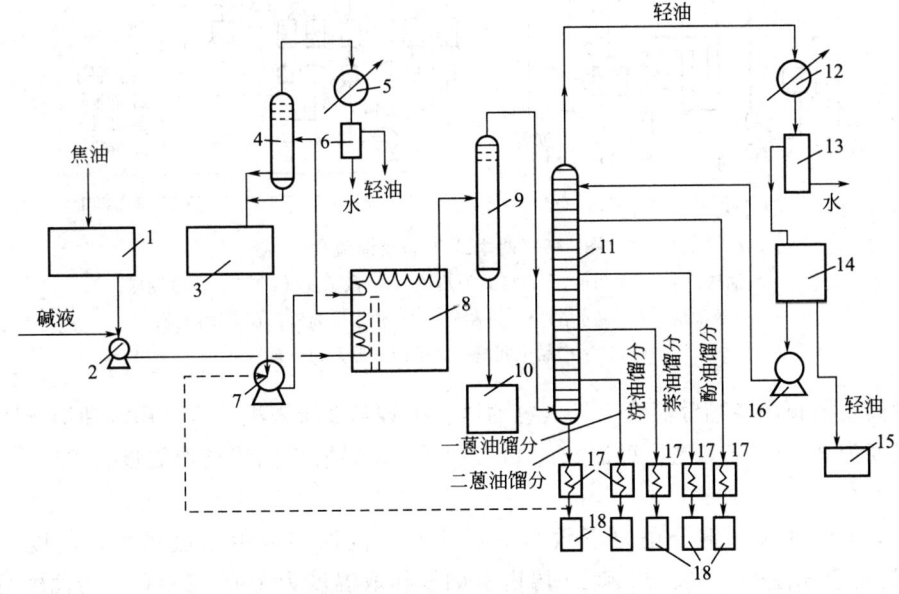

图4-4　一塔式焦油脱水和蒸馏工艺流程

1—焦油槽；2,7,16—泵；3—无水焦油槽；4—一段蒸发器；5,12—冷凝器；
6,13—油水分离器；8—管式加热炉；9—二段蒸发器；10—沥青槽；11—馏分塔；
14—中间槽；15,18—产品中间槽；17—冷却器

发，分出各馏分的混合蒸气和沥青，沥青由器底去沥青槽。

各馏分混合蒸气温度为370～375℃，去馏分塔自下数第3～5层塔板进料。塔底出二蒽油馏分；9、11层塔板侧线为一蒽油馏分；15、17层塔板侧线为洗油馏分；19、21、23层塔板侧线为萘油馏分；27、29、31、33层塔板侧线为酚油馏分。这些馏分经各自的冷却器冷却，然后入各自的中间槽。侧线引出塔板数可根据馏分组成改变。

馏分塔顶出来的轻油和水混合物经冷凝冷却，油水分离，轻油入中间槽，部分回流，剩余部分作为中间产品送去粗苯精制车间加工。

蒸馏用的直接蒸汽，经管式炉加热至450℃，分别送入各塔塔底。

宝钢是一塔流程，采用减压蒸馏，脱水焦油与馏分塔底软沥青换热，再经管式炉辐射段加热到340℃，入馏分塔。塔顶出酚油馏分，大部分回流到塔顶。塔的侧线切取萘油馏分，温度约为160℃，洗油馏分温度约为210℃，蒽油馏分温度约为270℃。由于减压操作，馏分塔内温度低于通直接蒸汽操作的馏分塔。

（2）两塔流程

两塔流程与一塔流程不同之处是增加了蒽油塔。两塔式流程见图4-5。

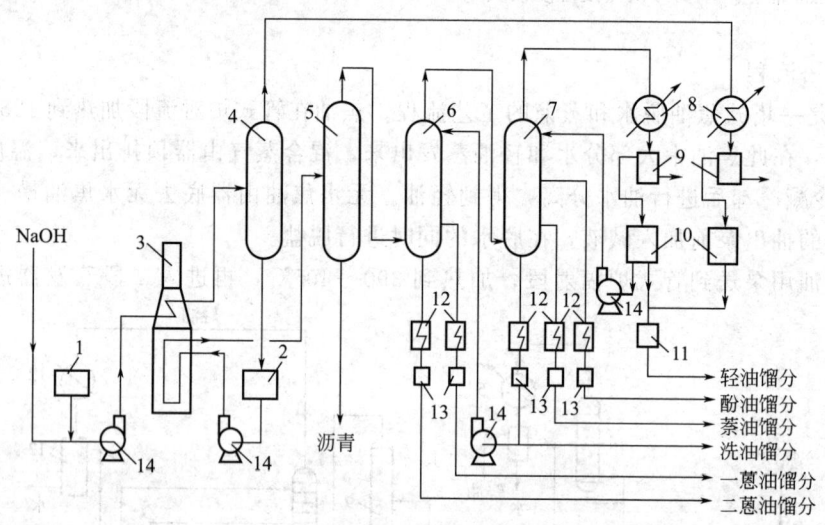

图4-5 两塔式焦油蒸馏流程

1—焦油槽；2—无水焦油；3—管式加热炉；4—段蒸发器；5—二段蒸发器；
6—蒽油塔；7—馏分塔；8—冷凝管；9—油水分离器；10—中间槽；
11,13—产品中间槽；12—冷凝器；14—泵

二段蒸发器顶的各馏分混合蒸气入蒽油塔自下数第3层塔板，塔顶用洗油馏分回流。塔底排出温度为330～355℃的二蒽油。自11、13和15层塔板侧线切取温度为280～295℃的一蒽油。

蒽油塔顶的油气入馏分塔自下数第5层塔板，洗油馏分由塔底排出，温度为225～235℃。萘油馏分自18、20、22和24层塔板侧线切取温度为198～200℃。酚油馏分自36、38和40层塔板侧线切取，温度为160～170℃。馏分塔顶出来的轻油和水汽经冷凝冷却和分离，轻油部分回流至馏分塔，其余部分为产品。

2. 德国焦油蒸馏流程

德国焦油加工利用较发达,焦油加工产品种类多,技术先进,产品应用范围较广。

德国各焦化厂回收的焦油全部集中在吕特格公司加工,该公司焦油精制加工能力约为每年 150×10^4 t。

(1) 沙巴(Sopar)厂流程

吕特格公司所属沙巴厂采用焦油常压和减压蒸馏,2 台管式炉,3 个塔,焦油年处理能力为 25×10^4 t,工艺流程见图 4-6。

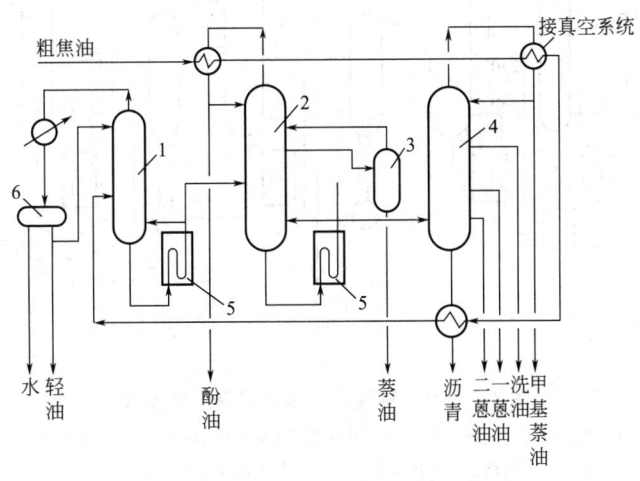

图 4-6　沙巴厂焦油流程图
1—脱水塔;2—分馏塔;3—萘油塔;4—减压塔;5—管式炉;6—油水分离槽

焦油加热后首先在脱水塔脱水,塔顶出轻油和水蒸气。塔底的脱水焦油经管式炉加热入酚油塔中部,塔顶出酚油,部分回流,其余部分为产品。酚油塔中部侧线馏分入萘油塔,是提馏塔,塔底出萘油馏分。酚油塔底液去减压塔,塔顶出甲基萘油,上部侧线出洗油,下部两个侧线出一蒽油和二蒽油,塔底产物为沥青。

沙巴厂焦油蒸馏操作数据见表 4-3。

表 4-3　沙巴厂焦油蒸馏操作数据

馏分产品	初馏点/℃	初馏温度/℃	馏出量/%	馏分产品	初馏点/℃	馏出温度/℃	馏出量/%
轻油	90	180	90	洗油	255	290	95
酚油	140	206	95	一蒽油	300	390	95
萘油	214	218	95	二蒽油	350	—	—
甲基萘油	288	250	95	沥青 (软化点水银法)	65~75		

(2) 卡斯特鲁普(Castrop)厂流程

卡斯特鲁普厂焦油蒸馏工艺流程见图 4-7。

含水 2.5% 的原料焦油先通过换热器,利用脱水塔蒸出水蒸气进行预热,然后再用低压蒸汽加热至 105℃,进入脱水塔顶部,经蒸馏、冷凝、分离出轻油和水。塔底脱水焦油部分返到管式炉加热至 105℃ 实现再沸脱水,部分至脱水焦油槽。脱水焦油经换热、预热,再经蒽油塔底沥青换热至 250℃,进入常压的酚油塔中段。酚油塔下段为浮阀或筛板式,上段为泡罩式。酚油塔的管式炉出口温度为 380℃,回流比为 16∶1。

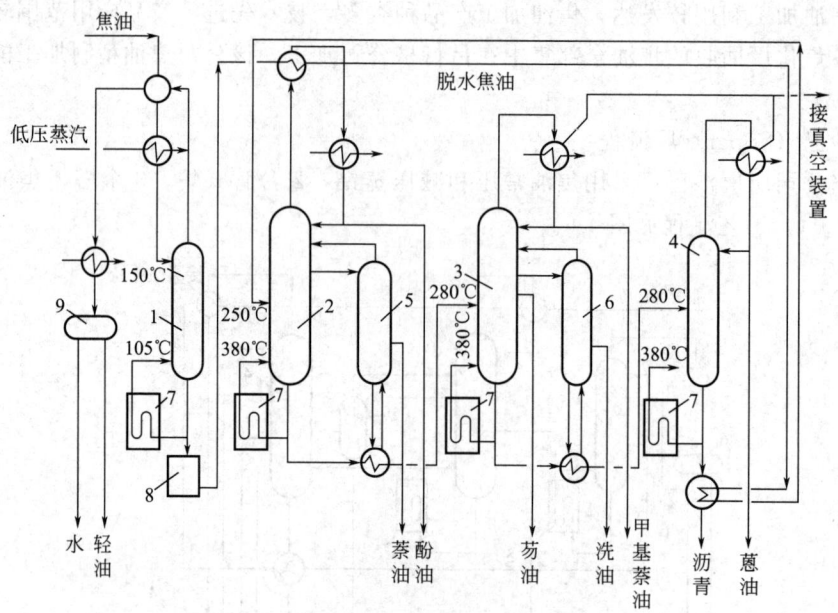

图 4-7 卡斯特鲁普厂焦油蒸馏工艺流程
1—脱水塔；2—酚油塔；3—甲基萘塔；4—蒽油塔；5—萘油辅塔；
6—洗油辅塔；7—管式炉；8—脱水焦油槽；9—油水分离器

酚油塔有一侧线入萘油辅塔；自辅塔底出萘油。酚油塔底馏分经换热去甲基萘塔，塔顶出甲基萘油，回流比为 17∶1。甲基萘塔顶蒸气冷凝热用于产生低压蒸汽。

自甲基萘塔引一侧线入洗油辅塔，经提馏后自辅塔底得洗油。自甲基萘塔下部的侧线切取芴油。塔底馏分送往蒽油塔，塔顶出蒽油，底部出沥青。蒽油塔回流比为 1.5∶1。蒽油冷凝热也用来发生蒸汽。

3. 焦油分离的主要设备

(1) 管式加热炉

中国焦化厂用于焦油蒸馏的管式加热炉有圆筒形和方箱式两种，新建厂多为圆筒形或箱形立式炉。

箱形立式或圆筒管式炉主要由燃烧室、对流室和烟囱构成。图 4-8 是一种焦油蒸馏箱形立式管式炉。

炉管分辐射段和对流段，水平安设。辐射管从入口至出口管径是变化的，按顺次为四种规格，可使焦油在管内加热均匀，提高炉子热效率，避免炉管结焦，延长使用寿命。

焦油在管内流向是先从对流管的上部接口进入，流经全部对流管后，出对流段，经联络管进入斜顶处的辐射管入口，由下至上流经辐射段一侧的辐射管，再由底部与另一侧的辐射管相连，由下至上流动，最后由斜顶处最后一根辐射管出炉。

本炉设有多个自然通风和垂直向上的燃烧器，煤气通入中心烧嘴进行燃烧，有一次、二次通风口，并有手柄调节风量。烧嘴中有的设有废气通入管，用以喷燃有害气体。在两个燃烧器旁设有喷烧酚水的喷嘴。风箱是一个侧面为 L 形、断面为长方形的管状物，内衬消声材料，端部入口处设有百叶窗。燃烧器用风通过风箱时噪声被消除。

炉子采用陶瓷纤维为耐火材料，以玻璃棉毡为绝热材料作内衬，辐射段和对流段采用相

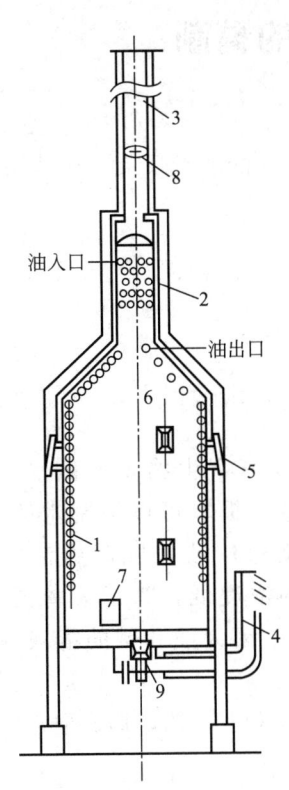
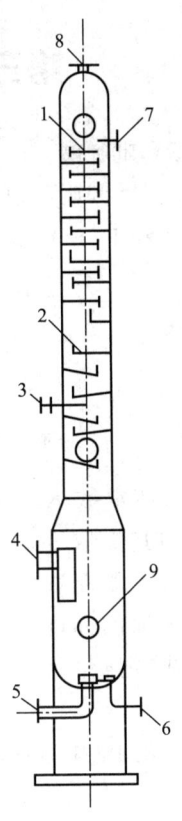

图 4-8　焦油蒸馏箱形立式管式炉
1—辐射管；2—对流管；3—烟囱；
4—风箱；5—防爆门；6—观察孔；
7—人孔；8—烟囱翻板；9—燃烧器

图 4-9　脱水塔
1—浮阀塔板；2—隔板；3—进料口；4—来自再沸器的
气相入口；5—再沸器泵吸入口；6—脱水焦油出口；
7—回流口；8—气相出口；9—人孔

同形式的衬里。这种陶瓷纤维内衬的耐火和绝热性能好，质量轻，易施工，使用寿命长。

如图 4-8 所示，管式炉的操作压力：入口 491kPa，出口 20kPa；操作温度：焦油入口 245℃，出口 340℃；炉子热效率为 76%。

辐射管热强度可取 75.3～83.7MJ/(m²·h)；对流管热强度为 25.1～41.8MJ/(m²·h)。焦油在管内流速为 0.5～3m/s，一般取 0.55m/s。

(2) 蒸发器

由管式炉辐射段出来的焦油进入二段蒸发器，或称之为脱水塔。宝钢脱水塔结构见图 4-9。脱水塔的设计压力为 186kPa，设计温度为 220℃，是一个具有弓形隔板和浮阀塔板的蒸馏塔。

(3) 馏分塔

馏分塔可为条形泡罩塔或浮阀塔，塔板数为 41～63 层。塔段和塔板由铸铁制造，塔板零件由合金钢制造。宝钢一塔流程中的馏分塔全部由合金钢制成，塔板数 52。馏分塔板间距为 350～450mm，空塔蒸气流速可取 0.35～0.45m/s。馏分塔底设有直接蒸汽分布器，供通入直接过热蒸汽用。当采用减压蒸馏时，塔底则无此分布器。

第三节 酚和吡啶的精制

一、馏分脱酚和吡啶碱

焦油馏分中含酚类和吡啶碱，它们呈酸性或碱性，与酸或碱反应可生成溶于水中的盐类。一般用 NaOH 和 H_2SO_4 提取之，其反应如下：

$$C_6H_5OH + NaOH \rightleftharpoons C_6H_5ONa + H_2O$$

$$C_9H_7N + H_2SO_4 \rightleftharpoons C_9H_7NH^+ + HSO_4^-$$

酚是弱酸（解离常数 $K = 10^{-10} \sim 10^{-9}$），喹啉及其衍生物是弱碱（$K = 10^{-10}$），因此，水解能影响其提取度，利用过量试剂和采用逆流提取可以抑制水解。由于平衡关系，酚或吡啶碱不能提取完全，强化传质过程，促进酚或吡啶碱由油中向外扩散，有助于提取。因为油的黏度大，油中含酚和吡啶碱的浓度低，为了改善提取度，必须增加萃取时间，或者强化混合。但混合情况不能过度，因为油和碱的溶液界面张力小，易乳化。

酚的提取度还受到油中碱性成分存在的影响，在油中相互作用，形成配合物：

$$C_6H_5OH + C_9H_7N \rightleftharpoons C_6H_5O^- + C_9H_7NH^+$$

上式相互作用能为 25～33kJ/mol。上述作用是可逆的，当溶液中酚或吡啶的含量降低时，反应向左移动，配合物分解。此平衡与酚或吡啶含量有关，如油中酚含量大于吡啶碱量时，所形成的配合物在酸洗时不易分解；反之，则碱洗时不易分解。故若吡啶碱含量比酚含量大，则应先脱吡啶碱；反之，则应先脱酚。此外，吡啶碱能溶于酚盐中，影响酚类纯度，故实际上焦油馏分的洗涤是酸洗与碱洗交替进行的。

洗涤时碱液和酸液浓度对提取度有重要影响。提高浓度则提取度高，但所得产品中有较多的中性油，影响产品质量。碱浓度大，油的黏度大和馏分在萃取前储存时间长，中性油形成乳化液的程度就加大。此外，油储存时生成树脂状物质，它能使乳化液稳定。

为了减少中性油在产品中的夹带，在新鲜馏分油中提取酚或吡啶碱时，萃取用碱液含量不高于 8%～10%；萃取用酸液含量不高于 20%～30%。为了降低黏度，酚油馏分萃取温度为 60℃，萘油馏分萃取温度为 80～90℃。

酚油馏分脱酚分成几遍进行，先用碱性酚钠洗涤，主要生成中性酚钠。待酚含量降至约 3% 时，再用新碱液洗涤，生成碱性酚钠。

提取酚时用过量碱，是化学反应需要量的 140%，即每 1t 酚用 100% NaOH 量为 0.5t。欲得碱性酚盐时，碱用量为上述值的 2.5～3 倍。

酸洗脱吡啶可与碱洗脱酚在同一设备中进行。馏分脱吡啶需进行两遍，第一遍使用酸性硫酸吡啶进行洗涤，得中性硫酸吡啶；第二遍用新的稀硫酸洗涤，得酸性硫酸吡啶，作为第一遍脱吡啶之用。

脱1kg吡啶碱需用100%硫酸0.62kg，实际用量为0.65～0.7kg；欲得酸性硫酸吡啶时，加酸量为上述值的2倍。

连续洗涤酚时分成两段进行，第一段用碱性酚盐洗涤，得产物中性酚盐；第二段用新碱液洗涤，得产物碱性酚盐，作为第一段的洗涤溶液之用。连续洗涤吡啶碱时，与脱酚过程类似。

二、粗酚的制取

馏分碱洗所得酚钠组成为：酚类20%～25%，油和吡啶碱等3%～10%，碱与水70%～80%。其中油和吡啶碱等杂质会混入粗酚，需要脱除。粗酚钠先经净化，再进行酚钠盐分解得粗酚产品。

粗酚钠净化由脱油、用CO_2分解酚钠或用硫酸分解酚钠和苛化等部分组成。

1. 酚钠水溶液脱油

粗酚钠脱油是在脱油塔中用蒸汽蒸吹，塔底有再沸器加热，同时塔底通入直接蒸汽，控制塔底温度为108～112℃。塔底得到净酚钠。塔顶温度为100℃。塔顶馏出物经换热冷凝后进行油水分离，回收脱出油。

2. 酚钠分解

酚钠盐遇到比酚强的酸即可分解，酚游离析出。酚钠分解过去多用硫酸法，现在倾向于用二氧化碳法。

二氧化碳分解酚钠的反应式如下：

$$2\ C_6H_5ONa + CO_2 + H_2O \longrightarrow 2\ C_6H_5OH + Na_2CO_3$$

二氧化碳过量时，反应生成$NaHCO_3$，表明酚钠已完全分解。

为使氢氧化钠能循环使用，可用石灰将产生的碳酸钠溶液苛化，反应式如下：

$$Na_2CO_3 + CaO + H_2O \longrightarrow NaOH + CaCO_3 \downarrow$$

氢氧化钠的回收率约为75%。

分解所需的二氧化碳，可以来自石灰窑烟气、炉子烟道气以及高炉煤气。脱掉油的酚钠水溶液入分解塔底，高炉煤气也进入分解塔底，鼓泡上行，与溶液并流接触，发生分解反应。一次分解控制在85%～90%，过量分解则生成$NaHCO_3$。一次分解物分出Na_2CO_3后，再于二次分解塔进行二氧化碳的二次分解。分解反应温度控制在58～62℃。

酚钠经二氧化碳分解，分解率达到97%～99%，还残留酚钠，需用60%稀硫酸进一步分解，即得到粗酚。

三、精酚的生产

生产精酚原料为粗酚，其来源有两种：一是焦油蒸馏脱酚而得；二是含酚废水萃取所得。粗酚中各组分含量和沸点见表4-4，此外，还含有高级酚。

粗酚经过脱水和进行精馏分离得到精制产品，工艺流程见图4-10。除了脱水塔之外，有4个连续精馏塔。为了降低操作温度，采用减压操作。

表 4-4 粗酚组成及性质

化合物	结构式	含量(鞍钢)/%	沸点/℃	熔点/℃
苯酚		37.2~43.2	182.2	40.8
邻甲酚		7.62~10.35	191.0	32
间甲酚		31.9~37.8	202.7	10.8
对甲酚			202.5	36.5
3,5-二甲酚		7.27~8.92	221.8	64.0
2,4-二甲酚		4.88~6.2	211	26
2,5-二甲酚			211.2	75
3,4-二甲酚		0.74~2.45	227.0	65
2,6-二甲酚		0.76~2.54	201	45

在两种酚塔顶得苯酚和甲酚的轻组分，塔底得二甲酚以上的重组分，去间歇蒸馏进一步分离。

苯酚塔的进料来自两种酚塔顶的轻馏分，塔顶产物为苯酚馏分，再去进行间歇精馏，即得纯产品苯酚。苯酚塔底再沸器用 2940kPa 蒸汽加热，塔底残油为甲酚馏分，去邻甲酚塔。

甲酚馏分在邻甲酚塔顶分出邻位甲酚。塔底残液入间、对甲酚塔，塔顶馏出物为间位甲酚，塔底残液作为生产二甲酚的原料，去间歇精馏分离。

粗酚连续精馏塔操作条件见表 4-5。

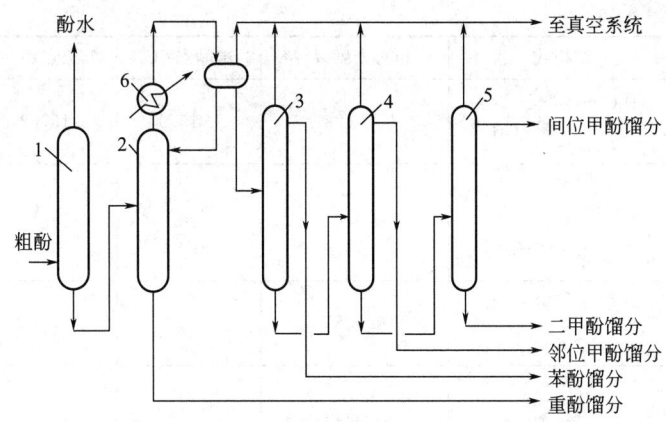

图 4-10 粗酚连续精馏流程
1—脱水塔；2—两种酚塔；3—苯酚塔；4—邻甲酚塔；
5—间、对甲苯酚；6—冷凝器

表 4-5 粗酚连续精馏塔操作条件

塔 名	压力/kPa		温度/℃		塔 名	压力/kPa		温度/℃	
	塔顶	塔底	塔顶	塔底		塔顶	塔底	塔顶	塔底
两种酚塔	10.6	23.3	124	178	邻甲酚塔	10.6	33.3	122	167
苯酚塔	10.6	43.9	115	170	间、对甲酚塔	10.6	30.6	135	169

四、吡啶的精制

焦化厂粗吡啶来源有两种：一是从硫酸铵母液中得到的粗轻吡啶；二是由焦油馏分进行酸洗得到的粗重吡啶。轻、重吡啶加工得到精制产品，是制取医药、染料中间体及树脂中间体的重要原料，也是重要溶剂、浮选剂和腐蚀抑制剂。

由硫酸铵母液中得到的粗轻吡啶规格为：水分不大于 15%；吡啶碱 60%～63%；中性油 20%～23%；于 20℃时密度为 1.012g/cm³。其精制过程包括脱水、粗蒸馏和精馏。吡啶及其同系物性质见表 4-6。

表 4-6 吡啶及其同系物性质

名称	结构式	相对密度 d_4^{20}	结晶点/℃	沸点/℃	折射率 n_D^{20}
吡啶		0.98310	−41.55	115.26	1.51020
2-甲基吡啶		0.94432	−66.55	129.44	1.50101
3-甲基吡啶		0.95658	−17.7	144.00	1.50582
4-甲基吡啶		0.95478	−4.3	145.30	1.50584
2,6-二甲基吡啶		0.92257	−5.9	144.00	1.49767

续表

名称	结构式	相对密度 d_4^{20}	结晶点/℃	沸点/℃	折射率 n_D^{20}
2,5-二甲基吡啶		0.9428	−15.9	157.2	1.4982
2,4-二甲基吡啶		0.9493	−70.0	158.5	1.5033
3,5-二甲基吡啶		0.9385	−5.9	171.6	1.5032
3,4-二甲基吡啶		0.9537	—	178.9	1.5099
2,4,6-三甲基吡啶		0.9191	−46.0	170.5	1.4981

粗吡啶中含有水分约15%，溶于吡啶中，能形成沸点为94℃的共沸溶液。为脱除吡啶中水分，可利用苯与水互不溶而在常压下却能于69℃共沸馏出的特点，采用加苯恒沸蒸馏法。而在此温度下，轻吡啶不蒸出，达到脱水目的。

脱水后的粗轻吡啶，利用间歇蒸馏得精制产品纯吡啶、α-甲基吡啶馏分、β-甲基吡啶馏分和溶剂油。

焦油馏分酸洗得到的重硫酸吡啶，可采用氨水法及碳酸钠法进行分解，得到重吡啶。经过减压脱水、初馏和精馏，得到浮选剂、2,4,6-三甲基吡啶、混二甲基吡啶和工业喹啉等。

第四节 萘的生产

一、工业萘的生产

萘是化学工业中一种很重要的原料，广泛用于生产增塑剂、醇酸树脂、合成纤维、染料、药物和各种化学助剂等。目前全世界萘的年产量约 $100×10^4$ t，其中85%来自煤焦油，15%来自石油加工馏分的烷基萘加氢脱烷基。

已脱掉酚和吡啶碱的含萘馏分可用于制取工业萘。含萘馏分中的组分复杂，含酚类、吡啶碱类以及中性油分。例如已酸碱洗的萘油和洗油混合馏分中含酚类0.7%～1.0%，吡啶碱类3%左右，中性组分95.5%～96.5%。在中性组分中，萘含量60.5%，甲基萘15.9%，二甲基萘2.1%，茚5.7%，氧芴2.1%。此含萘馏分进行蒸馏得到含萘为95%的工业萘。

生产工业萘蒸馏工艺流程见图4-11。

萘油经换热温度上升至190℃进入初馏塔。塔顶蒸出的酚油经换热冷却到130℃进入回流槽，大部分回流到初馏塔顶，塔顶温度为198℃。塔底液分两路，一路用泵送入萘塔，另一路用循环泵送入再沸器，与萘塔产生的蒸气换热，升至255℃再循环回到初馏塔。

初馏塔是常压操作，而萘蒸馏塔为了利用塔顶蒸气有一定温度，达到初馏塔再沸器热源的要求，故塔压为196～294kPa，此压力靠送入系统的氮气量和向系统外排出气量加以控制。

第四章 煤焦油的加工

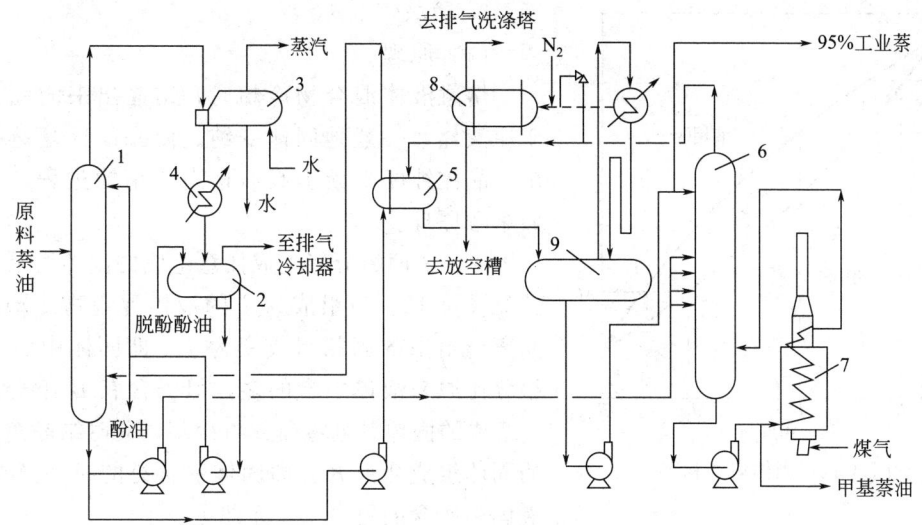

图 4-11 生产工业萘蒸馏工艺流程
1—初馏塔；2—初馏塔回流槽；3—初馏塔第一冷凝器；4—初馏塔第二冷凝器；
5—再沸器；6—萘塔；7—管式炉；8—安全阀喷出汽冷凝器；9—萘塔回流槽

萘塔顶出来的蒸气入初馏塔再沸器，凝缩后入萘塔回流槽，一部分作为回流到萘塔顶，另一部分作为含萘95％的产品抽出。萘塔顶正常压力为225kPa时，温度为276℃。萘塔底液用泵压送，大部分通过管式炉加热循环回到萘塔内，供给萘塔精馏所必需的热量。

萘蒸馏加热用的管式炉是圆筒式的，油料操作压力出口为274kPa；出口温度为311℃。炉子热效率为76％。

初馏塔和萘塔均为浮阀式塔板，分别为63层和73层。

95％以上含萘量的工业萘产率为62％～67％，萘的回收率可达95％～97％。

二、精萘的生产

工业萘中含萘95％左右，其中还含杂环及不饱和化合物，需进一步精制。工业萘结晶点只有77.5～78.0℃，而精萘结晶点应达到79.3～79.6℃，纯萘的结晶点为80.28℃。萘的分离与精制原理除精馏之外，还有冷却结晶、催化加氢、萃取分离和升华精制等。

1. 压榨萘

在萘油馏分中萘的结晶温度最高，可利用冷却结晶，在结晶中富集萘组分，达到精制的目的。

萘油馏分经过冷却结晶、过滤和压榨而得压榨萘产品，其中含纯萘96％～98％，其余的2％～4％为油、酚类、吡啶碱类及含硫化合物等。压榨萘除了用于生产苯酐外，主要用于生产精萘。目前仅有早期建设的焦化厂还在生产压榨萘饼。

2. 硫酸洗涤法

结晶萘是由萘饼熔融、硫酸洗涤、精馏和结晶过程生产出来的。

萘饼用蒸汽于100～110℃熔融。熔融了的萘用93％硫酸洗涤，洗涤温度为90～95℃。经过酸洗，萘中的不饱和化合物、硫化物、酚类和吡啶碱类基本脱除。洗涤净化后的萘尚含有高沸点的油，通过减压间歇精馏清除。液态萘在结晶机中冷却结晶，即得片状结晶萘产品。

3. 区域熔融法

(1) 原理

熔融液体混合物冷却时，结晶出来的固体不同于原液体，一般地固体变纯。使晶体反复熔化和析出，晶体纯度不断提高，相当于精馏过程。此即区域熔融原理。

A、B 两组分能生成任意组成的固体溶液，其相图见图 4-12。当组成为 I 的液体混合物冷却时，结晶离析出来的固相组成变为 J，即固体中含有的 A 组分比原来液体中含的多，但仍含有 B 组分；当将 J 组成的固体升温液化并再冷却，此时结晶离析出来的固体组成变为 K，即固体中含有的 A 组分比原来液体中所含的更多了，亦即更纯了。

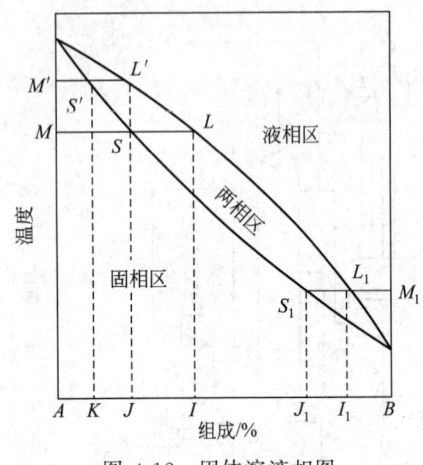

图 4-12 固体溶液相图

再如图 4-12 右端，设原来液体组成为 I_1，低熔点组分 B 为混合物的主要组分，冷却结晶时，析出的固体组成为 J_1，其中杂质 A 组分的含量显著增大。

由上述过程可见，对于具有图 4-12 这样相图的混合物，不管最初的液体组成如何，析出固体中所含的 A 组分总比原来的液体多。对于这类混合物，利用区域熔融精制法可以提纯，经过多次精制处理后，纯组分 A 可从精制装置的一端得到，而绝大部分杂质则从装置的另一端排出。

(2) 工艺流程

区域熔融制取萘工艺流程见图 4-13。

95％的工业萘，温度为 82～85℃，用泵通过 60～70℃ 夹套保温管送入萘精制机，于此被温水冷却而析出结晶。析出的萘由装于机内刮板机送向热端（图中左端），然后进入立管，

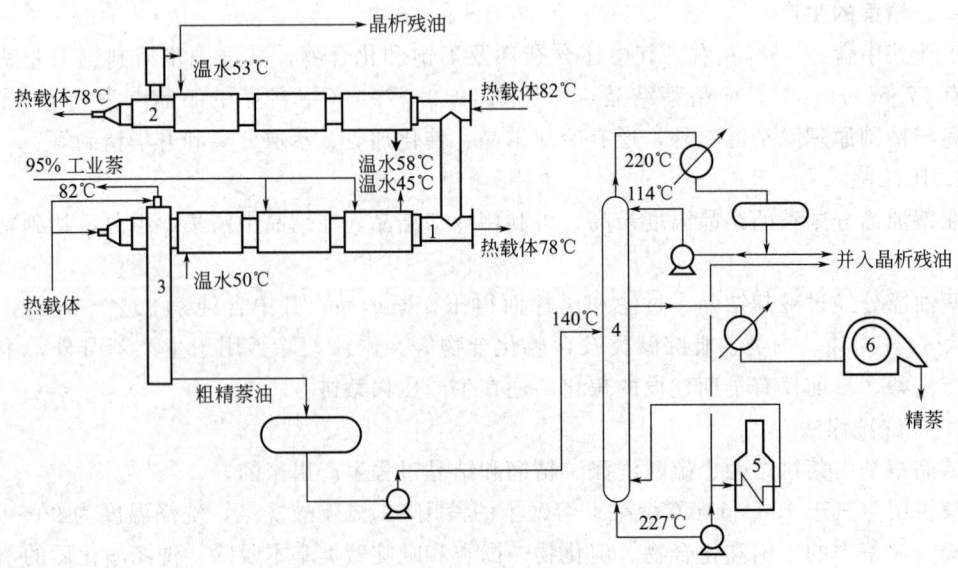

图 4-13 区域熔融法生产精萘工艺流程图

1～3—精制机管；4—精馏塔；5—管式炉；6—结晶制片机

在管底部萘结晶被加热熔化，一部分由下向上回流；另一部分为产品，含萘99％、出口温度为85~90℃，送至中间槽。结晶后的残液则向冷端（图中右端）流动，最后由上段管流出，温度为73~74℃，引至晶析残油槽。

晶析提纯的精萘半成品，由中间槽用泵送入20层浮阀精馏塔，入塔温度为120~140℃。经过塔内精馏，塔顶为低沸点油气，经冷凝冷却至114~130℃，部分回流，回流比为1.5~2；其余部分去晶析残油槽。塔底高沸点油的温度为227℃，用泵送入管式加热炉加热，入塔底作为热源，塔底液另一部分去晶析残油槽。晶析残油作为萘蒸馏原料。

精萘产品由塔的上部侧线采出，温度为220℃，经冷却后入精萘槽，进一步冷却结晶得精萘产品。

由于晶析萘油中含有硫杂茚，为了保证精萘质量，硫杂茚含量不能太高，为防止其循环积累，通过生产一定数量的95％工业萘产品把硫杂茚带出系统。一般精萘产量占20％~30％，工业萘产量占70％~80％。

4. 分步结晶法

分步结晶法实际是一种间歇式区域熔融法，由于结晶器是箱形的，故亦称箱式结晶法。分步结晶法的流程、设备及操作比较简单，操作费用和能耗都比较低，既可生产工业萘，又可生产精萘，在国外应用较多。

以结晶点78℃的工业萘为原料，分步结晶如下。

(1) 第一步

进料温度约为95℃，进入第一步结晶箱。结晶箱能以2.5℃/h的速度根据需要进行冷却或加热。当萘油温度降低时，使结晶析出，然后放出余油，作为第二步结晶的原料。余油放完后，立即升温至结晶全部熔化，即得精萘，结晶点为79.6℃，含硫杂茚为0.8％，对工业萘的产率为65％。

(2) 第二步

由第一步结晶箱来的萘油，其量为35％，在第二步结晶箱冷却结晶，分出结晶量为15.75％，其结晶点为78℃，返回第一步结晶箱作原料。余下的19.25％萘油，送去第三步结晶箱作原料。

(3) 第三步

由第二步结晶箱来的萘油进行结晶，分出7.7％的工业萘返回到第二步利用。排出的残油量为11.55％，其中含硫杂茚大于10％，可回收硫杂茚或作燃料油使用。

结晶箱的升温和降温是通过一台泵、一个加热器和一个冷却器与结晶箱串联起来而实现的。每步结晶箱之间又联起来，以便达到结晶分步进行。冷却时加热器停止供蒸汽，用泵使结晶箱管片内的水或残油经冷却器冷却，再送回结晶管片内，使管片间的萘油逐渐降温结晶。加热时冷却器停止供冷水，加热器供蒸汽，通过泵循环使水或残油升温，管片间的萘结晶便吸热熔化，萘的浓度随之提高。

装置年生产能力为$(4~6) \times 10^4$t工业萘时，共有8个结晶箱。结晶箱外形尺寸长17m，宽3m，高1.6m，内有60组结晶片，每组5片，共计300片。每台结晶箱的冷却面积为2784m^2。每片管片结构轮廓尺寸为长2900mm，宽32mm，高600mm。

5. 催化加氢

催化加氢精制如同苯精制一样。由于粗萘中有些不饱和化合物沸点与萘很接近，用精馏方法难于分离,而在催化加氢条件下这类不饱和化合物很容易除去。美国联合精制法采用常用的钴钼催化剂,反应压力为 3.3MPa,温度为 285~425℃。液体空速 1.5~4.0h^{-1}。加氢产物中萘和四氢萘占 98%,其中四氢萘为 1.0%~6.0%,硫为 100~300mg/kg。

第五节 粗蒽和精蒽

焦油蒸馏所得的一蒽油馏分进行冷却结晶,即得到粗蒽。一蒽油馏分组成见表 4-7。

表 4-7 一蒽油馏分主要组分含量

组 分	质量分数/%	组 分	质量分数/%
蒽	4~7	萘	1.5~3
菲	10~15	甲基萘	2~3
咔唑	5~8	硫化物	4~6
芘	3~6	酚类	1~3
苊	2~3	吡啶碱类	2~4
二氧化苊	1~3		

一蒽油馏分结晶所得的粗蒽是混合物,呈黄绿色糊状,其中含纯蒽 28%~32%,纯菲 22%~30%,纯咔唑 15%~20%。粗蒽是半成品,可用于制造炭黑及鞣革剂,是生产蒽、咔唑和菲的原料。精蒽和精咔唑是生产染料和塑料的重要原料。菲在目前还没有找到特别重要的用途,而它在焦油中含量仅次于萘,故其开发利用工作是紧迫的。

蒽、菲和咔唑的性质,见表 4-8。

表 4-8 蒽、菲和咔唑的性质

名称	结构式	沸点/℃	熔点/℃	升华温度/℃	熔化热/(kJ/mol)	蒸发热/(kJ/mol)	密度(20℃)/(g/cm³)
蒽		340.7	216.04	150~180	28.8	54.8	1.250
菲		340.2	99.15	90~120	18.6	53.0	1.172
咔唑		354.76	244.8	200~240		370.6	1.1035

一、粗蒽的生产

一蒽油温度为 80~90℃,进行搅拌冷却,至 40~50℃开始结晶,需 16~18h,再慢慢冷却至终点温度为 38~40℃,总共约需 25h,形成结晶浆液。结晶浆液在离心机中分出粗蒽结晶。

二、精蒽的生产

把粗蒽分离成蒽、菲和咔唑,主要根据是它们在不同溶剂中溶解度的不同和蒸馏时相对挥发度的差异。从粗蒽或一蒽油中分离出蒽的方法有多种,目前工业上生产方法可分为两类,一是溶剂法,二是蒸馏溶剂法。当前中国生产主要采用前一种方法,工业发达国家则多采用后一种方法。

(1) 溶剂洗涤结晶法

中国用重苯和糠醛为溶剂,进行热溶解洗涤,冷却结晶完成后,进行真空抽滤。这样的洗涤结晶进行 3 次,得精蒽产品,精蒽纯度可达 90%。

(2) 粗蒽减压蒸馏苯乙酮洗涤结晶法

吕特格公司焦油加工厂采用粗蒽减压蒸馏苯乙酮洗涤结晶流程生产精蒽,年产量 6000t。工艺流程见图 4-14。

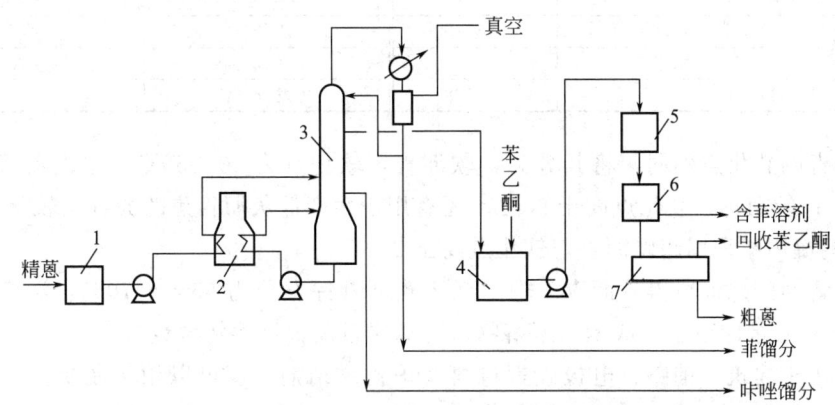

图 4-14 粗蒽减压蒸馏苯乙酮洗涤结晶工艺流程
1—熔化器;2—管式加热炉;3—蒸馏塔;4—洗涤器;5—结晶器;6—离心器;7—干燥器

① 蒸馏。粗蒽熔化,加热至150℃,入蒸馏塔自下数 36 块塔板,塔顶产物为粗菲,其中含蒽 1%~2%,冷凝后一部分回流,其余为产品。半精蒽由 52 块塔板切取,含蒽 55%~60%。粗咔唑由第 3 块塔板切取,含咔唑 55%~60%。塔底液由加热炉加热至350℃,进行再沸循环。蒸馏塔为泡罩式,直径2.4m,塔板数为 78,进料量为 4t/h。

② 溶剂洗涤结晶。半精蒽与加热至 120℃ 的苯乙酮以 1:(1.5~2) 加入洗涤器,并维持在120℃一段时间,然后送到卧式结晶机,10h 内冷至 60℃。结晶机容积12m³,3 台轮换使用,搅拌转速为 4r/min,外有水夹套。结晶机内物料冷至规定时间后,放入卧式离心机分离,离心机 2 台,每台每次得蒽 500kg。湿蒽运至盘式干燥器,直径3.5m,高1.5m,在 120~130℃下干燥,除去残留溶剂。

③ 原料与产品。原料为粗蒽,其含蒽为 25%~30%、菲为 30%~40%、咔唑为 13%。溶剂为苯乙酮,是生产苯乙烯的副产品,沸点为202℃、熔点为 19.5~20℃,在 20℃时密度为 1.028kg/cm³。产品精蒽纯度为 96%。

此法采用连续减压蒸馏,处理量大,同时可得菲、蒽和咔唑的富集馏分。苯乙酮是比较好的溶剂,对咔唑和菲的选择性、溶解性好,所以只需洗涤结晶一次,就可得到纯度大于 95% 的精蒽。

第六节 沥青的利用与加工

一、沥青的性质

煤焦油沥青是焦油蒸馏残液部分,产率占焦油的 54%~56%,它是由三个苯环以上的芳香族化合物和含氧、含氮、含硫杂环化合物,以及少量高分子碳素物质组成。低分子组分具有结晶性,形成了多种组分共溶混合物,沥青组分的相对分子质量在200~2000之间,最高可达3000。沥青有很高的反应性,在加热甚至在储存时能发生聚合反应,生成高分子化合物。沥青的物理化学性质与原始焦油性质及其蒸馏条件有关。

中温沥青质量标准见表4-9。

表4-9 中温沥青质量标准

指标名称		规格	指标名称	规格
软化点/℃	环球法	75~90	灰分/%	≤0.5
	水银法	65~75	水分/%	≤5
游离炭/℃		<28	挥发分/%	55~75

根据沥青的软化点不同,将其分为:软沥青,软化点为40~55℃;中温沥青,软化点为65~90℃;硬沥青,软化点高于90℃。还有用于生产低灰沥青焦的沥青,软化点为130~150℃;铸钢模用漆采用超硬沥青,软化点高于200℃。

中温沥青回配蒽油可得软沥青。中国规定软沥青挥发分为55%~70%,游离炭量不小于25%。游离炭量即甲苯(或苯)不溶物,游离炭量高,可溶物含量低。

软沥青用于建筑、铺路、电极碳素材料及炉衬黏结剂,也可以用于制炭黑以及作燃料用。中温沥青可用于制油毡、建筑物防水层、高级沥青漆等。中温沥青是制取沥青焦或延迟焦及改质沥青的原料,用以满足电炉炼钢、炼铝和碳素工艺的需要。

沥青组成常用溶剂分析方法,用苯(或甲苯)和喹啉作为溶剂进行萃取,可将沥青分离成苯溶物、苯不溶物与喹啉不溶物。苯不溶物用BI表示,喹啉不溶物用QI表示。QI相当于α树脂,(BI-QI)相当于β树脂,β树脂是代表黏结剂的组分,其数量体现沥青作为电极黏结剂的性能。中温沥青作为电极黏结剂,称电极沥青。

电极沥青溶剂分析数值见表4-10,表中也列入灰分、水分和固定碳标准数值。

表4-10 电极沥青溶剂分析数值

标准名称	一级	二级	标准名称	一级	二级
软化点/℃	95~115	105~125	灰分/%	≤0.3	≤0.3
苯不溶物(BI)/%	31~38	≥25	水分/%	≤5.0	≤5.0
喹啉不溶物(QI)/%	8~14	5~15	固定碳/%	≥52	≥50
β树脂/%	≥22	≥20			

二、改质沥青

普通中温沥青中苯不溶分BI约为18%,喹啉不溶分QI为6%左右。当此种沥青进行热处理时,沥青中芳烃分子在热缩聚过程产生氢、甲烷及水。同时沥青中原有的β树脂一部分转化为二次α树脂,苯溶物的一部分转化为β树脂,α成分增长,黏结性增加,沥青得到了改质。这种沥青称改质沥青。

作为电极黏结剂的改质沥青,有多种规格。其一般规格见表4-10。改质沥青目前通用的生产方法是采用沥青于反应釜中通过高温或者通入过热蒸汽聚合,或者通入空气氧化,使沥青的软化点提高到110℃左右,达到电极沥青的软化点要求。

热聚法生产改质沥青是以中温沥青为原料,连续用泵送入带有搅拌的反应釜,经过加热反应,析出小分子气体,釜液即为电极沥青。电极沥青的规格可通过改变加热温度和加热反应时间加以变更，软化点可以通过添加调整油控制。

重质残油改质精制综合流程（CHERRY-T）法生产改质沥青，可生产软化点为80℃左右、β树脂高达23%以上的任何等级改质沥青，产率比热聚法高10%。此法是将脱水焦油在反应釜中加压到0.5~2MPa，加热到320~370℃，保持5~20h，使焦油中有用组分，特别是重油组分，以及低沸点不稳定的杂环组分，在反应釜中经过聚合转变成沥青质，从而得到质量好的改质沥青。

三、延迟焦化

中温沥青用氧化法加工成高温沥青，软化点达130℃以上，在沥青焦炉内制取沥青焦可作石墨电极、阳极糊等骨料，但此法污染严重。宝钢引进了延迟焦生产工艺。

在国外采用延迟焦化生产石油焦方法，进行煤沥青焦生产。这样的工艺自动化和机械化水平高，废热利用好，环境保护措施有效。

煤沥青延迟焦化的原料为软沥青，其配比为中温沥青78.3%、脱晶蒽油19.2%、焦化轻油2.5%。也可以只用中温沥青与脱晶蒽油配合，配合后的原料软化点为35~40℃。

延迟焦化工艺流程见图4-15。

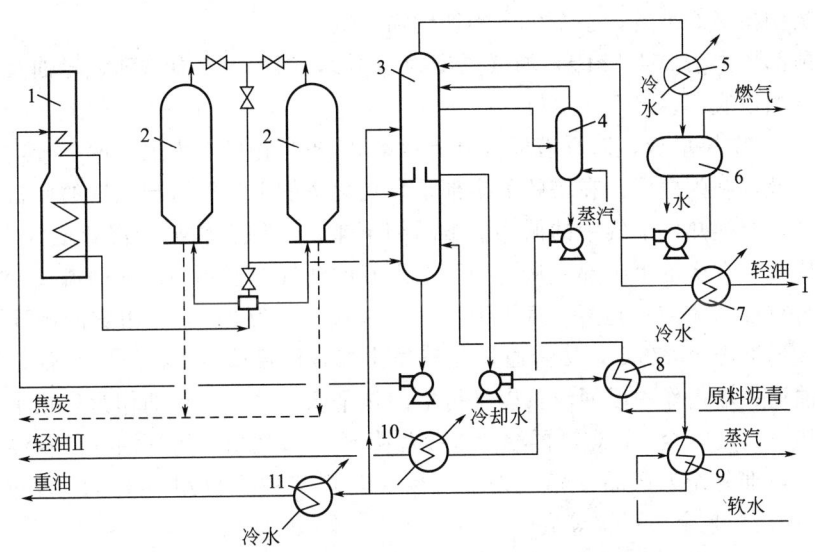

图4-15 延迟焦化工艺流程图
1—管式加热炉；2—焦化塔；3—分馏塔；4—吹气塔；5—冷凝管；6—分离器；
7,10,11—冷却器；8—换热器；9—蒸汽发生器

原料软沥青加热至135℃，经换热器加热至270℃后入分馏塔。软沥青流量与分馏塔液位串级调节。分馏塔有两个软沥青入口，一个在自上数第24层塔板，另一个在塔底部。进第24层塔板料流有冲洗塔板的作用；另一方面视软沥青的软化点而定，高时从底部入塔，低时从24层入塔。进塔的软沥青与焦化塔来的高温油进行换热后，与凝缩的循环油混合。混合油由加热炉装料泵抽出送入加热炉。混合油性质随软沥青性质和操作条件的变化而变化。

加热炉装入混合油量约为30t/h，入炉前油温为311~320℃，出炉后油温为493℃，加热炉出口油压约490kPa，加热炉内油压降一般为980kPa，最大1470kPa。

混合油在炉入口管内流速约1.2m/s，这样低的流速在临界分解温度范围区内，炉管内表面的油膜易聚合成焦炭。为了避免结焦，向炉管内注入2940kPa高压水蒸气，使混合油以高速湍流状态通过临界分解温度区域。软沥青的临界分解温度范围是455～485℃。注汽点应设在此临界分解温度区之前，蒸汽过于提前注入将使管内阻力损失增大，油料在低温区的停留时间短，高温部分热负荷增大。可以有3个注汽点，生产中主要使用中间的一点，另外两点仅通入少量蒸汽，以防沥青堵塞。

加热炉用煤气加热，火嘴前煤气压力一般不低于54.9kPa，最低19.6kPa，最高98kPa，设计选用的压缩机煤气出口压力为140kPa。

由加热炉出来的高温油经四通阀通过焦化塔盖中间位置进入焦化塔，软沥青在塔内聚合和缩合，生成了延迟焦和油气。

延迟焦化装置设有两台焦化塔，一台焦化塔一般需操作24h集满焦炭，然后将油料切换入另一台焦化塔。在切换后，原塔仍留有很多油分，于是先吹入蒸汽，把油分吹出后，再用水冷却。在焦炭冷却后，把上下塔盖取下，用高压水切割焦炭并冲入焦槽。

出完焦的塔，再装上上下塔盖，蒸汽试压检验密封性，和另一塔连通，用油蒸气预热塔体，为下一次切换做好准备，整个生产周期约需48h。

焦化塔顶部压力为254.8kPa，油气温度为464℃，油气内含有重油、轻油及煤气，由塔顶出来进入分馏塔底部。

分馏塔共有27层塔板，以盲塔板（自上数第21板）将塔分为上下两部分，上半部为分段，下半部为换热和闪蒸段。在塔的下半部来自焦化塔的上升气流与进塔的原料软沥青以及下降回流重油进行换热，油气中的循环油被凝缩下来，与原料软沥青混合成为塔底混合油，由泵送往加热炉。在塔的上半部，从塔的下部上升的油气与下降的重油回流接触，重油馏分凝缩下来，与重油回流液一起落在盲塔板内。重油温度约为317℃，用重油循环泵抽出，经软沥青换热，温度降至276℃，接着通过蒸汽发生器，温度降为224℃。然后分为两路，其中的一路重油返回塔内作中段回流，以维持塔的热平衡；另一路重油作为焦化重油产品，经锅炉给水换热，温度降至136℃，再经冷水冷却降至90℃送出。塔顶油气是轻油和煤气，轻油大部分回流，部分作为产品。煤气去煤气管道，煤气中主要组分为H_2含量为59.0%，CH_4含量为40%，其余为乙烷等成分。

分馏塔顶压力157kPa，塔底压力206kPa。塔顶温度为172℃。

焦化塔实际为反应器，塔内是空的，整个塔体由复合钢板制造。由于其操作系冷热交替变换，强度要采取措施，缓和应力集中，适应热胀冷缩的强烈变化。

分馏塔为板式塔，其中下部几层为淋降板，中部为一层盲板，其余均为浮阀塔板。塔底内部装有过滤器，混合油过滤后被泵抽出，可避免出油管堵塞。

第七节　焦油的加工利用进展

现在世界年产高温焦油近2000×10^4t，产量较高的国家有美国、日本、中国和德国，中国焦油产量居世界前列。

由于石油化工发展，芳烃供应结构发生变化，对煤焦油产品的质量要求提高，但是多环芳烃和杂环化合物还是主要来自煤焦油，与石油化工相比占有优势。为了增强与石油化工的竞争力，世界煤焦油加工采取了集中加工、设备大型化、扩大产品种类、提高产品质量、进行深度加工等措施。

焦油组成复杂，有些组分在焦油中含量少，占1%以上的品种仅有13种，它们是萘、菲、荧蒽、芘、苊、芴、蒽、苊、咔唑、2-甲基萘、1-甲基萘、氧芴和甲酚，为了获得窄馏分和精制产品，把煤焦油集中加工有利于产品的提取和加工。例如，德国年产焦油150×10^4t左右，由吕特格公司焦油加工厂集中加工，焦油分离精制水平最高，工业化精制产品达230~250种，前苏联次之，约190种。德国焦油产品主要用于化学工业，其产品分布大致如下：

化学工业　　50%　　钢铁工业　　12%
电极生产　　28%　　其他　　　　10%

当前中国年产焦油约1000×10^4t，煤焦油深加工能力约1500×10^4t。焦油需集中加工，改进技术，提高产品质量，增加品种，降低能耗，消除环境污染。

中国焦油蒸馏分离技术近年来有所进展，采取了切取含萘馏分；用蒸馏法制取95%工业萘技术，取代了压榨萘生产方法，萘回收率提高10%；焦油蒸馏由常压法改为减压或常减压法，能耗降低；加热炉由方箱形改为圆筒形，降低建设费用。技术发展趋向于提高产品收率，减少能耗，开发新的工艺技术。

沥青加工利用技术有了较快发展，除了中温沥青和筑路沥青等产品，开发了优质黏结剂、改质沥青、硬沥青以及由沥青制延迟焦和针状焦生产，而且都有所进展。

近年来日本、美国等在加紧研究和开发煤焦油沥青制造碳素纤维，这是焦油加工利用的新方向，是一项高技术，很有发展前景。中国也在进行大量研究和开发工作，有了不小的进展。

复 习 题

1. 煤焦油中有哪些物质？
2. 煤焦油加工后，可以得到哪些产品？其用途是什么？
3. 简述一塔式焦油脱水和蒸馏工艺流程。
4. 简述两塔式焦油蒸馏流程。
5. 简述焦油馏分脱酚和吡啶碱的原理。
6. 简述工业萘生产的工艺流程。
7. 简述精蒽生产的工艺流程。
8. 沥青的用途是什么？
9. 简述延迟焦化工艺流程。

第五章 煤炭的气化

第一节 概 述

一、煤炭气化的概念

煤炭气化是指煤在特定的设备内,在一定温度及压力下使煤中有机质与气化剂(如蒸汽空气或氧气等)发生一系列化学反应,将固体煤转化为含有 CO、H_2、CH_4 等可燃气体和 CO_2、N_2 等非可燃气体的过程。煤炭气化时,必须具备三个条件,即气化炉、气化剂、供给热量,三者缺一不可。

煤的气化是一个复杂的多相物理及化学过程,是煤或煤焦与气化剂(空气、氧气、水蒸气、氢等)在高温下发生化学反应将煤或煤焦中有机物转变为煤气的过程。气化过程发生的反应包括煤的热解、气化和燃烧反应。煤在热解过程中析出部分挥发物,在煤气化和燃烧过程中进行两种类型的反应,即非均相的气-固反应和均相的气相反应,产生气化过程所需要的热量,并完成气化过程。

不同的气化工艺对原料的性质要求不同,因此,在选择煤气化工艺时,考虑气化用煤的特性及其影响极为重要。气化用煤的性质主要包括煤的反应性、黏结性、煤灰熔融性、结渣性、热稳定性、机械强度、粒度组成以及水分、灰分和硫分含量等。

二、气化炉

煤炭气化的设备叫气化炉,气化炉由三大部分组成,即加煤系统、反应系统和排灰系统。加煤系统主要考虑煤如何加入以及入炉后的分布和加煤时的密封问题;反应系统是煤炭气化主要的反应场所,首要考虑的问题是如何在低消耗的情况下,使煤最大限度地转化为符合用户要求的优质煤气;排灰系统保证了炉内料层高度的稳定,同时也保证了气化过程连续稳定地进行。

气化炉按照不同的依据可以有不同的分类方法,常见有以下分类方法。

① 按照燃料在气化炉内的运动状况不同,气化炉可以分为移动床(固定床)、流化床、气流床和熔融床四类。

② 按照生产操作的压力不同,气化炉可以分为常压气化炉和加压气化炉。

③ 按照排渣方式不同,气化炉可以分为固态排渣气化炉和液态排渣气化炉。

三、煤气的种类

根据所使用的气化剂的不同,煤气的成分与发热量也各不相同,大致可以分为空气煤气、混合煤气、水煤气和半水煤气等。

1. 空气煤气

空气煤气是以空气为气化剂与煤炭进行反应的产物,生成的煤气中可燃组分(CO、H_2)很少,而不可燃组分(N_2、CO_2)很多。因此,这种煤气的发热量很低,用途不广。随着气化技术的不断提高,目前已不采用生产空气煤气的气化工艺。

2. 混合煤气

为了提高煤气发热量，可以采用空气和水蒸气的混合物作为气化剂，所生成的煤气成为混合煤气。通常人们所说的发生炉煤气就是这种煤气。混合煤气适用于做燃料气使用，广泛用于冶金、机械、玻璃、建筑等工业部门的熔炉和热炉。

3. 水煤气

水煤气是以水蒸气作为气化剂生产的煤气。由于水煤气组成中含有大量的氢和一氧化碳，所以发热量较高，可以作为燃料，更适于作为基本有机合成的原料。但水煤气的生产过程复杂，生产成本较高，一般很少作为燃料，主要用于化工原料。

4. 半水煤气

半水煤气是水煤气与空气煤气的混合气，是合成氨的原料气。

四、发展煤炭气化的意义

毫无疑问，煤的气化是现代煤化工的核心，煤气是洁净的燃料也是化学合成工业的原料。煤转化为煤气后成为理想的二次能源，可用于发电、工业锅炉和窑炉的燃料、城市民用燃料等。通过气化，可以得到合成气（CO 和 H_2），再进一步生产各种基本有机化工产品和精细化学品，谓之"碳一化学"。碳一化学的产品链十分庞大，包括甲醇、甲醛、甲酸、醋酸、氢氰酸等。总之，煤气化技术是煤炭清洁高效转化的核心技术，是现代煤化工的核心，大力发展煤炭气化具有重要的意义。

五、煤炭气化技术的应用

煤炭气化技术广泛应用于下列领域。

1. 作为工业燃气

一般热值在 $4.6\sim5.6MJ/m^3$，采用常压固定床气化炉、流化床气化炉均可制得。主要用于钢铁、机械、卫生、建材、轻纺、食品等部门，用以加热各种炉、窑，或直接加热产品或半成品。

2. 作为民用煤气

一般热值在 $12.5\sim14.6MJ/m^3$，要求 CO 小于 10%，除焦炉煤气外，用煤直接气化也可得到，采用鲁奇炉较为适用。与直接燃煤相比，民用煤气不仅可以明显提高用煤效率和减轻环境污染，而且能够极大地方便人民生活，具有良好的社会效益与环境效益。出于安全、环保及经济等因素的考虑，要求民用煤气中的 H_2、CH_4 及其他烃类可燃气体含量应尽量高，以提高煤气的热值；而 CO 有毒，其含量应尽量低。

3. 作为化工合成和燃料油合成原料气

早在第二次世界大战时，德国等就采用费-托工艺（Fischer-Tropsch）合成航空燃料油。随着合成气化工和碳一化学技术的发展，以煤气化制取合成气，进而直接合成各种化学品的路线已经成为现代煤化工的基础，主要包括合成氨、合成甲烷、合成甲醇、醋酐、二甲醚以及合成液体燃料等。

化工合成气对热值要求不高，主要对煤气中的 CO、H_2 等成分有要求，一般德士古气化炉、Shell 气化炉较为合适。目前我国合成氨的甲醇产量的 50% 以上来自煤炭气化合成工艺。

4. 作为冶金还原气

煤气中的 CO 和 H_2 具有很强的还原作用。在冶金工业中，利用还原气可直接将铁矿石还原成海绵铁；在有色金属工业中，镍、铜、钨、镁等金属氧化物也可用还原气来冶炼。因此，冶金还原气对煤气中的CO含量有要求。

5. 作为联合循环发电燃气

整体煤气化联合循环发电（简称IGCC）是指煤在加压下气化，产生的煤气经净化后燃烧，高温烟气驱动燃气轮机发电，再利用烟气余热产生高压过热蒸汽驱动蒸汽轮机发电。用于IGCC的煤气，对热值要求不高，但对煤气净化度，如粉尘及硫化物含量的要求很高。与IGCC配套的煤气化一般采用固定床加压气化（鲁奇炉）、气流床气化（德士古气化炉）、加压气流床气化（Shell气化炉）、加压流化床气化工艺，煤气热值在 $9.2 \sim 10.5 \ MJ/m^3$。

6. 作为煤炭气化燃料电池

燃料电池是由 H_2、天然气或煤气等燃料（化学能）通过电化学反应直接转化为电的化学发电技术。目前主要由磷酸盐型（PAFC）、熔融碳酸盐型（MCFC）、固体氧化物型（SOFC）等。它们与高效煤气化结合的发电技术就是IG-MCFC和IG-SOFC，其发电效率可达53%。

7. 煤炭气化制氢

氢气广泛地用于电子、冶金、玻璃生产、化工合成、航空航天、煤炭直接液化及氢能电池等领域，目前世界上96%的氢气来源于化石燃料转化。而煤炭气化制氢起着很重要的作用，一般是将煤炭转化成CO和 H_2，然后通过变换反应将CO转换成 H_2 和 H_2O，将富氢气体经过低温分离或变压吸附及膜分离技术，即可获得氢气。

8. 煤炭液化的气源

不论煤炭直接液化和间接氧化，都离不开煤炭气化。煤炭液化需要煤炭气化制氢，而可选的煤炭气化工艺同样包括固定床加压气化、加压流化床气化和加压气流床气化工艺。

六、气化用煤对煤质的要求

单纯从技术角度出发，煤炭气化对煤的质量要求是很宽松的，不同煤阶、不同粒度级、不同含硫量的煤都能用于气化。然而，不同气化工艺技术各有特点，其对煤质的要求也是不同的，没有一种可气化所有煤种的"万能炉"。煤化工项目气化技术的选择首先考虑原料煤的特性，同时要考虑煤气的用途和规模、气化技术的成熟度及可靠性、粗煤气构成、经济性等。

我国煤炭资源丰富，但是不同地区间煤炭资源分布相差很大，随着新疆、内蒙古等地煤炭工业和煤化工工业的发展，西北地区所产煤炭量将持续增加。从煤种用途看，我国变质程度中等及偏上的烟煤主要用于炼焦工业，而其他煤种有一半以上用于火电或其他工业炉做燃料。用于气化的煤种主要包括反应活性好的褐煤、次烟煤、贫煤及无烟煤。目前我国无烟煤主要用于中小型化肥厂，贫煤、褐煤用于鲁奇气化，次烟煤用于移动床、流化床和气流床气化，东北地区和云南的褐煤用于移动床和流化床气化，也可用于干煤粉气流床气化。从目前发展的趋势看，大型煤化工项目主要在西部地区，煤气化使用的次烟煤和褐煤总体资源量充足。

（一）移动床气化技术对煤质的要求

移动床（也称为固定床）气化技术包括常压、加压气化，均以块煤（焦）为原料，一般要求煤的反应性好，热稳定性高，强黏结性煤一般不适于此类炉型。一般采用6～13mm、13～25mm、25～50mm或50～100mm的粒级煤，其粒级范围依所用煤种和气化技术的不同而不同。煤在炉内的停留时间为 1~10h 不等，热利用率、碳效率和气化效率都较高；但相对而言，单炉产气能力低，且气化烟煤时，煤气产物中夹带有较多的焦油、酚水等物质，煤气处理工艺复杂，运行成本高。

1. 常压移动床气化

常压移动床气化技术是我国最成熟和使用台数最多的气化技术，包括发生炉和水煤气炉两种类型。

一段发生炉生产的煤气热值低一般用作工业燃料气。两端发生炉因增加了干馏段，其热值较高，是目前最重要发展的炉型，煤气用于陶瓷、冶金、机械等行业。一段发生炉烟煤标准为 GB/T 9143—2001，一般要求灰软化温度 ST 高于 1250℃；热稳定性好，落下强度大于 60%；对黏结性有限制，不能太强。

一段水煤气炉主要用于中小型化肥厂，以无烟煤或焦炭为原料，对原料煤的要求可参考国家标准 GB/T 7561—1988。主要对软化温度 ST、热稳定性、落下强度等要求，越高越有利。两段水煤气炉以老年褐煤、次烟煤和贫（瘦）煤为原料，其对煤质的要求见国家标准 GB/T 17610—1988。除了要求软化温度 ST、热稳定性、抗碎强度高外，煤的黏结性不能太强。

2. 加压移动床气化

鲁奇加压移动床气化是目前世界上应用最多的加压气化方法，其对煤质的要求包括如下几方面。

① 入炉煤的水分过高时，会促使褐煤块碎裂，造成氧耗量显著增加、增加净化系统的负担、增加污水处理的投资和操作费用、给原料预处理造成困难等，通常要求入炉褐煤水分含量控制在 20% 以下，越低越好。

② 煤中灰分含量过高，将导致消耗增加，气化强度低，煤气产率低，灰渣含碳量增加，煤气热值低，一般控制入炉煤的灰分含量小于 20% 时较为经济。

③ 煤的粒度一般为：褐煤 6~40mm、烟煤 5~25mm、焦炭和无烟煤 5~20mm，同时原料颗粒组成均匀，最大粒径与最小粒径比为 5~8。

④ 鲁奇加压气化炉能气化坩埚膨胀序数 7 以下的强黏结性煤，但是从经济角度出发，气化煤的黏结性还是以不黏或弱黏为好。

⑤ 鲁奇气化为固态排渣，通常要求软化温度 ST>1200℃，最好高于 1400℃；煤的反应活性、热稳定性和落下强度越高越好。

加压移动床液态排渣气化炉是第二代移动床煤气化技术，气化炉入炉煤的粒度范围为 6~50mm（块煤或型煤，<6mm 的不超过 5%），也可通过喷嘴喷入水煤浆或焦油参加气化。由于温度高，可以气化反应性差、黏结性高的煤，特别适合于气化高挥发分低活性的次烟煤；也可以使用粉煤含量达 40% 的煤。对含水高、热稳定性差的褐煤可通过预干燥成型方式，既降低入炉煤水分含量，又提高了其热强度。因为是液态排渣，一般控制 FT 低于 1450℃，灰熔点高的煤可通过加入助熔剂后气化。当煤中难熔灰含量超过 15%，特别是又含有较高水分的煤为熔渣气化的，一般要求水分和灰分均小于 20%。

（二）流化床气化对煤质的要求

流化床气化炉操作温度相对较低，反应性好的褐煤及低阶烟煤（次烟煤）更为合适。正常运行时，流态化床层中绝大部分是灰分，因此该气化方法对原料煤的灰分含量不敏感，能气化含灰30%~50%的高灰煤，当然实际运行时还要考虑经济性，目前国内大都使用灰分为25%以下的煤。

为确保加料顺利，一般要求入炉煤水分在5%~10%，含水高的煤需要预先干燥。

流化床是干法排灰，要求ST最好高于1250℃，如ST高则可以控制较高的操作温度，有利于提高碳转化率和气化效率。

常压流化床气化对煤的黏结性有限制，一般黏结煤太强需要预先破黏。而加压流化床气化可使用强黏结性的煤为原料，但是应注意加煤过程受热有可能出现结焦问题。

（三）气流床气化对煤质的要求

气流床气化分为水煤浆进料和干煤粉进料两种方式，其对应的不同的气化炉结构对煤质也有不同的要求。

1. 水煤浆进料气流床气化对煤质的要求

水煤浆进料气化是最成熟的气流床气化技术，原料适应性较广，除褐煤、泥煤及热值低于2.3MJ/kg的煤不太适用外，其他包括黏结性煤、石油焦、液化残渣等均可作为水煤浆气化原料，也在中试装置试验成功。

水煤浆进料气化炉内衬耐火砖材料，为减少高温和熔渣对耐火砖的破坏，延长耐火砖使用寿命，气化炉内最高操作温度受到限制；而该炉型属于液态排渣，要求煤的灰流动温度低于1350℃，一般则控制低于1300℃。

煤中的灰分过高，会增加氧耗，降低碳转化率和气化效率。另外，排渣负荷也相应增加，操作难度加大。

为减少氧耗要求水煤浆浓度大于60%，因此一般控制煤的内在水分小于8%，为输送方便控制煤浆黏度为1Pa·s左右。

为减少制粉功耗，要求煤的哈氏可磨性指数在50~60。另外，煤中的氯、氟、汞、砷等的含量不宜过高。

2. 干煤粉进料气流床气化对煤质要求

干粉进料气化因采用水冷壁结构，气化操作温度高于水煤浆气化操作温度，所以对煤的适应范围也好于水煤浆气化，原则上可以气化所有煤种，但实际使用时还要考虑运行的可靠性和经济性等因素。目前国外的工业化炉主要以褐煤、次烟煤为原料。在我国由于受煤炭资源、煤炭成本及运输途径等的限制，许多企业只能利用就近煤炭做气化原料。所以我国干煤粉气流床气化使用的煤种从低煤阶的褐煤到高煤阶的无烟煤均有。

为保证顺利运行，一般对入炉煤要求如下所述。

① 褐煤全水分含量5%~8%，其他煤<2%，在确保输送过程顺畅的前提下，可适当放宽。

② 灰分含量一般控制在20%以下，最好在15%以下；如灰分过低，则需要飞灰循环。

③ 灰熔融性温度FT一般要求低于1400℃，过高需要加助熔剂。另外为减少能耗，要求煤的哈氏可磨性指数在50~60；而对入炉煤粒度一般>90μm和<5μm的控制在10%以下。

（四）地下气化对煤质的要求

煤炭地下气化最适宜的是褐煤、长焰煤、贫煤和无烟煤等无黏结性的煤层；不太适合气煤、气肥煤、肥煤、焦肥煤、焦煤、瘦煤层。因为后面的煤在地下气化过程中会膨胀结焦，可能导致气流通道不畅，鼓风阻力增加，即使这些焦块在气化后期也会燃烧或气化，但此时也将破坏地下气化的最佳状态。

煤质如热值高、反应性好、透气性好等有利于地下气化。煤层中水含量不宜过高，否则将影响地下气化运行，严重时将导致气化炉熄灭。

七、煤炭气化技术的现状

1. 世界煤炭气化技术的现状

传统的气化技术是利用炼焦炉、发生炉和水煤气炉气化。进入 20 世纪后针对不同煤种和气体用途发展了几百种气化方法，其中以鲁奇碎煤加压气化炉、常压 K-T 炉、温克勒气化炉等应用最广。

20 世纪 70 年代以来围绕提高燃煤电厂热效率、减少对环境的污染技术同题，促使了新一代气化工艺诞生。

美国 45 个洁净煤技术示范项目中有 7 个煤炭气化联合循环发电项目，配套有 6 种煤炭气化技术，它们是德士古水煤浆气化技术、CE 两段式气流床气化技术、Destec 两段加压气流床气化技术、KRW 气化技术、U-Gas 气化（灰熔聚）技术及 BG/L 固定床熔渣气化技术等。

2. 中国煤炭气化技术现状

国内目前采用的煤炭气化技术主要以常压固定床煤气发生炉和水煤气发生炉为多，开发和引进了水煤气两段炉、鲁奇加压气化炉和德士古水煤浆气化技术。

今后的发展趋势是效率较高、煤气成分较好的干粉煤炭气化技术。

八、煤炭气化发展方向

煤炭气化发展方向如下所述。

① 气化压力向高压发展。

② 气化温度向高温发展。

③ 气化炉能力向大型化发展。

④ 技术不断进步。

⑤ 现代煤气化技术与其他先进技术联合应用。

⑥ 环保效果更好。

第二节　煤炭气化原理

一、煤炭气化方法

煤炭气化按照不同的依据可以有不同的分类方法。

1. 根据气化的地点不同分类

（1）地面气化

将煤从地下挖掘出来后再经过各种气化技术获得煤气的方法称地面气化。

（2）地下气化

煤炭地下气化，就是将埋藏在地下的煤炭进行有控制的燃烧，通过对煤的热作用及化学反应而产生可燃气体的过程。其生产的煤气具有安全性好、投资少、见效快、污染少、效益高等显著优点，深受世界各国的重视，被誉为第二代采煤方法。目前山东、山西、内蒙古、贵州、河南、四川、辽宁等地区都在引入煤炭地下气化技术，使"报废"的煤炭资源得到充分利用。

2. 根据加热方式的不同分类

(1) 外热式

是指利用外部给气化炉提供热量的过程。其热源可由加热外部炉壁来加热燃料，炉壁需选用耐火度高且导热性好的材料；同时也可用高度过热水蒸气（1100℃）；另外也可用加热水蒸气和粉末燃料的混合物到1100℃，达到水煤气反应温度。

(2) 内热式

煤在气化过程中不需外界供热，而是利用煤与氧反应放出热量来达到反应所需温度，即燃烧一部分气化所用燃料，将热量积累到燃料层里，再通入水蒸气发生化学反应制取煤气。

3. 根据气化剂的不同分类

(1) 富氧气化

气化剂是富氧空气。

(2) 纯氧气化

气化剂是纯氧气体。

(3) 加氢气化

气化剂是氢气，加氢气化是由煤与氢气在温度为800~1000℃，压力在1~10MPa下反应生成甲烷的过程。煤与氢的反应中仅部分碳转变成甲烷。此时可加水蒸气、氧气与未反应的碳进行气化生成H_2、CO、CO_2等。

(4) 水蒸气气化

气化剂是水蒸气。

4. 根据气化炉的不同分类

① 固定床气化炉。

② 流化床气化炉。

③ 气流床气化炉。

④ 熔池气化炉。

二、煤炭气化原理

煤炭气化实质是一个复杂的多相物理及化学过程，是煤或煤焦与气化剂（空气、氧气、水蒸气、氢等）在高温下发生化学反应产生碳的氧化物、氢、甲烷的过程，主要是固体燃料中的碳与气相中的氧、水蒸气、二氧化碳、氢之间相互作用。

煤炭气化的总过程有两种类型的反应，即非均相反应和均相反应。前者是气化剂或气态反应产物与固体煤或煤焦的反应；后者是气态反应产物之间的相互作用或与气化剂的反应。

在讨论主要化学反应时仅考虑煤中的主要元素碳，而且认为在气化反应前发生了煤的干馏和热解，主要有如下反应。

一次反应：

$$C + O_2 \longrightarrow CO_2 \quad \Delta H = -394.1 \text{kJ/mol}$$

$$C + \frac{1}{2}O_2 \longrightarrow CO \quad \Delta H = -110.4 \text{kJ/mol}$$

$$C + H_2O \rightleftharpoons H_2 + CO \quad \Delta H = 135.0 \text{kJ/mol}$$

$$C+2H_2O \longrightarrow 2H_2+CO_2 \quad \Delta H=96.6\text{kJ/mol}$$
$$C+2H_2 \Longleftrightarrow CH_4 \quad \Delta H=-84.4\text{kJ/mol}$$

二次反应：
$$C+CO_2 \Longleftrightarrow 2CO_2 \quad \Delta H=173.3\text{kJ/mol}$$
$$2CO+O_2 \Longleftrightarrow 2CO_2 \quad \Delta H=-566.6\text{kJ/mol}$$
$$CO+H_2O \Longleftrightarrow H_2+CO_2 \quad \Delta H=-38.4\text{kJ/mol}$$
$$CO+3H_2 \Longleftrightarrow CH_4+H_2O \quad \Delta H=-219.3\text{kJ/mol}$$
$$3C+2H_2O \Longleftrightarrow CH_4+2CO \quad \Delta H=185.6\text{kJ/mol}$$
$$2C+2H_2O \Longleftrightarrow CH_4+CO_2 \quad \Delta H=12.2\text{kJ/mol}$$

总反应：
$$煤 \xrightarrow{\text{高温、高压、气化剂}} C+CH_4+CO+CO_2+H_2+H_2O$$

副反应（煤中存在的其他元素如硫、氮和气化剂之间以及反应产物之间可能进行的反应）：
$$S+O_2 \longrightarrow SO_2$$
$$SO_2+3H_2 \longrightarrow H_2S+2H_2O$$
$$SO_2+2CO \longrightarrow S+2CO_2$$
$$2H_2S+SO_2 \longrightarrow 3S+2H_2O$$
$$C+2S \longrightarrow CS_2$$
$$CO+S \longrightarrow COS$$
$$N_2+3H_2 \longrightarrow NH_3$$
$$N_2+H_2O+2CO \longrightarrow 2HCN+O_2$$
$$N_2+xO_2 \longrightarrow 2NO_x$$

第三节　煤炭地面气化方法

一、固定床气化

在气化过程中，块煤或碎煤由气化炉顶部加入，气化剂由底部通入，煤料与气化剂逆流接触，相对于气体的上升速度而言，煤料下降速度很慢，甚至可视为固定不动，所以称之为固定床气化；实际上煤料在气化过程中是以很慢的速度向下移动的，比较准确的名称应称为移动床气化。

固定床气化炉一般使用块煤或焦炭为原料，主要有褐煤、长焰煤、烟煤、无烟煤、焦炭等，筛分范围为 6~50mm。使用的气化剂主要是空气、空气水蒸气、氧气水蒸气等。气化生产 H_2、CH_4 的煤气时燃料由固定床（或移动床）上部的加煤装置加入，底部通入气化剂，燃料与气化剂逆向流动，反应后的灰渣由底部排出。气化炉设备和炉内温度分布如图 5-1 所示。

1. 固定床（或移动床）分类
① 按气化压力来分类，可以分为常压移动床和加压移动床。
② 按排渣性质来分类，可以分为固态排渣移动床和液态排渣移动床。
③ 按气化剂性质来分类，可以分为空气煤气、水煤气、混合煤气、富氧蒸汽移动床等。

2. 气化过程炉内料层分布
气化过程炉内料层分布如图 5-2 所示。

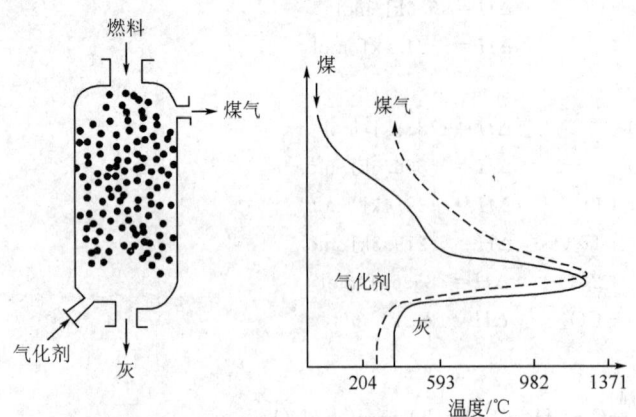
图 5-1　固定床气化炉设备和炉内温度分布

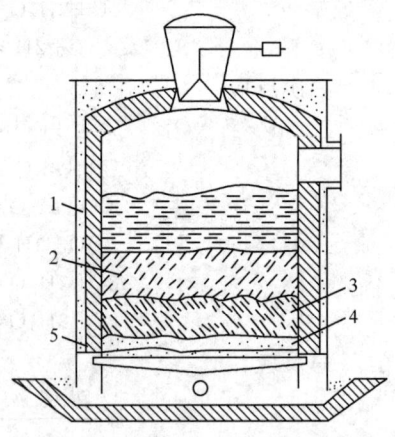
图 5-2　气化过程炉内料层分布情况
1—干燥层；2—干馏层；3—还原层；
4—氧化层；5—灰渣层

当炉料装好进行气化时，以空气作为气化剂，或以空气（氧气、富氧空气）与水蒸气作为气化剂时，炉内料层可分为6个层带，如图5-2所示自上而下分别为：空层、干燥层、干馏层、还原层、氧化层、灰渣层。

① 灰渣层。灰渣层在气化炉的最底部，堆积在炉底的气体分布板上，控制在100～400mm较为合适，视具体情况而定。由于灰渣结构疏松并含有许多孔隙，对气化剂在炉内的均匀分布有一定的好处；而且煤灰的温度比刚入炉的气化剂温度高，可使气化剂预热；灰层上面的氧化层温度很高，有了灰层的保护，避免了和气体分布板的直接接触，故能起到保护分布板的作用。气化过程中根据煤灰分含量的多少和炉子的气化能力制定合适的清灰操作；如果人工清灰，要多次少清，即清灰的次数要多而每次清灰的数量要少；自动连续出灰效果要比人工清灰好。清灰太少，灰渣层加厚，氧化层和还原层相对减少，将影响气化反应的正常进行，增加炉内的阻力；清灰太多，灰渣层变薄，造成炉层波动，影响煤气质量和气化。灰渣层温度较低，灰中的残炭较少，所以灰渣层中基本不发生化学反应。

② 氧化层。氧化层在灰渣层的上面也称燃烧层或火层，是煤炭气化的重要反应区域，从灰渣中上升来的预热气化剂与煤接触发生燃烧反应，产生的热量是维持气化炉正常操作的必要条件。考虑到灰分的熔点，氧化层的温度太高有烧结的危险，所以一般在不烧结的情况下，氧化层温度越高越好，温度低于灰分熔点80～120℃为宜，约1200℃。氧化层厚度控制在150～300mm，要根据气化强度、燃料块度和反应性能来具体确定。氧化层温度低可以适当降低鼓风温度，也可以适当增大风量来实现。氧化层温度高，气化剂浓度最大，发生的化学反应剧烈，主要的反应为：

$$C + O_2 \longrightarrow CO_2$$
$$2C + O_2 \longrightarrow 2CO$$
$$2CO + O_2 \longrightarrow 2CO_2$$

上面三个反应都是放热反应，因而氧化层的温度是最高的。

氧化层的上面是还原层，赤热的炭具有很强的夺取水蒸气和二氧化碳中的氧而与之化合的能力，水（当气化剂中用蒸汽时）或二氧化碳发生还原反应而生成相应的氧气和一氧化碳。还原层厚度一般控制在300～500mm。如果煤层太薄，还原反应进行不完全，煤气质量降低；煤层太厚，对气化过程也有不良影响，尤其是在气化黏结性强的烟煤时，容易造成气流分布不均，局部过热，甚至烧结和穿孔。习惯上，把氧化层和还原层统称为气化层。气化层厚度与煤气出口温度有直接的关系，气化层薄出口温度高；气化层厚，出口温度低。因此，在实际操作中，以煤气出口温度控制气化层厚度，一般煤气出口温度控制在600℃左右。还原反应是吸热反应，其热量来源于氧化层的燃烧反应所放出的热。

$$C+CO_2 \longrightarrow 2CO$$
$$C+H_2O \longrightarrow H_2+CO$$
$$C+2H_2O \longrightarrow 2H_2+CO_2$$
$$C+2H_2 \longrightarrow CH_4$$
$$CO+3H_2 \longrightarrow CH_4+H_2O$$
$$2CO+2H_2 \longrightarrow CO_2+CH_4$$
$$CO_2+4H_2 \longrightarrow CH_4+H_2O$$

③ 干馏层。干馏层位于还原层的上部，气体在还原层释放大量的热量，进入干馏层时温度已经不太高了，气化剂中的氧气已基本耗尽，煤在这个过程历经低温干馏，煤中的挥发分发生裂解，产生甲烷、烯烃和焦油等物质，它们受热成为气态而进入干燥层。干馏层生成的煤气中因为含有较多的甲烷因而煤气的热值高，可以提高煤气的热值，但也产生硫化氢和焦油等杂质。

④ 干燥层。干燥层位于干馏层的上面，上升的热煤气与刚入炉的燃料在这一层相遇并进行换热，燃料中的水分受热蒸发。一般地，利用劣质煤时，因其水分含量较大，该层高度较大，如果煤中水分含量较少，干燥段的高度就小。

⑤ 空气层。空气层即燃料层的上部，炉体内的自由区，其主要作用是汇集煤气，并使炉内生成的还原层气体和干馏段生成的气体混合均匀。由于空层的自由截面积增大，使得煤气的速率大大降低，气体夹带的颗粒返回床层，减小粉尘的带出量。控制空层高度，一是要求在炉体横截面积上要下煤均匀，下煤量不能忽大忽小；二是要按时清灰。

3. 固定床气化的代表工艺

(1) 常压固定层间歇式无烟煤（或焦炭）气化技术

固定层间歇气化技术要求原料为25~75mm的块状无烟煤或焦炭，采用空气和水蒸气作为气化剂，常压间歇气化。投资小，技术成熟，但该技术气化效率低，操作繁杂，单炉生产能力小，吹风过程中放出的空气对环境污染严重，属于逐步被淘汰的工艺。

(2) 常压固定层无烟煤（或焦炭）富氧连续气化技术

固定层富氧连续气化技术气化剂为富氧空气，而且连续气化，原料粒度为8~10mm，煤种为无烟煤或焦炭，提高了原料利用率，减少了环境污染和设备维修的工作量，同时降低了维修费用，适合于有无烟煤的地方，是对已有的常压固定层间歇式气化技术的改进。该技术只能采用焦炭或无烟煤为原料，价格高，且生成气中氮气含量高，不适合作为合成甲醇的原料气。

(3) 鲁奇固定层煤加压气化技术

鲁奇固定层煤加压气化技术采用固体排渣，主要用于气化褐煤、不黏结性或弱黏结性的煤，要求原料热稳定性高、化学活性好、灰熔融性温度高、机械强度高。其主要优点包括：可以使用劣质煤，加压气化生产能力高，耗氧量低，鲁奇炉是逆向气化，煤在炉内停留时间长达 1h，炉内操作温度低，碳转化率高，气化效率高。

虽然鲁奇气化工艺优点很多，但由于该工艺只能以不黏结的块煤为原料，不仅原料昂贵，气化强度低，而且气-固相逆流换热，粗煤气中还有焦油、高碳氢化合物、甲烷，同时焦油分离、含酚污水处理都比较复杂。该工艺产生的煤气热值高，比较适合作为城市煤气和燃料气，不推荐用以生产合成气。

（4）英国 BGL 高温熔渣煤气化技术英国 BGI

高温熔渣煤气化技术是 20 世纪 90 年代初从鲁奇固定床加压气化技术而来，通过固定床液态排渣，技术较为成熟。该技术在原鲁奇固定床加压气化炉的基础上，结合了熔渣气化技术气化率高、气化强度高的优势和鲁奇气化技术氧耗低及炉体廉价的特点，克服了熔渣气化技术高能耗和鲁奇固定床加压气化技术低效率及废水处理成本高的弱点，具有建设投资少、建设周期短、产气率高、气体热值高、能耗低、资源利用率高、运行和维修成本低的综合优势。

二、流化床气化

流化床气化技术是以粒度为 0～10mm 的小颗粒煤为气化原料，以空气、氧气或富氧和水蒸气为气化剂，气体从炉下部进入，在适当的煤粒度和气速下，与碎煤形成流化状态，在气化炉内使碎煤悬浮分散在垂直上升的气流中，煤粒在部分燃烧产生的高温沸腾状态下进行气化反应，从而使得煤料层内温度均匀，所以被称为流化床气化。

流化床气化炉是用流态化技术来生产煤气的一种气化装置，也称沸腾床气化炉（见图 5-3）。气化剂通过粉煤层，使燃料处于悬浮状态，固体颗粒的运动如沸腾的液体一样。气化用煤的粒度一般较小，比表面积大，气固相运动剧烈，整个床层温度和组成一致，所产生的煤气和灰渣都在炉温下排出，因而，导出的煤气中基本不含焦油类物质。

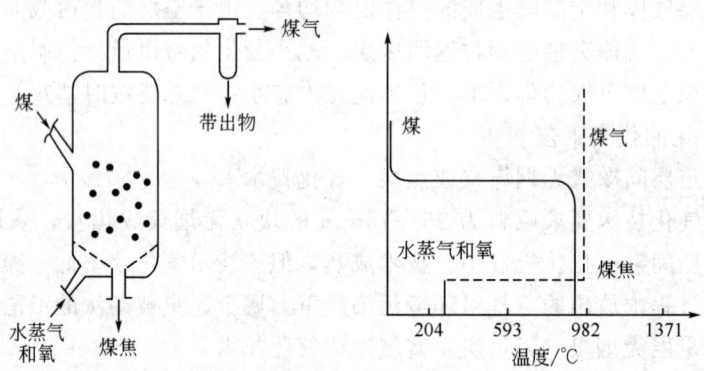

图 5-3 沸腾床气化炉及炉内温度分布

采用气化反应性高的燃料（如褐煤），粒度在 3～5mm，由于粒度小，再加上沸腾床较强的传热能力，因而煤料入炉的瞬间即被加热到炉内温度，几乎同时进行着水分的蒸发、挥发分的分解、焦油的裂化、碳的燃烧与气化过程。有的煤粒来不及热解并与气化剂反应就已经开始熔融，熔融的煤粒黏性强，可以与其他粒子接触形成更大粒子，有可能出现结焦而破坏床层的正常流化，因而沸腾床内温度不能太高。由于加入气化炉的燃料粒径分布较分散，而且随气化反应的进行，燃料颗粒直径不断减小，则其对应的自由沉降速度相应减小。当其对应的自由沉降速度减小到小于操作的气流速度时，燃料颗粒即被带出。

沸腾床具有流体那样的出灰都比较方便。整个衰内的温度均匀，容易调节。

主要缺点是：采用这种气化途径，对原料煤的性质很敏感，煤的黏结性、热稳定性、水分、灰熔点变化时，易使操作不正常。

流化床气化的代表工艺主要有以下几种。

1. 恩德炉粉煤气化技术

恩德炉要求原料煤不黏结或弱黏结、灰分 25%～30%，熔融性温度高、低温化学活性好。气化剂采用蒸汽和富氧，富氧分两段加入气化炉，在常压下进行气化反应，使粉煤沸腾流化，反应温度为 1000～1100℃，固态排渣，无废气排放。气化炉无炉箅，空筒气化，操作可靠，气化炉运转率可达 92%。合成气适于做合成氨原料气。主要缺点是气化压力为常压，单炉气化能力还比较低，有效气体含量较低且含氮高，产品中 CH_4 体积分数高达 1.5%～2.0%，飞灰量大、环境污染及飞灰堆存和综合利用问题有待解决，不适合做甲醇合成气。

2. U-Gas 气化技术

U-Gas 气化工艺由美国煤气工艺研究所于 20 世纪 70 年代开发，属于单段流化床粉煤气化工艺，采用灰团聚方式操作，煤种适用性极广。气化装置包括破碎、干燥、筛分、煤仓、进料锁斗系统等。

3. 灰熔聚流化床粉煤气化技术

灰熔聚流化床粉煤气化以碎煤为原料（<6～8mm），以空气或氧气或富氧为氧化剂，水蒸气或二氧化碳为气化剂，在部分燃烧产生的高温下进行煤的气化。气化炉是一个单段流化床，可在流化床内一次实现煤的破黏、脱挥发分、气化、灰团聚及分离、焦油及酚类的裂解。带出细粉经除尘系统捕集后返回气化炉，再次参加反应，有利于碳利用率的进一步提高。

灰熔聚流化床粉煤气化技术主要有以下优点。

① 操作温度适中，无特殊材质要求，耐火材料使用寿命可达 10 年以上，连续运转可靠性高。

② 灰团聚成球，与半焦有效分离，排灰炭含量低。

③ 炉内形成一局部高温区，气化强度高。

④ 飞灰经旋风除尘器捕集后，返回气化炉，循环转化，碳转化率可达 90%。

⑤ 煤气中几乎不含焦油和挥发酚，洗涤水易净化循环利用，煤中硫容易脱除回收，无废气排放，有利于环境保护。

主要缺点是：合成气中有效成分较低、产品气中 CH_4 体积分数较高，虽然采用了飞灰循环人炉气化措施，但第二旋风分离器排出细灰量还是比较大，环境污染及飞灰堆存和综合利用问题有待进一步解决；其次是气化压力低、单炉产气量小。

三、气流床气化

气流床气化用气化剂将粒度为 100μm 以下的煤粉带入气化炉内，也可将煤粉先制成水煤浆，然后用泵打入气化炉内，煤料在高于其灰熔融性温度下与气化剂发生燃烧反应和气化反应，灰渣以液态形式排出气化炉。见图 5-4。

沸腾床气化炉，可以利用小颗粒燃料，气化强度较固定床大，但气化炉内的反应温度不能太高，一般用来气化反应性高的煤种。而气流床气化却是采用更小颗粒的粉煤。微小的粉煤在火焰中经部分氧化提供热量，然后进行气化反应，粉煤与气化剂均匀混合，通过特殊喷

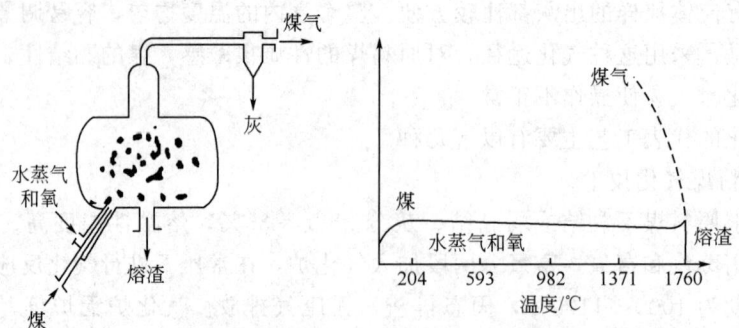

图 5-4 气流床气化炉及炉内温度分布

嘴进入气化炉后瞬间着火,直接发生反应,温度高达 2000℃。所产生的炉渣和煤气一起在接近炉温的状态下排出,由于温度高,煤气中不含焦油等物质,剩余的炉渣以液态的形式从炉底排出。粉煤和气化剂之间进行并流气化,反应物之间的接触时间短。为了提高反应速率,一般采用纯氧-水蒸气为气化剂,并且将煤粉磨得很细,以增加反应的表面积,一般要求 70% 的煤粉通过 200 目筛。也可以将粉煤制成水煤浆进料,缺点是水的蒸发会消耗大量的热,故需要消耗较多的氧气来平衡。

气流床气化技术代表工艺主要有如下几种。

1. GE 德士古(Texaco)水煤浆加压气化技术

Texaco 水煤浆加压气化工艺是由美国德士古开发公司研发的。该气化炉主要用于生产合成氨、甲醇和制氢。其优点是:对原料煤适应性较广,气煤、烟煤、次烟煤、无烟煤、高硫煤及低灰熔融性温度的劣质煤、石油焦等均能作为气化原料;气化炉结构简单,为耐火砖衬里;装备国产化率高,投资小。缺点是:气化用原料煤受气化炉耐火砖衬里的限制,适宜于气化低灰分、低灰熔融性温度的煤;碳转化率较低;比氧耗和比煤耗较高;气化炉耐火砖使用寿命较短,气化炉烧嘴使用寿命较短,需要停车进行检查、维修或更换喷嘴头部。

2. 多元料浆加压气化技术

多元料浆加压气化技术是由西北化工研究院开发的,具有自主知识产权。该技术部分设备已获得国家专利,该技术主要创新点有:

① 多元料浆组成的优化设计,提高料浆的有效组成,降低消耗的系统技术;
② 多元料浆设备工艺技术和添加剂技术;
③ 新型结构的气化炉;
④ 灰水处理系统及排渣系统;
⑤ 系统放大技术;
⑥ 多元料浆气化软件评价体系。

3. 多喷嘴水煤浆加压气化技术

多喷嘴水煤浆加压气化改德士古炉单喷嘴为对置式多喷嘴,强化了热质传递,碳转化率达到 98% 以上,与单喷嘴气化炉相比,多喷嘴气化炉比煤耗可降低约 2.2%,比氧耗可降低 6.6%,适于气化低灰熔融性温度的煤,气化效果优于德士古炉。

4. 非熔渣-熔渣分级气化技术

由北京达立科公司和清华大学、丰喜肥业共同开发的清华炉(非熔渣熔渣分级气化技术)。原料(水煤浆、干煤粉或其他含碳物质)通过给料机和燃料喷嘴进入气化炉的第一段,采用纯氧作气化剂,采用其他如 O_2 或与 O_2 以任意比例相混合的 CO_2、N_2、水蒸气等作为预混气体,调节控制第一段氧气的加入比例,使第一段的温度保持在灰熔融性温度以下;在第二段再补充部分氧气,使第二段的温度达到煤的灰熔融性温度以上并完成全部的气化过程,从而实现煤的非熔渣熔渣分级气化。由于清华炉自身的特点,降低了主喷嘴氧化强度,延长了其使用寿命;采用分级气流床气化技术,运行周期长,系统安全、平稳。

5. Shell 干煤粉加压气化技术

粉煤、氧气与蒸汽在加压条件下并流进入气化炉内,在极短的时间内,完成升温、挥发分脱除、裂解、燃烧及转化等一系列物理和化学过程。

Shell 粉煤气化炉的主要优点如下所述:

① 干粉煤进料,煤种适应性广;
② 气化温度高(1400~1500℃),碳转化率可达98%左右,产品气中甲烷含量低,有效气体体积分数高达90%;
③ 氧耗量低;
④ 单炉生产能力大;
⑤ 采用水冷壁,无耐火衬里,维修工作量小;
⑥ 气化热效率高,冷煤气效率可达80%;
⑦ 气化废水处理较简单,可以做到零排放。

主要缺点如下所述:

① 国产化率低,装置投资高,动力消耗大,废热锅炉维修工作量大;
② 气化炉单炉运行,没有备用炉,不利于生产的连续稳定;
③ 排出气化炉的高温煤气如用于制合成氨和氢气,副产的蒸汽量还不够用,需要到中压过热蒸汽系统。

6. GSP 干煤粉加压气化技术

GSP 气化技术由德国未来能源公司开发。经过干燥磨细后的干煤粉由气化炉顶部进入,属单烧嘴下行制气,气化炉内有水冷壁内件。

GSP 干煤粉加压气化技术的特点有以下几方面:

① 原料适应范围宽,对煤质要求不苛刻,粒度 250~500μm,灰分 1%~2%,灰熔融性温度 1100~1500℃;
② 水冷壁结构,即所谓的"以渣抗渣"的结构,避免了因高温、熔渣腐蚀及开停车产生应力对耐火材料的破坏,可单炉运行;
③ 供料系统采用 $400kg/m^3$,惰性气体密相气流输送,点火升温迅速,负荷弹性可在50%~110%运行。

7. 两段式干煤粉加压气化技术

气化炉采用水冷壁炉膛、液态排渣。运行时,向下炉膛内喷入粉煤、水蒸气和氧气,向上炉膛喷入少量粉煤和水蒸气。利用下炉膛的煤气显热进行上炉膛煤的热解和气化反应,以提高总的冷煤气效率;同时显著降低热煤气温度,使得炉膛出口的煤气降温至灰熔融性温度以下,从而省去冷煤气激冷流程。

两段式干煤粉加压气化技术的优点如下所述。

① 气化温度范围 1300~1700℃，碳转化率达 99%，有效气体成分（一氧化碳和氢气）达 90% 以上。不产生焦油、酚类凝聚物，不污染环境，合成气质量好。

② 煤种适应性好，可气化褐煤、烟煤、贫煤、无烟煤以及高灰分、高灰熔融性温度的煤，运行稳定可靠。

③ 气化炉采用水冷壁结构，以渣抗渣，无耐火砖衬里，维修量少，无需备炉。水冷壁寿命长达 20 年，烧嘴寿命长达 10 年。

④ 与国外先进干法气化技术相比，冷煤气效率提高 2%~3%，比氧耗低 10%~15%；与水煤浆气化技术相比，冷煤气效率提高 7%~10%，比氧耗降低 20%~30%。

⑤ 可省略冷煤气循环激冷流程，使得系统自耗功大幅度降低，同时煤气冷却器及净化系统的设备尺寸减小一半。

⑥ 气化系统全部国产，比国外先进的干法气化炉造价低 40% 左右。

其缺点是：合成气中甲烷含量较高，对制合成氨、甲醇、氢气不利。

四、熔融床气化炉

熔融床气化炉是一种气-固-液三相反应的气化炉。燃料和气化剂并流进入炉内，煤在熔融的灰渣、金属或盐浴中直接接触气化剂而气化，生成的煤气由炉顶导出，灰渣则以液态和熔融物一起溢流出气化炉。见图 5-5。

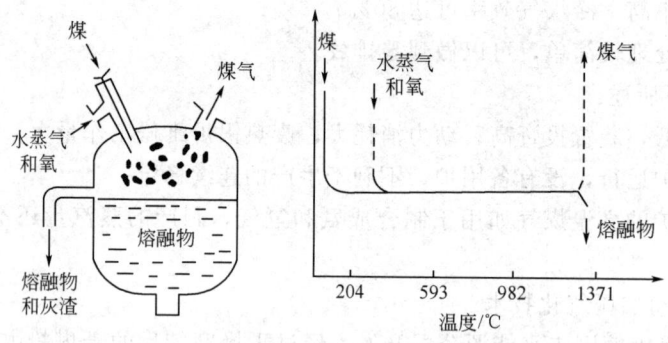

图 5-5　熔融床气化炉及炉内温度分布

优点：炉内温度很高，燃料一进入床内便迅速被加热气化，因而没有焦油类的物质生成。熔融床不同于移动床、沸腾床和气流床，对煤的粒度没有过分限制，大部分熔融气化炉使用磨得很粗的煤，也包括粉煤。熔融床也可以使用强黏结性煤、高灰煤和高硫谋。

缺点：热损失大，熔融物对环境污染严重，高温熔盐会对炉体造成严重腐蚀。

第四节　典型的气化工艺

一、鲁奇加压气化技术

常压固定床气化炉生产的煤气热值低，煤气中二氧化碳含量高，气化强度低，生产能力小，煤气不宜远距离输送，同时不能满足城市煤气的质量要求。为解决上述问题，人们研究发展了加压固定床气化技术。在加压固定床气化技术中，最著名的为鲁奇加压气化技术。

1. 鲁奇加压气化概述

鲁奇加压气化炉是由德国鲁奇公司所开发的，称为鲁奇加压气化炉，简称鲁奇炉。鲁奇加压气化采用的原料粒度为 5~50mm，气化剂采用水蒸气与纯氧，加压连续气化。随着气化压力的提高，气化强度大幅提高，单炉制气能力可达 75000~100000m³/h，而且煤气的热值增加。鲁奇加压气化技术在中国城市煤气生产和制取合成气方面受到广泛重视。

鲁奇加压气化有以下优点。

① 原料适应范围广。除黏结性较强的烟煤外，从褐煤到无烟煤均可气化；由于气化压力较高，气流速度低，可气化较低粒度的碎煤；可气化水分、灰分较高的劣质煤。

② 单炉生产能力大，最高可达 100000m³/h；气化过程是连续进行的，有利于实现自动控制；气化压力高，可缩小设备和管道尺寸，利用气化后的余压可以进行长距离输送；气化较年轻的煤时，可以得到各种有价值的焦油、轻质油及粗酚等多种副产品；通过改变压力和后续工艺流程，可以制得 H_2/CO 各种不同比例的化工合成原料气，拓宽了加压气化的应用范围。

鲁奇加压气化的缺点是：蒸汽分解率低，对于固态排渣气化炉，一般蒸汽分解率约为 40%，蒸汽消耗较大，未分解的蒸汽在后序工段冷却，造成气化废水较多，废水处理工序流程长，投资高；需要配套相应的制氧装置，一次性投资较大。

2. 几种主要炉型

(1) 第一代加压气化炉

第一代鲁奇加压气化炉是直径为 2.6m 的侧面排灰炉型，主要由煤箱、炉体、灰箱几部分组成，其结构如图 5-6 所示。

气化炉体是内径为 2.52m，外径为 3.0m，高度 6m 的圆筒体。为防止高温对炉体的损坏炉内壁衬有耐火砖，耐火砖厚度一般为 120~150mm，砌筑在内壁的支撑圈上。内衬砖即可避免炉体受热损坏，又可减少气化炉的热损失。

气化炉筒体由双层钢板制成，在内、外壳体之间形成夹套，生产时由锅炉水保持夹套充满水，产生的蒸汽通过上升管进入比炉体位置较高的集汽包内，在汽包内进行汽液分离，分离后的蒸汽通过管道并入气化剂管内，作为气化剂的一部分，以减少新鲜蒸

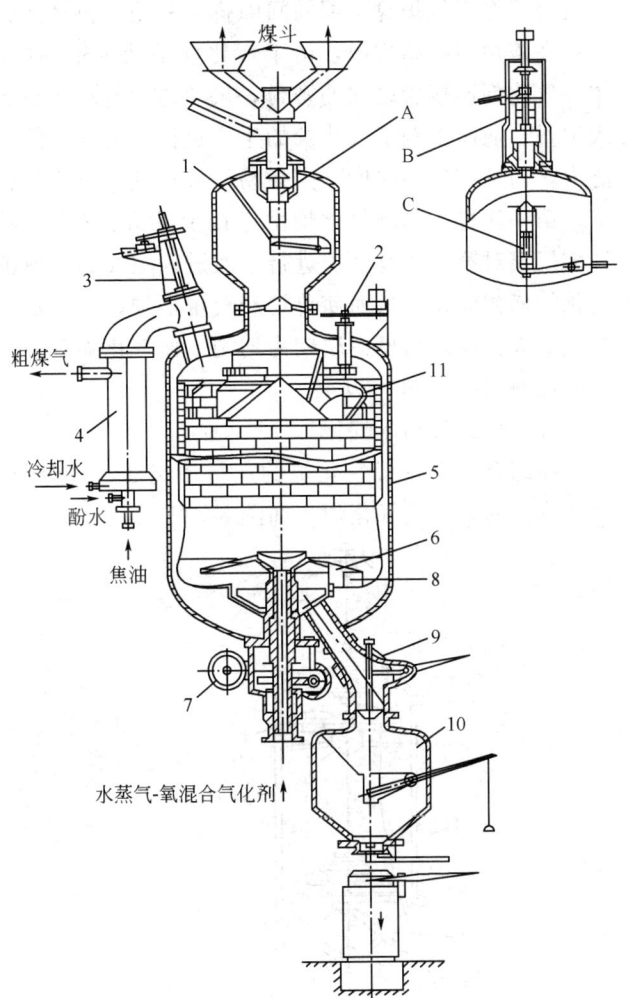

图 5-6 直径 2.6m 侧面排灰炉型
1—烘箱；2—上部刮刀传动机构；3—煤气出口管刮刀；
4—喷淋器；5—炉体；6—炉箅；7—炉箅传动机构；
8—刮灰刀；9—下灰颈管；10—灰箱；11—裙板；
A—带有内部液压传动装置的煤箱上阀；B—外部液压
传动装置；C—煤箱下阀的渡压传动装置

汽用量。当蒸汽温度降低时设置有夹套蒸汽与气化炉出口煤气平衡管，将产生的蒸汽排入粗煤气中。集汽包与夹套的连通是由两根上升管和两根下降管来实现的。夹套中产生的饱和水蒸气由两根上升管引至汽包内，分离后的饱和水与补充锅炉水则由汽包底部的两根下降管导入夹套底部。整个水系统形成了自然循环，以使气化炉内壁维持在气化压力相对应的水的饱和温度之下，避免气化炉内壁超温。

在炉膛的上部设有一圆筒形裙板，中间吊有正锥体布煤器，以便使煤下流时能在炉内均匀分布。在炉体的顶部设置有 2~3 个直径为 100mm 的点火孔，其点火操作是在炉内堆好木柴等可燃物，由点火孔投入火把引燃木柴后逐渐开车。排灰炉箅的转动是由电动机通过齿轮减速机和蜗轮蜗杆减速传动机构来带动的。煤经气化后产生的灰渣，由安装在炉箅上的三个灰刮刀将灰从炉箅下部的间隙排至灰箱，再经灰箱泄压后排出。

在该炉型的结构中，由于气化剂是从主轴的中心进入炉内，而转动的主轴与固定的炉体、气化剂连接管之间的密封，尺寸越大越难于解决，这就从结构上限制了该炉型的气化剂入炉量，从而限制了气化炉的生产负荷。另外，炉内壁衬砖不但减少了炉内径，降低了生产能力，而且在较高温度下内衬易形成挂壁，造成气化炉床层下移困难。

第一代鲁奇加压气化炉由于以上几方面的影响，单炉产气量一般为 4500~5000m³/h。许多厂家对第一代鲁奇炉进行了改进，主要为：取消炉内的耐火衬里，扩大炉内空间，增大气化炉横截面积，从而使单炉产气量增加；将平盘型风帽炉箅改为宝塔型炉箅，改善炉箅的布气效果，使炉内反应层较为均匀，使气化强度提高。通过改进，第一代气化炉的生产能力较改进前提高了 50% 以上。

（2）第二代加压气化炉

在综合了第一代气化炉的运行情况后，鲁奇公司于 20 世纪 50 年代推出了直径 2.6m，中间排灰的第二代气化炉，如图 5-7 所示。

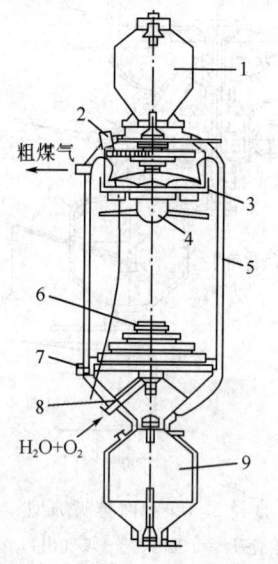

图 5-7　直径 2.6m 中间排灰炉型
1—煤箱；2—上部传动装置；3—布煤器；
4—搅拌装置；5—炉体；6—炉箅；
7—炉箅传动轴；8—气化剂进口管；9—灰箱

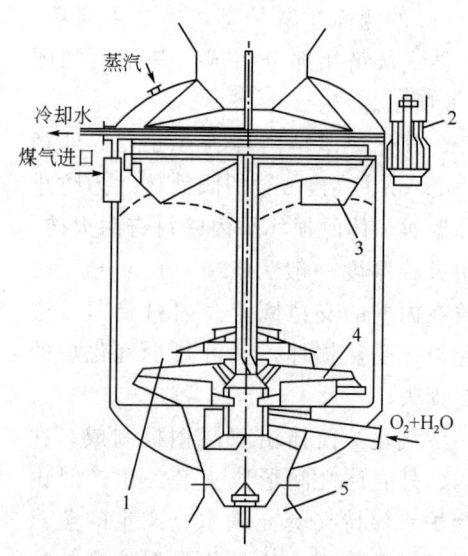

图 5-8　直径 3.7m 的"萨索尔"炉
1—煤箱；2—炉箅和耙的传动装置；
3—布煤器；4—梯形炉箅；5—灰箱

其特点是：在炉内部设置了转动的搅拌装置和布煤器；炉箅由单层平型改为多层塔节型结构；入炉气化剂管与传动轴分开，单独固定在炉底侧壁上；取消了炉内耐火衬里；灰锁设置在炉底正中位置，气化后产生的灰渣从炉箅的周边环隙落在炉下部的下灰室，然后再进入灰锁。

(3) 萨索尔炉

萨索尔炉是在第二代炉型上的改进型，在南非 Sasol 第一期工程中投建的加压气化炉，其内径是 3.7m，其结构如图 5-8 所示。

该炉型的最大特点是：将底部的炉箅与上部的布煤器用一根轴连接起来，该轴上下贯穿整个气化燃料层。其传动装置设在温度较低的气化炉上部，从而避免了传动装置在底部受灰渣的磨损。由于炉内温度较高，为避免传动轴内件超温损坏，在中心轴内通入锅炉水冷却，此锅炉水和炉体的夹套连通形成一个水系统，用泵来进行水的强制循环。水的流动方向是从夹套底部由泵抽出经加压后送至中心轴内，流至炉箅冷却水槽，然后返回流入传动轴外面环状空隙，进入布煤器，最后进入水夹套上部。

该炉型存在的缺点有：由于中心传动轴长达 4m 以下，材质和加工精度要求高，在生产中受高温影响故障较多。另一方面，炉箅和布煤器、搅拌器为同一转速，不能按生产需要分别进行调整，故而该炉型已不再适用。

(4) 第三代加压气化炉

第三代加压气化炉是在第二代炉型上的改进型（图 5-9），其型号为 Mark-Ⅲ，是目前世界上使用最为广泛的一种炉型。其内径为 3.8m，外径为 4.128m，炉体高 12.5m，气化炉操作压力为 3.05MPa。该炉生产能力高，炉内设有搅拌装置，可气化除强黏结性烟煤外的

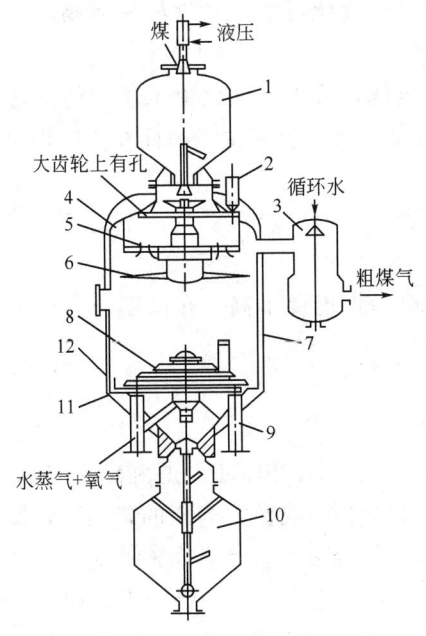

图 5-9 第三代加压气化炉

1—煤箱；2—上部传动装置；3—喷淋器；4—裙板；
5—布煤器；6—搅拌器；7—炉体；8—炉箅；
9—炉箅传动装置；10—灰箱；11—刮刀；12—保护板

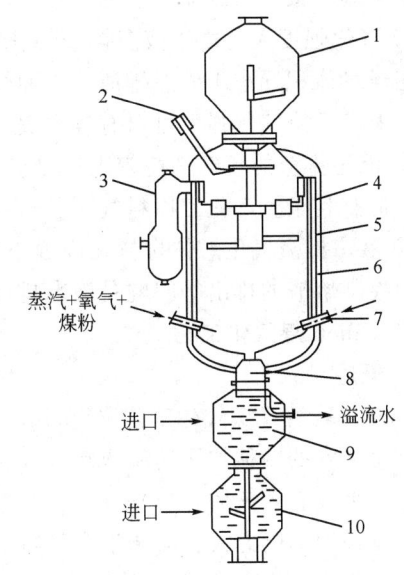

图 5-10 鲁奇液态排渣试验炉

1—煤箱；2—上部传动装置；3—喷冷器；4—布煤器；
5—搅拌器；6—炉体；7—喷嘴；8—排渣口；
9—熔渣急冷箱；10—灰箱

大部分煤种。为了气化有一定黏结性的煤种，第三代气化炉在炉内上部设置了布煤器与搅拌器，它们安装在同一空心转轴上，其转速根据气化用煤的黏结性及气化炉生产负荷来调整，一般厚为 10~20mm，从煤锁下料口到布煤器之间的空间，约能贮存 0.5h 气化炉用煤量，以缓冲煤锁在间歇充、泄压加煤过程中的气化炉连续供煤。该炉型也可用于气化不黏结煤种。此时，不安装布煤搅拌器，整个气化炉上部传动机构取消，只保留煤锁下料口到炉膛的贮煤空间，结构简单。

(5) 第四代加压气化炉

第四代加压气化炉是在第三代炉的基础上加大了气化炉的直径（达 5m），使单炉生产能力大为提高，目前该炉仅在南非 Sasol 公司投入运行。

(6) 鲁奇液态排渣气化炉

鲁奇液态排渣气化炉是传统固态排渣气化炉的进一步发展，其特点是气化温度高，气化后灰渣呈熔融态排出，因而使气化炉的热效率与单炉生产能力提高，煤气的成本降低，如图 5-10 所示。该炉气化压力为 2.0~3.0MPa，气化炉上部设有布煤搅拌器，可气化较强黏结性的烟煤。气化剂（水蒸气＋氧气）由气化炉下部喷嘴喷入，气化时，灰渣在高于煤灰熔点温度下呈熔融状态排出，熔渣快速通过气化炉底部出渣口流入急冷器，在此被水急冷而成固态炉渣，然后通过灰锁排出。

液态排渣气化炉有以下特点。

① 由于液态排渣气化剂的汽氧比远低于固态排渣，所以气化层的反应温度高，碳的转化率增大，煤气中的可燃成分增加，气化效率高，煤气中 CO 含量较高，有利于生产合成气。

② 水蒸气耗量大为降低，且配入的水蒸气仅满足于气化反应，蒸汽分解率高，煤气中的剩余水蒸气很少，故而产生的废水远小于固态排渣。

③ 气化强度大。由于液态排渣气化煤气中的水蒸气量很少，气化单位质量的煤所生成的湿粗煤气体积远小于固态排渣，因而煤气气流速度低，带出物减少，因此在相同带出物条件下，液态排渣气化强度可以有较大提高。

④ 液态排渣的氧气消耗较固态排渣要高，生成煤气中的甲烷含量少，不利于生产城市煤气，但有利于生产化工原料气。

⑤ 液态排渣气化炉体材料在高温下的耐磨、耐腐蚀性能要求高。在高温、高压下如何有效地控制熔渣的排出等问题是液态排渣的技术关键。

二、Shell 煤气化工艺

1. 概述

Shell（壳牌）煤气化工艺（Shell coal gasification process，SCGP）是由荷兰 Shell 国际石油公司开发的一种加压气流床粉煤气化技术。在气化炉内，高温、高压的条件下，煤和氧气反应，生成有效气体（$CO+H_2$）含量高达 90% 以上的合成气。具有煤种适应广、碳转化率高、设备生产能力大、清洁生产等特点。Shell 煤气化工艺的发展主要经历了如下几个阶段：概念阶段；小试试验；中试装置；工业示范装置；工业化应用。

2. 气化基本原理

壳牌粉煤加压气化炉是气流床反应器，也为自热式反应器，在加压无催化剂条件下，煤和氧气发生部分氧化反应，生成以 CO 和 H_2 为有效组分的粗合成气。整个煤的部分氧化反应是一个复杂过程，反应的机理目前尚不能完全作分析，但可以大致把它分为三步进行。

第一步，煤的裂解及挥发分燃烧。当粉煤和氧气喷入气化炉内后，迅速被加热到高温，粉煤发生干燥及热裂解，释放出焦油、酚、甲醇、树脂、甲烷等挥发分，水分变成水蒸气，粉煤变成焦煤。由于此时氧气浓度高，在高温下挥发分完全燃烧，同时放出大量热量。因此，煤气中不含有焦油、酚、高级烃等可凝聚物。

第二步，煤焦的燃烧及气化。在这一步，煤焦一方面与剩余的氧气发生燃烧反应，生成 CO_2 和 CO 等气体，放出热量。另一方面，煤焦与水蒸气和 CO_2 发生气化反应，生成 CO 和 H_2。在气相中，CO 和 H_2 又与残余的氧气发生燃烧反应，放出更多的热量。

第三步，煤焦及产物的气化。此时，反应物中几乎不含有 O_2。主要是焦煤、甲烷等物质和水蒸气、CO_2 发生气化反应，生成 CO 和 H_2。

3. 工艺流程

Shell 煤气化工艺流程见图 5-11，从示范装置到大型工业化装置均采用废热锅炉流程。来自制粉系统的干燥粉煤由氮气或二氧化碳气经浓相输送至炉前煤粉贮仓及煤锁斗，再经由加压氮气或二氧化碳气加压将细煤粒子由煤锁斗送入周向相对布置的气化烧嘴。气化需要的氧气和水蒸气也送入烧嘴。通过控制加煤量，调节氧量和蒸汽量，使气化炉在 1400~1700℃ 范围内运行。气化炉操作压力为 2~4MPa。在气化炉内煤中的灰分以熔渣形式排出。绝大部分熔渣从炉底离开气化炉，用水激冷，再经破渣机进入渣锁系统，最终泄压排出系统。熔渣为一种惰性玻璃状物质。出气化炉的粗煤气挟带着飞散的熔渣粒子被循环冷却煤气激冷，使熔渣固化而不致粘在合成气冷却器壁上，然后再从煤气中脱除。合成气冷却器采用水管式废热锅炉，用来产生中压饱和蒸汽或过热蒸汽。粗煤气经省煤器进一步回收热量后进入陶瓷过滤器除去细灰。部分煤气加压循环用于出炉煤气的激冷。粗煤气经脱除氯化物、氨、氰化物和硫，HCN 转化为 N_2 或 NH_3，硫化物转化为单质硫。工艺过程大部分水循环使用，废水在排放前需经生化处理。如果要将废水排放量减少为零，可用低位热将水蒸发。剩下的残渣只是无害的盐类。

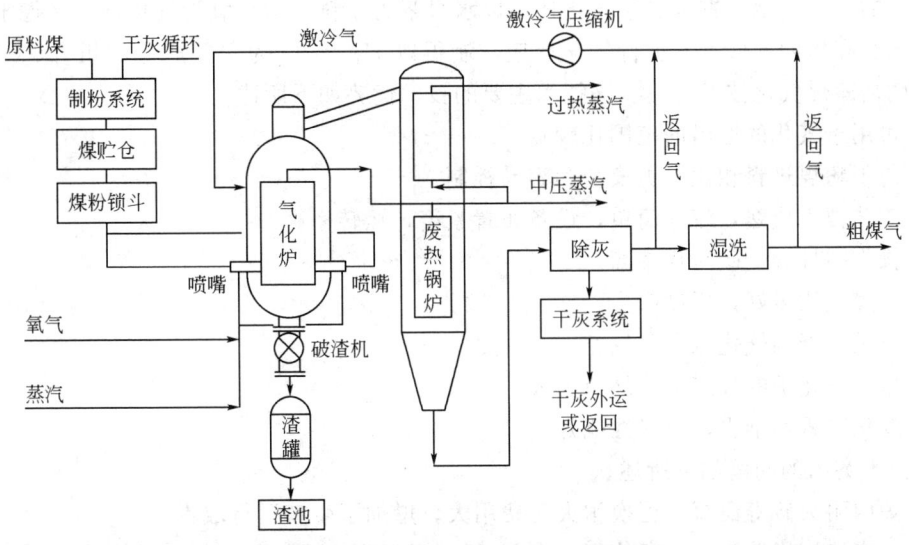

图 5-11 Shell 煤气化工艺流程示意

4. 主要设备

气化炉 Shell 煤气化装置的核心设备是气化炉。气化炉结构图见图 5-12。

Shell 煤气化炉采用膜式水冷壁形式。它主要由内筒和外筒两部分构成，包括膜式水冷壁、环形空间和高压容器外壳。膜式水冷壁向火侧敷有一层比较薄的耐火材料，一方面为了减少热损失；另一方面更主要的是为了挂渣，充分利用渣层的隔热功能，以渣抗渣，以渣护炉壁，可以使气化炉热损失减少到最低，以提高气化炉的可操作性和气化效率。环形空间位于压力容器外壳和膜式水冷壁之间。设计环形空间的目的是为了容纳水/蒸汽的输入/输出管和集汽管，另外，环形空间还有利于检查和维修。气化炉外壳为压力容器，一般小直径的气化炉用钨合金钢制造，其他用低铬钢制造。

气化炉内筒上部为燃烧室（或气化区），下部为熔渣激冷室。煤粉及氧气在燃烧室反应，温度为 1700℃左右。Shell 气化炉由于采用了膜式水冷壁结构，内壁衬里设有水冷却管，副产部分蒸汽，正常操作时壁内形成渣保护层，用以渣抗渣的方式保护气化炉衬里不受侵蚀，避免了因高温、熔渣腐蚀及开停车产生应力对耐火材料的破坏而导致气化炉无法长周期运行。由于不需要耐火砖隔热层，运转周期长，可单炉运行，不需备用炉，可靠性高。

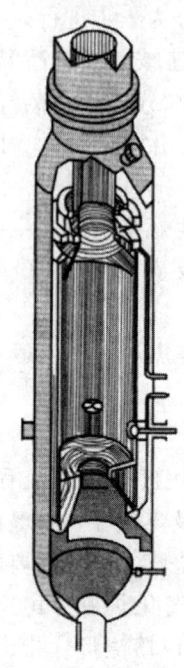

图 5-12 Shell 煤气化炉结构简图

三、德士古水煤浆气化技术

1. 概述

德士古水煤浆加压气化工艺发展至今已有 50 多年历史，鉴于在加压下连续输送粉煤的难度较大，1948 年美国德士古发展公司受重油气化的启发，首先创建了水煤浆气化工艺，并在加利福尼亚州洛杉矶近郊的 Montebello 建设第一套中试装置，这在煤气化发展史上是一个重大的开端。德士古水煤浆气化技术以水煤浆为原料，以纯氧为气化剂，在德士古气化炉内高温和高压的条件下，进行气化反应，制得以 H_2+CO 为主要成分的粗合成气，是目前先进的洁净煤气化技术之一。该技术主要的技术优势如下所述。

① 可用于气化的原料的范围比较宽。
② 与干粉煤进料相比，更安全和容易控制。
③ 工艺技术成熟，流程简单，设备布置紧凑，运转率高。
④ 操作弹性大，碳转化率高。
⑤ 粗煤气质量好，用途广。
⑥ 可供选择的气化压力范围宽。
⑦ 单台气化炉的投煤量选择范围大。
⑧ 气化过程污染少，环保性能好。

该技术突出的问题如下所述。

① 炉内耐火砖寿命短，更换耐火砖费用大，增加了生产运行成本。
② 喷嘴使用周期短，一般使用 60~90 天就需要更换或修复，停炉更换喷嘴对生产连续运行或高负荷运行有影响，一般需要有备用炉，这增加了建设投资。

③ 考虑到喷嘴的雾化性能及气化反应过程对炉砖的损害，气化炉不适宜长时间在低负荷下运行，经济负荷应在70%以上。

④ 水煤浆含水量高，使冷煤气效率和煤气中的有效气体成分偏低，氧耗、煤耗均比干法气流要高一些。

⑤ 对管道及设备的材料选择要求严格，一次性工程投资比较高。

2. 气化基本原理

德士古水煤浆加压气化炉是两相并流气化炉，氧气和水煤浆通过特制的工艺喷嘴混合后喷入气化炉，在极短的时间内完成了煤浆水分的蒸发、煤的热解、燃烧和一系列转化反应等产生水煤气，其反应释放的能量可维持气化炉在煤灰熔点温度以上反应以满足液态排渣的需要。如以 C_mH_nO 来表示煤的分子式，则气化炉内发生的气化反应可表示如下：

$$C_mH_nO + (m-1/2+n/4)O_2 \xrightarrow{完全氧化} mCO_2 + n/2H_2O$$

$$C + O_2 \xrightarrow{完全氧化} CO_2$$

$$H_2 + 1/2O_2 \xrightarrow{完全氧化} H_2O$$

$$CO + 1/2O_2 \xrightarrow{完全氧化} CO_2$$

$$C_mH_nO + (m-1)/2O_2 \xrightarrow{部分氧化} mCO + n/2H_2$$

$$C + 1/2O_2 \xrightarrow{部分氧化} CO$$

$$C_mH_nO(煤) \xrightarrow{煤热解} 低链烃类(气态) + 焦炭$$

$$C_mH_nO + (m-1)H_2O \xrightarrow{煤转化} mCO + (m-1+n/2)H_2$$

$$C_mH_nO + (2m-1)H_2O \xrightarrow{煤转化} mCO_2 + (2m-1+n/2)H_2$$

$$C_mH_nO + (m-1)CO_2 \xrightarrow{煤转化} (2m-1)CO + n/2H_2$$

$$CH_4 + 2H_2O \xrightarrow{甲烷转化} CO_2 + 4H_2$$

$$CH_4 + H_2O \xrightarrow{甲烷转化} CO_2 + 3H_2$$

$$CH_4 + 2CO_2 \xrightarrow{甲烷转化} 2CO + 2H_2$$

$$C + H_2O \xrightarrow{碳气化} CO + H_2$$

$$C + CO_2 \xrightarrow{碳气化} 2CO$$

$$CO + H_2O \xrightarrow{变化反应} CO_2 + H_2$$

$$3H_2 + N_2 \xrightarrow{氨生成反应} 2NH_3$$

$$H_2 + S \xrightarrow{硫化氢生成} H_2S$$

$$H_2S + CO \xrightarrow{COS生成} H_2 + COS$$

$$CO + H_2O \xrightarrow{甲酸生成} HCOOH$$

3. 工艺流程

水煤浆加压气化的工艺流程，按燃烧室排出的高温气体和熔渣的冷却方式的不同，可以分为激冷流程和废热锅炉流程。

(1) 激冷流程

激冷流程示意见图 5-13。

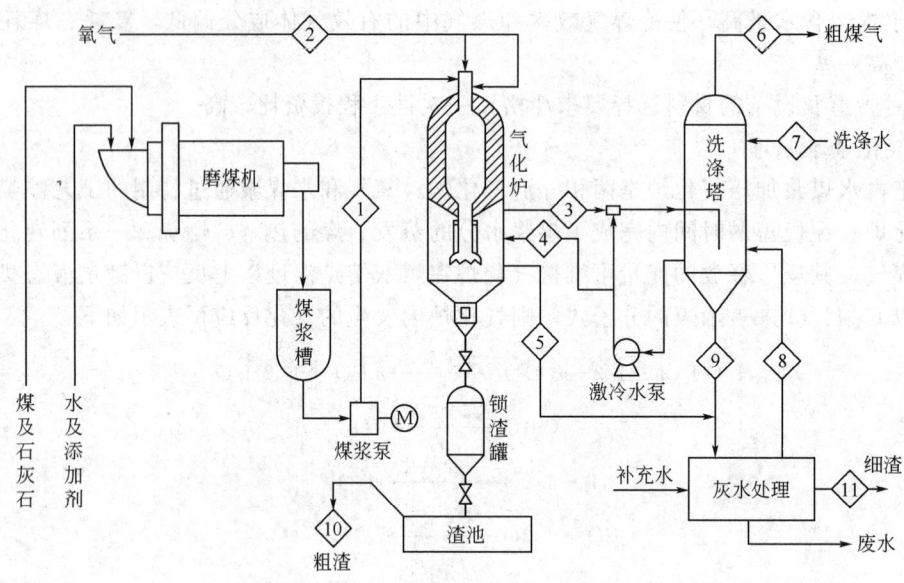

图 5-13 德士古激冷流程

气化过程中从煤输送系统送来原料煤，经过称重后加入磨机，在磨机中与定量的水和添加剂混合制成一定浓度的煤浆。煤浆经滚筒筛筛去大颗粒后流入磨机出口槽，然后用低压煤浆泵送入煤浆槽，再经高压煤浆泵送入气化喷嘴。通过喷嘴煤浆与空分装置送来的氧气一起混合雾化喷入气化炉，在燃烧室中发生气化反应。气化炉燃烧室排出的高温气体和熔渣经激冷环被水激冷后，沿下降管导入激冷室进行水浴，熔渣迅速固化，粗煤气被水饱和。出气化炉的粗煤气再经文丘里喷射器和炭黑洗涤塔用水进一步润湿洗涤，除去残余的飞灰。生成的灰渣留在水中，绝大部分迅速沉淀并通过锁渣罐系统定期排出界外。激冷室和炭黑洗涤塔排出黑水中的细灰，通过灰水处理系统经沉降槽沉降除去，澄清的灰水返回工艺系统循环使用。为了保证系统水中的离子平衡，抽出小部分水送入生化处理装置处理排放。

(2) 废热锅炉流程

废热锅炉流程示意见图 5-14。

气化炉燃烧室的排出物，经过紧连其下的辐射废热锅炉间接换热，副产高压蒸汽，高温粗煤气被冷却，熔渣开始凝固；含有少量飞灰的粗煤气再经过对流废热锅炉进一步冷却回收热量，绝大部分灰渣留在辐射废热锅炉的底部水浴中。出对流废热锅炉的粗煤气用水进行洗涤，除去残余的飞灰，然后可送往下道工序进一步处理。粗渣、细灰及灰水的处理方式与激冷流程的方法相同。

另有一种半废热锅炉流程，粗煤气和熔渣在辐射废热锅炉内将一部分热量副产蒸汽后不再直接进入对流废热锅炉，而是直接进入炭黑洗涤塔，洗掉残余灰分的同时获得一部分水蒸气，为需将一氧化碳部分变化为氢气的工艺提供条件。

4. 主要设备

(1) 磨煤机

湿法制浆采用比较多的是球磨机和棒磨机，磨机筒体内衬有耐磨钢衬，研磨机一般采用

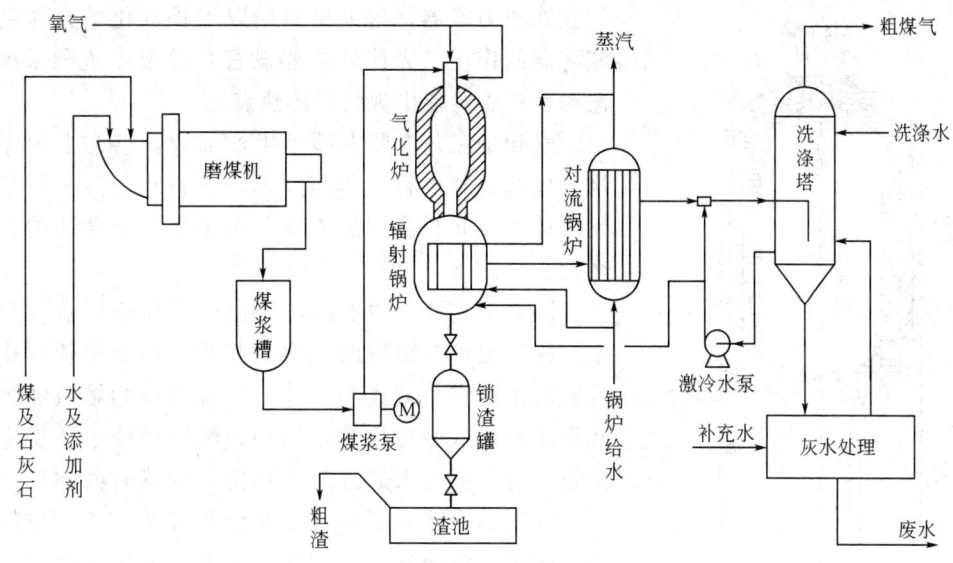

图 5-14 德士古废热锅炉流程

不同尺寸的耐磨钢棒或钢球。为了补充磨损量需定期向磨机内加入新的研磨体,以保证煤粒细度和煤浆浓度。

这两种磨机都可制出适合于气化的合格煤浆,但棒磨机更适合于可磨指数高的年轻烟煤,而球磨机适合于所有煤种,特别是无烟煤、贫煤等;球磨机制出的煤浆粒度较棒磨机的粒度细;棒磨机功率消耗要比球磨机的省 1/3 左右。

磨机出口设有滚筒筛,用以分离煤浆中的超尺寸粒子,但当煤浆中固体颗粒含量过高时,黏稠的煤浆也会经滚筒筛溢出磨机。

(2) 煤浆泵

在水煤浆气化开发初期,大多采用螺杆泵和普通柱塞泵来供应煤浆,因其使用效果不好,逐渐被正位移计量柱塞隔膜泵所替代,有效地解决了煤浆对传动机构润滑密封的污染问题。

(3) 喷嘴

水煤浆气化一般采用三流式喷嘴,中心管和外环隙走氧气,中层环隙走煤浆。设置中心管氧气的目的是为了保证煤浆和氧气的充分混合,中心氧量一般占总量的 10%~25%。喷嘴必须要有良好的雾化及混合效果,以获得较高的碳转化率;要有良好的喷嘴角度和火焰长度,以防损坏耐火砖;要具有一定的操作弹性,以满足气化炉负荷变化的需要;要具有较长的使用寿命,以保证气化运行的连续性。

气化炉操作条件比较恶劣,固体冲刷、含硫气体腐蚀,再加上高温环境和热辐射,水煤浆喷嘴头部容易出现磨损和龟裂,使用寿命平均只有 60~90 天,需要定期倒炉以对喷嘴进行检查维护。

喷嘴要求采用耐磨性好的硬质材质,同时要求具有抗氧化/硫化和耐高温的特性。目前喷嘴的内管、中管、外管材料大多采用含镍高的 Inconel 600 合金,头部材料则采用含钴高的 UMC050 或 Haynessl88 等镍基合金。

(4) 气化炉

气化炉是高温气化反应发生的场所,是气化的核心设备之一。其燃烧室为内衬耐火材料的立式压力容器，耐火材料用以保护气化炉壳体免受反应高温的作用。壳体外部还设有炉壁温度监测系统，以监测生产中可能出现的局部热点。

气化炉工艺上要求满足生产需要，结构上为保证燃烧反应的顺利进行必须与喷嘴匹配得当、为保证必要的反应停留时间和合理的流场分布必须具有合适的炉膛高径比。

随着工艺要求的不同，气化炉燃烧室可直接与激冷室相连，也可与辐射废热锅炉相连。在激冷流程中，燃烧室与激冷室一般连为一体，高温气体和熔渣经激冷环和下降管进入激冷室的水浴中。激冷环位于燃烧室渣口的正下方，激冷水通过激冷环使下降管表面均匀地布上一层向下的水膜，既激冷了高温气体和熔渣，也保护了金属部件。激冷环的作用非常重要，如果激冷水分布不好，有可能造成激冷环和下降管损坏或结渣，引起局部堵塞或激冷室超温。图 5-15 为激冷式气化炉结构示意。

(5) 破渣机

气化炉水浴室底部设置的破渣机将经过激冷的大块渣或剥落的耐火砖块进行破碎，使其顺利通过气化炉收集在锁渣罐之内。为了防止卡渣或渣架桥，破渣机一般设有正反转功能，驱动系统可采用电机驱动或液压驱动。

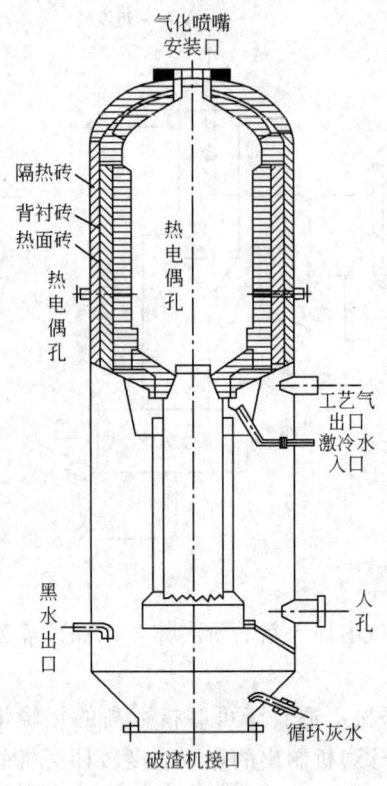

图 5-15 激冷式气化炉结构示意

(6) 锁渣罐

设置的锁渣罐系统可连续接受气化炉水浴室排出的灰渣，并将灰渣从系统中排出去。德士古气化炉锁渣罐系统运行分五个步骤：灰渣收集、系统隔离、系统卸压、排渣冲洗、充压投用，该过程可以通过自动或手动控制实现。上述每一步都是由系统设置的相关阀门的动作来完成，任何一步动作不正常都将影响系统的顺利进行。渣水混合物的存在、频繁的开关切换，使得阀门结构形式、密封形式及材料的正确选择显得尤为重要。

锁渣罐的灰渣收集排放周期取决于原料煤中的含灰量，一般 0.5h 排一次渣。生产中反复的减压加压操作，使锁渣罐承受着交变应力的作用，设计中要进行疲劳应力分析，对材料的选择要求较高。

(7) 辐射废热锅炉

辐射废热锅炉的技术关键是设法使液态熔渣从废热锅炉中心通过，避免与废热锅炉壁面接触，然后进入水封粒化成固态渣，约 95% 的灰渣需从这里分离掉。

为了保护废热锅炉水管、防止腐蚀，在水管外可涂专用保护涂层。在炉内还设有吹灰系统以防止结渣。考虑到粗煤气泄漏的可能性；选定的副产蒸汽压力一般高于粗煤气压力 1.0MPa 左右。

(8) 对流废热锅炉

气体进入对流废热锅炉的温度必须远远小于熔渣固化温度，以免随粗煤气带入炉中，约 5% 的灰渣在对流废热锅炉炉壁黏结，造成传热面结垢堵塞。

对流废热锅炉可以采用水管式锅炉或火管式锅炉。水管式锅炉压降小、操作弹性大；火管式锅炉特点是设备紧凑，价格便宜。

（9）炭黑洗涤塔

粗煤气中夹带的细灰在洗涤塔水浴中与水接触而被除去，粗煤气上升，在洗涤塔上部塔盘上与加入的净水接触，进一步除去残余的细灰，使粗煤气中灰含量达到 $1mg/m^3$ 以下。粗煤气携带的水滴通过洗涤塔顶部出口设置的百叶窗式除沫器进行分离。国内采用的塔盘结构形式有撞击式泡罩和撞击式筛板两种。

（10）主要阀门

气化炉炉头煤浆和氧气的联锁切断阀、锁渣罐、锁渣阀以及灰水、黑水系统的调节阀由于其工作介质条件恶劣、切换动作及严密性要求高，这些阀门的阀芯及阀座材料大多采用硬质合金如钨铬钴硬质合金等，加工精度要求很高，目前还需要进口。

第五节　煤炭地下气化

煤炭地下气化（underground coal gasification，UCG）是通过在地下煤层中直接构筑"气化炉"，通过气化剂，有控制地使煤炭在地下进行气化反应，使煤炭在原地自然状态下转化为可燃气体并输送到地面的过程。

早在100多年前，以门捷列夫为代表的一些科学家就提出采煤的目的是提取煤中的含能组分还不是采煤本身，并提出了煤炭地下气化的设想：有控制地燃烧地下的煤炭，使煤在热作用和化学作用下产生可燃气体，并将建井、采煤和气化三大工艺合而为一，变物理采煤为化学采煤。这种方法抛弃了庞大的、笨重的采煤装置和地面气化装置，具有安全性好、投资少、见效快、污染少、效益高等优点。1979年联合国在"世界煤炭远景会议"上就明确指出，发展煤炭地下气化是世界煤炭开采的研究方向之一，是从根本上解决传统的煤炭开采的一系列技术和环境问题的重要途径。1992年国家科委制订的我国科技中长期发展纲要"白皮书"中明确指出：到2020年的战略目标和关键技术是完成煤炭地下气化的试验研究并建立商业性的煤炭地下气化站。

100多年来地下气化技术以其诱人的前景，促使各国投入大量的人力、物力和财力进行研究试验并取得了丰硕的成果。

一、国外煤炭地下气化技术

1888年著名化学家门捷列夫在世界上首次提出了煤炭地下气化的设想，并提出了实现工业化的基本途径。英国曾于1908年进行煤炭地下气化的试验。前苏联从20世纪30年代开始，在莫斯科近郊、顿巴斯和库兹巴斯建设试验区，1941年莫斯科近郊煤田从技术上第一次解决了无井式地下气化问题。第二次世界大战以后，前苏联先后建立了5个大型气化站，它们分别是顿巴斯煤田的利西昌斯克地下烟煤气化站、库兹巴斯的南阿宾斯克地下煤气化站、莫斯科近郊地下褐煤气化站、莫斯科近郊萨茨克地下褐煤气化站、乌兹别克的安格连斯克地下褐煤气化站。这5个气化站都是从地面经煤层打钻孔进行气化的，已气化了1500多万吨煤炭，获得50多亿立方米的商品煤气，所产煤气主要用于锅炉燃烧和发电。

美国地下气化试验开始于1946年，首先在亚拉巴马州的浅部煤层进行试验，利用有井式施工方案，采用空气、水蒸气、富氧空气等不同气化剂进行试验，煤气热值为 $0.9\sim5.4MJ/m^3$。1987 年到 1988 年在落基山进行了扩展贯通井孔和注入点控制后退两种模式，水蒸气/氧气鼓风，获得了中热值煤气，但产气成本远高于天然气。

英国、法国、西班牙等东欧国家也十分重视煤炭地下气化技术，进行了试验室研究和建模工作。其主要目标放在井下难以开采的千米以下深部煤层气化的研究工作上。1978~1987 年，西欧国家在比利时的图林进行高压地下气化试验，生产的煤气用于发电。1991~1998 年，6 个欧盟成员国组成的欧洲地下气化工作组，在西班牙特鲁埃尔进行了 301h 现场试验。

1997 年，澳大利亚在庆奇拉建成地下气化炉，生产热值为 $5MJ/m^3$ 的空气煤气，最大产量约 $8\times10^4m^3/h$，试验运行了 28 个月。

二、国内煤炭地下气化技术

中国从 20 世纪 50 年代开始进行地下气化试验与研究。1968~1962 年，中国先后在大同、皖南、沈北等许多矿区进行过自然条件下煤炭气化的试验，取得了一定的成就。鹤岗地下气化试验是在 1960 年进行的，首先是用电贯通方法建立了一个 10m 的通道，然后通过火力渗透，建立一个 20m 的通道（包括电贯通的 10m），并连续采用此通道气化 20 余天，生产出可燃煤气。

1987 年完成了江苏省"七五"重点攻关项目-徐州马庄矿煤炭地下气化现场试验，本次试验采用了无井式空气连续气化工艺，试验进行了 3 个月，产气 $16\times10^4m^3$，煤气平均热值为 $4.2MJ/m^3$，试验表明，在矿井遗弃煤层中进行地下气化是可行的，安全是有保障的。

1994 年完成了国家"八五"重点科技攻关项目-徐州新河二号井煤炭地下气化半工业性试验。气化炉建立在矿井防水煤柱中，连续气化时间约 10 个月，所采用的"长通道、大断面、两阶段"地下气化工艺构思新颖，属国内外首创，半工业性试验达到了国际先进水平。本次试验基本上解决了煤炭地下气化长期因煤气热值低、成本高、不稳定、可控性差而停滞不前的难题．找到了适合中目国情发展的煤炭地下气化道路。

1996 年 5 月开始了河北省重点科技项目-唐山刘庄煤矿煤炭地下工业性试验。本次试验建立了两个气化炉，气化炉建在刘庄矿安全煤柱中。该项目在实施"长通道、大断面、两阶段"煤炭地下气化新工艺的同时，采用压抽结合、边气化边填充、燃空区探测等保障措施，构成了较完善的生产工艺体系，可保证在气化炉工况多变化的情况下，稳定生产空气煤气。基本达到了按热值要求均衡、稳定、连续产气（供气）的目标。

山东新汶孙村矿地下气化工程于 2000 年 4 月 30 日开始试验，经过 1 年多的试验生产，成功地为 1 万户居民和蒸汽锅炉连续提供燃气，并进行了 400kW 小型内燃机发电试验。该项目利用"长通道、大断面、两阶段"气化技术，在中国缓倾斜、2m 以下煤层中首次试验成功，水煤气热值稳定在 $7\sim11MJ/m^3$。

山东肥城曹庄煤矿复式炉地下气化试验研究也 2001 年 9 月 1 日点火成功，9 月 3 日生产出合格的煤气，煤气热值在 $4.18\sim5.86MJ/m^3$，单炉日产量约 $3.5\times10^4m^3$，已成功供居民使用。

山西昔阳无烟煤地下气化联产 6×10^4t 合成氨示范工程也于 2001 年 10 月 21 日点火。空气煤气产量达到 $12\times10^4m^3/d$，煤气热值在 $3.35\sim5.02MJ/m^3$，煤气供低热值锅炉燃烧，产气量为 4t/d。

另外,中国最近还在黑龙江省伊兰煤矿、河南省鹤壁三矿、新密煤田下庄河煤矿进行了矿井式气化方法的实验研究。

三、煤炭地下气化技术的原理

煤炭地下气化与地面气化的原理相同,煤气成分也基本相同,但其工艺形态不同,地面气化过程在气化炉内的煤块中进行,而地下气化则在煤层中的气化通道中进行。将气化通道的进气孔一端煤层点燃,从进气孔鼓入气化剂(空气、氧气、水蒸气等)。煤层燃烧后,则按温度和化学反应的不同,在气化通道中形成3个带,如图5-16所示,即氧化带、还原带、干馏干燥带。经过这3个反应带后就形成了主要含有可燃组分 CO、H_2、CH_4 的煤气。这3个反应带沿气流方向逐渐向出气口移动,因而保持气化反应的不断进行。地下气化炉的主要建设是进、排气孔的施工和气化通道的贯通,根据气化通道的建设方式,把煤炭地下气化分为有井式和无井式,前者以人工开采的巷道为气化通道,后者以钻孔作为气化通。

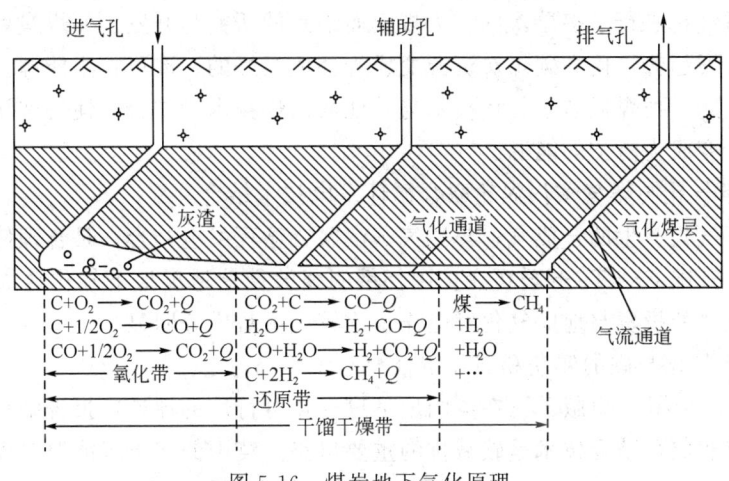

图 5-16 煤炭地下气化原理

四、煤炭地下气化技术的应用

煤炭地下气化煤气主要有以下用途:

① 用于发电;

② 用于工业燃气;

③ 提取纯氢,进一步用作还原气和精细化工产品;

④ 用于城市的民用煤气;

⑤ 用于合成甲烷,进入天然气管网;

⑥ 用于化工合成原料气,通过煤气可合成甲醇、氨气、二甲醚、石油等。

目前我国地下气化煤气主要用于城市燃气、发电和合成氨、合成二甲醚、提取纯氢等。

五、煤炭地下气化技术的特点

煤炭地下气化与地面气化生产同样下游产品相比,生产合成气成本可下降43%、生产天然气代用品成本可下降10%~18%、发电成本可下降27%。煤炭地下气化,比起传统的采煤业来具有投资少、见效快和成本低的优点。但是一般而言相同热值条件下煤炭气化成本要比常规天然气高,随着气化工艺技术的不断改进而使成本降低,大规模的煤炭气化技术将具有更大的经济效益。此外,随着我国煤层气产业的发展,煤层气与煤炭地下气化的综合开发和利用也必将进一步降低成本、提高煤炭地下气化的经济效益。

需要指出的是，煤炭地下气化的意义不仅在于经济效益，而且改善了能源结构，增强了煤矿生产的安全性。煤炭气化后灰渣留在原地，避免造成废气、废水、废渣等污染，并可减少因煤炭采空造成的地面下沉。此技术可大大提高资源回收率，使传统工艺难以开采的边角煤、深部煤、"三下"压煤和已经或即将报废矿井遗留的保护性煤柱得到开采，同时深部开采条件极其恶劣的煤炭资源也可得到很好的利用。

六、煤炭地下气化发展的新趋势

煤炭地下气化技术从根本上改变了煤炭的开采与利用方式，重新定义了"清洁煤"的概念，既提高了煤的开采与利用效率，又克服了煤炭在开采与应用中给环境带来的负面影响。利用这一技术可以保障在对环境不造成较大影响的前提下，将煤炭作为能源主题，满足社会长期的能源需求，引起了全世界的高度关注。近年来，各国投入了大量的人力、物力和财力，对煤炭地下气化进行了多层次的、大规模而细致的研究与开发。使煤炭地下气化从理念上形成了新的发展趋势，使高碳煤炭资源变成为环境友好的、准可再生能源。以清洁能源发展战略方向为主题，把煤炭地下气化技术与其他清洁煤技术相结合，使得被认为造成环境污染的高碳资源，变成为清洁的能源。

1. 煤炭地下气化与燃气蒸汽涡轮联合循环发电技术结合

利用煤地下气化产生的合成气，与燃气蒸汽联合循环发电结合，是合理使用地下气化煤气的有效途径。美国 Gas Tech 公司在美国怀俄明州波德盆地煤地下气化合成气中，将燃气蒸汽联合循环发电的投资与地面气化发电作了比较，优势十分明显。

2. 煤炭地下气化与碳的俘获和储存结合

英国在 2004 年 10 月出版了《在英国地下煤气化可行性的评论》报告中总结：煤炭地下气化与碳的俘获和储存结合技术是碳减排的重要出路。英国的《未来能源白皮书》中强调能源使用中，CO_2 的低排放和零排放技术，唯一的方法是对 CO_2 进行提取、分离和封存，即煤炭地下气化与碳的俘获和储存结合技术。因此，这一技术被看作是发展可持续低碳洁净能源的有效技术途径。

3. 煤炭地下气化与制氢结合

中国矿业大学余力教授等所创建的煤炭地下气化新工艺"长通道、大断面、两阶段"，就是将地面"两阶段"气化原理移植应用到地下气化中。用这种工艺使煤地下气化后的 H_2 含量可高达 $60\%\sim70\%$，其他煤地下气化 H_2 含量仅为 $7.6\%\sim31.2\%$。因此，可从煤地下气化中，直接提供非常廉价 H_2 能源，开发出煤炭的二次能源-氢能源。

英国、澳大利亚、美国、加拿大等国都十分重视地下煤气化制氢的意义，煤气化制氢已成为一个重要的煤炭地下气化的发展方向。

4. 煤炭地下气化与燃料电池或发电结合

近年来，有人提出采用煤炭地下气化生产富氢煤气，然后用氢作燃料电池，这一煤炭地下气化与燃料电池相结合的技术是当今世界一个新的方向。该技术可以大规模地生产富氢，同时，也可进行 CO_2 俘获和地质储存。在这一过程中，CO_2 和其他不可燃气体从煤气中分离出来，产生低碳气和部分纯氢或合成气。因为煤变氢的转换过程，可以是在煤层、含水和围岩地质构造的深处完成的，对于控制转换过程来说，仅有少量的方法和工具能利用。

第六节 煤气化联合循环发电

一、概述

整体煤气化联合循环（Integrated gasification combined cycle，IGCC）发电是将煤的气化技术、煤气净化技术、燃气轮机联合循环技术有机集合成一体的发电技术。它综合利用了煤的气化和净化技术，较好地实现了煤化学能的梯级利用。众所周知，联合循环机组的热效率比常规简单循环机组的热效率要高很多。但由于联合循环机组的燃料只能采用天然气或油，因此在天然气和石油相对较少的地区，联合循环的发展受到了一定的限制。尤其在我国，煤在整个电力结构中占到75%左右。随着火力发电的逐年增加，燃煤过程中所带来的环保问题也日益严重。IGCC具有能量转换效率高，污染物排放低，节水性能先进，进料灵活性大，适合发展基于煤气化的多联产和多联供，有利于实现CO_2减排等优点，被世界公认为是最有发展潜力的洁净煤技术之一。

二、煤气化联合循环发电的特点

1. 发电热效率高

气化炉的碳转化率可达96%～99%，动力岛中，由于燃气蒸汽联合循环发电技术的快速发展，其热效率已达到60%，与其相关的IGCC发电效率已有可能从目前的43%～45%提高到50%以上。

2. 环保性能好

由于煤气在送入燃机燃烧之前，已在压力状态下高效净化，IGCC电厂污染物的排放量仅为常规燃煤电站的10%，其脱硫效率可达99%，SO_2排放浓度在$25mg/m^3$左右，NO_x排放浓度是常规燃煤电站的15%～20%，耗水指标是常规燃煤电站的30%～50%，其环保性能是其他燃烧发电技术所不能媲美的。

3. 负荷适用性好，调峰能力强

IGCC电厂可在35%～100%负荷条件下平稳运行（常规燃煤电站为50%～100%），负荷变化率可达7%～15%/min（常规燃煤电站为2%～5%/min），具有很好的调峰效果。

4. 燃料适用性广

从一般高硫煤种到低品位的劣质煤，甚至生物废料，对IGCC气化炉的性能影响都不大，具有良好的煤种适应性，进料价格远低于天然气价格。

5. 可实现多联产，提高经济效益

合成气中主要成分为H_2和CO，可大量生成氢气等清洁能源，为今后进入氢能经济时代创造条件。此外，还可生产硫酸等副产品。

三、整体煤气化联合循环的系统

IGCC系统由两大部分组成，即煤的气化与净化部分和燃气蒸汽联合循环发电部分。第一部分的主要设备有气化炉、空气装置、煤气净化装置（包括硫的回收装置）；第二部分的主要设备有燃气轮机发电系统、余热锅炉、蒸汽轮机发电系统。

IGCC电站是一个多种设备、多种技术性能集成的复杂系统，因此IGCC整个系统的性能取决于系统的性能及各子系统间的匹配，而各子系统的组合及其性能直接影响整个系统的性能指标。原则性系统图如图5-17所示。

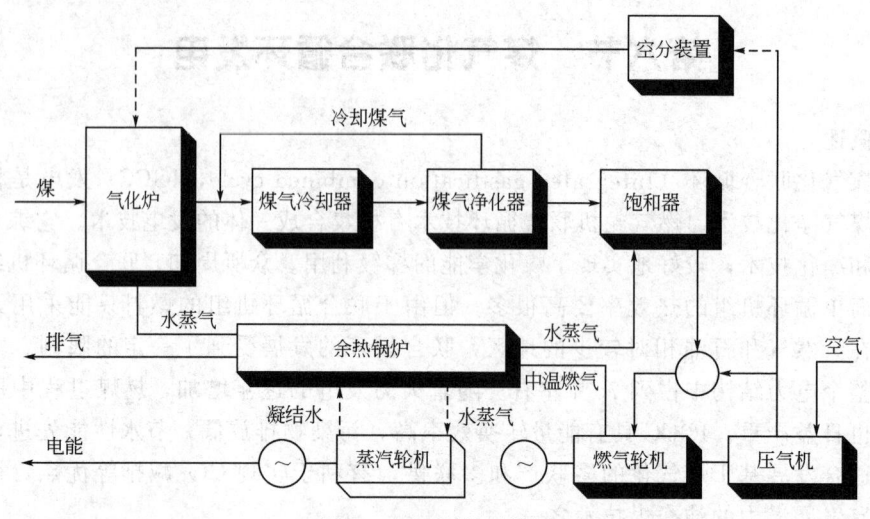

图 5-17 原则性系统图

显然，在 IGCC 发电系统中，燃气轮机、余热锅炉、蒸汽轮机都是成熟的技术，所需要解决的是煤大规模气化和煤气化的净化问题，所以就设备而言，气化炉和煤气净化系统是整个煤气化联合循环发电技术的关键。

四、国内外煤气化联合循环发电技术的现状

IGCC 发电是 20 世纪 70 年代西方国家在石油危机时期开始研究和发展的一种新技术。1973 年在德国建成的 Kellerman 电厂是世界上第一座 IGCC 示范电站，国外先进国家一直在对 IGCC 技术进行研究和探索。在验证装置的基础上，90 年代以来，国际上先后建设了 5 座以煤为原料、纯发电大型化的商业示范装置，分别是煤国的 Wabash River 和 TECO Tampa 电站、荷兰的 Nuion Buggnum 电站、西班牙的 Puertollano 电站、日本的 Nakoso 电站。除以煤为原料纯发电的 IGCC 示范电站外，国外还配套石化工业建设了一批以石油焦为原料的 IGCC 公用工程岛，由于国外高硫石油焦价格较低，这类项目一般都获得了良好的经济效益。

1994 年，中国开始进行建设 IGCC 示范电站的可行性研究。国家计委（现为发改委）于 1999 年批准了在山东省烟台发电厂建设中国第一座 IGCC 示范电站，规划建设两台 400MW IGCC 机组，发电效率大于 43%（LHV），一期工程先装一台。气化采用氧气气流床工艺，净化系统采用湿法煤气净化工艺，脱硫效率将达到 98% 以上。通过该项目，将"IGCC 关键技术研究"列入"九五"国家重点科技攻关计划，并在国家科技部和国家电力公司的资助和组织下，由国家电力公司热工研究院牵头，与国内电力、煤炭、化工、机械、高校和中科院等十几个单位协同攻关，于 2000 年全面完成攻关任务。主要研究内容包括：

① IGCC 发电系统总体特性及运行、自控技术研究；
② 气化炉工程化关键技术研究与开发；
③ 高温煤气除尘脱硫技术研究与开发；
④ 燃气轮机技术研究；
⑤ 余热锅炉和蒸汽轮机技术与设计方法研究。

目前，中国华能集团公司正在开始实施一项"绿色煤电"计划，通过两个阶段的研究和

工程实施，力争在煤的高效环保综合利用技术方面有实质性进步，并走在世界前列。西安热工研究院已经完成了36t/d气化炉的工业性试验并通过国家验收，并在进行容量放大的设计工作。旨在通过中国华能集团公司"绿色煤电"计划，完成我国250MW IGCC工程，实现我国自主开发的IGCC技术的应用。

五、IGCC技术发展的障碍

1. IGCC发电厂的初始造价偏高

目前联合循环动力系统、煤气化系统和高温净化等系统的设备和关键技术尚需从发达国家引进。

2. IGCC发电厂的工期较长

目前由于IGCC发电厂的主要设备的核心技术都掌握在国内外大公司手里，其技术谈判、设备采购、前期设计等工作可能会遇到很多无法预料的难题。前期工期较长，此外，其建设工期也因增加了气化岛的施工和调试部分，较常规燃煤电站变长。

3. IGCC发电厂运行可靠性有待提高

IGCC目前还是一项新兴的发电技术，在世界上的运行业绩也不多，特别是大容量、燃用煤炭的IGCC电厂业绩更少，IGCC是多种设备、多项技术集成的一个复杂系统，其最显著的特点是整体化，即各种设备和系统要合理配置和连接，以提高整体循环效率，这种整体化虽提高了能量的利用效率，但也使系统复杂化，运行过程中各种系统和设备互相牵制，互相影响，非计划停机较频，其运行特性比常规燃煤机组更为复杂多变。根据国际上几个IGCC示范电厂强迫停运原因统计分析，来自气化岛方面的原因占了57%，是造成整套系统被迫停运的主要原因。此外还有煤气净化装置、空分系统方面的原因。

4. IGCC发电厂的整体可用率未达到预期值

从对目前国际上已经投运的规模较大、比较典型的四座以煤为原料的IGCC电厂的运行情况分析可见：IGCC全厂的可用率在60%~80%，其中美国的Wabash River和荷兰的Nuon Buggenum电厂的可用率2003年为80%，Polk电厂和西班牙的Puertollano电厂可用率在65%左右。故IGCC电厂的整体可用率有待于进一步提高。

第七节 煤炭气化技术的发展现状和前景

国家发改委《能源发展"十一五"规划》中指出：我国能源资源总量比较丰富，但人均占有量较低，特别是石油、天然气人均资源量均不足世界平均水平的十分之一。随着国民经济平稳快速发展，能源消费结构优化升级，能源消费量将继续保持强劲增长态势，而且对优质洁净能源的需求更为迫切，资源约束矛盾更加突出，能源安全保障面临更严峻的挑战。以煤为主的能源消费结构和粗放的经济增长方式，带来了许多资源、环境和社会问题，经济可持续发展受到严重威胁。而且国际石油价格大幅振荡、不断攀升、居高不下，给我国经济社会发展带来了多方面的不利影响。

《国家中长期科学和技术发展规划纲要（2006~2020年）》指出："能源在国民经济中具有特别重要的战略地位。我国目前能源供需矛盾尖锐，结构不合理；能源利用率低；一次能源消费以煤为主，化石能的大量消费造成严重的环境污染。今后15年，满足持续快速增长的能源需求和能源的清洁高效利用，对能源科技发展提出重大挑战。"

综上所述，发展洁净煤技术、提高煤炭利用率是我国能源发展战略的必然选择。作为洁净、高效利用煤炭的先进技术之一的煤炭气化技术是我国能源领域重点发展对象，是煤炭化工合成、煤炭直接/间接液化、IGCC 技术、燃料电池等高新洁净煤利用技术的先导性技术和核心技术。

一、地面煤气化技术发展概况

目前全世界商业化运行的大型气化炉 400 台以上，额定产气总量超过 $4\times10^8 m^3/d$，产气量排在前十名的煤气化生产厂主要是采用鲁奇、德士古、壳牌三种气化炉型，且绝大多数是以煤为气化原料，终端产品主要是 F-T 合成油、合成甲醇、合成天然气及 IGCC 发电等。

已经实现商业化运行的煤气化技术主要有常压固定床气化炉，加压固定床气化炉（以鲁奇炉为主）、德士古加压气流床水煤浆气化炉、壳牌加压气流床干煤粉气化炉、GSP 加压气流床干煤粉气化炉、温克勒常压流化床气化炉和恩德常压流化床气化炉等多种气化炉型。

几乎各种煤气化工艺在我国都有应用，目前大约有 8000 台各种类型的气化炉在运行，其中化工行业所用气化炉占半数左右，但绝大部分仍是技术已经落后，环保设施简陋、间歇式操作的常压固定床气化炉，而大型先进煤气化技术的应用所占的比例不高。煤质与气化炉的适应性是选择煤气化工艺的关键，也是决定煤化工项目经济型好坏甚至项目成败的重要因素。

国家和有关企业非常重视大型煤气化技术的引进消化吸收和自主研究开发，国家的"十五"和"十一五"、"863"计划安排了多个自主研发项目。经过多年的努力，我国已成功开发了一些具有自主知识产权的煤气化新工艺及关键设备，其中部分已经实现商业化应用。引进大型气化炉的本地化生产比例和国产化水平也在日益提高。从当前国外煤气化技术发展趋势看，大型化、加压、适应多种煤种、低污染、易净化是煤气化的发展方向。国外新开发的气化炉都采用加压气化工艺，以提高气化强度，增加单炉的产量，节约压缩能耗，减少带出物损失。

二、地下煤气化技术发展概况

煤炭地下气化是将地下煤炭通过有控制的燃烧，产生可燃气体的一种开发清洁能源与化工原料的新技术。该技术的特点是只提取煤中含能组分，而将灰渣等污染物滞留在井下。这种新技术大大减少了煤炭生产和使用过程中所造成的环境破坏，并可大幅度提高煤炭资源的利用率。

煤炭地下气化技术，目前主要是俄罗斯在应用，欧美等国在开发。近年来，我国对煤炭地下气化技术的研究有很大进展。中国矿业大学提出并完善了"长通道、大断面、两阶段"的地下气化新工艺。新工艺实现了井下无人、无设备、长壁式气化工作面采煤，节省了大量的资金、设备和人员投入，经济效益十分显著。在徐州新河二号井的半工业性试验和唐山刘庄煤矿的工业性试验中利用了这种新工艺。新河实验于 1994 年 3 月点火，煤气供徐州市居民使用。刘庄试验于 1996 年 5 月开始，煤气供唐山市卫生陶瓷厂和刘庄矿供热锅炉使用。新工艺可获得含 H_2 量在 50% 以上的煤气，该煤气在地面稍作处理后，可作为合成甲醇等化工产品的原料气或用于提取纯氢。

三、煤气化技术的发展趋势的展望

由于煤转化技术的直接产物多半并非终端产品，往往需要配套后续加工技术才能得到终端产品，从而构成完整的煤化工项目。因此煤转化技术的发展趋势取决于煤化工的发展方向。煤化工今后的发展方向主要是大型化、基地化、多联产，并贯彻清洁生产和循环经济理念，实现高效节水和节能减排。

煤转化技术今后的发展趋势总体上可以概括为：原料煤的适应性更加广泛；单体设备生产能力更大；煤炭转化综合效率更高，设备运转可靠性更好；经济上竞争力更强。

煤炭气化技术在今后一段时间内的发展方向主要是在推广应用已经引进消化吸收和自主开发成功的一批大型先进煤气化工艺的同时，加快煤气化新工艺和新设备的自主开发力度和进程，包括可气化高灰熔融性温度原料煤的新工艺和可靠性更高、连续运转周期更长的新设备等。

复 习 题

1. 什么叫煤炭气化？简述煤炭气化技术应用在哪些方面？
2. 分别简述不同的气化技术对煤质的要求。
3. 根据所使用的气化剂的不同，煤气的种类主要有哪些？
4. 根据气化炉的不同，煤炭气化通常可以分为哪几类？
5. 气化过程的主要反应有哪些？
6. 什么叫固定床气化？其代表工艺有哪些？
7. 什么叫流化床气化？其代表工艺有哪些？
8. 什么叫气流床气化？其代表工艺有哪些？
9. 什么是煤炭地下气化？
10. 试述煤炭地下气化技术的特点。
11. 气化炉主要由哪几部分组成？分别简述各部分的作用。
12. 简述鲁奇加压气化的优点。
13. 鲁奇液态排渣气化炉的特点是什么？
14. 简述 Shell 煤气化的原理及工艺流程。
15. 简述德士古炉的特点与工艺流程。
16. 什么是整体煤气化联合循环发电？简述其特点。
17. 煤气中通常都含有什么杂质？
18. 简述目前开发的常用的脱硫的方法。

第六章 煤气净化技术

第一节 概 述

一、煤气中的杂质及危害

各种煤气化技术制得的煤气中,通常都含有如下成分:
① H_2、CO、CO_2;
② CH_4、N_2;
③ 灰尘、硫化物、煤焦油的蒸气、卤化物、碱金属的化合物、砷化物、NH_3和HCN等物质。

它们的含量随气化方法、煤种的不同而不同。

煤气中的第③类物质,在生产过程中由于会堵塞、腐蚀设备、导致催化剂中毒和产生环境污染等原因,在各种应用中必须考虑脱除;而第②类物质,由于是有用物质(如CH_4在城市煤气中,N_2在合成氨中),或含量很少,对生产过程几乎没有影响,一般不考虑脱除;第①类物质中的CO和CO_2,由于生产目的的不同,通常需要用变换和脱碳工序进行处理。

二、煤气杂质的脱除方法

1. 煤气除尘

煤气除尘就是从煤气中除去固体颗粒物,工业上实用的除尘设备有以下4大类。

(1) 机械力分离

机械力分离的主要设备为重力沉降器和旋风分离器等。

重力沉降器依靠固体颗粒的重力沉降,实现和气体的分离。其结构最简单,造价低,但气速较低,使设备很庞大,而且一般只能分离$100\mu m$以上的粗颗粒。

旋风分离器利用含尘气流做旋转运动时所产生的对尘粒的离心力,将尘粒从气流中分离出来。是工业中应用最为广泛的一种除尘设备,尤其适用于高温、高压、高含尘浓度以及强腐蚀性环境等苛刻的场合。具有结构紧凑、简单、造价低,维护方便-除尘效率较高。对进口气流负荷和粉尘浓度适应性强以及操作与管理简便的优点。但是旋风除尘器的压降一般较高,对小于$5\mu m$的微细尘粒捕集效率不高。

(2) 电除尘

电除尘是利用含有粉尘颗粒的气体通过高压直流电场时电离,产生负电荷,负电荷和尘粒结合后,使尘粒荷以负电。荷电的尘粒到达阳极后,放出所带的电荷,沉积于阳极板上,实现和气体的分离。

电除尘对$0.01\sim 1\mu m$微粒有很好的分离效率,阻力小,但要求颗粒的比电阻在$10^4\sim(5\times 10^{10})\Omega/cm$,所含颗粒浓度一般在$30g/m^3$以下为宜。同时设备造价高,操作管理的要求较高。

(3) 过滤

过滤法可将 0.1~1μm 微粒有效地捕集下来,只是滤速不能高,设备庞大,排料清灰较困难,滤料易损坏。常用的设备为袋式过滤器,近年来还发展了各种颗粒层过滤器及陶瓷、金属纤维制的过滤器等,可在高温下应用。

(4) 洗涤

洗涤可用于除去气体中颗粒物,又可同时脱除气体中的有害化学组分,所以用途十分广泛。但它只能用来处理温度不高的气体,排出的废液或泥浆尚需二次处理。常用的设备为文氏管洗涤器和水洗塔等。

2. 焦油、卤化物等有害物质的脱除

对煤气中的煤焦油蒸气、卤化物、碱金属的化合物、砷化物、NH_3 和 HCN 等有害物质,目前的脱除方法主要为湿法洗涤,所用的设备和灰尘洗涤一样。虽然也开发了其他干法净化技术,但仍处在研究、发展阶段。

3. 脱硫

目前开发的脱硫方法很多,但按脱硫剂的状态不同,可将脱硫方法分为干法脱硫和湿法脱硫两大类。

(1) 干法脱硫

干法脱硫所用的脱硫剂为固体。当含有硫化物的煤气流过固体脱硫剂时,由于选择性吸附、化学反应等原因,使硫化物被脱硫剂截留,而煤气得到净化。

干法脱硫方法主要有:活性炭法、氧化铁法、氧化锌法、氧化锰法、分子筛法、加氢转化法、水解转化法和离子交换树脂法等。

(2) 湿法脱硫

湿法脱硫利用液体吸收剂选择性地吸收煤气中的硫化物,实现了煤气中硫化物的脱除。根据吸收的原理湿法脱硫可分为物理吸收法、化学吸收法和物理-化学吸收法三大类。

① 物理吸收法。在吸收设备内利用有机溶剂为吸收剂,吸收煤气中的硫化物,其原理完全依赖于 H_2S 的物理溶解。吸收硫化氢后的富液,当压力降低、温度升高时,即解吸出硫化氢,吸收剂复原。目前常用的方法为低温甲醇法、聚乙二醇二甲醚(NHD)法等。

② 化学吸收法。化学吸收法又可分为湿式氧化法和中和法两类。

湿式氧化法利用碱性溶液吸收硫化氢,使硫化氢变成硫氢化物;再生时在催化剂的作用下,空气中的氧将硫氢化物氧化成单质硫。目前常用的湿式氧化法有:改良 ADA 法、氨水液相催化法、栲胶法等。

中和法是以碱性溶液吸收原料气中硫化氢的。再生时,使富液温度升高或压力降低,经化学吸收生成的化合物分解,放出硫化氢从而使吸收剂复原。目前常用的有:N-甲基二乙醇醇胺(MDEA)法、碳酸钠法、氨水中和法等。

③ 物理化学吸收法。物理化学吸收法主要指环丁砜法。它用环丁砜和烷基醇胺的混合物作吸收剂,烷基醇胺对硫化氢进行化学吸收,而环丁砜对硫化氢进行的是物理吸收。

4. CO 的变换

煤气中 CO 脱除所利用的原理为变换反应,即 CO 和 H_2O(g) 反应生成 CO_2 和 H_2。通过此反应既实现了把 CO 转变为容易脱除的 CO_2,又制得了等体积的 H_2。

变换所用的催化剂有三种:高温或中温变换催化剂(Fe-Cr 系,活性温区 350~550℃)、低温变换催化剂（Cu-Zn系，活性温区180~280℃）和宽温变换催化剂（Co-Mo系，活性温度区180~500℃）。

依据变换的温度的不同，变换的流程分为：纯高温变换或中温变换流程和中温变换串低温变换的流程。

先前的纯高温变换或中温变换流程指变换炉内只使用Fe-Cr系催化剂，变换温度高。中温变换串低温变换的流程指中温变换炉内用Fe-Cr系催化剂，低温变换炉Cu-Zn系催化剂，两个变换炉串联使用，一个温度高，另一个温度低。

现在的变换流程倾向于使用Co-Mo系催化剂，也有中温变换流程和中温变换串低温变换的流程之分，但所用催化剂都为Co-Mo催化剂，称之为宽温变换流程。

5. CO_2的脱除

CO_2的脱除的工艺很多，其分类和硫化物的分类相似。目前新型煤化工项目采用的多为能同时除去硫化物和CO_2的低温甲醇洗、NHD和MDEA法。

煤气净化的流程因生产不同的产品、采用不同的技术而有不同的组织原则。本章以大型煤制甲醇项目的生产过程为例，介绍净化技术中的耐硫宽温变换、低温甲醇洗和硫回收生产技术。

第二节 耐硫宽温CO变换

变换指在催化剂的作用下，让煤气中的CO和H_2O（g）反应，生成CO_2和H_2的过程。工业生产上完成变换反应的反应器称为变换炉，进炉的气体为煤气和水蒸气，出炉的气体为变换气。通过变换，在制氢、合成氨的生产中，可把CO转变成容易脱除的CO_2，从而实现了CO的脱除，同时制得了等体积的H_2。在合成甲醇和生产城市煤气的过程中，可实现调节煤气中H_2和CO比例，满足生产过程的需要。

通常以制氢、脱除CO为目的的变换过程，要实现全部的CO转变为H_2，称之为完全变换，而调节H_2和CO比例的变换只是将部分的CO转变为H_2，称之为部分变换。在生产过程中，两者除操作条件有些区别外，生产原理、生产设备无大区别。本节仅以甲醇生产过程中的部分变换为对象，介绍变换过程的生产技术。

一、变换的基本原理

1. 化学平衡

变换反应的化学平衡为

$$CO + H_2O(g) \rightleftharpoons H_2 + CO_2 + Q$$

此反应的特点是可逆、放热、反应前后体积不变，且反应速率比较慢，只有在催化剂的作用下，才有较快的反应速率。

不同温度下的反应热如表6-1所示。变换反应放出的热量，随着温度升高而减少，这主要是因为温度升高，有利于平衡向左移动。

表6-1 变换反应的反应热

温度/K	298	400	500	600	700	800	900
反应热/(kJ/mol)	41.16	40.66	39.87	38.92	37.91	36.87	35.83

该反应是等体积反应,压力对反应平衡无影响。

2. 反应速率

影响反应速率的因素如下。

(1) 压力

提高压力,变换的反应速率会加快。如设常压下的反应速率为 r,加压下的反应速率为 r_p,可用校正系数 $\phi = r_p/r$ 来表达压力对反应速率的影响。图 6-1 是压力对催化剂活性的影响。

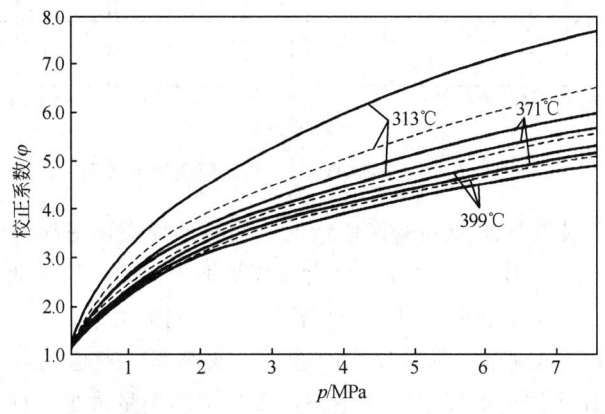

图 6-1　压力对催化剂活性的影响

由图 6-1 可见,在一定温度下,对同一尺寸的催化剂,随着压力的升高,ϕ 值增大,即反应速率提高。压力高反应速率快的原因,也可以这样理解:提高压力,使单位体积内的分子数目增多,相当于提高各组分的浓度,从而使反应速率加快。对于 CO 的变换反应,经研究表明,在压力为 3.0MPa 以下时,反应速率与压力的平方根成正比,但超过此压力时,反应速率的增加就不明显了。

(2) $n(H_2O)/n(CO)$

增加 $n(H_2O)/n(CO)$,即增加水蒸气用量,有利于反应速率的提高。对于其机理可不必深究,但有一点是肯定的,增加水蒸气用量相当于提高了反应物的浓度,对扩散、吸附、结合都有利。

不同的催化剂、煤气成分及操作条件都能导致反应速率随 $n(H_2O)/n(CO)$ 变化的情况不一样。在煤气的组成为 CO 含量 68%、H_2 含量 27%、CO_2 含量 3%、其他气体 1% 的情况下,在 300℃时,采用 B302Q 催化剂,反应速率和 $n(H_2O)/n(CO)$ 的关系如图 6-2 所示。

从图 6-2 可以看出,对 B302Q 钴钼变换催化剂而言,只要增加水蒸气用量,反应速率就可以上升,至少是在 $n(H_2O)/n(CO)=4$(汽/气=2.76) 以下,反应速率上涨的速率没有减缓的迹象。

(3) 温度

CO 变换反应是可逆放热反应,此类反应都有最佳反应温度 T_m。也就是说在一定的气体组成(对变换反应来说指变换率)情况下,并不是温度越高,反应速率越快,而是在最佳反应温度 T_m 时反应速率最快。温度大于或小于 T_m,反应速率都小于 T_m 所对应的反应速率。出现这种现象的原因是反应速率受化学平衡的影响。升高温度虽能使更多的分子达到反应的能位,反应更易进行,但对放热反应的化学平衡却是不利的。

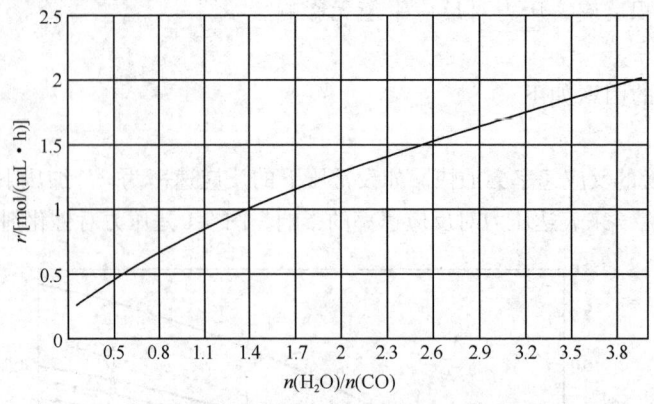

图 6-2 $n(H_2O)/n(CO)$ 和反应速率的关系

图 6-3 为在特定气体初始组成和变换率情况下测得的反应速率和温度之间的关系。从图中可注意到：不同组成的气体对应的最佳反应温度是不一样的。气体变换率越小，对应的最佳反应温度 T_m 越大。图 6-4 表明了 T_m 和变换率 X 之间的关系。

根据图 6-4，在生产过程中，随着反应的进行，变换率越来越大，反应温度的控制应该越来越低。这样才能使床层内的反应速率最快，催化剂的用量最少，或者是在催化剂量一定的情况下，出变换炉的变换率更接近平衡变换率。

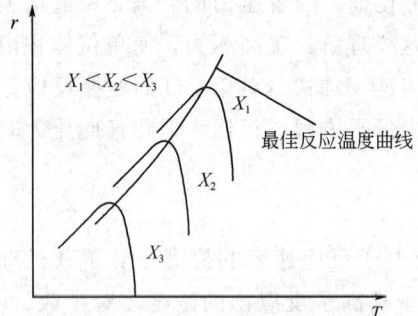

图 6-3 放热可逆反应速率与温度关系

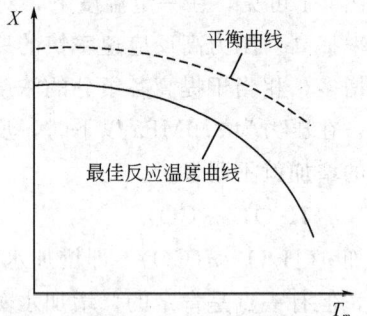

图 6-4 放热可逆反应的 T_m-X 曲线

二、耐硫宽温变换的催化剂

变换的催化剂有三类——铁铬系高（中）变催化剂、铜锌系低变催化剂、钴钼系宽温变换催化剂。铁铬系催化剂是最初使用的催化剂，由于活性温度高，变换效果差等原因，使用越来越少。铜锌系催化剂只能用于中温变换串低温变换的流程，实现对中温变换后的 CO 的进一步变换。虽然低温活性很好但由于活性温区窄、极易中毒等原因，使用受到限制。现代煤化工项目都倾向于使用钴钼系催化剂。下面仅对钴钼变换催化剂做一介绍。

1. 催化剂的组成和性能

宽温变换催化剂的种类很多，按用途可分为两类：适用于高压（3.0~8.0MPa）条件的耐硫高温变换催化剂和适用于低压（<3.0MPa）的耐硫低温变换催化剂。前者主要用于加压气化的煤化工项目；后者主要出现在中、小型煤化工装置。

国外耐硫变换催化剂在我国工业生产上广泛应用的只有三种：德国 BASF 公司的 K_{8-11}、

美国 UCI 公司的 $C_{25-2-02}$ 和丹麦 Topsφe 公司的 SSK。

国内的耐硫变换催化剂主要有：齐鲁石化研究院开发的 QCS 和 QDB 系列；上海化工研究院开发的 B301 及 SB 系列；湖北化学研究所开发的 B302Q、B303Q 和 EB-6 系列等。

适用于高压变换的催化剂有国外的 K_{8-11}、SSK、$C_{25-2-02}$ 和国内的 QCS-01、QcS-04、QDB04、EB-6、SB-5 等。

K_{8-11}、SSK、$C_{25-2-02}$ 催化剂的组成和性能见表 6-2。

表 6-2 常用的国外催化剂的组成和性能

型号				
国别		德国	丹麦	美国
公司		BASF	Topsφe	UCI
组分/%	CoO	4.7	3.0	2.7~3.7
	MoO_3	9.8	10.8	11~13
	K_2CO_3	—	13.8	—
	ReO	—	—	0.5~1.7
载体		$MgAl_2O_4$	γ-Al_2O_3	γ-Al_2O_3
外形尺寸/mm		$\phi 4\times(8\sim12)$条形	$\phi 3\sim6$球形	$\phi 3\times(4\sim8)$条形
堆密度/(kg/L)		0.75	0.9~1.0	0.7
侧压强度/(N/cm)		>110	>80	>100
比表面/(m²/g)		150	100	118
孔容(mL/g)		0.55	0.34	0.47
使用压力/MPa		0.7~9.8	1.5~7.5	4~7
活性温区/℃		280~500	200~475	290~450
汽/气		0.5~2	1.0	0.5~0.6
最低硫含量/(mL/m³)		500	50	50

国产主要 Co-Mo 催化剂的组成和性能见表 6-3。

表 6-3 国产主要 Co-Mo 催化剂的组成和性能

型号	B301	B303Q	QCS-01	QCS-04	QDB-04	EB-6
CoO 含量/%	2~3	>1	3.0~3.5	3.5	1.8	2.0
MoO_3 含量/%	10~15	>7	8.0	8.0	8	8.0
促进剂	适量 K_2CO_3	适量 K_2CO_3	适量 TiO_2	MgO	MgO	MgO
载体	γ-Al_2O_3	γ-Al_2O_3	$MgAl_2O_4$	$MgAl_2O_4$+Al_2O_3	$MgAl_2O_4$+Al_2O_3	γ-Al_2O_3+$MgAl_2O_4$
外形	灰黑条	墨绿球	灰绿条	灰绿条	红色或绿色条	粉红球
尺寸/mm	$\phi 5\times(4\sim6)$	$\phi 3\sim6$	$\phi 4\times(6\sim10)$	$\phi 4\times(8\sim12)$	$\phi(3.5\sim4.5)\times(5\sim25)$	$\phi 3\sim6$
堆密度/(kg/L)	1.2~1.3	0.9~1.1	0.75~0.80	0.75~0.82	0.93~1.0	0.9~1.1
比表面/(m²/g)	>80	173	>45	>60	≥100	160

续表

型号	B301	B303Q	QCS-01	QCS-04	QDB-04	EB-6
孔容/(mL/g)	0.3	0.35	0.3	0.25	≥0.25	0.3
侧压强度/(N/cm)	150	—	>110	>110	≥130	>30 点压
使用压力/MPa	0.1~2.0	0.1~3.0	≤8.0	≤5.0	≤8.0	≤3.0
温度/℃	210~460	170~470	230~500	200~500	190~500	250~450
汽/气	0.5~1.6	0.4~1.4	1.6	1.2	约1.4	1.0
最低硫含量/(mL/m³)	≥50	≥60	≥100	≥50	低变≥80, 中变≥150	50

2. 催化剂的硫化

出厂的 Co-Mo 催化剂活性组分以氧化物形态存在，活性很低。需经过高温充分硫化，使活性组分转化为硫化物，催化剂才显示其高活性。硫化时，采用含氧气体（H_2 含量≥25%，O_2 含量≤0.5%）作载气，配以适量的 CS_2 作硫化剂，经加热设备升温后，通入催化剂床层进行硫化反应。通常可用煤气或干变换气作硫化时的载气。

(1) 硫化原理

硫化时的主要化学反应为

$$CS_2 + 4H_2 \rightleftharpoons 2H_2S + CH_4$$
$$CoO + H_2S \rightleftharpoons CoS + H_2O$$
$$MoO_3 + 2H_2S + H_2 \rightleftharpoons MoS_2 + 3H_2O$$
$$COS + H_2O \rightleftharpoons CO_2 + H_2S$$

这些反应均为放热反应，会使催化剂床层温度升高。

研究表明温度达到 200℃时，CS_2 的氢解方可较快发生。若在低于此温度下加入 CS_2，则 CS_2 易吸附在催化剂的微孔表面，等温度达到 200℃时，会因积聚面急骤氢解以及催化剂的硫化反应，放出大量的热，使床层温度暴涨。若在温度较高时（如 300℃）加入 CS_2，因发生氧化钴的还原反应而生成金属钴。

$$CoO + H_2 \rightleftharpoons Co + H_2O$$

金属钴对甲烷化反应有强烈的催化作用。甲烷化反应、催化剂的硫化反应以及二硫化碳的氢解反应叠加在一起，也易出现温度暴涨。因此，在 H_2S 未穿透床层时，加入 CS_2 的温度以 220~250℃为宜。

(2) 硫化流程

催化剂的硫化可在常压下进行，也可在加压下进行，使用单位可根据工厂的具体条件进行。

催化剂的硫化方法有一次通过法或气体循环法。一次通过法指硫化时出变换炉的载气直接放空，不循环利用，其流程如图 6-5 所示。循环法指载气经降温后循环利用，气体循环法的优点是节省煤气和 CS_2 的用量，减少对环境的污染，缺点是需要气体冷却循环装置，其流程如图 6-6 所示。载气从变换炉出来后，经水冷却器，将气体降至接近常温，然后进入鼓风机入口，维持鼓风机入口处正压，由鼓风机将气体送至蒸汽加热器加热后进入变换炉。在鼓风机入口处应接一载气补充管，连续加入少量载气，因为在硫化过程中要消耗氢。为防止惰性气体在循环气中积累，变换炉出口处设一放空管，连续放空稍赶循环气，使循环气 H_2 含量维持 25% 以上。

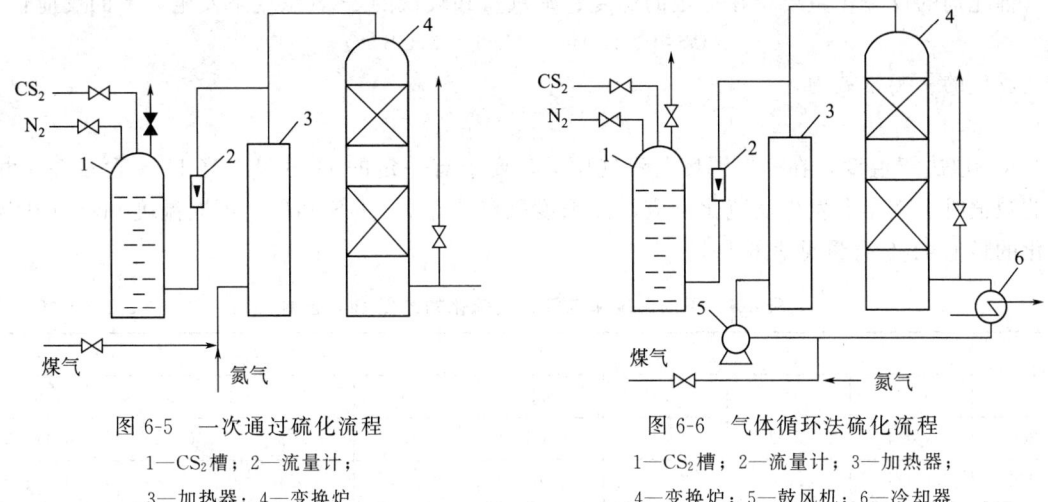

图 6-5 一次通过硫化流程
1—CS_2槽；2—流量计；
3—加热器；4—变换炉

图 6-6 气体循环法硫化流程
1—CS_2槽；2—流量计；3—加热器；
4—变换炉；5—鼓风机；6—冷却器

(3) 催化剂硫化过程

① 床层升温。升温指把床层温度由常温提升到初始硫化温度。此过程用经过加热的氮气通入变换炉，使其温度逐渐升高到220℃左右。控制升温速率小于50℃/h，以保持轴向温差≤50℃。

② 硫化。当催化剂床层入口温度升至220℃以上，床层最低点也在200℃以上时，可开启煤气补充阀，逐渐使循环气中的 H_2 浓度达到25%以上。以 CS_2 流量计调节阀调节 CS_2 的加入量，向系统加 CS_2，要视床层温度的情况，逐渐加大 CS_2 的用量。要保证在床层温度小于300℃的条件下，使 H_2S 穿透床层。当床层穿透时，可以继续加大 CS_2 的加入量。

硫化分三个阶段，分别为：初期（220~300℃）、主期（300~380℃）、强化期（380~420℃）。强化期，要保持床层温度在400~425℃至少2h。

当床层出口 H_2S 分析结果连续三次都达到 $10g/m^3$ 以上时，可认为硫化结束。

(4) 硫化注意事项

① 由于 CS_2 氢解热很大，容易引起床层温度暴涨，因此 CS_2 加入量必须谨慎小心，绝对不允许加入量过猛，严防床层温度暴涨，在整个硫化过程中，必须坚持"提浓不提温、提温不提浓"的原则，当遇到床层温升较快时，应果断切断 CS_2，减少加热蒸汽量，加大空速，移出热量，防止超温。

② 硫化初期，催化剂极容易吸附 CS_2，必须坚持少加 CS_2，避免 CS_2 积累。

③ 严格控制 H_2 浓度，使其浓度在25%~35%范围内，严防 H_2 浓度过高，发生催化剂的还原反应。严格控制 CS_2 的加入量，CS_2 加入的温度以220~250℃为宜，低于200℃时严禁加入 CS_2。

④ 为确保硫化完全彻底，在操作过程中，要杜绝温度大起大落，要坚持自上而下，逐层硫化。同时坚持小空速和 H_2 含量基本不变，以调节加热蒸汽量和 CS_2 加入量为主要调手段，调节床层的温度。

⑤ 硫化是否完全彻底，要用"床层温度"、"出口 H_2S 含量"和"硫化时间"三个要素来衡量，当三个要素都达到要求时才合格。

(5) 反硫化

催化剂的反硫化主要指在一定的温度、蒸汽量和较低的 H_2S 浓度下发生如下的反应：
$$MoS_2 + 2H_2O \rightleftharpoons MoO_2 + 2H_2S - Q$$
反应的平衡常数为
$$K_p = p_{H_2S}^2 / p_{H_2O}^2$$

K_p 取决于温度，在一定温度与汽气比下，要求有一定的 H_2S 量。当 H_2S 含量高于相应的数值时，就不会发生反硫化反应，此浓度又称为最低 H_2S 含量。不同温度和汽气比反硫化的最低 H_2S 含量见表 6-4。

表 6-4　不同温度和汽气比反硫化的最低 H_2S 含量　　　　单位：g/m^3 干气

温度/℃	汽气比							
	0.2	0.4	0.6	0.8	1.0	1.2	1.4	1.6
200	0.014	0.02	0.043	0.057	0.071	0.085	0.100	0.114
250	0.041	0.082	0.123	0.164	0.205	0.246	0.286	0.327
300	0.098	0.195	0.293	0.391	0.488	0.586	0.684	0.781
350	0.202	0.404	0.607	0.809	1.011	1.213	1.416	1.618
400	0.357	0.750	1.125	1.50	1.874	2.49	2.624	2.999
450	0.637	1.273	1.91	2.547	2.183	3.82	4.457	5.093
500	1.007	2.015	3.022	4.209	5.037	6.044	7.051	8.059
550	1.504	3.008	4.513	6.017	7.521	9.025	10.53	12.03

此反应为吸热反应，由图 6-7 可以看出 K_p 随温度呈指数增加。在生产过程中，为了保持 CO 的变换率，在催化剂逐步老化的情况下，势必增加蒸汽量或提高反应温度，这时应特别注意反硫化条件的形成。

3. 催化剂的使用

正常生产时，只需控制入口温度和 CO 含量，以保证 Co-Mo 催化剂处于较佳的温度区间内运行。在系统短期停车时，若催化剂床层温度可维持在露点以上，炉内不会有水汽冷凝，可维持正常的操作压力，关闭与前后设备联系的阀门即可。再开车时，可直接导入工艺气转入正常操作。若停车时间较长，催化剂床层温度难以维持在露点温度以上，则将变换炉压力降至常压，并通入氮气维持正压。再开车时，应先用氮气升温至 200℃ 以上，再导入工艺气转入正常操作。

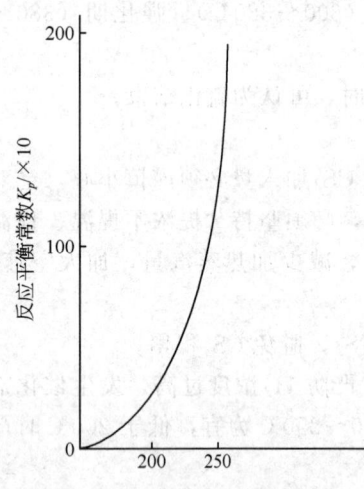

图 6-7　反硫化反应的平衡
常数随温度的变化关系

4. 催化剂的钝化与卸出

钝化指在催化剂的表面形成氧化物薄膜，以使催化剂能和空气接触。如果催化剂不进行钝化处理，当空气和催化剂接触时，将发生剧烈的氧化反应，放出大量的热，从而将催化剂烧毁。

硫化态催化剂的钝化过程伴随着催化剂本身和它吸附的 H_2、CO 等还原性气体的氧化反应，有大量热量放出，应特别小心，防止催化剂床层升温过快及过高。

通常可采用以水蒸气（或 N_2）为载气缓慢加入少量空气的方法钝化。钝化时，先将变换炉压力降至常压,通蒸汽(或 N_2)置换,并降温至 150℃ 左右,蒸汽空速 200～300h^{-1}。吹净煤气后,向蒸汽中加入适量的空气,使 O_2 含量在 1% 左右,让催化剂外表面缓慢氧化。当床层温度不上升时,逐渐加大空气量至 O_2 含量为 2%、3%、4%……直至停加蒸汽,全部通空气,最后用空气降至常温。如果钝化过程中催化剂温度上升过快,则降低空气加入量,直至停止加入空气。钝化过程中应严格控制催化剂床层温度,以不超过 400℃ 为宜。

若钝化过的催化剂还要使用,需再次硫化,硫化温度应提高至 450℃ 以上,硫化时间可略缩短,硫化结束的标志和前面相同。

催化剂在钝化处理后可卸出。除了用此法将催化剂卸出外,催化剂的卸出还可以采用以干煤气将催化剂床层温度降至常温,再通 N_2 置换,并在 N_2 保护下,直接卸出催化剂。此法卸出催化剂时,变换炉应只打开一个卸料孔,防止空气形成对流,即烟囱效应。卸出的催化剂应立即分袋密封包装,隔绝空气以减少表面氧化,避免发热超温。如卸出的催化剂废弃不用,则可直接卸出,若表面氧化温升较高,可泼少量的水,以防燃烧。

5. 催化剂的失活

催化剂在正常使用条件下活性会缓慢衰减、热点缓慢下移,这是任何催化剂都无法避免的催化剂"老化"现象。正常使用时,这个过程很慢,足以保证催化剂有三年以上的使用寿命。正常使用时活性衰减的快慢,随使用厂家的工艺流程、反应控制条件、催化剂装填量、反应负荷、气质和水质的情况而异,因此,同一种催化剂在不同的厂家的使用寿命也不同,有的可用 8～10 年,有的仅 3～4 年。

造成催化剂活性下降的主要原因有如下几个方面。

① 催化剂硫化不完全。如硫化温度偏低、硫化气体中总硫浓度太低等都会造成硫化不完全。一次法硫化,由于工艺气带水汽,H_2S 浓度不高及硫化温度偏低,不可能使催化剂达到完全硫化。

② 催化剂"反硫化"。催化剂床层热点温度长期过高,汽气比长期过大,使得工艺气中 H_2S 含量长期低于最少含量,会引起催化剂的反硫化,使部分活性组分转化为氧化物形态,导致催化剂活性下降。反硫化引起的活性下降是可逆的,重新硫化,恢复其硫化物形态,可使活性基本恢复到原有的水平。

③ 催化剂床层进水。由于水加热器内漏或热水塔中的热水倒入,或增湿器水的分离不完全,导致液态水带入催化剂床层,使床层温度迅速下降。大量的进水还会带走催化剂中的活性组分,使催化剂活性不可逆的降低,其低温下的活性损失更大。

④ 杂质污染。杂质包括随气流带入的压缩油污、固体粉尘(特别是 Fe-Cr 系中温变换催化剂粉尘),水质净化不好带入的水垢等,它们附着在催化剂表面,会掩盖活性组分,堵死催化剂中微孔。一段催化剂表面还会形成结皮或结块等,降低催化剂活性。

⑤ 催化剂床层塌落或结块、变换炉内保温脱落等,都会造成气体偏流或压力降增加。表现出变换效果变差。

⑥ 煤气 O_2 含量高。全低变流程中,当脱氧剂失效后,氧会造成催化剂的反硫化及硫酸盐化,使催化剂活性下降。工艺气 O_2 含量长期过高,产生强放热反应,使 Co、Mo 晶粒烧结长大,载体晶型变化。

⑦ 半水煤气中含有的微量砷、酚以及其他复杂的有机环状化合物等均是 Co-Mo 低温变

换催化剂的毒物，极微量的毒物就会导致催化剂永久失活。因此当热交换器内漏，半水煤气冷激量过多（特别是中温变换下段活性较差时），中温变换炉内保温有裂缝等情况，就会导致低温变换催化剂短期内因中毒而失活。

6. 催化剂的再生

若催化剂因反硫化而失活，可用再硫化的方法再生，再硫化的方法和硫化相似。

若催化剂由于重烃聚合、结炭而失活，可进行烧炭再生。通常用含 O_2 为 0.4%（即空气 2%）的蒸汽来烧炭，温度应控制在 350~450℃，若超过 500℃将会损害催化剂。压力对烧炭无大影响，但从气体分布均匀考虑，气体压力以 0.1~0.3MPa 为宜。

烧炭时的气流方向与正常变换过程的流向相反，气体由反应器底部通入，自顶部排出，这可减少高温对催化剂的损害和将粉尘吹出。在烧炭过程中也会将催化剂中的硫烧去，而使催化剂变成氧化态。

烧炭过程中应当密切观测床层温度，调节空气或氧的浓度来控制床层温度。当床层中不出现明显温升、燃烧前缘已经通过反应器，出口温度下降，气体中 O_2 上升，就意味着烧炭结束。适当提高氧浓度进一步烧炭。若温度不出现明显上升，可连续提高氧浓度，最后用空气冷却至 50℃以下。烧炭之后的催化剂需重新硫化才能使用。

催化剂的再生只能恢复催化剂的部分活性。所以必须严格生产工艺条件，防止反硫化反应和结炭的发生，以确保 Co-Mo 系催化剂始终处于硫化状态，保持优异的变换活性。

三、耐硫宽温变换的工艺条件

在确定变换的工艺条件时，通常考虑的原则是：反应速率快，催化剂的活性高，CO 的变换率高，水蒸气的消耗少。下面从压力、温度、$n(H_2O)/n(CO)$ 等方面，讨论它们对变换过程的影响。

1. 压力

如前所述，压力对变换反应的平衡几乎无影响，但加压变换有以下优势。

① 可加快反应速率和提高催化剂的生产能力，从而可采用较大空速提高生产强度。

② 设备体积小，布置紧凑，投资较少。

③ 湿变换气中水蒸气冷凝温度高，有利于热能的回收利用。

④ 从能量消耗上看，加压也是有利的。由于干原料气物质的量小于干变换气的物质的量，所以，先压缩原料气后再进行变换的能耗，比常压变换后压缩变换气的能耗低。根据原料气中 CO 含量的差异，其能耗可降低 15%~30%。

但提高压力会使系统冷凝液酸度增大，设备腐蚀加重，如果变换过程所需蒸汽全部由外界加入新鲜蒸汽，加压变换会增大高压蒸汽负荷。

通常变换的压力高低依赖于生产工艺和压缩机压力的合理分配。对于加压气化的流程，变换的压力取气化后的压力；对于常压气化的流程，变换的压力一般为压缩机、二段出口的压力。

2. 温度

变换反应是可逆放热反应，为提高变换率，最终的反应温度要低；为使反应速率最快，减少催化剂的用量，需在最佳反应温度下进行。

变换炉温度控制的原则为：

① 操作温度必须控制在催化剂的活性温度范围内；

② 使整个变换过程尽可能在接近最佳温度的条件下进行。

变换炉的温度控制，首先要满足催化剂的要求，即变换炉的进口温度必须达到催化剂活性温度的下限，炉内的最高温度不能超过催化剂活性温度的上限。

目前的变换炉，大多为绝热反应器，随着反应的进行，变换率提高，反应放出的热量在炉内积累，使床层和物料的温度越来越高。这和最佳反应温度随变换率的提高而要求温度下降是冲突的。为此变换反应需要在不同的催化剂床层或变换炉内进行，床层段间或炉间采取降温措施。

目前的降温方式主要有间接降温、水冷激、原料气冷激。三者的流程及操作线示意如图6-8～图6-10所示。由图可知，通过段间或炉间降温，既实现了反应基本符合最佳反应温度线，又使各段床层的温度越来越低，保证了反应速率和CO变换率。

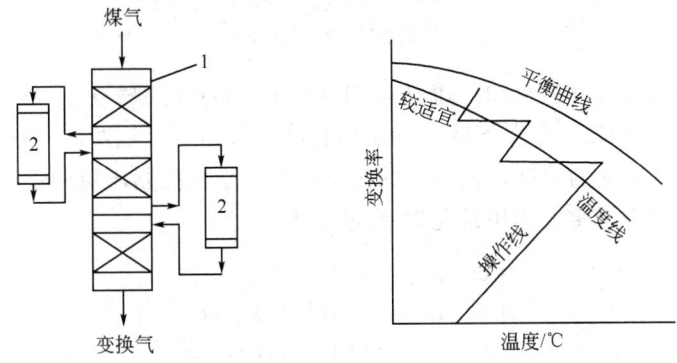

图6-8 间接降温流程及操作线示意
1—变换炉；2—换热器

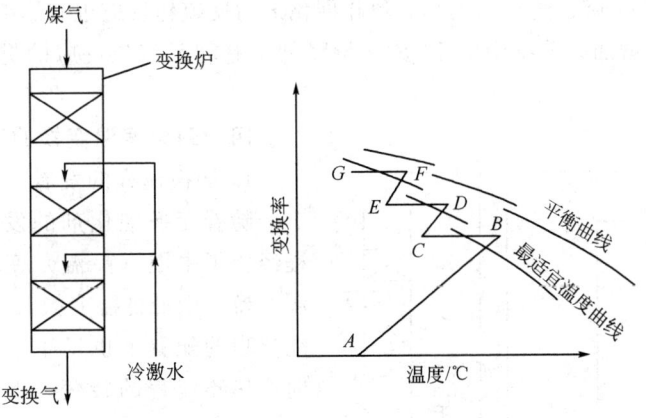

图6-9 水冷激流程及操作线示意

3. $n(H_2O)/n(CO)$（汽/气）

增加 $n(H_2O)/n(CO)$（汽/气），可提高CO变换率，加快反应速率，防止副反应发生。但过量蒸汽不但经济上不合理，且催化剂床层阻力增加，一氧化碳停留时间加长，余热回收负荷加大。因此，要根据原料气成分、变换率、反应温度及催化剂活性等合理控制 $n(H_2O)/n(CO)$（汽/气）。

在耐硫变换中，$n(H_2O)/n(CO)$（汽/气）对炉温的影响是双方面的，当 $n(H_2O)/n$

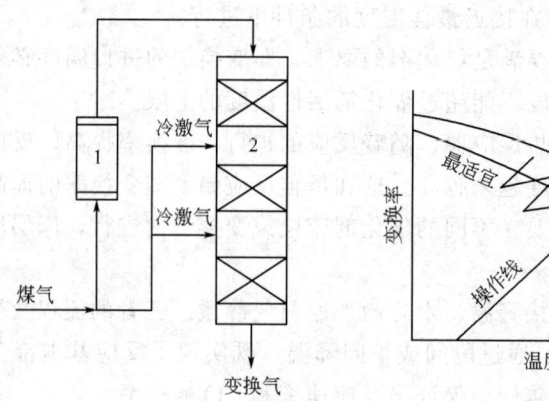

图 6-10　原料气冷激流程及操作线示意
1—换热器；2—变换炉

(CO)（汽/气）大时（汽/气＞1.3）随着 $n(H_2O)/n(CO)$（汽/气）的增加，未反应的蒸汽带出的热量增加，能使床层温度下降；在 $n(H_2O)/n(CO)$（汽/气）低时（通常汽/气＜0.5），可以控制 CO 变换的深度，使放出的热量减少，从而控制床层的温度。

在耐硫变换中考虑最多的为甲烷化副反应，即

$$CO+3H_2 \rightleftharpoons CH_4+H_2O+Q$$
$$2CO+2H_2 \rightleftharpoons CH_4+CO_2+Q$$
$$CO_2+4H_2 \rightleftharpoons CH_4+2H_2O+Q$$

在 $n(H_2O)/n(CO)$（汽/气）低、CO 含量高时，特别容易发生。此时，需从空速、催化剂的抗甲烷化能力和催化剂的装填量上去克服。

$n(H_2O)/n(CO)$（汽/气）的大小对耐硫催化剂的反硫化反应也有影响。随着 $n(H_2O)/n(CO)$（汽/气）的增加，系统中的 H_2S 含量降低，有利反硫化反应的进行，这也是需要重视的。

四、耐硫宽温变换的工艺流程

1. 变换流程的发展

随着变换催化剂的发展，变换的工艺流程经历了中温（高温）变换、中温变换串低温变换、中低低温变换和全低温变换的演变。在流程的配置上也发生了从饱和热水塔流程向换热器流程的转变。下面对各变换的流程及特点作一简要介绍。

（1）中温（高温）变换

传统中温变换流程中一般设置 1 台变换炉，炉内分二段或三段装填 Fe-Cr 系催化剂，半水煤气从上至下依次通过各段催化剂床层后，完成了变换过程，其流程见图 6-11。

其主要操作指标如下：

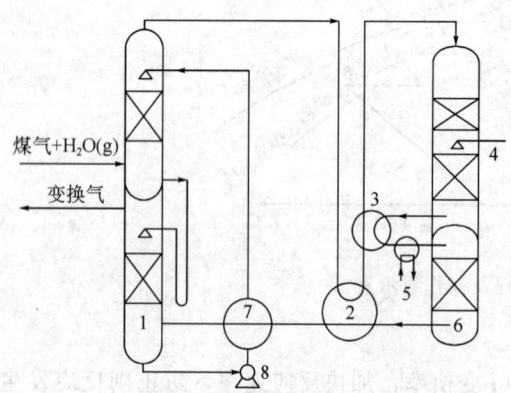

图 6-11　传统的中温变换流程
1—饱和热水塔；2—主热交换器；3—中间换热器；
4—喷水增湿；5—蒸汽过热器；6—变换炉；
7—水加热器；8—热水泵

项 目	指标	项 目	指标
操作压力/MPa	0.8	吨氨蒸汽消耗/kg	800
变换炉进口温度/℃	380	炉内空速/h^{-1}	500
变换炉出口温度/℃	450	出口 CO 含量/%	3
汽/气	0.7		

其主要特点为：采用 Fe-Cr 系催化剂，价格低，抗毒害能强，操作稳定可靠，但能耗高，变换效果差，饱和塔负荷重。

(2) 中温变换串低温变换

为了降低最终的变换温度，提高 CO 的变换率，节省水蒸气的消耗，在中温变换 Fe-Cr 催化剂的后面，串联低温活性好的 Co-Mo 催化剂，从而构成了中温变换串低温变换的流程。根据具体情况分为炉内串联和炉外串联两种。炉内串联的流程见图 6-12。炉外串联的流程见图 6-13。

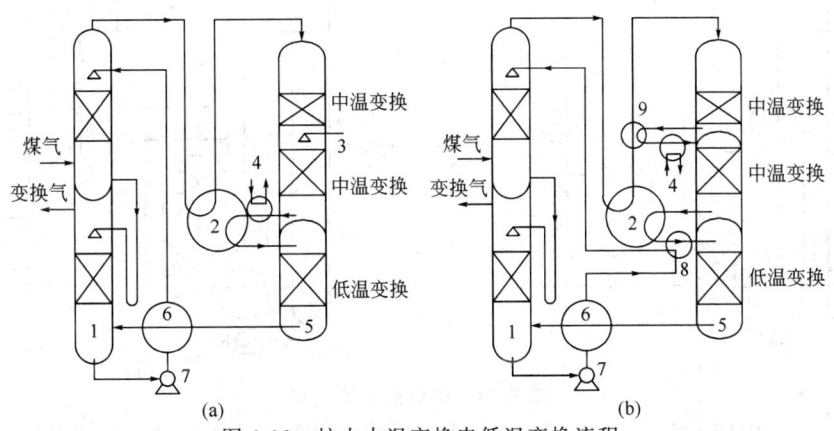

图 6-12　炉内中温变换串低温变换流程

1—饱和热水塔；2—主热交换器；3—喷水增湿；4—蒸汽过热器；5—变换炉；6—水加热器；
7—热水泵；8—调温水加热器；9—中间换热器

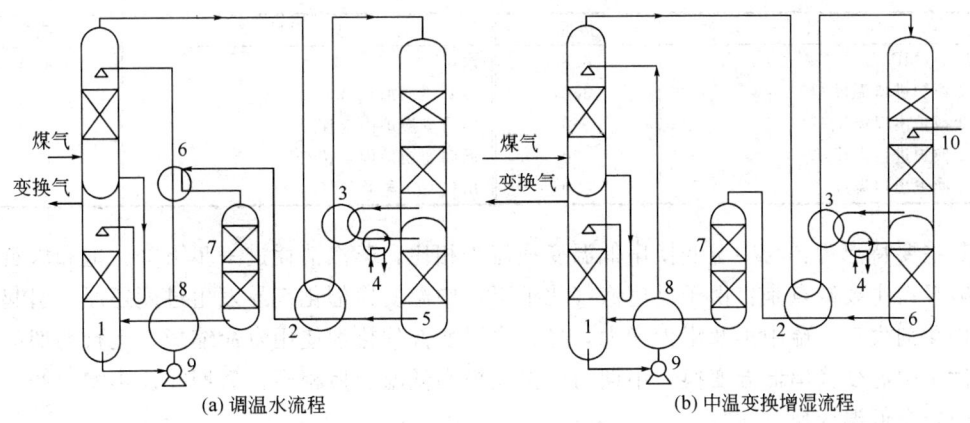

(a) 调温水流程　　　　　　　　　　　(b) 中温变换增湿流程

图 6-13　炉外中温变换串低温变换流程

1—饱和热水塔；2—主热交换器；3—中间换热器；4—蒸汽过热器；5—中温变换炉；
6—调温水加热器；7—低温变换炉；8—水加热器；9—热水泵；10—喷水增湿

其主要操作指标如下：

项　目	指标	项　目	指标
操作压力/MPa	0.8	汽/气	0.4～0.5
中温变换炉进口温度/℃	380	吨氨蒸汽消耗/kg	450
中温变换炉出口温度/℃	450	中温变换炉内空速/h^{-1}	1000
低温变换炉进口温度/℃	200	两个低温变换炉内空速/h^{-1}	1200
低温变换炉出口温度/℃	250	出口CO含量/%	1.5

其主要特点为：与中变流程相比，工艺蒸汽消耗下降，饱和塔负荷减轻。

(3) 中低低变换

在上述中温变换串低温变换的流程上再串1台低温变换变炉（段），2台低温变换炉（段）之间采用水冷激或水加热器降温，构成了中低低变换。由于反应终态温度比中温变换串低温变换工艺降低30℃，所以其节能效果更好。其流程如图6-14所示。

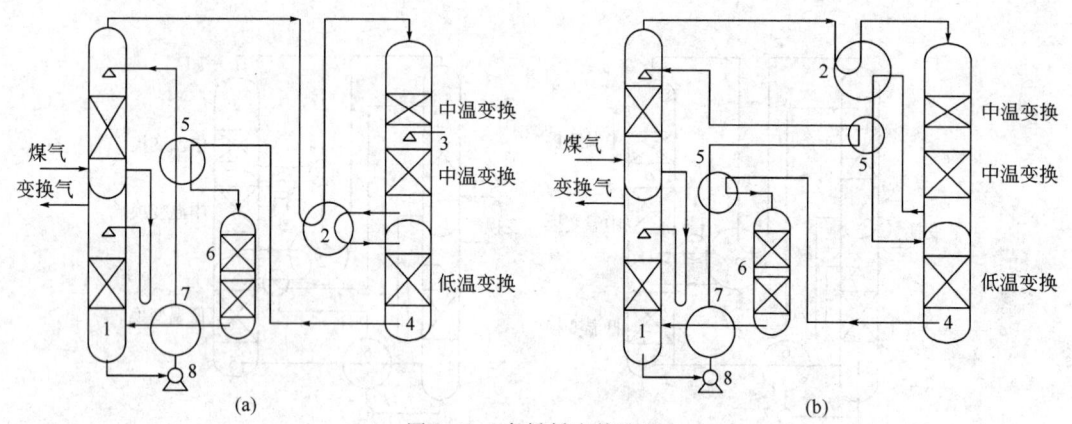

图 6-14　中低低变换流程

1—饱和热水塔；2—主热交换器；3—喷水增湿；4—中温变换炉；5—调温水加热器；
6—低温变换炉；7—水加热器；8—热水泵

其主要操作指标如下：

项　目	指标	项　目	指标
操作压力/MPa	0.8	汽/气	0.5
中温变换炉进口温度/℃	380	吨氨蒸汽消耗/kg	300
中温变换炉出口温度/℃	450	中温变换炉内空速/h^{-1}	700
低温变换炉进口温度/℃	200	低温变换炉内空速/h^{-1}	1800
低温变换炉出口温度/℃	230	出口CO含量/%	1.5

其主要特点为：与中温变换串低温变换流程相比，蒸汽消耗进一步下降，饱和塔负荷进一步减轻；主要缺点是：由于反应汽气比下降，中温变换催化剂易发生过度还原，引起中温变换催化剂失活、硫中毒及阻力增大，导致中温变换催化剂使用寿命缩短。运行初期的操作指标优于中温变换串低温变换，中期与中温变换串低温变换相当，后期往往影响生产。

(4) 全低温变换

为了解决Fe-Cr系中温变换催化剂在低汽气比下的过度还原及硫中毒的问题，又开发了全部使用耐硫变换催化剂的"全低变工艺"。

1996年前的全低变工艺，仅仅是将中温变换催化剂直接更换为耐硫变换催化剂。此做法的问题是一段催化剂因氧化、反硫化及硫酸根、氯根等污染问题,导致该催化剂活性下降快,使用寿命相对较短。通过在一段入口前装填保护剂和抗毒催化剂的方法,此问题已得到很好解决。

根据床层间的降温方式,全低变工艺可以分为喷水增湿型降温和调温水加热器降温两种流程。变换反应一般在三段床层内进行,分一个或两个变换炉。若采用喷水增湿降温,一般在变换炉前设置一个预变换炉,上部装填保护剂和抗毒催化剂,下部装填不锈钢材料,喷水在此段进行,后设置一个主反应器(变换炉)。这种工艺比较节能,几乎不需要外加蒸汽。其典型流程见图6-15。若采用调温水加热器来调节进入一段床层的温度,一般不设预变炉,主反应器为一个或两个。其典型流程见图6-16。

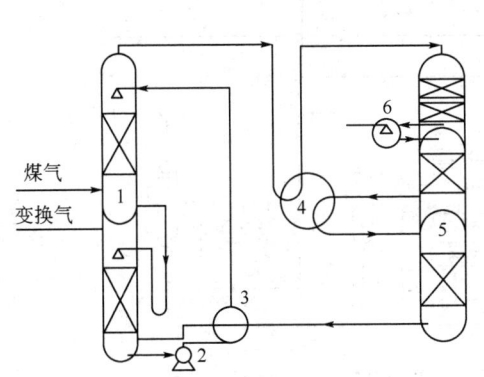

图 6-15　全低变工艺流程

1—饱和热水塔;2—热水栗;3—水加热器;
4—换交换器;5—变换炉;6—喷水增湿

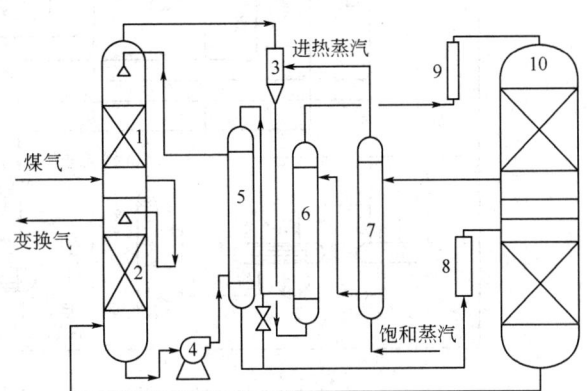

图 6-16　典型全低变工艺流程

1—饱和塔;2—热水器;3—混合器;4—热水泵;
5—调温水加热器;6—热交换器;7—蒸汽过热器;
8,9—电炉;10—变换炉

其特点为:

① 由于催化剂的活性高,因此在达到同样变换率要求的情况下,催化剂用量可以大幅度缩减;

② 由于催化剂的起活温度很低,变换炉入口温度低,主热交换器的换热量少,主热交换器的换热面积也大幅度减少;

③ 床层内热点温度降低了100℃以上,使反应远离平衡,加大了反应推动力,提高了反应速率;

④ 由于催化剂活性的提高,变换系统的汽气比可以降低,从而可以不加或少加水蒸气,大幅度降低了能耗,同时饱和热水塔的热回收负荷也得到了减少;

⑤ 在同等生产能力下,全低变系统的设备可以大幅缩小,变换炉可以减薄或取消内保温,或者在原先设备基础上,提高设备通过能力达59%。

(5) 无饱和热水塔工艺

随着低温变换技术的采用,特别是全低变工艺的应用,变换气中过量蒸汽已经很少,传统利用冷凝和蒸发原理回收蒸汽的饱和热水塔已失去了理论依据。当变换的压力较高时,若采用饱和热水塔流程,由于水蒸气在煤气中的分压高,所以出饱和塔的煤气带出的蒸汽相对较少,节能效果不如低压变换好。在高压的情况下,饱和热水塔还存在着严重的腐蚀问题。

另外，煤气中的 H_2S 在饱和塔内能被氧化成硫酸根，并且带入到变换炉中，使催化剂结块和堵塞。所以在这种情况下，一般选用废热锅炉自产高压蒸汽回收热量。这种流程一次性投资省，但蒸汽消耗高。

2. 生产甲醇的无饱和热水塔全低变流程

图 6-17 为生产甲醇的无饱和热水塔全低变流程。

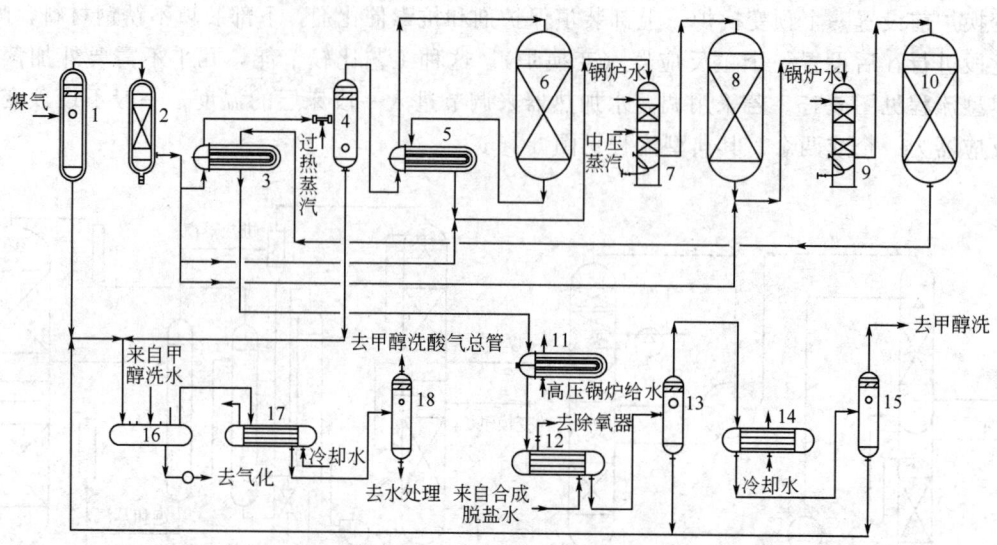

图 6-17 无饱和热水塔全低变工艺流程

1—气水分离器；2—过滤器；3—预热器；4—汽气混合器；5—换热器；6—第一变换炉；7—第一淬冷过滤器；8—第二变换炉；9—第二淬冷过滤器；10—第三变换炉；11—锅炉给水预热器；12—脱盐水预热器；13—第一变换气气水分离器；14—变换气冷却器；15—第二变换气气水分离器；16—冷凝液闪蒸槽；17—闪蒸气冷却器；18—闪蒸气气水分离器

从煤气化装置来的煤气（温度 168℃；压力 3.8MPa；湿基 CO 含量 55.6%；干基 CO 含量 69.07%）进入煤气气水分离器 1，分离出夹带的液相水后进入原料气过滤器 2，其中装有吸附剂，可以将煤气中的粉尘等对催化剂有害的杂质除掉。然后煤气分成三部分，分别进入三个不同的变换炉。

第一部分占总气量 28.5% 的煤气进入预热器 3，与第三变换炉 10 出来的变换气换热至 210℃ 后，进入汽气混合器 4，与来自蒸汽管网的过热蒸汽（4.4MPa，282℃）混合。保证进入第一变换炉的汽/气比不低于 1.09。混合后的煤气进入煤气换热器 5 管侧，与来自第一变换炉 6 出口的变换气换热，温度升至 255℃ 左右，进入第一变换炉 6 进行变换反应。出第一变换炉的变换气温度小于 460℃，干基 CO 含量为 18.27%，湿基为 12.5%。

第一变换炉出来的变换气，在换热器 5 与入第一变换炉的煤气换热后，与另一部分占总气量 32% 的煤气混合。进入第一淬冷过滤器 7，在此被来自低压锅炉给水泵的低压锅炉给水激冷到 235℃，保证汽/气比不低于 0.53，进入第二变换炉 8 反应。出第二变换炉的变换气温度为 351.4℃，干基 CO 含量为 18.96%，湿基为 14.7%。

另外，占总气量 39.5% 的煤气与第二变换炉出口变换气相混合，然后进入第二淬冷过滤器 9，被来自低压锅炉给水泵的低压锅炉给水激冷到大约 220℃，保证汽/气比不低于

0.33，进入第三变换炉10反应。出第三变换炉的变换气温度约306.2℃，干基CO含量为19.4%，湿基含量为15.8%。

出第三变换炉的变换气依次进入煤气预热器3、锅炉给水预热器11、脱盐水预热器12被冷却到85℃后，进入第一变换气气水分离器13分离冷凝水。然后进入变换气冷却器14降温至40℃，进入第二变换气气水分离器15分离冷凝水后，去低温甲醇洗工序。

煤气气水分离器1、汽气混合器4、第一变换气气水分离器13、第二变换气气水分离器15的工艺冷凝液，与来自低温甲醇洗的洗涤水一起进入冷凝液闪蒸槽16，在此减压后，将溶解的大部分气体解吸出来。解吸出来的气体经闪蒸气冷却器17冷却至40℃后，进入闪蒸气气水分离器18，分离夹带的液体后，去低温甲醇洗酸气总管。闪蒸后的冷凝液，通过冷凝液泵加压，去煤气化装置。出闪蒸气气水分离器18的冷凝液，去污水处理装置。

第三节 低温甲醇洗

低温甲醇洗是20世纪50年代初德国林德公司和鲁奇公司联合开发的一种气体净化工艺。该工艺以冷甲醇为吸收溶剂，利用甲醇在低温下对酸性气体溶解度极大的优良特性，脱除原料气中的酸性气体。广泛应用于国内外合成氨、合成甲醇、羰基合成、城市煤气、工业制氢和天然气脱硫等气体净化装置中实现CO_2和H_2S的脱除。

低温甲醇洗脱硫、脱碳的技术特点如下。

① 低温甲醇洗可以脱除气体中的多种杂质。在-30～-70℃的低温下，甲醇可以同时脱除气体中的CO_2、H_2S、有机硫、HCN、NH_3、NO、石蜡、芳香烃和粗汽油等杂质。

② 气体的净化度很高。净化气中总硫量可脱除到$0.1mg/m^3$以下，CO_2可净化到$10mg/m^3$以下，可适用于对硫含量有严格要求的化工生产。

③ 可以选择性地脱除H_2S和CO_2，并可分别加以回收，以便进一步利用。

④ 甲醇的热稳定性和化学稳定性好。甲醇不会被有机硫、氰化物等组分所降解，在生产操作中不起泡，纯甲醇也不腐蚀设备和管道。

主要缺点是：工艺流程长，甲醇的毒性大，设备制造和管道安装都严格要求无泄漏，且需谨慎操作，严防泄漏事故发生。

一、低温甲醇洗基本原理

低温甲醇洗采用冷甲醇作为吸收剂，利用甲醇在低温下对酸性气体溶解度较大的物理特性，脱除原料气中的酸性气体。

1. 各种气体在甲醇中的溶解度

各种气体在-40℃时相对溶解度如表6-5所示。

表6-5 -40℃各种气体在甲醇中的相对溶解度

气体	气体的相对溶解度		气体	气体的相对溶解度	
	相对于H_2	相对于CO_2		相对于H_2	相对于CO_2
H_2S	2540	5.9	CO	5.0	
COS	1555	3.6	N_2	2.5	
CO_2	430	1.0	H_2	1.0	
CH_4	12				

由表 6-5 可见，H_2S、COS、CO_2 等酸性气体在甲醇中有较大的溶解能力，而氢、氮、一氧化碳等气体在其中的溶解度甚微。因而甲醇能从原料气中选择吸收二氧化碳、硫化氢等酸性气体，而氢和氮损失很少。在低温下，例如，$-40 \sim -50$℃时，H_2S 的溶解度差不多比 CO_2 大 6 倍，这样就有可能选择性地从原料气中先脱除 H_2S，而在甲醇再生时先解吸 CO_2。

图 6-18 为常见气体在甲醇中的溶解度曲线，由图可见，H_2S 和 CO_2 在甲醇中的溶解度随温度的降低，增加较快，而 H_2、CO 及 CH_4 随温度的降低变化不大。

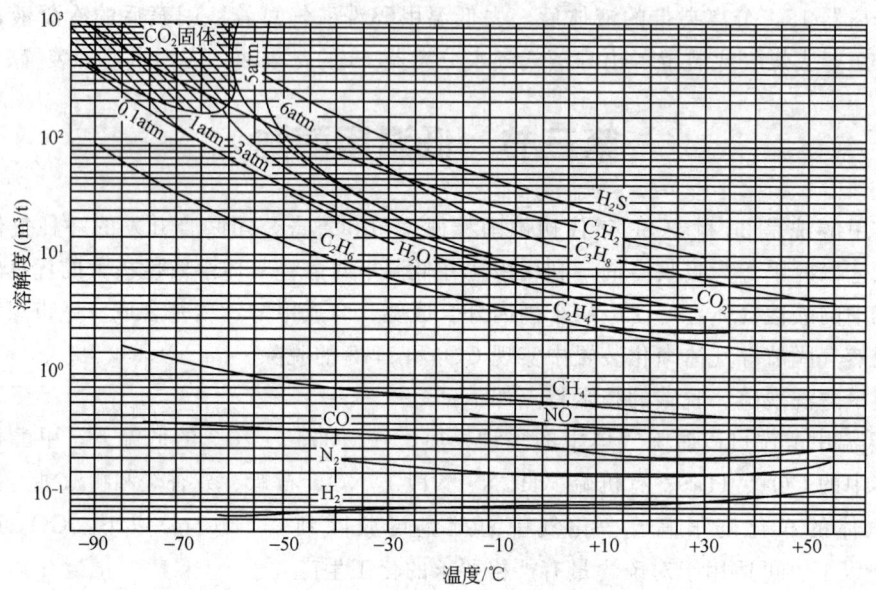

图 6-18　常见气体在甲醇中的溶解度曲线

H_2S 和甲醇都是极性物质，两种物质的极性接近，因此 H_2S 在甲醇中溶解度很大。不同温度与 H_2S 分压下，H_2S 的溶解度如表 6-6 所示。

表 6-6　H_2S 在甲醇中的溶解度　　　　　　　　单位：m^3/t 甲醇

H_2S 平衡分压/kPa	温度/℃				H_2S 平衡分压/kPa	温度/℃			
	0	-25.6	-50.0	-78.5		0	-25.6	-50.0	-78.5
6.67	2.4	5.7	16.8	76.4	26.66	9.7	21.8	65.6	—
13.33	4.8	11.2	32.8	155.0	40.00	14.8	33.0	99.6	—
20.00	7.2	16.5	48.0	249.2	53.33	20.0	45.8	135.2	—

有机硫化物在甲醇中的溶解度也很大，这样就使得低温甲醇洗有一个重要的优点，即有可能综合脱除原料气中的所有硫杂质（在甲醇中 COS 的溶解度仅较 H_2S 溶解度低 20%～30%）。

不同温度与 CO_2 分压下，CO_2 在甲醇中的溶解度如表 6-7 所示。

表 6-7　CO_2 在甲醇中的溶解度　　　　　　　　　　　单位：m^3/t 甲醇

CO_2 分压/MPa	温度/℃			
	-26	-36	-45	-60
0.101	17.6	23.7	35.9	68.0
0.203	36.2	49.8	72.6	159.0
0.304	55.0	77.4	117.0	321.4
0.405	77.0	113.0	174.0	960.7①
0.507	106.0	150.0	250.0	—
0.608	127.0	201.0	362.0	—
0.709	155.0	262.0	570.0	—
0.831	192.0	355.0	—	—
0.912	223.0	444.0	—	—
1.013	268.0	610.0	—	—
1.165	343.0	—	—	—
1.216	385.0	—	—	—
1.317	468.0	—	—	—
1.520	1142.0	—	—	—
1.621	—	—	—	—

① CO_2 分压为 0.42MPa 下的数据。

由表 6-6 和表 6-7 可见，随着温度的降低，压力的增大，H_2S 和 CO_2 的溶解度都增加。

研究表明，当混合气中有 H_2 存在或甲醇含有水分时，H_2S 和 CO_2 在甲醇中溶解度会降低。

2. 各种气体在甲醇中的溶解热

根据各种气体在甲醇中的溶解度数据，可求得在甲醇中的溶解热。表 6-8 给出了各种气体在甲醇中的溶解热。

由表 6-8 可见，H_2S 和 CO_2 在甲醇中溶解热不同，但因其溶解度较大，在甲醇吸收气体过程中，塔中溶剂温度有较明显的提高，为保证吸收效果，应不断移走热量。

3. 净化过程中溶剂的损失

净化过程中甲醇溶剂的损失主要是甲醇的挥发，甲醇的蒸气压与温度的关系，如图 6-19 所示。

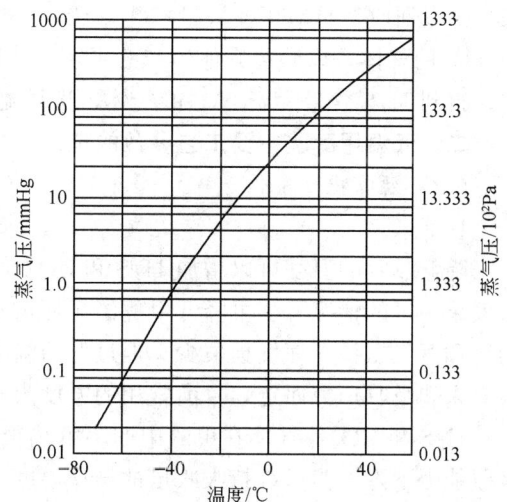

图 6-19　甲醇的蒸气压与温度的关系
注：1mmHg＝133.322Pa。

由图 6-19 可见，在常温下甲醇的蒸气压很大。即使气体中挥发出来的甲醇溶剂浓度很小，但由于处理气量很大，溶剂损失还是可观的。在实际生产中，采用低温吸收，会减少操作中的溶剂损失。

表 6-8　各种气体在甲醇中的溶解热

气体	H_2S	CO_2	COS	CS_2	H_2	CH_4
溶解热/(kJ/mol)	19.264	16.945	17.364	27.614	3.824	3.347

4. 低温甲醇洗的吸收动力学

用低温甲醇吸收 H_2S 和 CO_2 的动力学实验发现，吸收过程的速率仅取决于 CO_2 的扩散速率，在相同条件下 H_2S 的吸收速率约为 CO_2 吸收速率的 10 倍。温度降低时吸收速率缓慢减小。

由于混合气体中 H_2S 的浓度较小，吸收速率又比较快，所以 CO_2 的吸收是控制因素。影响吸收的主要因素是温度和压力。

5. 甲醇再生的原理

吸收气体后的甲醇，需在再生设备内再生，循环使用。甲醇的再生主要利用减压、气提和热再生三个方面的作用。

① 减压再生。从洗涤塔出来的甲醇减压到 2.0MPa 左右，利用各种气体在甲醇中的溶解度不同，而首先闪蒸出 CO 和 H_2，并进行回收。闪蒸后的甲醇进入闪蒸塔后进一步减压，闪蒸出 CO_2，并回收利用。

② 气提再生。气提的原理是在气相中通入氮气，降低气相中 CO_2 的分压，使甲醇中 CO_2 充分解吸出来。

③ 热再生。溶解在甲醇中的 H_2S 和残余的 CO_2 通过加热，使其全部解吸出来。此方法的再生度非常高。

实际再生时，先采用分级减压膨胀的方法再生，通过减压使 H_2 和 N_2 从甲醇中解吸出来，加以回收。再减压使大量 CO_2 解吸出来，而 H_2S 仍留在溶液中，得到二氧化碳浓度大于 98% 的气体，以满足其他生产的要求。然后再用减压、气提、蒸馏等方法使 H_2S 解吸出来，得到 H_2S 含量大于 25% 的气体，送往硫黄回收工序。

二、低温甲醇洗主要工艺参数的选择

（一）吸收操作条件

1. 温度

降低吸收的温度可以增加 H_2S 和 CO_2 在甲醇中的溶解度，提高吸收效果。在要求的吸收效果一定的情况下，可降低甲醇的循环量，节省输送的功耗。同时，在低温下吸收，甲醇的饱和蒸气压低，挥发损失少。但过低的温度，会使冷量损失加大。吸收的温度主要依据吸收效果和吸收压力而定，目前常用的温度为 $-20 \sim -70℃$。

H_2S 和 CO_2 等气体在甲醇中的溶解热很大，因此在吸收过程中溶液温度不断升高，使吸收能力下降。为了维持吸收塔的操作温度，在吸收大量二氧化碳的中部设有冷却器，或将甲醇溶液引出塔外进行冷却。吸收过程放出的热量，可以与再生时甲醇节流效应的结果和气体解吸时吸收的热量相抵，使甲醇的温度降低。由于不完全的再生和与周围环境的换热，所造成的冷冻损失，可由氨冷器或其他冷源来补偿。

2. 压力

和低温吸收一样，增加压力对吸收有利，但过高的压力对设备强度和材质的要求高，使有用气体组分 H_2、CO 或 N_2 等的溶解损失也增加。具体采用多大压力，主要由原料气组成、所要求的气体净化度以及前后工序的压力等来决定。目前常用的吸收压力为 $2 \sim 8$ MPa。

3. 吸收剂的纯度

吸收剂的纯度对其吸收能力有很大的影响。影响吸收剂纯度的影响因素是多方面的，其中水含量是主要的因素。当甲醇中含有水分时，甲醇的吸收能力将会下降。例如，当甲醇中水含量达到 5％时，其对 CO_2 的吸收能力大约下降 12％。目前，对贫甲醇的含水量要求为小于 1％。

（二）再生的操作条件

1. 闪蒸的工艺条件选择

变换气中的 H_2、CO 会在吸收塔内少量地溶于甲醇溶液中，而溶液排出吸收塔时，也会成泡沫状态夹带少量原料气，造成有效气体 H_2、CO 的损失。因此从吸收塔排出的溶液需要在中间压力下进行闪蒸，以回收 H_2 和 CO，这是降低合成甲醇原料消耗定额的重要措施之一。而且，为了控制 CO_2 再生气中 CO_2 的纯度，也必须在溶液进入再生塔之前进行闪蒸。

闪蒸的压力与温度的选择，以使易溶组分（如 CO_2、H_2S 等）解吸量最小，难溶组分（如 H_2、CO 等）尽可能完全地解吸出来为原则。

由于 H_2 的溶解度随温度的降低而减小，在闪蒸前使溶液温度降低，既有利于 H_2 的回收，又可减少 CO_2 和 H_2S 的解吸。

对闪蒸的条件总的来说，如温度高、压力低，则 H_2 和 CO 解吸充分，原料气损失小，但过低的压力，会加重 CO_2 洗涤塔的洗涤负荷，降低洗涤效率。

2. CO_2 解吸塔的压力与温度

CO_2 解吸塔的作用是让 CO_2 解吸出来，为尿素工段提供合格的原料气。如生产甲醇，则 CO_2 无用放空。CO_2 回收塔的压力与温度主要影响 CO_2 的回收量、CO_2 中的 H_2S 含量。总的影响为压力低、温度高解吸的 CO_2 数量多，但其中 H_2S 和甲醇蒸气的含量高。

随着压力的降低，由于节流制冷效应，甲醇的温度会降低，所以 CO_2 解吸塔的温度，与闪蒸的温度和 CO_2 解吸塔的压力相关。同时，由于 CO_2 解吸塔和 H_2S 浓缩塔之间存在温差，在此两塔之间循环的甲醇的量也会影响 CO_2 解吸塔的温度。生产中温度的调节可通过后者实现。

压力是影响 CO_2 解吸的主要因素，压力选择的原则，以解吸出的 CO_2 产品中 H_2S 的含量小于 $1mg/m^3$、甲醇含量小于 $25mg/m^3$ 为原则。通常 CO_2 解吸塔的压力为 0.2～0.4MPa。

3. 甲醇的热再生

甲醇再生的效果最终由甲醇热再生塔决定。甲醇热再生塔利用接近常压、加热到沸点、蒸汽汽提等多种措施实现溶解的 H_2S、CO_2、NH_3 和 HCN 的解吸。解吸效果的好坏主要取决于塔内汽提蒸汽的量。汽提蒸汽量多，再生效果好。但汽提蒸汽量多，使加热蒸汽消耗增加，也有可能超出塔板的负荷。

三、工艺流程及主要设备

（一）工艺流程

低温甲醇洗的流程有两步法和一步法之分。两步法的流程适用于先前的非耐硫变换，其做法为先用低温甲醇洗将原料气中的 H_2S 脱除，经变换后，再用低温甲醇洗将原料气中的 CO_2 脱除。由于耐硫变换技术的应用，目前的流程倾向于在变换后同时脱除 H_2S 和 CO_2，称为一步法。在本部分，仅对一步法的流程作简单介绍。

同时脱除 H_2S 和 CO_2 的一步法流程如图 6-20 所示。图中各设备的代号与名称的对应关系见表 6-9。

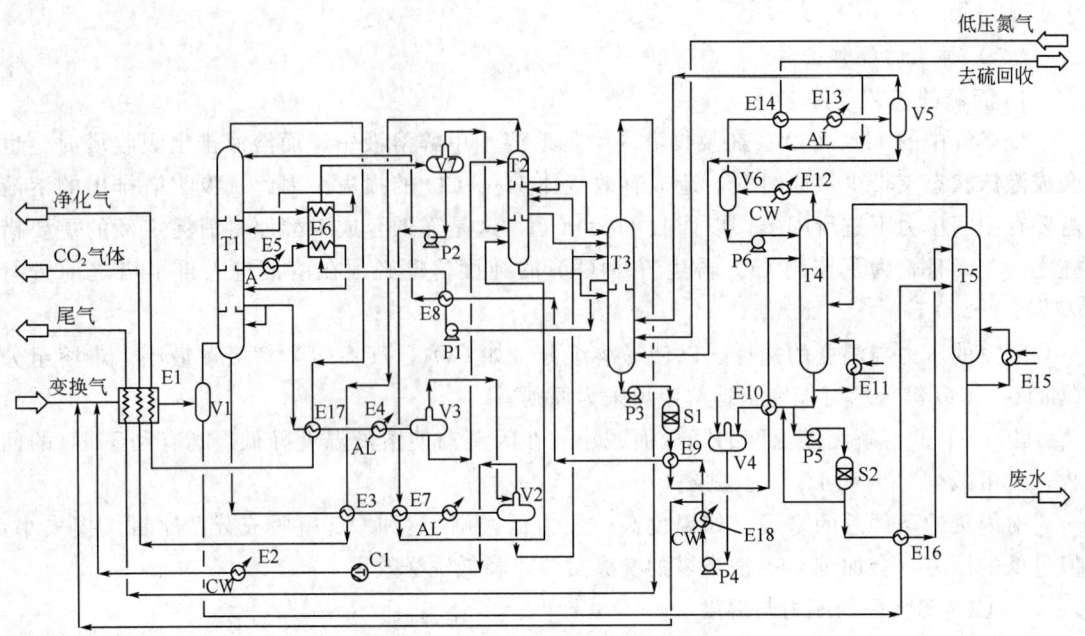

图 6-20 一步法低温甲醇洗流程

表 6-9 设备代号与名称对应表

代号	设备名称	代号	设备名称	代号	设备名称
C1	循环气压缩机	E13	H_2S 馏分氨冷却器	S2	甲醇第二过滤器
E1	进料气冷却器	E14	H_2S 馏分冷交换器	T1	甲醇洗涤塔
E2	压缩机后水冷却器	E15	甲醇/水分离塔再沸器	T2	CO_2 解吸塔
E3	含硫甲醇冷却器	E16	甲醇/水分离塔进料加热器	T3	H_2S 浓缩塔
E4	无硫甲醇氨冷器	E17	无硫甲醇冷却器	T4	甲醇再生塔
E5	循环甲醇氨冷器	E18	贫甲醇水冷却器	T5	甲醇/水分离塔
E6	循环甲醇冷却器	P1	H_2S 浓缩塔上塔出料泵	V1	进料气体甲醇/水分离罐
E7	含硫甲醇第二换热器	P2	闪蒸甲醇泵	V2	含硫富甲醇闪蒸罐
E8	第三贫甲醇冷却器	P3	甲醇再生塔进料泵	V3	无硫富甲醇闪蒸罐
E9	第二贫甲醇冷却器	P4	贫甲醇泵	V4	甲醇中间贮罐
E10	第一贫甲醇冷却器	P5	甲醇/水分离塔进料泵	V5	H_2S 馏分分离罐
E11	甲醇再生塔再沸器	P6	甲醇再生塔回流泵	V6	甲醇再生塔回流液分离罐
E12	H_2S 馏分水冷却器	S1	甲醇第一过滤器	V7	循环甲醇闪蒸罐

一步法的流程可分为：原料气的预冷、酸性气体（CO_2、H_2S 等）的吸收、氢气的回收、CO_2 的解吸回收、H_2S 的浓缩、甲醇溶液的热再生和甲醇水分离几个部分。

1. 原料气的预冷

来自一氧化碳变换工序的变换气，在 40℃、7.81MPa 的状态下进入低温甲醇洗装置。由于低温甲醇洗装置是在 -40～-70℃ 的低温条件下操作的，为了防止变换气中的饱和水分在冷却过程中结冰，在混合气体进入进料气冷却器 E1 之前，向其中喷入贫甲醇，然后再进入进料气冷却器 E1，与来自本装置的三种低温物料——汽提尾气、CO_2 产品气和净化气进行换热，被冷却至 -10℃ 左右。冷凝下来的水与甲醇形成混合物，冰点降低，从而不会出现冻结现象。甲醇水混合物与气体一起进入进料气体甲醇/水分离罐V1进行气液分离，分离后的气体进入甲醇洗涤塔T1底部，而分离下来的甲醇水混合物送往甲醇/水分离塔T5进行甲醇水分离。

2. 酸性气体（CO_2、H_2S等）的吸收

甲醇洗涤塔T1分为上塔和下塔两部分，共四段，上塔三段，下塔一段。下塔主要是用来脱除H_2S和COS等硫化物。来自进料气体甲醇/水分离罐V1的原料气，首先进入甲醇洗涤塔T1的下塔，被自上而下的甲醇溶液洗涤，H_2S和COS等硫化物被吸收，含量降低至$0.1mg/m^3$以下，然后气体进入上塔进一步脱除CO_2。由于H_2S和COS等硫化物在甲醇中的溶解度比CO_2高，而且在原料气中H_2S和COS等硫化物的含量比CO_2低得多，仅用出上塔底部吸收饱和了CO_2的甲醇溶液总量的一半左右来作为洗涤剂。此部分甲醇溶液吸收了硫化物后从塔底排出，依次经过含硫甲醇冷却器E3和含硫甲醇第二换热器E7，温度由出塔底的$-6.8℃$依次降低至$-10.5℃$、$-31.7℃$，然后经减压至$1.95MPa$，进入含硫富甲醇闪蒸罐V2进行闪蒸分离。

上塔的主要作用为脱除原料气中的CO_2。经下塔脱除硫化物后的原料气，通过升气管进入甲醇洗涤塔T1上塔。由于CO_2在甲醇中的溶解度比H_2S和COS等硫化物小，且原料气中的CO_2含量很高，所以上塔的洗涤甲醇量比下塔的大。吸收CO_2后放出的溶解热会导致甲醇溶液的温度上升，为了充分利用甲醇溶液的吸收能力，减少洗涤甲醇流量，在设计上采取了分段操作，段间降温的方法。甲醇吸收CO_2所产生的溶解热一部分转化为下游甲醇溶液的温升，另一部分被段间换热装置取出。

来自热再生部分的贫甲醇，经冷却后，以$-64.5℃$的温度进入甲醇洗涤塔T1的顶部，其甲醇含量为99.5%，水含量小于0.5%。出上塔顶段的甲醇溶液，温度上升至$-18.8℃$，经过循环甲醇冷却器E6被冷却至$-44.5℃$后，进入上塔中段继续吸收CO_2；出中段的甲醇溶液，温度上升至$-17.1℃$，依次经过循环甲醇氨冷器E5和循环甲醇冷却器E6被冷却至$-44.5℃$后，进入上塔的第三段进一步吸收CO_2，温度上升至$-10.0℃$后出上塔。其中占总量52%的甲醇溶液，进入下塔作为洗涤剂，剩余部分依次在洗涤塔底无硫甲醇冷却器E17中、无硫甲醇氨冷器E4中被冷却，温度分别降至$-22.1℃$、$-33.0℃$，然后被减压至$1.95MPa$，进入无硫富甲醇闪蒸罐V3进行闪蒸分离。

出甲醇洗涤塔T1顶部的净化气温度为$-64.0℃$、压力为$7.67MPa$，经无硫甲醇冷却器E17和进料气冷却器E1回收冷量后，去后工序。

3. 氢气的回收

为了回收溶解在甲醇溶液中的H_2、N_2和CO等有效气体，提高装置的氢回收率，以及保证CO_2产品气的纯度，流程中设置了中间（减压）解吸过程即闪蒸过程。无硫富甲醇闪蒸罐V3中闪蒸出来的闪蒸气，在含硫富甲醇闪蒸罐V2的顶部，与V2中闪蒸出来的气体汇合，经循环气压缩机C1加压至$7.81MPa$，然后经水冷器E2冷却至$71.6℃$后，送至进料气冷却器E1前，汇入进本工段的变换气中。

当C1出现故障时，循环氢气送入H_2S浓缩塔T3的上段底部，经洗涤后随尾气一起放空。

4. CO_2的解吸回收

CO_2解吸塔T2的主要作用是将含有CO_2的甲醇溶液减压，使其中溶解的CO_2解吸出

来，得到无硫的 CO_2 产品。CO_2 产品的来源主要有以下三处。

① 从无硫富甲醇闪蒸罐 V3 底部流出的富含 CO_2 的无硫半贫甲醇溶液，温度为 -31.8℃、压力为 1.95MPa，经减压至 0.22MPa 后，温度降低至 -55.3℃，进入 CO_2 解吸塔 T2 的上段进行闪蒸分离，解吸出 CO_2。从上段底部流出的闪蒸后的甲醇溶液，一部分回流至 T2 中段的顶部，作为对下塔上升气的再洗液；剩余部分经减压至 0.07MPa，温度降低为 -65.8℃ 后，送至 H_2S 浓缩塔 T3 上段的顶部作为洗涤液。

② 从含硫富甲醇闪蒸罐 V2 底部流出的含 H_2S 的富甲醇溶液，温度为 -31.0℃、压力为 1.95MPa。经减压至 0.27MPa 后，温度降为 -53.9℃，进入 T2 的中段进行闪蒸分离，解吸出 CO_2。从中段底部流出的甲醇溶液，温度为 -52.6℃，压力为 0.27MPa，根据需要送往 T3 塔的上段中部或直接送至 T3 上段的积液盘上。

③ 出 T3 上段底部的富甲醇溶液温度为 -69.7℃、压力为 0.11MPa，经出料泵 P1 加压至 0.58MPa 后，依次流经第三贫甲醇冷却器 E8、循环甲醇冷却器 E6，温度上升至 -36.5℃，在压力 0.27MPa 下进入循环甲醇闪蒸罐 V7 进行闪蒸分离。从 V7 顶部出来的气体直接进入 T2 的下段。出 V7 底部的闪蒸甲醇溶液，经闪蒸甲醇泵 P2 加压至 0.55MPa，进入 E7，温度上升至 -28.1℃，然后进入 T2 底部进一步解吸所溶解的 CO_2。

出 T2 底部的甲醇溶液温度为 -28.6℃，压力为 0.27MPa，经减压至 0.11MPa 后，温度降低至 -35.5℃，进入 T3 下段的顶部。

出 T2 顶部的 CO_2 产品气，温度为 -55.3℃，压力为 0.22MPa，依次流经 E3、E1，温度上升至 9.9℃ 后，送往尿素装置。

5. H_2S 的浓缩

T3 塔称为 H_2S 浓缩塔，也叫做气提塔，主要作用是利用气提原理进一步解吸甲醇溶液中的 CO_2，浓缩甲醇溶液中的 H_2S，同时回收冷量。进入 T3 的物料主要有以下几部分。

① 来自 T2 上段积液盘的 CO_2 及未解吸完全的无硫半贫甲醇溶液，经减压后进入 T3 顶部，作为洗涤剂，以洗涤从下部溶液中解吸出来的气体中的 H_2S 等，使出塔顶的气体中 H_2S 含量低于 $7×10^{-6}$，达到排放标准。

② 来自 T2 中段积液盘上含有 CO_2 及少量 H_2S 的甲醇溶液，经减压阀减压后，进入 T3 上段。在系统负荷低于 70% 时，为了保证能生产出满足尿素生产所需的 CO_2，此股甲醇溶液直接进入上段的积液盘处。

③ 出 T2 底部的含 H_2S 甲醇溶液，经减压后进入 T3 下段的顶部。

④ 来自 H_2S 馏分分离罐 V5 底部的富含 H_2S 的甲醇溶液在温度 -35.4℃，压力 0.13MPa 下进入 T3 下段的底部。

⑤ 为了提高 T3 底部甲醇溶液中的 H_2S 含量，从而保证出系统的酸性气体中的 H_2S 含量满足要求，从出 V5 顶部的酸性气体中引出一股流量约占总量 26.8% 的酸性气体，在温度为 -33.0℃，压力为 0.12MPa 的状态下回流至 T3 下段塔板上。

⑥ 为了使进入 T3 的甲醇溶液中的 CO_2 进一步得到解吸，浓缩 H_2S，将低压氮气导入 T3 的底部作为气提介质，用以降低气相中 CO_2 的分压，使甲醇溶液中的 CO_2 进一步解吸出来。气提氮气的温度为 41.0℃，压力为 0.13MPa。

⑦ 在 C1 出现故障时，出 V2 的循环气直接进入 T3 上段的底部，经甲醇洗涤后与尾气一起放空至大气（图中未画出）。

出 T3 顶部的气提尾气温度为－70.3℃，压力为 0.07MPa，经 E1 回收冷量，温度上升至 28.0℃后排放至大气。

出 T3 上段积液盘的甲醇溶液，经泵 P1 加压后，送往前面的系统回收冷量复热后进入 T2 底部解吸出所含的 CO_2，然后依靠压力差进入 T3 底部，完成此股甲醇溶液的小循环。

6. 甲醇溶液的热再生

出 T3 下段底部浓缩后的甲醇溶液，温度为－48.7℃，压力为 0.13MPa，经 T3 底泵 P3 加压至 1.20MPa，首先进入甲醇第一过滤器 S1，除去固体杂质后，进入第二贫甲醇冷却器 E9 冷却贫甲醇，温度上升至 35.5℃，然后进入第一贫甲醇冷却器 E10，温度上升至 88.1℃，在 0.24MPa 下进入 T4 的中部塔板上，进行加热气提再生，将其中所含的硫化物和残留的 CO_2 解吸出来。

出 T4 顶部的富含 H_2S 的酸性气体温度为 88.0℃，压力为 0.24MPa，经 H_2S 馏分水冷却器 E12 被循环水冷却至 43.0℃后，进入回流液分离罐 V6 进行气液分离。出 V6 底部的甲醇溶液，经回流泵 P6 加压至 0.24MPa 后，返回 T4 塔顶部作为回流液。出 V6 顶部的气体，依次进入 H_2S 馏分换热器 E14、H_2S 馏分氨冷器 E13，温度依次降低至 36.5℃、－33.0℃，然后进入 H_2S 馏分离罐 V5 进行气液分离。分离出的甲醇溶液送往 T3 底部；分离出的酸性气体，部分送往 T3 下段塔板上，以提高 T3 底部甲醇溶液中的 H_2S 浓度，剩余部分经 E14 复热后，温度上升至 36.5℃，在压力为 0.14MPa 下送硫回收装置。

来自甲醇/水分离塔 T5 顶部的甲醇蒸气，直接进入 T4 的中部塔板上，此股甲醇蒸气所携带的热量在 T4 中被利用，节省了热源。

T4 的底部设置有热再生塔再沸器 E11，利用 0.33MPa、146.3℃的低压饱和蒸汽作为热源，为甲醇的热再生提供热量。

从 T4 底部出来的贫甲醇，经热再生塔底部泵 P5 加压至 0.70MPa 后，进入甲醇第二过滤器 S2 进行过滤，除去其中的固体杂质。过滤后的贫甲醇大部分进入第一贫甲醇冷却器 E10，温度降低至 35.5℃，然后进入甲醇中间贮罐 V4。另外的部分，进入甲醇/水分离塔进料加热器 E16 被冷却至 71.1℃后，在 0.25MPa 下，进入 T5 的顶部作为回流液。

收集在 V4 中的贫甲醇，经贫甲醇泵 P4 加压至 8.97MPa 后，进入水冷却器 E18 被循环冷却水冷却至 43.0℃。出 E18 的贫甲醇，一小部分作为喷淋甲醇喷入 E1 前的原料气管线内，其余的贫甲醇依次经过 E9 和 E8，被冷却至－64.5℃，然后在 7.69MPa 下进入 T1 的顶部作为洗涤剂。

7. 甲醇水分离

出 V1 的甲醇水混合物的温度－10.6C，压力为 7.77MPa。经过滤器（未画出）除去固体杂质后，进入 E16 被加热至 71.1℃。经过减压至 0.27MPa 后，进入 T5 的上部塔板上。

来自 T4 底部，被 P5 加压、S2 过滤后的部分贫甲醇，在经过 E16 冷却后，进入 T5 的顶部作为回流液。

在 T5 的塔底设有再沸器 E15，它利用来自减温减压站的 178.1℃、0.85MPa 的低压蒸汽为甲醇水分离提供热量。

出 T5 顶部的甲醇蒸气温度为 99.7℃，压力为 0.25MPa，直接进入 T4 的中部塔板上。

出 T5 底部的废水，温度为 141.8℃，压力为 0.28MPa，甲醇含量为 122mg/kg，喷入循环冷却水进行冷却后，在 40.0℃温度下，送往废水处理工序进行处理。

(二) 主要设备

1. 塔设备

T1～T5 都为浮阀板式塔，外壳为碳钢，塔板和浮阀为不锈钢。其中 T1～T3 外壳采用低温碳钢，T4 和 T5 外壳为普通碳钢。

2. 缠绕管式换热器

由于缠绕管式换热器具有结构紧凑、传热效率高、能承受高压、可实现多股流换热、热补偿能力好等优点，被广泛应用于低温甲醇洗装置中。其应用的位置通常为 E1、E6、E7～E10，是否在这些位置选用缠绕管式换热器，不同的流程各不一样。

缠绕管式换热器主要有壳体、换热管束和中心筒构成。在中心筒与壳体之间的空间内，将换热管束按螺旋状缠绕在中心筒上。管束分很多层，由里向外，每层同时绕的管束数目也相应增加。相邻两层螺旋状换热管的螺旋方向相反，并且采用一定间距、一定形状的垫条使之保持一定的间距。管侧流体在管束内流动，壳侧流体在管束层的间隙以及管束和壳体的间隙内流动。中心筒为无缝管或有缝钢管，其一端或二端通过支架固定在壳体上，以承受盘管的重量。其结构示意如图 6-21 所示。

如果管束内只有一种流体通过，则为单通道缠绕管式换热器；如管束内有多种流体通过，则为多通道缠绕管式换热器。如图 6-22 所示为双通道缠绕管式换热器的结构。

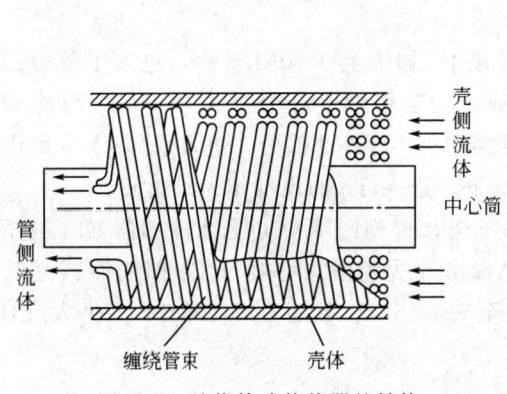

图 6-21 缠绕管式换热器的结构

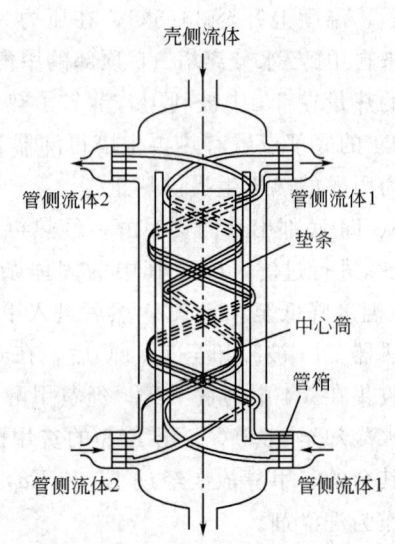

图 6-22 双通道缠绕管式换热器的结构

第四节 硫回收

严格来讲，硫回收并不属于原料气净化工序，而属于尾气净化的范畴，但由于环保的要求，其工艺受到了广泛的重视，且属于气体净化的内容，故把它放在此位置给予介绍。

硫回收被广泛应用于石油冶炼气净化、天然气净化和煤气净化的生产工艺中，以减少对大气的污染和回收有价值的硫产品。

目前硫回收的方法主要分两类：一类是以克劳斯（Claus）反应为基础，将酸性气体中的H_2S制成硫黄,并加以回收的硫回收工艺,即克劳斯硫回收;另一类是将酸性气体作为制酸原料,生产工业硫酸产品的硫回收工艺,即制酸硫回收。

此部分仅介绍工业应用较多的克劳斯硫回收工艺。

一、克劳斯硫回收简介

1. 最初的克劳斯硫回收

1883年,英国化学家Claus首先提出了硫回收的专利技术。在工业炉窑中,在催化剂的作用下,用空气中的氧氧化酸性气体中的H_2S,制得硫黄单质。其反应为

$$H_2S+1/2O_2 \rightleftharpoons 1/xS_x+H_2O+Q \tag{1}$$

此反应称为克劳斯反应,此工艺即最初的克劳斯硫回收工艺。由于反应剧烈放热,反应温度很难控制,且处理能力有限,使此工艺的应用受到了限制。

2. 改良克劳斯工艺

1938年,德国法本公司对克劳斯法工艺作了重大改进,不仅显著地增加了处理量,也提出了一个回收以前浪费掉的能量的途径。其要点是把H_2S的氧化分为两个阶段来完成,第一阶段称为热反应阶段,即1/3体积的H_2S在燃烧炉内被氧化成为SO_2,其反应为

$$H_2S+3/2O_2 \longrightarrow SO_2+H_2O+Q \tag{2}$$

反应放出的大量反应热,以水蒸气的形式予以回收。第二阶段称为催化反应阶段,即剩余的2/3体积的H_2S,在催化剂的作用下,与第一阶段生成的SO_2反应,而生成单质硫,其反应方程式为

$$2H_2S+SO_2 \rightleftharpoons S_x+2H_2O+Q \tag{3}$$

此技术称为改良克劳斯工艺。

3. 克劳斯硫回收的技术发展

现在的克劳斯硫回收工艺几乎全部以改良克劳斯工艺为基础发展演变而来,主要的技术改进如下。

(1) 富氧氧化

以氧气或富氧空气代替空气,减少了进入装置的氮量,从而可使装置处理量得到大幅度提高。其代表工艺有Claus Plus法、COPE法、氧气注入法和SURE法等。

(2) 低温克劳斯反应

指在低于硫露点温度条件下进行克劳斯反应。由于反应温度低,反应平衡大幅度地向生成硫黄方向移动,提高了硫的转化率。但生成的部分液硫会沉积在催化剂上,故转化器需周期性地再生、切换使用。其代表工艺有MCRC亚露点硫回收工艺和Clinsulf内冷式转化器工艺等。

(3) 选择性催化氧化

利用一种特殊的选择性氧化催化剂,用空气直接将H_2S氧化成为元素硫,而几乎不发生副反应。此法是对原始克劳斯工艺的改进,通常适用于H_2S含量低的气体。其代表工艺有塞列托克斯(Selectox)回收工艺和超级克劳斯(Super Claus)硫回收工艺等。

(4) 还原吸收法尾气处理

将克劳斯尾气先加氢后,用醇胺溶剂进行脱硫,再将提浓的H_2S返回克劳斯装置回收元素硫的组合工艺。其代表工艺有HCR工艺和Super Scot工艺等。

4. 克劳斯硫回收的工艺方法

根据原料气中 H_2S 的含量不同，克劳斯硫回收大致可以分为三种不同的工艺方法，即部分燃烧法（直流法）、分流法和直接氧化法。

(1) 部分燃烧法

当原料气中 H_2S 含量大于 50％时，推荐使用部分燃烧法。在此方法中，全部原料气都进入反应炉，而空气的供给量仅够供原料气中 1/3 体积的 H_2S 燃烧生成 SO_2，从而保证过程气中 $n(H_2S)：n(SO_2)$ 为 2：1（摩尔比）。燃烧炉内虽不存在催化剂，但 H_2S 仍能有效地转化为硫蒸气，其转化率随燃烧炉的温度和压力的不同而异。工业实践证明，在燃烧炉能达到的高温下，一般炉内 H_2S 转化率可以达到 60％～75％。

其余的 H_2S 和 SO_2 将在转化器内进行多次的如式（3）所示的催化反应，从而使 H_2S 的转化率达 95％以上。

(2) 分流法

当原料气中 H_2S 含量在 25％～40％的范围内时，推荐使用分流法。它先将 1/3 体积的酸性气体送入燃烧炉，配以适量的空气，使其中的 H_2S 全部燃烧生成 SO_2，生成的 SO_2 气流与其余 2/3 的酸性气体混合后，在转化器进行催化反应生成硫单质。

(3) 直接氧化法

当原料气中 H_2S 含量在 2％～12％的范围内时，推荐使用直接氧化法。它是将原料气和空气分别预热至适当的温度后，直接送入转化器内进行低温催化反应。所配入的空气量仍为 1/3 体积 H_2S 完全燃烧生成 SO_2 所需的量，在转化器内同时进行式（2）和式（3）的反应。

二、克劳斯硫回收基本原理

1. 化学平衡

(1) 化学反应

克劳斯反应的基本反应方程式可用式（2）和式（3）表达。此两个反应都为放热反应，反应式（2）是不可逆的，而式（3）为可逆的。

对于部分燃烧法，燃烧炉内进行的主要反应为式（2）和式（3），在多级转化器内进行的为式（3）；对分流法燃烧炉内进行的主要为式（2），多级转化器内进行的为式（3）；而直接氧化法只有多级转化器，其内进行的反应同时有式（2）和式（3）。

由于酸性气体中除含有 H_2S 外，还含有 CO_2、H_2O(g)、烃类、NH_3 等杂质，导致在发生克劳斯反应的同时，还有可能发生生成 CO、H_2、COS 和 CS_2 等杂质的副反应。因对过程影响不大，在此略过。

(2) H_2S 转化率和硫回收率

H_2S 转化率指转化为硫的 H_2S 的量和酸性气体中 H_2S 量的比值。可用下式计算：

$$x = 1 - y_1(1+n)/y_2$$

式中　y_1——尾气中 H_2S、SO_2、COS、CS_2 的体积分数（干基），％；

　　　y_2——酸性气中 H_2S 的体积分数（干基），％；

　　　n——风气比，即空气流量和酸性气流量之比。

硫回收率指实际得到的硫黄量和酸性气体中硫化物折合的硫黄量之比。其计算公式为

$$x' = \frac{m_1}{m} = \frac{m_1}{m_1 + m_2 + m_3}$$

式中　m_1——硫黄产量；

m_2——尾气中的 H_2S、SO_2、COS、CS_2 折合硫黄量；

m_3——尾气中的单质硫黄量；

m——酸性气中硫化物折合硫黄量。

H_2S 转化率和硫回收率是衡量硫回收效果的重要标志。它们的数值高，硫回收效果好，随尾气排放的硫化物少，对环境的污染小。

(3) 硫蒸气存在的形态

反应生成的硫蒸气可以 $S_2 \sim S_8$ 的形态存在，不同反应温度下存在的形态不同，其存在的形态和温度的关系如图 6-23 所示。

从图 6-23 可以看出，在低温下，物质的量大的硫单质种类占多数，而高温下则反之。因此，对某一系统中固定数量的硫原子而言，在低温下形成的硫蒸气分子少，相应的硫蒸气分压低，有利于平衡向右移动。

(4) 影响 H_2S 转化率的因素

① 温度。图 6-24 表明了温度对 H_2S 平衡转化率的影响，同时也表达了不同的硫形态对转化率的影响。平衡转化率曲线以 550℃ 为转折点分为两个部分，右边部分为火焰反应区，H_2S 的转化率随温度升高而增加，代表了工业装置上燃烧炉内的情况。曲线的左边部分为催化反应区，H_2S 的转化率随温度降低而迅速增加，代表了转化器的情况。

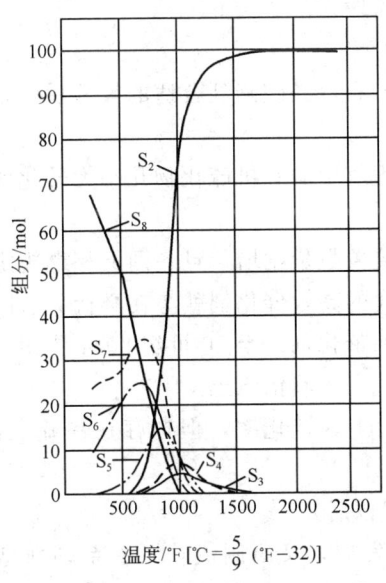

图 6-23 温度对硫存在形态的影响

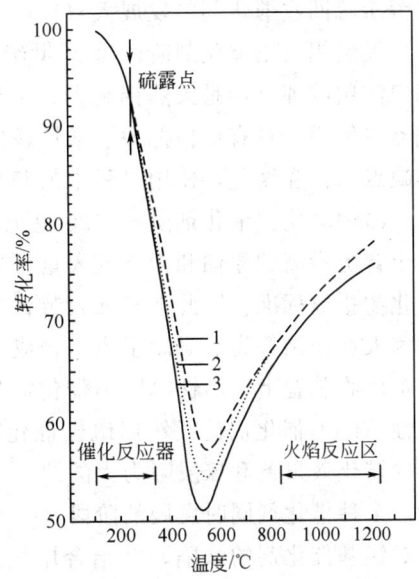

图 6-24 温度对 H_2S 平衡转化率的影响

1—西方研究与发展公司 1973 年发表数据（全部 S 形态）；
2—西方研究与发展公司 1973 年数据（只有 S_2，S_6 和 S_8）；
3—Gam Son 等 1953 年数据（只有 S_2，S_6 和 S_8）

对于燃烧炉内的反应，虽然没有催化剂的存在，但由于温度高，反应速率很快。通常由 H_2S 转化为硫黄的转化率会达到 60%～75%。

对于转化炉内的反应，由于为放热反应，从理论上讲，反应温度越低，转化率越高。但是，实际上反应温度低至一定限度后，由于受到硫露点的影响，会有大量液硫沉积在催化剂表面而使之失去活性。因此，催化转化反应的温度一般均控制在 170～350℃。

如果使用一个转化器（一级转化），硫回收率只能局限在75%～90%的范围内。工业上一般采取增加转化器数目，在两级转化器之间设置硫冷凝器分离液硫，以及逐级降低转化器温度等措施，促使式（3）反应的平衡尽可能向右移动，而使硫回收率提高至97%以上。

② 氧含量。从化学反应方程式看，提高氧的当量数，并不能增加转化率，因为多余的氧将和H_2S反应而生成SO_2，而不是生成单质硫。然而，提高空气中的氧含量和酸气中的H_2S含量而氧的当量数不增加，可提高燃烧炉的温度，从而有利于增加转化率。此即为富氧氧化克劳斯的理念依据。

③ 硫蒸气分压。降低硫蒸气分压有利于平衡向右边移动，同时，从过程气中分离硫蒸气也能相应地降低其露点，使下一级转化器可以在更低的温度下操作，从而提高H_2S的转化率。

2. 反应速率

经研究，随着反应温度降低，克劳斯反应的速率也逐渐变慢，低于350℃时的反应速率已不能满足工业要求，而此温度下的理论转化率也仅为80%～85%。因此，必须使用催化剂加速反应，以求在尽可能低的温度下达到尽可能高的转化率。

三、克劳斯硫回收的催化剂

1. 催化剂的发展

克劳斯硫回收催化剂的发展大致经历了如下三个阶段。

（1）天然铝矾土催化剂阶段（20世纪30～70年代）

普遍使用的催化剂是天然铝矾土。它是一种天然矿石，经破碎到合适的尺寸后，直接置于转化器内使用。具有价格低廉、活性较好的优势。

其缺点为：强度差，使用过程中粉碎严重；对过程气中的有机硫化物几乎无转化效果。

（2）活性氧化铝催化剂阶段（20世纪70年代初）

由于含硫量高的原油和天然气大量开采，硫回收装置数量剧增，且各国又相继规定了严格的硫化物排放标准，因此在硫回收装置上采用新一代的高效催化剂就势在必行。法国、美国、加拿大和德国等先后研制了人工合成的活性Al_2O_3催化剂。至20世纪80年代初，在国外的硫黄回收装置上，活性Al_2O_3催化剂几乎全部取代了天然铝矾土。

活性Al_2O_3催化剂比天然铝矾土催化剂有更高的H_2S转化率，但也存在易硫酸盐化、对有机的转化效果差和床层阻力大的缺点。

（3）多种催化剂同时发展的阶段（20世纪80年代以后）

针对铝基催化剂的缺陷，并结合尾气处理工艺的发展，又研制成功了一系列新型催化剂。出现了以铝基催化剂为主、多种催化剂同时发展的局面。主要的研究成果如下。

① 对有机硫化物的转化有很好作用的钛基催化剂。
② 适合于催化氧化工艺的催化剂。
③ 适用亚露点硫回收工艺的低温克劳斯反应催化剂。
④ 能脱除过程气中氧的"漏氧"保护催化剂。
⑤ 能用于克劳斯燃烧炉内的催化剂。
⑥ 适合于还原-吸收尾气处理工艺的加氢还原催化剂。
⑦ 灼烧克劳斯装置尾气用的催化剂。

系列催化剂的开发，完善了催化剂功能，提高了硫的转化率和回收率，降低了尾气中硫化物的排放量。对于这些催化剂，按含有的主要成分，可将它们分为以 Al_2O_3 为主体的铝基和以 TiO_2 为主体的钛基两类。

2. 铝基硫回收催化剂

铝基硫回收催化剂主要以活性 Al_2O_3 为主体，辅以碱金属、碱土金属、稀土金属或硫化物等，以增加活性、提高对有机硫的转化能力或实现催化氧化功能。

(1) 普通克劳斯反应催化剂

普通克劳斯反应催化剂主要有：法国罗恩-普朗克（Rhone-Poulenc）公司生产的 CR 催化剂、美国阿尔科（Alcoa）公司生产的 S-100、美国拉罗克（LaRocbe）公司的 S-201、德国巴斯夫（BASF）公司生产的 R10-11、齐鲁石化公司和山东铝厂合作研制的 LS-811、四川石油管理局天然气研究所和温州化工厂合作研制的 CT6-2 等。其主要成分和物理性质见表 6-10。

表 6-10 克劳斯催化剂的主要成分和物理性质

型号	外形	化学组成/%					物理性质			
		Al_2O_3	Fe_2O_3	SiO_2	Na_2O	灼烧失重	堆密度/(t/m³)	比表面积/(m²/g)	压碎强度/(N/S)	磨损率/%
CR	φ4~6mm 球形	>95	0.05	0.04	<0.1	4.0	0.67	260	12	
S-201	φ5~6mm 球形	93.6	0.02	0.02	0.35	6.0	0.69~0.75	280~360	14~18	0.5~1.5
R10-11	φ5mm 球形	>95	0.05	—	<0.1	5.0	0.70	300	15	<1
S-100	φ5~6mm 球形	95.1	0.02	0.02	0.30	4.5	0.72	340	25	
LS-811	φ5~7mm 球形	93.6	0.02	0.27	0.25	—	0.67	237	13.6	0.9
CT6-2	φ4~6mm 球形	93.4	0.12	0.60	0.19	5.1	0.69	200	16	0.53

(2) 有机硫水解催化剂

属此类催化剂的有：拉罗克公司的 S-501、罗恩-普朗克公司研制的 CRS-21、齐鲁石化公司研制的 LS-821 和四川石油管理局天然气研究院研制的 CT6-7 等。此类催化剂因含有 Na_2O 或 TiO_2 等助催化剂，而具有较好的促进有机硫水解的能力。

(3) 抗硫酸盐化催化剂

罗恩-普朗克公司研制的 AM 催化剂和齐鲁石化公司研制的 LS-971 催化剂，因表面浸渍有还原性的、更易发生硫酸盐化的过渡金属的氧化物、硫化物或硫酸盐等助剂，而具有较好的抗硫酸盐化能力，此两种催化剂也称为"漏氧"保护催化剂。

日本生产的牌号为 CSR-7 的催化剂，因能选择性催化 O_2 和 H_2S 的反应，而避免生成 SO_3，从而具有抗硫酸盐化的能力。

(4) 低温克劳斯反应催化剂

拉罗克公司的 S~501、德国鲁奇公司生产的 RP-AM2-5 和四川石油管理局天然气研究所研制的 CT6-4 等催化剂，因活性受液硫影响不大，可适用于低温克劳斯反应。

(5) 炉内催化剂

法国罗恩-普朗克公司的 CT739 和 CT749，荷兰壳牌公司的 S099 和 S599 催化剂，因主要活性组分为 SiO_2，可以在高温燃烧炉内使用。

(6) 选择性催化氧化催化剂

美国联合油品公司（Unocal）研制的添加了 V_2O_5 和 BiO_2 助剂的塞列托克斯（Selectox)-32/33 催化剂和以 Fe_2O_3 或 $Fe_2O_3+Cr_2O_3$ 为活性组分,以 $\alpha\text{-}Al_2O_3$ 为载体的超级克劳斯催化剂,在空气过量的情况下,能选择性地氧化 H_2S 为元素硫,而几乎不生成 SO_2,称为选择性催化氧化催化剂。

3. 钛基硫回收催化剂

由氧化钛粉末、水和少量成型添加剂混合成型后,经焙烧而制得的钛基硫回收催化剂,因有良好的有机硫转化活性和基本上不存在催化剂硫酸盐化的问题,也逐渐在工业上得到了应用。

属此类的催化剂主要有法国罗恩-普朗克公司的 CRS-31 和美国拉罗克公司的 S-701。

4. 硫黄回收催化剂的失活、保护和再生

硫黄回收催化剂在使用过程中会由于多种因素的影响,使反应物通向活性中心的空隙被阻塞,或者活性中心损失,从而导致 H_2S 转化率下降。造成活性 Al_2O_3 催化剂失活的主要因素如图 6-25 所示。

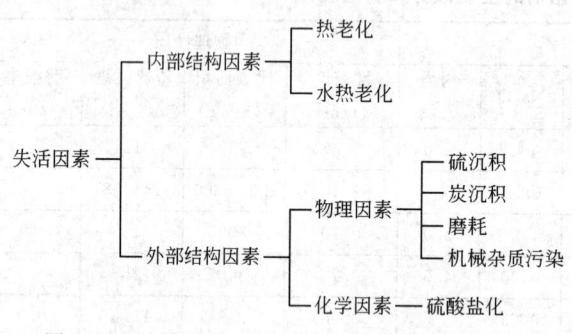

图 6-25 造成活性 Al_2O_3 催化剂失活的主要因素

一般而言,催化剂内部结构变化引起的活性下降是永久性的;而外部因素导致的活性下降,通过再生可部分或完全恢复。

(1) 热老化和水热老化

热老化是指催化剂在使用过程中,因受热而使其内部结构发生变化,引起比表面积逐渐减小,活性逐渐下降的现象。水热老化指 Al_2O_3 和过程气中存在的大量水蒸气进行水化反应,从而使催化剂活性降低的现象。工业经验表明,转化器温度不超过 500℃时,这两种老化过程都进行得很缓慢,而且活性 Al_2O_3 只要操作合理,催化剂的寿命都在 3 年以上。需要注意的是,必须避免转化器超温,否则,Al_2O_3 要发生相变化,逐步生成高温 Al_2O_3,而使其比表面积急剧下降,导致催化剂永久失活。

(2) 硫沉积

硫沉积是指当转化器温度低于硫露点时,过程气中的硫蒸气冷凝在催化剂微孔结构中,从而导致催化剂活性降低的现象。硫沉积而导致的催化剂的失活一般是可逆的,可采取适当提高床层温度的办法把沉积的硫带出来,或者在停工阶段以过热蒸汽吹扫。

(3) 炭沉积

炭沉积是指原料气中所含的烃类未能完全燃烧而生成炭或焦油状物质沉积在催化剂上,导致催化剂活性降低的现象。在上游脱硫装置操作不正常时,胺类溶剂也会随酸气带入转化器,并发生炭化而沉积在催化剂上。对分流式克劳斯装置而言,由于酸气总量的 2/3 未进入燃烧炉,因而更容易在催化剂上发生炭沉积。在催化剂上有少量炭沉积时,一般对活性影响不大。要注意的是焦油状物质的沉积,催化剂表面沉积 1%~2%(质量分数)焦油时,有可能使催化剂完全失活。

工业上曾采用升高床层温度(约 500℃),并适当加大进反应炉空气量的办法进行烧炭,但这种再生方式现已很少采用。因为在此过程中温度和空气量很难控制,一旦超温会导致催化剂永久性失活。因此,解决炭沉积的关键是消除其起因。

(4) 磨耗和机械杂质污染

催化剂的磨耗是不可避免的,但经长期的改进,目前国内外所用的活性 Al_2O_3 硫黄回收催化剂的强度均较高,磨耗率大多在 1% 以下,已经不是影响催化剂活性的主要因素。

机械杂质是指过程气中夹带的铁锈、耐火材料碎屑等,也包括催化剂粉化后产生的细粉。只要装置设计和操作合理,催化剂的强度良好,机械杂质对催化剂的污染也不是影响其活性和寿命的主要因素。

(5) 硫酸盐化

活性 Al_2O_3 催化剂的硫酸盐化是影响其活性的最重要因素。硫酸盐主要由以下两个途径生成。

① Al_2O_3 和过程气中所含微量 SO_3 直接反应而生成,其反应方程式为

$$Al_2O_3 + 3SO_3 \rightleftharpoons Al_2(SO_4)_3$$

② SO_2 和 O_2 在 Al_2O_3 上催化反应而生成,其反应方程式为

$$Al_2O_3 + 3SO_3 + 3/2O_2 \rightleftharpoons Al_2(SO_4)_3$$

过程气中所含的 H_2S 可以还原 $Al_2(SO_4)_3$,其反应为

$$Al_2(SO_4)_3 + H_2S \rightleftharpoons Al_2O_3 + 4SO_2 + H_2O$$

当其还原速率和生成速率相等时,$Al_2(SO_4)_3$ 的生成量就不再增加。

转化器温度和过程气中 H_2S 含量越低,越容易发生催化剂的硫酸盐化,或过程气中的氧和 SO_3 含量越高,也越容易发生催化剂的硫酸盐化。过程气中氧含量与催化剂中硫酸盐含量以及 H_2S 转化率三者的关系如图 6-26 所示。

大量工业装置的操作经验已证明,适当提高转化器温度和过程气中 H_2S 含量可以使已硫酸盐化的催化剂还原再生,至于还原操作的具体条件则应根据装置和催化剂的情况而定。此外,使用抗硫酸盐化催化剂也是防止硫酸盐化的有效措施。

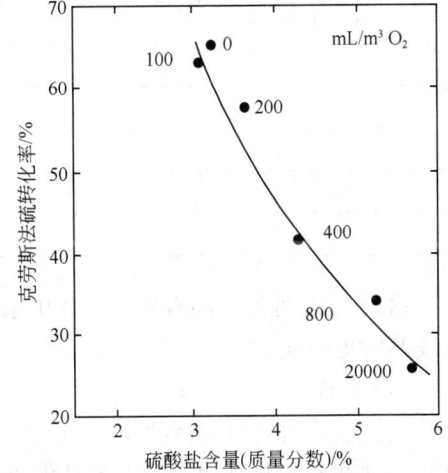

图 6-26 过程气中氧含量与催化剂中硫酸盐含量及 H_2S 转化率的关系

四、影响生产操作的因素

1. 原料气中 H_2S 含量

酸性气中 H_2S 含量与硫回收率和装置投资的关系如表 6-11 所示。

表 6-11 酸性气中 H_2S 含量与硫回收率和投资费用的关系

$\phi(H_2S)$/%	16	24	58	93
装置投资比	2.06	1.67	1.15	1.00
硫回收率/%	93.68	94.20	95	95.9

由表可见,当酸性气中 H_2S 含量高时,可增加硫回收率和降低装置投资,因此在上游的脱硫装置上采用选择性脱硫工艺,可以有效地降低酸气中 CO_2 的含量,对改善下游克劳斯装置的操作十分有利。

2. 原料气和过程气的杂质含量

(1) CO_2

酸性气中的 CO_2,稀释了 H_2S 的浓度,同时也会和 H_2S 在燃烧炉内反应而生成 COS 和 CS_2,这两种作用都将导致硫回收率降低。据计算,当原料气中 CO_2 含量从 3.6% 升至 43.5% 时,生成的 COS 和 CS_2 将使排放尾气中的硫化物量增加 52.2%。因此,降低酸性气中的 CO_2 量,对生产操作有利。

(2) 烃类和有机溶剂

它们的主要影响是增加了空气的需要量和废热锅炉热负荷。在空气量不足时,烃类和有机溶剂将在高温下与硫反应而生成焦油,从而严重影响催化剂活性。此外,过多的烃类存在也会增加反应炉内 COS 和 CS_2 的生成量,影响总转化率,故一般要求原料气中烃含量(以 CH_4 计)不超过 2%~4%。

(3) 水蒸气

水蒸气是惰性气体,同时又是克劳斯反应的产物,它的存在能抑制反应,降低反应物的分压,从而降低总转化率。酸性气体中的含水率与 H_2S 转化率的关系如表 6-12 所示。

表 6-12 酸性气体中的含水率和 H_2S 转化率的关系

气体温度/℃	含水/%		
	24	28	32
	转化率/%		
175	84	83	81
200	75	73	70
225	63	60	56
250	50	45	41

由表 6-12 可见,随着酸性气体中水蒸气含量的增加,H_2S 的转化率将下降,特别是在温度高时更明显。

(4) NH_3

当反应炉内空气量不足,温度也不够高时,原料气中的 NH_3 不能完全转化为 N_2 和 H_2O,而和硫化物结合,变为硫氢化铵和多硫化铵,它们会堵塞冷凝器的管程,增加系统阻力降,严重时将导致停产。同时,未完全转化的 NH_3 还可能在高温下生成各种氮的氧化物,导致设备腐蚀和催化剂中毒失活。据资料报道,原料气中 NH_3 含量应控制在不超过 $V(NH_3)/V(H_2S)=0.042\%$。

3. $n(H_2S)/n(SO_2)$ 的比例

理想的克劳斯反应,要求过程气中 $n(H_2S)/n(SO_2)$ 为 2 才能获得高的转化率。这是克劳斯装置最重要的操作参数,它和转化率的关系如图 6-27 所示。

从图 6-27 可以看出,如果反应前过程气中 $n(H_2S)/n(SO_2)$ 为 2,在反应过程中 $n(H_2S)/n(SO_2)$ 的值都为 2,最终反应才能达到较高的转化率;若反应前过程气中 $n(H_2S)/n(SO_2)$ 与 2 有偏差,均将使反应后过程气中 $n(H_2S)/n(SO_2)$ 产生更大的偏差,最后能达到的最高转化率将下降。因此,目前多数克劳斯装置都采用在线分析仪器连续测定尾气中 $n(H_2S)/n(SO_2)$。仪器一般安装在最后一级冷凝分离器(或捕集器)的后面,根据此仪器发出的信号来调节风气比。

4. 空速

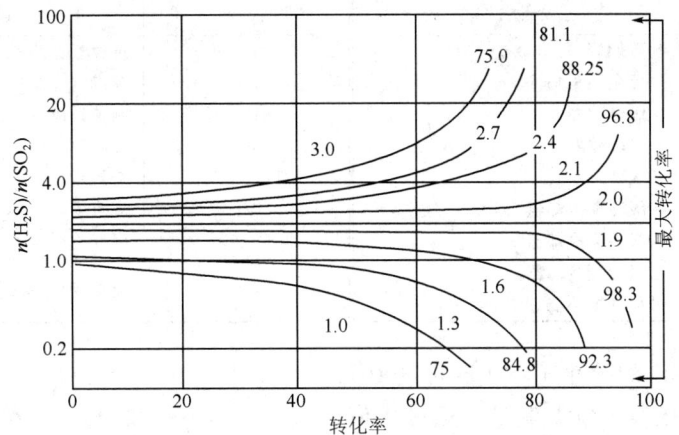

图 6-27　$n(H_2S)/n(SO_2)$ 比和转化率的关系

空速是控制过程气与催化剂接触时间的重要操作参数。空速高，过程气在反应器内的停留时间短，反应距离平衡远，同时单位体积床层内进行的反应多，床层温升大，这都不利于转化率的提高。但过小的空速会使设备效率降低，体积过大。对于使用人工合成活性 Al_2O_3 催化剂的装置，通常推荐的空速为 $800\sim1000h^{-1}$。

五、工艺流程

在化工企业中，一般采用工艺路线成熟的部分燃烧法或分流法克劳斯硫回收装置，流程大致可分为克劳斯反应装置、尾气处理和硫黄加工成型三个部分，其流程示意如图 6-28 所示。

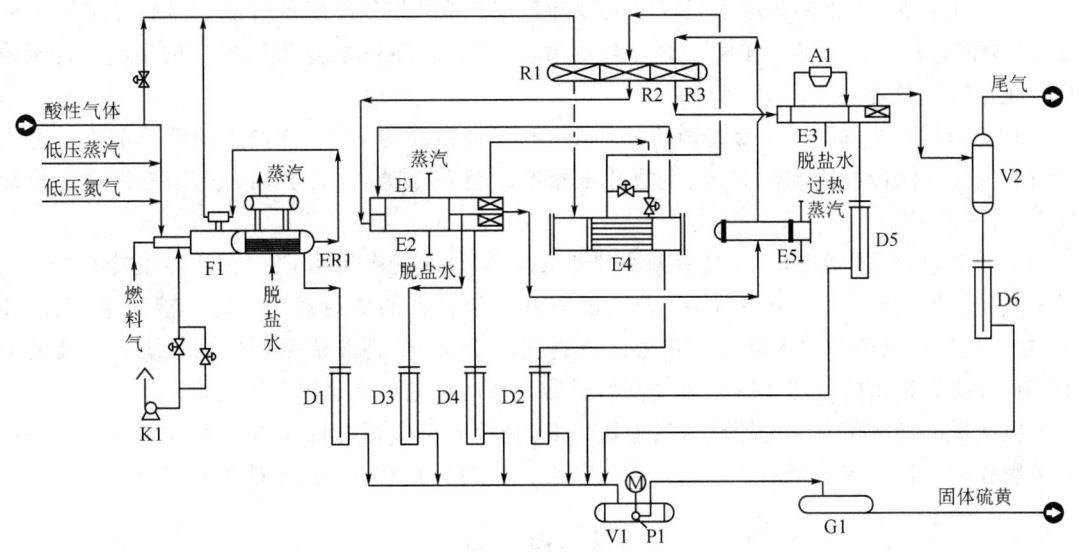

图 6-28　克劳斯硫回收流程示意

图中设备代号与名称的对应关系如表 6-13 所示。

表 6-13　设备代号与名称对应表

代号	设备名称	代号	设备名称
F1	制硫燃烧炉	E5	过程气加热器
ER1	制硫余热锅炉	A1	蒸汽空冷器
R1	一级转化器	K1	制硫鼓风机
R2	二级转化器	P1	液硫脱气输送泵
R3	三级转化器	D1～D6	硫封罐
E1	一级冷凝冷却器	V1	液硫罐
E2	二级冷凝冷却器	V2	尾气分液罐
E3	三级冷凝冷却器	G1	硫黄成型机
E4	过程气换热器		

来自低温甲醇洗的酸性气，H_2S 含量为 12%，COS 含量为 0.38%。1/3 进入制硫燃烧炉 F1 火嘴。根据燃烧反应需氧量，通过比值调节和 $n(H_2S)/n(SO_2)$ 在线分析仪反馈数据，严格控制进炉空气量，使酸性气体在炉内进行燃烧反应。

反应后的部分过程气，经制硫余热锅炉 ER1，降温并分离硫黄蒸气的冷凝液。出 ER1 后，此部分过程气和另一部分未经 ER1 降温的高温气流，在高温掺和阀内混合，并与另外 2/3 原料酸性气混合，进入一级转化器 R1。在一级转化器 R1 内，在催化剂的作用下，过程气中的 H_2S 和 SO_2 进行 Claus 反应。

出 R1 的高温过程气，进入过程气换热器 E4 管程降温，再进入一级冷凝冷却器 E1 降温并分离硫黄凝液，然后经 E4 的壳程升温后，进入二级转化器 R2，使过程气中剩余的 H_2S 和 SO_2 进一步发生 Claus 反应。

出二级转化器 R2 的过程气，经二级冷凝冷却器 E2 降温并分离硫凝液，经过程气加热器 E5 壳程加热后，进入三级转化器 R3 进一步反应。

过程气从 R3 出来后，进入三级冷凝冷却器 E3 降温和分离硫黄凝液，然后经尾气分液罐 V2 分液，H_2S 含量为 0.13%，SO_2 含量为 0.071%，COS 含量为 0.01% 的尾气，送至循环流化床锅炉焚烧处理。

制硫余热锅炉 ER1、一级冷凝冷却器 E1 和二级冷凝冷却器 E2 产生的低压蒸汽，进入蒸汽管网。三级冷凝冷却器 E3 产生的低压蒸汽，经空冷器 A1 冷凝后，返回三级冷凝冷却器 E3 重复使用。

从制硫余热锅炉 ER1、一级冷凝冷却器 E1、二级冷凝冷却器 E2、三级冷凝冷却器 E3、过程气换热器 E4 及尾气分液罐 V2 分离的凝液，经各自的硫封罐后，进入液硫罐 V1。在 V1 中，通过往液硫中注入氮气，并用液硫脱气输送泵 P1 将液硫循环喷洒，使溶于液硫中的气体逸出。逸出的气体用吹扫氮气及喷射器，抽送至循环流化床锅炉焚烧。

脱气后的液体硫黄，用液硫脱气输送泵 P1 送至硫黄成型机 G1，冷却固化为半圆形固体硫黄颗粒后，进入硫黄下料斗，进行人工称重、包装、码垛后，运至硫黄库存放。

复 习 题

1. 通常煤气中含有哪些杂质？分别有什么危害？
2. 简述煤气除尘的常用方法及特点。
3. 简述煤气中硫化物的脱除方法及原理。

4. 简述煤气中 CO 脱除的原理。
5. 简述煤气中 CO_2 脱除的原理。
6. 什么是 CO 变换，它的目的是什么？
7. 写出变换反应的化学平衡方程式及变换反应的特点。
8. 简述如何提高 CO 变换的反应速率。
9. 简述钴铝催化剂的主要成分。
10. 什么叫钴钼催化剂的反硫化，应如何防止反硫化现象的发生？
11. 什么叫催化剂的钝化？简述钴钼催化剂钝化的主要过程。
12. 简述钴钼催化剂烧炭再生的主要过程。
13. 简述变换炉温度控制的原则及主要实现方法。
14. 简述低温甲醇洗的作用及特点。
15. 简述低温甲醇洗脱除煤气中 CO_2 和 H_2S 的原理。
16. 简述低温甲醇洗系统的主要构成部分。
17. 简述原料气预冷的目的。
18. 简述原料气中的 CO_2 和 H_2S 在洗涤塔内被吸收的过程。
19. 简述硫回收的作用及主要方法。
20. 解释什么是直流法、分流法和直接氧化法硫回收工艺？
21. 解释什么叫 H_2S 的转化率？什么叫硫回收率？
22. 简述 H_2S 的转化率随温度、氧含量和硫蒸气分压变化的关系。
23. 简述造成硫回收催化剂失活的主要原因。
24. 简述原料气和过程气中的 CO_2、烃类、水蒸气和氨等杂质对硫回收过程的影响。
25. 通常可将硫回收的装置分为哪几部分？

第七章 煤的直接液化

第一节 概述

随着石油需求的不断增长和产量的相对不足,导致我国石油供需矛盾日渐突出,缓解石油紧张并寻找可替代能源已经刻不容缓。为保障未来燃料油品的供应,我国政府已将煤液化技术提到国家能源战略安全高度。煤液化合成油技术已经成为迫切需求研究的战略问题,是实现我国油品基本自给、保障我国经济可持续发展的最为现实可行的途径。

煤炭液化又称"人造石油",是将煤中的有机物质转化为近似于石油的液态的碳氢化合物,来制取发动机燃料油(如汽油、柴油、煤油)或化工原料(表7-1)。煤炭液化有两种完全不同的技术路线:一种是直接液化;另一种是间接液化。

表7-1 煤炭原料路线与液化产品对应关系

原料路线	名称	工艺	产品
煤制合成气	煤制油	费-托合成	高16烷值柴油,石脑油、液化气
		原煤加氢	低16烷值柴油,石脑油、液化气
	煤代油	费-托合成	高16烷值柴油,石脑油、液化气
		原煤加氢	低16烷值柴油,石脑油、液化气
	合成油	费-托合成	高16烷值柴油,石脑油、液化气
	煤制柴油	费-托合成	高16烷值柴油,石脑油、液化气
	间接液化	费-托合成	高16烷值柴油,石脑油、液化气
	直接液化	原煤加氢	低16烷值柴油,石脑油、液化气
煤制甲醇	甲醇汽油	掺混	含醇燃料汽油
	甲醇制汽油	MTG	接近93号汽油
	甲醇柴油	掺混	正在试验中,修改发动机
	二甲醚	掺混	正在试验中,修改发动机
生物乙醇	乙醇汽油	掺混	E90含燃料汽油
油料植物,水生植物油脂,动物油脂,废餐饮油	生物柴油	酯交换工艺	甲酯或乙酯燃料柴油

煤炭直接液化是在高温高压下,借助于供氢、溶剂和催化剂,使煤与氢反应,从而将煤中复杂的有机高分子结构直接转化为较低分子的液体油。通过煤直接液化,不仅可以生产汽油、柴油、煤油、液化石油气,还可以提取苯、甲苯、二甲苯混合物及生产乙烯、丙烯等重要烯烃的原料。直接液化的优点是热效率较高、液体产品收率高;主要缺点是煤浆加氢工艺条件相对苛刻,反应设备需能够承受高温、高压和氢的腐蚀。图7-1是神华直接液化项目

第七章 煤的直接液化

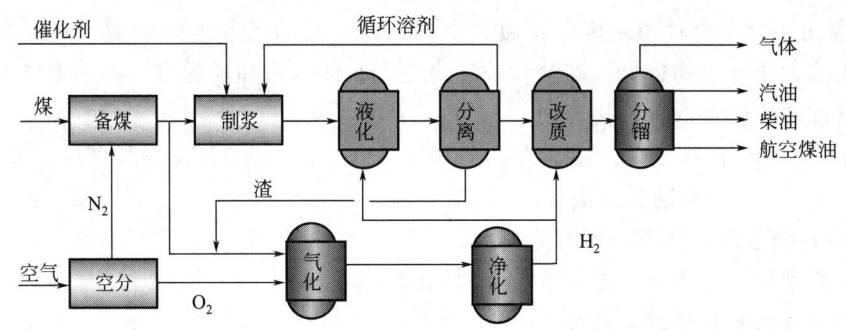

图 7-1 神华直接液化项目流程

流程。

该工艺是把煤先磨成粉，再和自身产生的液化重油（循环溶剂）配成煤浆，在高温（450℃）和高压（20～30MPa）下直接加氢，将煤转化成汽油、柴油等石油产品，1t 无水无灰煤可产 500～600kg 油，加上制氢用煤，3～4t 原煤产 1t 成品油。

一、煤与石油的比较

1. 煤

煤是由彼此相似的"结构单元"通过各种桥键连接而成的立体网状大分子，化学结构复杂，相对分子质量大，一般＞5000，而石油约为 200，汽油为 110。煤的"结构单元"主要是由缩合芳香环组成，"结构单元"外围有烷基侧链和官能团。此外，还存在一定量的非化学键力结合的低分子化合物。尽管由于生成的地质年代不同，造成煤的组成也不同，但基本元素成分为碳、氢、氧、氮、硫。此外还包括一些成灰元素，如硅、铝、铁、钙、镁、碱金属，以及一些微量重金属，如汞、砷等。

2. 石油

石油又称原油，是从地下深处开采的棕黑色可燃黏稠液体。主要是各种烷烃、环烷烃、芳香烃的混合物。它是古代海洋或湖泊中的生物经过漫长的演化形成的混合物，与煤一样属于化石燃料。赋存于地下岩石孔隙中的一种液态可燃有机矿产。一般认为是有机物死亡后经分解、运移、聚集而形成。也有认为是无机碳和氢经化学作用而形成，常呈黑褐。

石油的性质因产地而异，密度为 $0.8～1.0g/cm^3$，黏度范围很宽，凝固点差别很大（30～60℃），沸点范围为常温到 500℃ 以上，可溶于多种有机溶剂，不溶于水，但可与水形成乳状液。它由不同的烃类化合物混合组成，组成石油的化学元素主要是碳（83%～87%）、氢（11%～14%），其余为硫（0.06%～0.8%）、氮（0.02%～1.7%）、氧（0.08%～1.82%）及微量金属元素（镍、钒、铁等）。由碳和氢化合形成的烃类构成石油的主要组成部分，占 95%～99%，含硫、氧、氮的化合物对石油产品有害，在石油加工中应尽量除去。不过，不同油田的石油成分和外貌差别很大。石油主要被用来作为燃油和汽油，是目前世界上最重要的一次能源之一。石油也是许多化学工业产品如溶液、化肥、杀虫剂和塑料等的原料。当前 88% 开采的石油被用作燃料，其他的 12% 作为化工业的原料。

3. 煤和石油的差异

① 煤是由缩合芳香环为结构单元通过桥键连在一起的大分子固体物,而石油是不同大小分子组成的液体混合物;煤以缩合芳香环为主,石油以饱和烃为主。煤的主体是高分子聚合物,而石油的主体是低分子化合物。

② 石油的 H/C 比高于煤,原油为 1.76 而煤只有 0.3～0.8,而煤氧含量显著高于石油,煤含氧 2%～21%,而石油含氧极少。

③ 煤中有较多的矿物质,而石油很少。

因此,要把煤转化为油,需加氢、裂解同时必须脱灰。

二、适宜直接液化的煤质要求

与煤的气化、干馏和直接燃烧等转化方式相比,直接液化属于较温和的转化方式,反应温度比较低,因此,不同的煤质对直接液化影响很大。

研究发现,含碳量低于 85% 的煤几乎都可以进行液化,煤化程度越低,液化反应速率越快;一般认为挥发分高的煤易于直接液化,所以通常选择煤挥发分大于 35%;同时灰分的影响也很大,如灰分中所含的硫化铁,对直接液化具有催化作用,但灰分含量过高会降低液化效率,磨损设备等。一般而言,煤炭加氢液化的难易顺序为低挥发分烟煤、中等挥发烟煤、高挥发分烟煤、褐煤、泥炭。无烟煤很难液化,一般不作为加氢液化原料。表 7-2 显示了煤化程度与加氢液化转化率的关系。

表 7-2 煤化程度与加氢液化转化率的关系

煤种	液体收率/%	气体收率/%	总转化率/%	煤种	液体收率/%	气体收率/%	总转化率/%
中等挥发分烟煤	62	28	90	次烟煤 B	66.5	26	92.5
高挥发分烟煤 A	71.5	20	91.5	次烟煤	58	29	87
高挥发分烟煤 B	74	17	91	褐煤	57	30	87
高挥发分烟煤 C	73	21.5	94.5	泥炭	44	40	84

煤的液化性能主要取决于煤的煤化程度、分子结构、组成和岩相组分含量,并且与煤灰成分(煤中矿物质组成)有关。适宜液化的煤如下。

① 年轻烟煤和年老褐煤;

② 选择易磨粉的煤,煤的粒度在 $75\mu m$ 左右,水分小于 2%;

③ 选用新鲜煤,煤的风化与氧化对加氢液化有害;

④ 挥发分大于 35%(无水无灰基),灰分小于 10%(干燥基),灰分中的 Si、Al、Ca、Mg 等元素易结垢、沉积,影响传热和正常操作,因此,越低越好;

⑤ 氢含量大于 5%,碳含量 82%～85%,H/C 原子比越高越好,同时希望氧含量越低越好,这样液化外供氢量少,废水生成量少;

⑥ 氮等杂原子含量要求低,以降低油品加工提质费用。

因此,选择出具有良好液化性能的煤种不仅可以得到高的转化率和油收率,使反应在较温和条件下进行,并且可以降低操作费用。

在现已探明的中国煤炭资源中,低变质程度的年轻煤占总储量的一半以上。而且近年来,几个储量大且质量较高的褐煤和长烟煤田相继探明并投入开发。可见在中国可供选择的直接液化煤炭资源是极其丰富的。表 7-3 是适宜直接液化的中国煤种。

表 7-3 15 种适宜直接液化的中国煤种　　　　　　　　　　　　　　　　单位：%

原料煤	转化率	油收率	氢耗	气产率	水产率
甘肃天祝	96.17	69.62	6.61	14.5	11.43
辽宁沈北	96.13	68.04	6.75	15.93	16.74
山东北宿	93.84	67.58	5.36	12.77	9.97
山东滕县	94.33	67.02	5.56	13.47	10.46
吉林梅河口	94	66.54	6.03	16.85	13.6
山东龙口	94.16	66.37	5.24	15.66	15.69
云南先锋	97.91	62.68	6.22	17.43	18.83
黑龙江依兰	94.79	62.6	5.9	16.9	12.33
内蒙古元宝山	94.18	62.49	5.63	16.42	11.91
辽宁抚顺	89.33	62.35	4.48	12.2	11.24
内蒙古胜利	97.02	62.34	5.72	17.87	20
辽宁阜新	95.91	62.05	5.5	14.9	14.04
陕西神木	88.02	60.74	5.16	12.9	11.05
黑龙江双鸭山	93.27	60.53	5.12	16.05	9.24
内蒙古宝日希勒	97.17	59.25	5.31	16.63	16.37

三、煤直接液化溶剂的作用

1. 煤的液化溶剂对煤的溶胀作用

液化溶剂对煤的溶胀作用是指煤在溶剂分子力作用下，一方面煤中高分子化学交联键可在一定程度上弯曲和伸展，在交联键未发生破坏的情况下高聚物的体积发生膨胀；另一方面煤在溶胀过程中伴随着非化学交联键的断裂和少量小分子被溶解的过程。

2. 煤的液化溶剂对煤的抽提溶解作用

根据溶剂种类、抽提温度和压力等条件的不同，主要有两类。

（1）热解抽提溶解

用高沸点多环芳烃或焦油馏分（如蒽、菲、喹啉等）作为溶剂，抽提温度在 400℃ 左右，煤伴有热解反应并被抽提溶解。烟煤抽提溶解率一般在 60% 以上，少数煤甚至可达 90%。

（2）加氢抽提溶解

采用供氢溶剂（如四氢萘、四氢喹啉、二氢蒽和二氢菲）或非供氢溶剂在高氢压力下，在大于 400℃ 的温度下发生抽提溶解，同时发生激烈的热解和加氢反应。

根据相似相溶的原理，溶剂结构与煤分子近似的多环芳烃，对煤热解的活性基团有较大的溶解能力。

溶剂溶解氢气的量与压力成正比，压力越高，溶解的氢气越多。

在煤液化装置的连续运转过程中，实际使用的溶剂是煤直接液化产生的中质油和重质油的混合油，称作循环溶剂，其主要组成是 2～4 环的芳烃和氢化芳烃。循环溶剂经过预先加氢，提高了溶剂中氢化芳烃的含量，可以提高溶剂的供氢能力。

煤液化装置开车时，没有循环溶剂，则需采用外来的其他油品作为起始溶剂。起始溶剂可以选用高温煤焦油中的脱晶蒽油；也可采用石油重油催化裂化装置产出的澄清油或石油常减压装置的渣油；还可以选择热处理软化成液体的废塑料、废橡胶、废油脂作为溶剂。

第二节 煤直接液化基本原理及催化剂

一、煤直接液化原理

1. 煤炭直接液化反应原理

煤是非常复杂的有机物,在一定温度、压力和溶剂的条件下,可通过加氢实现液化。在加氢液化过程中发生的化学反应也极其复杂。大量研究证明,煤在一定温度、压力下的加氢液化过程基本分为以下三个过程。

① 煤的热解。当温度升至300℃以上时,煤受热分解,即煤的大分子结构中较弱的键开始断裂,打破了煤的大分子结构,产生大量的带有活性的基团分子。

② 活性基团与氢反应。较高氢气压力的条件下,活性基团与氢结合而成为沥青烯及液化油的分子。在加氢液化的同时,煤结构中的一些氧、硫、氮元素也会断裂,分别生成H_2O、CO_2、CO、H_2S和NH_3等气体而被脱除。

当温度过高或供氢不足,活性基团会发生缩合反应生成半焦和焦炭,缩合反应使煤的液化产率降低,生产中应尽量避免缩合反应的发生。

③ 沥青烯及液化油分子被继续加氢裂化生成更小的分子。

2. 煤加氢液化的反应产物

煤加氢液化后所得的并非是单一的产物,而是组成十分复杂的气、液、固三相共存的混合物。按照各步产物在不同溶剂中的溶解度的不同,需对液、固相产物进行分离。液固产物组成复杂,要先用溶剂进行分离,通常所用的溶剂有正己烷(或环己烷)、甲苯(或苯)和四氢呋喃THF(或吡啶)。可溶于正己烷或环己烷的轻质液化产物称为油,其相对分子质量大约在300以下;不溶于正己烷或环己烷而溶于苯的物质称为沥青烯(asphal-tene),类似石油沥青质的重质煤液化产物,其平均相对分子质量约为500;不溶于苯而溶于四氢呋喃(或吡啶)的重质煤液化产物称为前沥青烯(preasphaltene),其平均相对分子质量约为1000,杂原子含量较高;不溶于四氢呋喃或吡啶的物质称为残渣,它是由未转化的煤、矿物质和外加催化剂组成。煤加氢液化产物分离流程如图7-2所示。

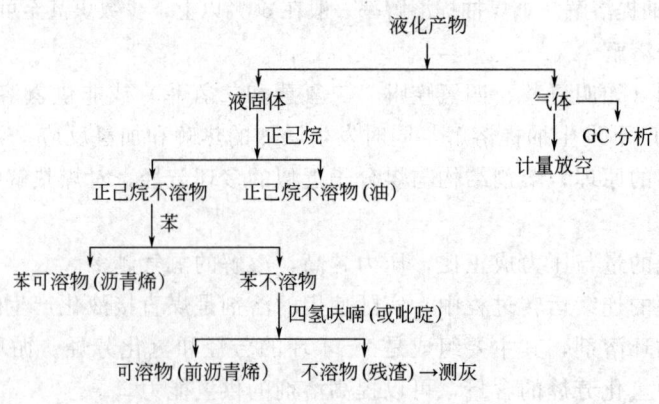

图 7-2 煤加氢液化产物分离流程

液化产物产率计算公式如下:

$$\text{油产率} = \frac{\text{正己烷可溶物质量}}{\text{原料煤质量}} \times 100\%$$

$$\text{沥青烯产率} = \frac{\text{苯可溶而正己烷不溶物的质量}}{\text{原料煤质量}} \times 100\%$$

$$\text{前沥青烯产率} = \frac{\text{吡啶可溶而苯不溶物的质量}}{\text{原料煤质量}} \times 100\%$$

$$\text{煤液化转论率} = \frac{\text{干煤质量} - \text{吡啶不溶物的质量}}{\text{原料煤质量}} \times 100\%$$

用蒸馏法分离，沸点<200℃部分为轻油或石脑油，沸点200～325℃部分为中油。它们的组成见表7-4。由表7-4可知，轻油中含有较多的酚，轻油的中性油中苯族烃含量较高，经重整可比原油的石脑油得到更多的苯类，中油中含有较多的萘系和蒽系化合物，另外还含有较多的酚类与喹啉类化合物。

表7-4 煤液化轻油和中油的组成举例

馏分		含量/%	主 要 成 分
轻油	酸性油	20.0	90%为苯酚和甲酚，10%为二甲酚
	碱性油	0.5	吡啶及同系物、苯胺
	中性油	79.5	芳烃40%、烯烃5%、环烷烃55%
中油	酸性油	15	二甲酚、三甲酚、乙基酚、萘酚
	碱性油	5	喹啉、异喹啉
	中性油	80	2～3环芳烃69%、环烷烃30%、烷烃1%

煤液化中生成的气体主要包括两部分：一是含杂原子的气体，如H_2O、H_2S、NH_3、CO_2和CO等；二是气态烃，$C_1\sim C_3$（有时包括C_4）。气体产率与煤种和工艺条件有关，生成气态烃要消耗大量的氢，所以气态烃产率增加会导致氢耗量提高。

3. 煤加氢液化的影响因素

（1）氢耗量

氢耗量的大小与煤的转化率和产品分布密切相关，氢耗量低时，煤的转化率低，产品主要是沥青。各种油的产率随氢耗量增加而增加，同时气体的产率也有所增加。

因工艺、原料煤和产品的不同，氢耗也不同。一般产品重时氢耗低。氢耗大多在5%左右。直接液化消耗的氢有40%～70%转入$C_1\sim C_3$气体烃，另外25%～40%用于脱杂原子，而转入产品油中的氢是不多的。脱杂原子和转入产品油中的氢是过程必需的，对提高产品质量有利，故降低氢耗的潜力要放在气态烃上。

要降低气态烃的产率，措施如下：

① 缩短液相加氢的反应时间，例如SRC-I工艺中，若停留时间从40min缩短到4min，气体产率由8.2%降为1.3%，氢耗量从2.9%降为1.6%；

② 适当降低煤的转化率，例如，转化率达80%后，再提高不仅费时而且耗氢多；

③ 选用高活性催化剂；

④ 采用分段加氢法。

（2）液固分离

液化反应后总有固体残渣（包括原煤灰分，未转化的煤和外加催化剂），因此需要液固分离，早期的工艺采用过滤法，现在广泛采用真空闪蒸方法，其优点是操作简化，处理量剧增,蒸馏油用作循环油,煤浆黏度降低。缺点是收率有所降低。

另外还有两种液固分离方法:一种是反溶剂法(anti-solvent),它是指采用对前沥青烯和沥青烯等重质组分溶解度很小的有机溶剂,把它们加到待分离的料浆中时,能促使固体粒子析出和凝聚,颗粒变大,利于分离,常用含苯类的溶剂油,它和料浆的混合比为(0.3~0.4):1,固体沉降速度提高10倍以上;另一种是临界溶剂脱灰,它利用超临界抽提原理,使料浆中可溶物溶于溶剂而留下不溶的残煤和矿物质,常采用的溶剂是含苯、甲苯和二甲苯的溶剂油。

液固分离出来的残渣占原料煤的30%左右,处理方法有干馏、锅炉燃烧以及气化等,其中气化制氢是最方便的利用方法。

二、煤直接液化的催化剂

1. 常用催化剂

选用合适的催化剂对煤直接液化至关重要,能够提高液化反应速率,提高油产率,改善油品质量,也是控制工艺成本的重要因素。根据催化剂的作用机理,添加催化剂的作用主要有两个方面,一是促进煤大分子的裂解;二是促进自由基的加氢。

煤加氢液化催化剂种类很多,有工业价值的催化剂主要有以下几种。

(1) 金属及其氧化物

一般认为铁(Fe)、镍(Ni)、钴(Co)、钼(Mo)、钛(Ti)和钨(W)等过渡金属具有加氢液化活性,属于高价可再生型催化剂。

(2) 硫化铁

一般认为硫化铁可促使 H_2S 分解,生成的新的 H_2 要比原料中的 H_2 活泼得多,从而加速了煤的加氢液化。研究发现,将氢氧化铁浸渍在煤上并同时添加游离 S,催化活性很高。天然黄铁矿、铁精矿和提铝废渣(赤泥)也具有良好的催化效果,属于廉价可弃型催化剂。

(3) 卤化物

金属卤化物催化剂开发主要集中于 $ZnCl_2$,因为它比其他卤化物具有价廉易得、性质稳定、容易回收等优点。但卤化物催化剂对设备有腐蚀性,目前在工业上很少应用。

2. 催化原理

煤中有机质的大分子结构分为两个部分:含有芳环和脂环的结构单元部分及连接结构单元的桥键部分。煤在氢气和催化剂作用下,通过加氢裂化转变为液体燃料的过程称为直接液化。通常煤直接液化加氢的操作条件苛刻,对煤种和催化剂的依赖性很强,因此对于煤直接液化的研究触及到了如催化剂、煤种等很多方面。

煤直接液化技术主要包括:

① 煤浆配制、输送和预热过程的煤浆制备单元;

② 煤在高温、高压条件下进行加氢反应,生成液体产物的反应单元;

③ 将反应生成的残渣、液化油和气态产物分离的分离单元;

④ 稳定加氢提质单元。

基本原理是在一定的反应温度下,煤分子中的一些键能较小的化学键发生热断裂,变成较小分子的自由基。在加氢反应中所使用的循环油通常采用氢碳原子比较高的饱和烃,在加压时又有相当数量的气相氢溶于循环油中,两者均提供使自由基稳定的氢源。由于 C—H 键比 H—H 键活泼而易于断裂,因此,循环油是主要的供氢载体。煤炭直接液化的作用机理相当复杂，几个最关键的反应方程如下：

$$R{-}CH_2{-}CH_2{-}R^\theta \longrightarrow RR{-}CH_2\cdot + R^\theta{-}CH_2\cdot$$
$$R{-}CH_2\cdot + R^\theta{-}CH_2\cdot + 2H \longrightarrow R{-}CH_3 + R^\theta{-}CH_3$$
$$R{-}CH_2\cdot + R^\theta{-}CH_2\cdot \longrightarrow R{-}CH_2{-}CH_2{-}R^\theta$$
$$2R{-}CH_2\cdot \longrightarrow R{-}CH_2{-}CH_2{-}R$$
$$2R^\theta{-}CH_2\cdot \longrightarrow R^\theta{-}CH_2{-}CH_2{-}R^\theta$$

催化剂的功能是促进溶于液相中的氢与脱氢循环油间的反应，使脱氢循环油加氢并再生。在直接液化过程中，煤的大分子结构首先受热分解，而使煤分解成以结构单元缩合芳烃为单个分子的独立的自由基碎片。在高压氢气和催化剂存在下，这些自由基碎片又被加氢，形成稳定的低分子物。自由基碎片加氢稳定后的液态物质可分成油类、沥青烯和前沥青烯等三种不同成分，对其继续加氢，前沥青烯即转化成沥青烯，沥青烯又转化为油类物质。油类物质再继续加氢，脱除其中的氧、氮和硫等杂原子，即转化为成品油。成品油经蒸馏，按沸点范围不同可分为汽油、航空煤油和柴油等。催化剂的作用是吸附气体中的氢分子，并将其活化成活性氢以便被煤的自由基碎片接受。

3. 催化剂的影响

催化剂是煤直接液化过程的核心技术。优良的催化剂可以降低煤液化温度，减少副反应并降低能耗，提高氢转移效率，增加液体产物的收率。在用于煤液化工艺的各种催化剂中，铁基催化剂以其高效、廉价及低污染而备受青睐。专利技术集中在改善铁基催化剂的性能、开发新型高效的催化剂、催化剂制备工艺改进和催化剂的预处理等。

第三节 煤直接液化工艺

一、煤直接液化的反应历程

煤的直接液化是煤在适当的温度和压力下，催化加氢裂化（热解、溶剂萃取、非催化液化等）成液体烃类，生成少量气体烃，脱除煤中氮、氧和硫等杂原子的深度转化过程。

典型的工艺过程主要包括原料煤的破碎与干燥、煤浆制备、加氢液化、固液分离、气体净化、液体产物分馏和精制，以及液化残渣气化制取氢气等部分。

煤直接液化工艺包括操作条件的最佳化和工艺路线的选择两方面内容。

煤加氢液化的反应历程（见图7-3）如下所述。

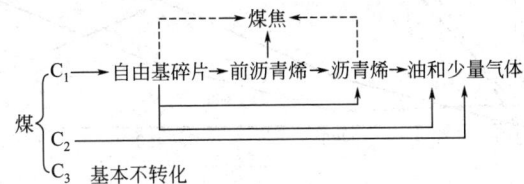

图 7-3 煤加氢液化的反应历程

C_1—煤有机质主体；C_2—煤中低分子化合物；C_3—惰性成分

① 煤不是组成均一的反应物，煤中有易液化的成分，也有难液化的成分。

② 反应以顺序进行为主，即反应产物的分子量由高到低，结构从复杂到简单，出现的时间先后大致有一次序。

③ 前沥青烯和沥青烯是中间产物，它们的组成是不确定的，在不同反应阶段，生成的沥青烯和前沥青烯肯定不同，由它们转化成油的速率较慢，需活性较高的催化剂。

④ 也有可能发生结焦的逆反应。

煤热解产生的自由基碎片与周围的氢结合成稳定的 H/C 原子比较高的低分子化合物（油和气），这样就能抑制缩聚反应，使煤全部或绝大部分转化成油和气。一次加氢液化的实质是用高温切断化学结构中的 C—C 键，在断裂处用氢来饱和，从而使分子量减少和 H/C 原子比提高。反应温度要控制合适，温度太低，不能打碎煤分子结构或打碎得太少，油产率低。一般液化工艺的温度为 400~470℃。

二、煤直接液化工艺条件的选择

反应温度、压力和停留时间是煤加氢液化的主要工艺参数，对煤液化反应影响较大。

1. 反应温度

反应温度是煤加氢液化的一个非常重要的条件，煤加热到最合适的反应温度，可以获得理想的转化率和油收率。

在氢压、催化剂、溶剂存在条件下，加热煤糊会发生一系列的变化。首先煤发生膨胀，局部溶解，此时不消耗氢，说明煤尚未开始加氢液化。随着温度升高，煤发生解聚、分解、加氢转化等反应，未溶解的煤继续热溶解，转化率和氢耗量同时增加，且随温度上升而升高。

当温度升到最佳值范围（420~450℃）时，煤的转化率和油收率达到最高，并于达到最高点后在较小的高温区间持平。温度再升高，分解反应超过加氢反应，综合反应也随之加强，因此转化率和油收率减少，然后由于发生聚合、结焦，气体产率和半焦产率增加，对液化不利，转化率下降。反应温度对煤加氢液化转化的影响规律见图 7-4。

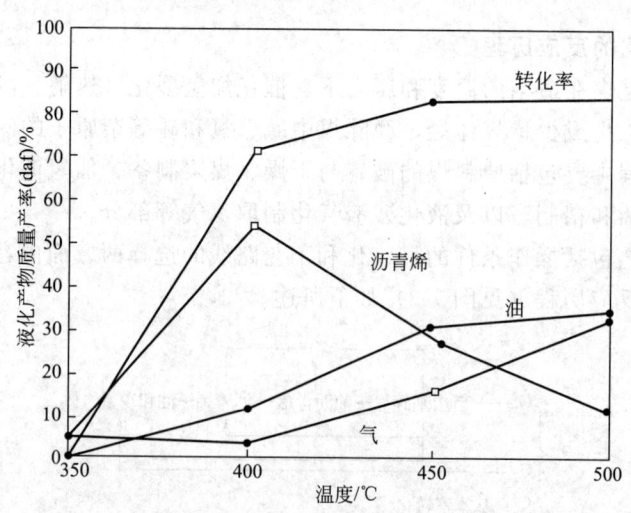

图 7-4　液化温度对煤加氢液化转化的影响规律（daf 表示干燥无灰基）

反应温度在液化过程中是一个重要的工艺参数。随着反应温度的升高，氢传递及加氢反应速率也随之加快，因而 THF 转化率、油产率、气体产率和氢耗量也随之增加，沥青烯和前沥青烯的产率下降，转化率和油产率的增加。沥青烯和气体产率的减少是有利的，反应温度并非越高越好，若温度偏高，可使部分反应生成物产生缩合或裂解生成气体产物，造成气体产率增加，有可能会出现结焦，严重影响液化过程的正常进行。所以，根据煤种特点选择合适的液化反应温度是至关重要的。

2. 反应压力

氢在煤浆中的溶解度随压力增加而增加。由于煤液化温度较高，采用较高的压力才有足够的氢分压，因此，采用高压的目的主要在于加快加氢反应速率。

煤在催化剂存在下的液相加氢速率与催化剂表面直接接触的液体层中的氢气浓度有关。研究表明，提高氢气压力有利于氢气在催化剂表面吸附，有利于氢气向催化剂孔隙深处扩散，使催化剂活性表面得到充分利用，因此催化剂的活性和利用效率在高压下比低压时高。压力提高，煤液化过程中的加氢速率就加快，阻止了煤热解生成的低分子组分裂解或聚合成半焦的反应，使低分子物质稳定，从而提高油收率；提高压力，还可使液化过程采用较高的反应温度，例如，在较低压力下，反应温度超过440℃时转化率下降，而在较高压力下，反应温度超过470℃，转化率才下降。但是，氢压提高，对高压设备的投资、能量消耗和氢耗量都要增加，产品成本相应提高，所以应根据原料煤性质、催化剂活性和操作温度，选择合适的氢压。一般压力控制在20MPa以下是可行的。

3. 停留时间

在适合的反应温度和足够氢供应下进行煤加氢液化，随着反应时间的延长，液化率开始增加很快，以后逐渐减慢，而沥青烯和油收率相应增加，并依次出现最高点；气体产率开始很少，随反应时间的延长，后来增加很快，同时氢耗量也随之增加，煤加氢液化转化率与反应时间的关系如表7-5所示。

表7-5 Westerholt煤加氢液化转化率与反应时间的关系

反应温度/℃	反应时间/min	转化率/%	沥青烯/%	油/%
410	0	33	31	2
	10	55	40	14
	30	64	46	18
	60	74	47	26
	120	76	48	27
435	0	46	41	5
	10	66	40	26
	30	79	50	28
	60	79	39	36
455	0	47		15
	10	67	32	23
	30	73	51	20
	60	77	44	26

从生产角度出发，一般要求反应时间越短越好，因为反应时间短意味着空速高、处理量高，不过合适的反应时间与煤种、催化剂、反应温度、压力、溶剂以及对产品的质量要求等因素有关，应通过实验来确定。

近年来开发的短接触时间液化新工艺显示出很多优点，如短接触时间SRC工艺，氢耗量比一般SRC工艺减少1.3%，转化率虽降低（4%），但因气体产率减少（6.9%），SRC产物产率增加24%。

三、煤直接液化工艺

1. 基本单元工艺过程

煤直接液化工艺流程种类很多，但它们的共同特征都是在高温高压下使高浓度煤浆中的煤发生热解，在催化剂作用下进行加氢和进一步分解，最终成为稳定的液体产品。煤直接液化工艺过程存在三个主要基本工艺单元，这三个基本单元结构见图7-5。

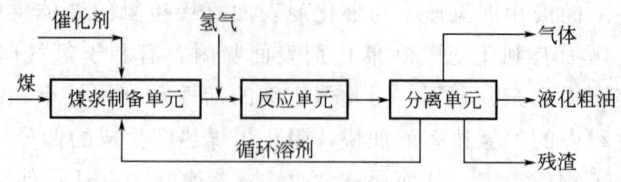

图7-5　煤炭直接液化三个基本单元结构

（1）煤浆制备单元

将煤粉与焦油或循环油（液化溶剂）、催化剂一起研磨制成煤浆（油煤浆），以供液相加氢。

（2）反应单元

在高温高压下的反应器内进行加氢分解反应，生成液状物。

（3）分离单元

将反应生成的液状物进行减压降温分离，获得残渣、重油、液化粗油（中油）和反应气（轻油），其中重油作为循环溶剂配煤浆用；残渣是由高沸点油、催化剂、灰分和未反应煤所组成的混合物，通常部分循环使用；反应气主要由轻油和氢气组成，再冷却分离后的气体，部分循环使用。总工艺过程的液体产率超过70%（以无水无灰基煤计算），工艺的总热效率通常在60%～70%。

整个煤直接液化工艺流如图7-6所示。

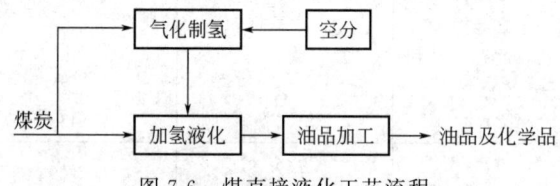

图7-6　煤直接液化工艺流程

煤直接液化得到的液化粗油还应进行脱除氮、氧及硫的化合物，然后进行裂化重整和精制提质，最后才能获得商品汽油和柴油为主要成分的精制产物。

2. 煤炭直接液化工艺流程

德国最初研究和开发的煤直接液化工艺为IG工艺，是德国I.G.iFarbenindustrie（燃料公司）在1927年建成的第一套生产装置。随后在IG工艺的基础上开发出更为先进的煤加氢液化和加氢精制一体化联合工艺（IGOR工艺）。其后美国也开发出氢-煤法（H-Coal）、溶剂精炼煤法（SRC）、供氢溶剂法（EDS）等工艺。我国在吸收了国外煤液化技术研究成果的基础上，开发出了"神华煤直接液化新工艺"的试验装置。

（1）德国的IGOR工艺

该工艺大致可分为煤浆制备、液化反应、两段催化加氢、液化产物分离和常减压蒸馏等工艺流程，其工艺流程如图7-7所示。

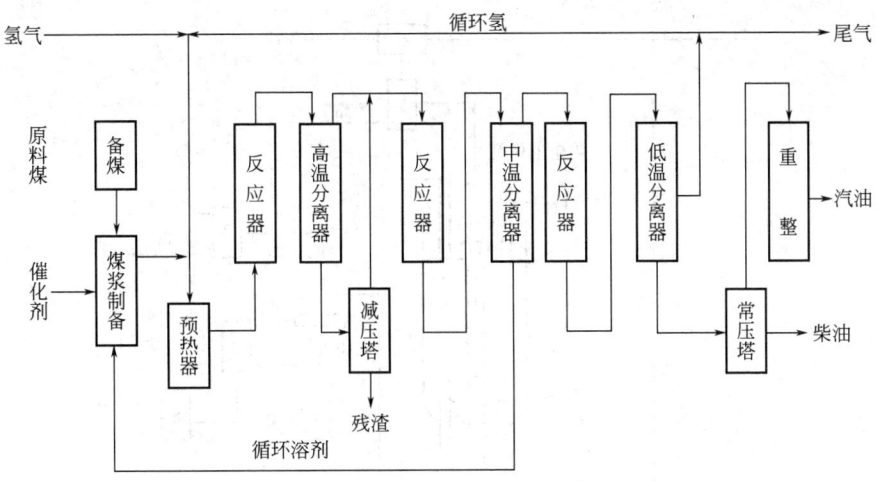

图 7-7　IGOR 直接液化工艺流程

煤浆、催化剂、氢气和循环溶剂一起依次进入煤浆预热器和液化反应器反应，反应器操作温度为 470℃，反应压力为 30MPa。反应后由反应器排出的液体产物进入高温分离器，将重质物料和气体物料分开。由高温分离器底部排出的重质物料经减压闪蒸塔分离成残渣和闪蒸油，闪蒸油又通过高压泵打入系统与高温分离器分出的气体一起进入第一固定床加氢反应器，该反应器操作温度为 350~420℃，在此获得的加氢反应产物进入中温分离器，从底部排出的重质油作为循环溶剂，从顶部出来的气体和轻质油蒸气进入第二固定床反应器又一次加氢，再通过低温气液分离器分离出轻质油产品，气体再通过循环氢压机加压后循环使用。

液化油经两步催化加氢后，已完成提质加工过程，油中的 N 和 S 含量降至 10^{-6} 数量级。此产品可直接蒸馏得到直馏汽油和柴油，直馏汽油再经重整就可获得高辛烷值的汽油产品，而柴油只需加入少量添加剂即可得到合格产品。

IGOR 工艺相对 IG（煤液化）工艺具有下列几点改进。

① 液化残渣的固液分离由离心过滤改为减压闪蒸分离，使操作简单，设备处理能力增大，效率高。

② 循环溶剂为催化加氢后的重质油，不含固体，也基本不含沥青稀，使煤浆黏度大大降低，溶剂供氢能力增强，反应压力降低，反应条件相对缓和。

③ 将煤液化反应和液化油提质加工串联在同一个高压系统内进行，简化了工艺，避免了能量损失。

（2）氢煤法（H-Coal 工艺）

H-Coal 工艺始于 1963 年，是美国碳氢化合物公司（HRT 公司）在原有的重油催化加氢裂解的氢油法（H-Oil）的基础上研究开发的煤加氢液化工艺（H-Coal 工艺）。H-Coal 工艺大致可分为煤浆制备、液化反应、产物分离和液化油精制等组成部分。它的显著特征是采用沸腾床催化反应器，其工艺流程如图 7-8 所示。

粒度小于 0.25mm 的煤粉与重质循环溶剂配成煤浆，与压缩氢气混合，经预热器预热后加入到沸腾床催化反应器，反应温度 425~455℃，反应压力 20MPa。反应采用钴-钼/氧化铝（Co-Mo/Al2O3）柱状颗粒催化剂。催化剂床层的膨胀和沸腾主要靠向上流动的液相速度来实现，提高液相速度的方法是在反应器底部设液体循环泵。为了保证催化剂的活性，

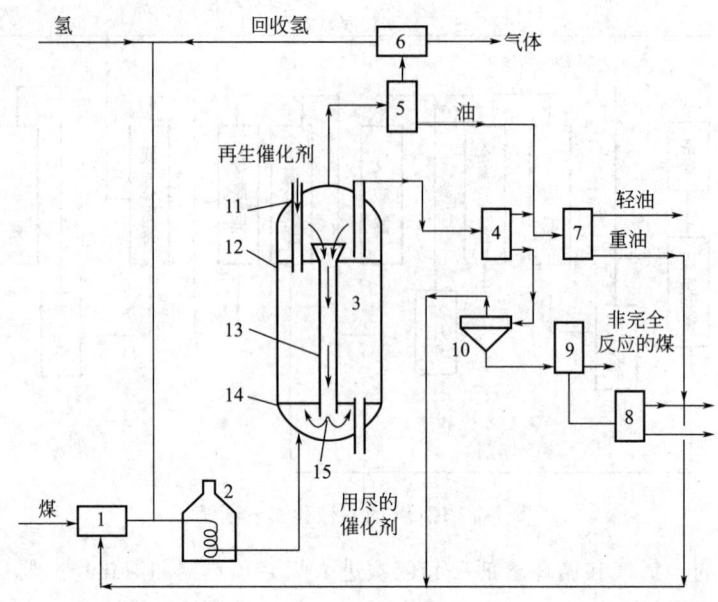

图 7-8　H-Coal 工艺流程

1—煤浆制备；2—预热器；3—反应器；4—闪蒸塔；5—冷分离器；6—气体洗涤塔；7—常压蒸馏塔；
8—减压蒸馏塔；9—液固分离器；10—旋流器；11—浆状反应物料液位；12—催化剂上限；
13—循环管；14—分布板；15—搅拌螺旋桨

在反应中连续抽出 2% 的催化剂进行再生，并同时补充等量的新催化剂。

反应产物排出反应器后，经冷却、气液分离，分成气相、不含固体液相和含固体液相。气相净化后富氢气体循环使用，与新鲜氢气一起进入煤浆预热器。不含固体液相进入常压蒸馏塔，分馏出轻油和重油。轻油作为液化粗油产品，重油作为循环溶剂返回制浆系统。含未反应煤等的固体液相进入旋流分离器，分离成高固体液化粗油和低固体液化粗油。低固体液化粗油返回煤浆制备罐，以减少煤浆制备所需的循环溶剂。高固体液化粗油进入减压蒸馏装置，分离成重油和残渣。残渣用于气化制氢，重油部分作为循环溶剂返回煤浆制备罐，另一部分作为重油产品。

H-Coal 工艺的主要特点可归纳为以下几点。

① 采用沸腾床三相反应器，对原料煤的适应性强，可适用于褐煤、次烟煤和烟煤。由于采用催化剂循环流动，因此可通过控制催化剂的活性来实现液化产物品种的控制。

② 沸腾床内传热传质效果好，有利于提高煤的液化率。

③ 该工艺是将煤的催化液化反应、循环溶剂加氢反应和液化产物精制过程综合在一个反应器内进行，有效地缩短了工艺流程。

(3) 埃克森供氢溶剂法 (EDS 工艺)

EDS 工艺是美国 Exxon 石油公司于 1966 年首先开发出一种煤炭直接液化工艺。EDS 工艺的关键是让循环溶剂在进入煤预处理过程之前，先经过固定床加氢反应器对溶剂加氢，以提高溶剂的供氢能力。EDS 工艺流程如图 7-9 所示。

煤与加氢后的溶剂制成煤浆后，与氢气混合预热后进入加氢反应器，反应温度 425～450℃，反应压力为 17.5MPa，不需另加催化剂，反应所得产物进入气液分离器，分出气体产物和液体产物。气体产物通过分离后，所得富氢尾气与新鲜氢混合使用。液体产物进入

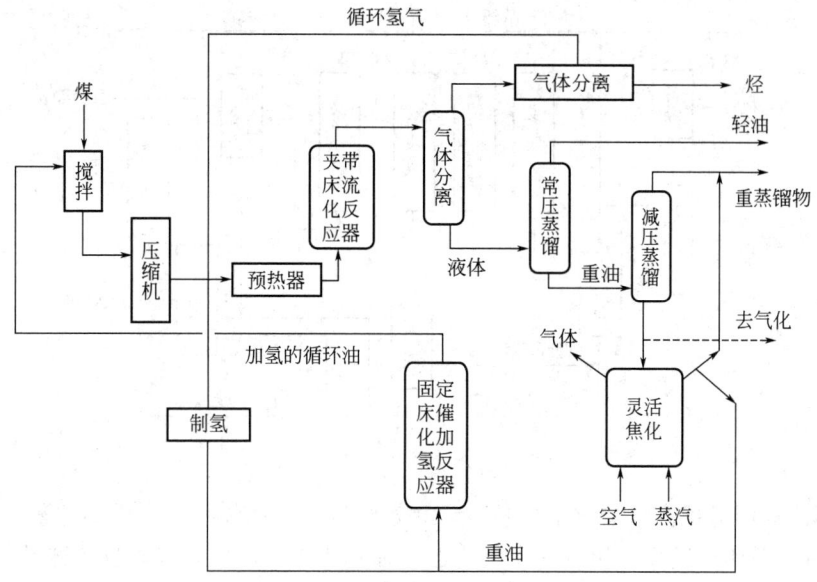

图 7-9 EDS 工艺流程

常、减压蒸馏系统，分离成气体燃料油、石脑油、循环溶剂和塔釜残渣。循环溶剂馏分送入固定床催化反应器，通过催化加氢反应来恢复循环溶剂的供氢能力，使用的催化剂是石油工业传统的镍-钼或钴-钼/氧化铝催化剂，反应器操作温度 370℃，操作压力 11MPa。加氢后的循环溶剂用于煤浆制备。蒸馏塔底残渣在流化焦化装置中进行焦化，获得更多的液体产物，反应温度 500~600℃，流化焦化产生的焦炭在气化装置中可以气化制取燃料气。

EDS 工艺主要技术特点可归纳为以下几点。

① 液化反应器不加催化剂，使用已加氢的溶剂，增加了煤液化产物中的轻馏分产率和过程操作稳定性。

② 将溶剂催化加氢和煤加氢液化分开进行，避免了重质油、未反应煤和矿物质与高活性催化剂直接接触，可提高催化剂的使用寿命。

③ 液化反应条件比较温和，反应温度为 427~470℃，反应压力 10~14MPa。

④ 减压蒸馏塔底出来的含固体的残渣，在灵活焦化装置进一步进行焦化，以获得更多的液体产物。灵活焦化操作温度为 485~650℃，压力小于 3MPa，整个停留时间为 0.5~1h。

(4) HTI 工艺

HTI 工艺是在 H-Coal 工艺和 CTSL 工艺基础上，由 Hydrocarbon 技术公司（HTI）根据商业化的用于改善重质油性能的 H-Coal 工艺研制的，采用近十年开发的悬浮床反应器和 HTI 研发的胶体铁基催化剂而专门开发的一种煤加氢液化工艺。根据 H-Coal 液化工艺，美国于 1980 年在肯塔基州的 Catkttsburg 建造了一座 200t/d 的中试厂，该试验厂一直生产到 1983 年。随后，美国设计了一座可进行商业化生产的液化厂，建在肯塔基州的 Breckinridge。美国能源部资助的大部分液化项目是以 H-Coal 液化工艺为基础的，该工艺也被有效地应用到催化两段液化（CTSL）工艺中。HTI 工艺流程示意见图 7-10。

HTI 工艺的主要技术特征如下所述。

① 用胶态 Fe 催化剂替代 Ni/Mo 催化剂，降低催化剂成本，同时胶态 Fe 催化剂比常规

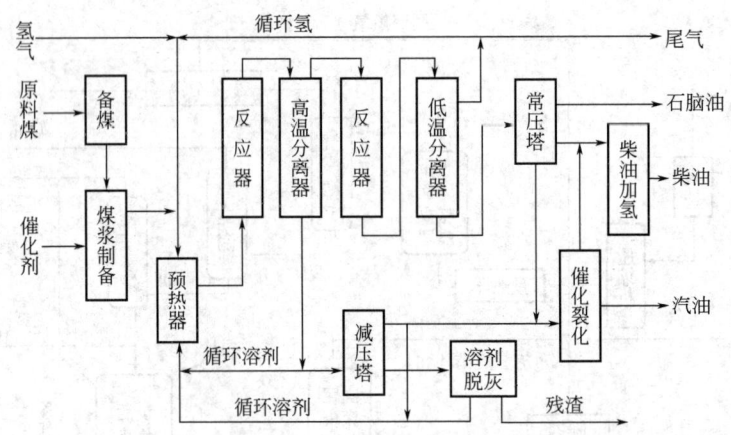

图 7-10　HTI 工艺流程示意

铁系催化剂活性明显提高，催化剂用量少，相对可以减少固体残渣夹带的油量。

② 采用外循环全返混三相鼓泡床反应器，强化传热、传质，提高反应器处理能力。

③ 与德国 IGOR 工艺类似，对液化粗油进行在线加氢精制，进一步提高了馏分油品质。

④ 反应条件相对温和，反应温度 440~4500℃，反应压力为 17MPa，油产率高，氢耗低。

⑤ 固液分离采用 Lumus 公司的溶剂萃取脱灰，使油收率提高约 5%。

(5) 日本 NEDOL 工艺

20 世纪 80 年代，日本开发了 NEDOL 烟煤液化工艺，该工艺实际上是 EDS 工艺的改进型，改进之处是在液化反应器内加入铁系催化剂，反应压力也提高到 17~19MPa，循环溶剂是液化重油加氢后的供氢溶剂，供氢性能优于 EDS 工艺。通过上述改进，液化油收率有较大提高。1996 年 7 月，在日本鹿岛建成 150t/d 的中试厂投入运转，至 1998 年，该中试厂已完成了运转两个印尼煤和一个日本煤的试验，取得了工程放大设计参数。NEDOL 工艺流程示意如图 7-11 所示。

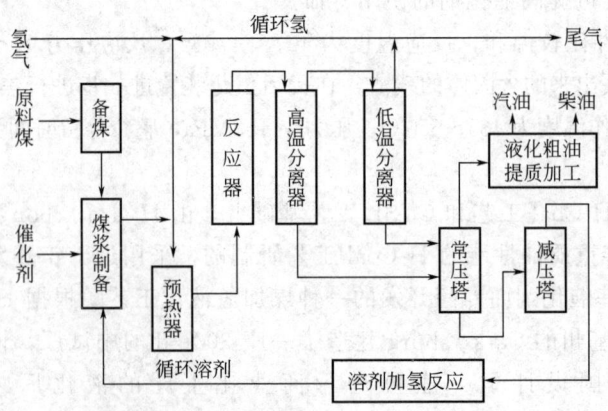

图 7-11　NEDOL 工艺流程示意

(6) 俄罗斯低压加氢液化工艺

俄罗斯在 20 世纪 70~80 年代针对世界上最大的堪斯克-阿钦斯克、库兹尼茨（西伯利亚)等煤田的煤质特点,开发了低压(6~10MPa)煤直接加氢液化工艺。该工艺采用乳化Mo催化剂,反应温度425~435℃,糊相加氢阶段反应时间为30~60min,于1983年建成了处理煤量为5~10t/d"CT-5"中试装置,试验运行了7年,并以此为基础,先后完成了规模为75t/d和500t/d煤的大型中试厂的详细工程设计,并初步完成年产50万吨油品的煤直接液化厂的工程设计。

① 工艺流程。俄罗斯低压煤直接加氢液化工艺流程见图7-12。经干燥、粉碎的煤粉与来自过程的两股溶剂、乳化Mo催化剂混合制浆,煤浆与氢气一起进入预热炉加热后流进加氢液化反应器,在反应温度425~435℃、压力6~10MPa下停留30~60min。出反应器的物料进入高温分离器,高温分离器的底料(含固体约15%)通过离心分离回收部分溶剂(由于Mo催化剂呈乳化状态,在此股溶剂中可回收约70%的Mo),返回制备煤浆。离心分离的固体物料进入减压蒸馏塔。

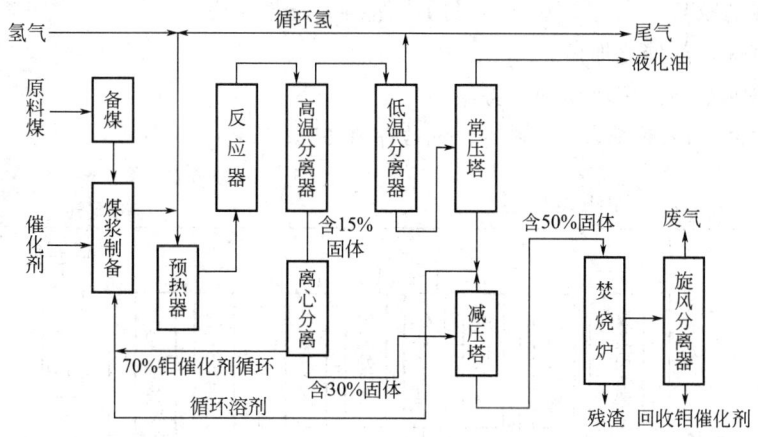

图7-12 俄罗斯低压煤直接加氢液化工艺流程

减压塔的塔顶油与常压蒸馏塔的油一起作为煤浆制备的循环溶剂,减压塔含固体约50%的塔底物送入焚烧炉焚烧,控制焚烧温度在1600~1650℃,使残渣中的催化剂Mo蒸发,然后在旋风分离器中冷却、回收。

从高温分离器顶部出来的气态产物引入低温分离器,顶部出来的富氢气体经净化后作为循环气体返回加氢反应系统,底部的液相和部分离心分离的溶剂一起进入常压蒸馏塔,获得轻、重馏分即为液化粗油,经进一步加氢精制和重整得到汽油馏分、柴油馏分等产品,常压塔底流出物返回制浆系统作为循环溶剂。

② 工艺特点。

a. 使用加氢活性很高的Mo催化剂,并采用离心溶剂循环和焚烧两步措施回收催化剂Mo,全过程Mo的回收率达95%~97%,掌握了Mo的高效回收技术。

b. 煤糊液化反应器压力低,褐煤加氢液化压力为6.0MPa,烟煤、次烟煤加氢液化压力为10.0MPa,有利于降低工程总投资和操作运行费用。

c. 采用瞬间涡流仓煤干燥技术,在煤干燥的同时可以增加原料煤的比表面积和孔容积,并可以减少煤颗粒粒度,有利于煤加氢液化反应的强化。

d. 采用半离线固定床催化反应器对液化粗油进行加氢精制,便于操作。

因缺乏较大规模中试装置运行检验和验证，特别是催化剂回收的经济性，而且如此温和的液化条件对煤质要求也较高，因此这些尚待考证。

(7) 中国神华煤直接液化新工艺

自 2001 年 3 月，我国第一个煤炭液化示范项目经国家批准后，中国神华集团公司联合各方面的专家对该项目进行论证和研究，展开了以神华煤田煤样为代表的煤液化试验，提出了溶剂全部加氢的直接液化新工艺。该项目第一期工程于 2004 年 8 月开工建设，项目厂址在内蒙古鄂尔多斯市伊金霍洛旗乌兰木伦镇马家塔，项目总设计年产油品 500 万吨。该项目是目前世界上规模最大的煤直接液化制油示范厂。工艺流程如图 7-13 所示。

该工艺的主要技术特点可归纳为以下几点：

① 采用两个串联的全返混反应器，煤浆空速提高；
② 采用国内研制的人工合成超细铁催化剂，催化剂活性高，用量少；
③ 取消溶剂脱灰工序，固液分离采用成熟的减压蒸馏法；
④ 循环溶剂全部催化加氢；
⑤ 液化粗油精制采用离线加氢方案；
⑥ 油收率高，用神华煤做原料时，油收率在 55% 以上。

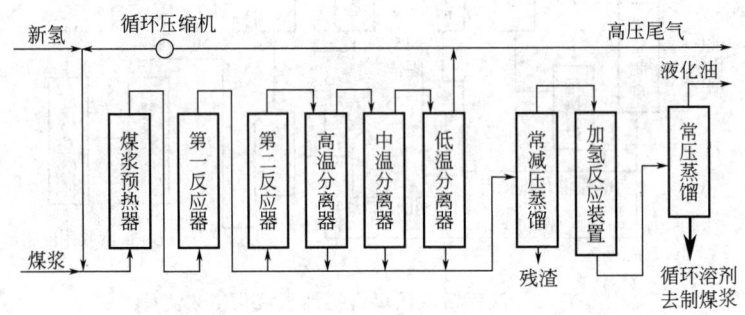

图 7-13 神华煤直接液化工艺流程

第四节 煤直接液化的反应设备

煤直接液化是在高压和比较高的温度下的加氢过程，所以工艺设备及材料必须具有耐高压以及临氢条件下耐氢腐蚀等性能。另外，直接液化处理的物料含有煤及催化剂等固体颗粒，这些固体颗粒会在设备和管路中形成沉积、磨损和冲刷等，造成密封更加困难，这都给煤液化设备提出了特殊的要求。

一、煤直接液化反应器

直接液化反应器是液化工艺中的核心设备，它是一种气、液、固三相浆态鼓泡床反应器，实际上是能耐高温（470℃左右）、耐高压（30MPa）、耐氢腐蚀的圆柱形容器。气液相进料均从反应器底部进入，出料均从顶部排出，液相可以看作是连续全返混釜式反应器，气相可看作是连续流动的鼓泡床模式。工业化生产装置反应器的最大尺寸取决于制造商的加工能力和运输条件，一般最大直径在 4m 左右，高度可达 30m 以上。煤液化反应器的操作条件见表 7-6 所示。

表 7-6　煤液化反应器的操作条件

操作参数	单位	数值	操作参数	单位	数值
压力	MPa	15~30	停留时间	h	1~2
温度	℃	440~465	气含率		0.1~0.5
气液比	标准状态下体积分数	700~1000	进出料方式	下部进料、上部出料	

(1) 反应器结构

反应器按结构形式不同，可分为冷壁式和热壁式两种形式。

冷壁式反应器是在耐压筒体的内部有隔热保温材料，保温材料内侧是耐高温、耐硫化氢腐蚀的不锈钢内胆，但它不耐压，所以在反应器操作时保温材料夹层内必须充惰性气体至操作压力。冷壁式反应器的耐压壳体材料一般采用高强度锰钢。

热壁式反应器的隔热保温材料在耐高压筒体的外侧，所以实际操作时反应器筒体壁处于高温下。热壁式反应器因耐压筒体处在较高温度下，筒体材料必须采用特殊的合金钢（如 21/4CrlMoV 或 3CrlMoVTiB），内壁再堆焊一层耐硫化氢腐蚀的不锈钢。中国第一重型机械集团公司在 20 世纪 80 年代已研制成功热壁式反应器，目前大型石油加氢装置上使用的绝大多数是热壁式反应器。

用于反应器本体上的结构有两大类，一是单层结构，二是多层结构。在单层结构中又有钢板卷焊结构和锻焊结构两种；多层结构有绕带式、热套式等多种形式。

反应器结构的选择主要取决于使用条件、反应器尺寸、经济性和制造周期等诸多因素。

由于加氢过程存在着气、液、固三相状态，所以反应器内件特别是流体分配盘的设计关键是要使反应进料（气液固三相）有效地接触，防止煤中矿物质和催化剂固体在床层内发生流体偏流。针对加氢反应为放热反应的特点，在反应塔高度方向上还应设置有效的控温结构（如冷氢入口），以保证生产安全。图 7-14 为 70.0MPa 的液相加氢反应器示意图。

(2) 液化反应器种类

煤直接液化工艺除了德国在第二次世界大战期间曾经工业化生产外，目前世界上还没有大规模的生产装置和长时间的运行考验。早期的煤液化反应器都是柱塞流鼓泡反应器，煤油浆和氢气三相之间缺少相互作用，液化效果欠佳。从 20 世纪 70 年代开始，液化反应器研究主要集中于美国，如 HTI 的前期 H-Coal 工艺采用固、液、气三相沸腾床催化反应器，如图 7-15 所示。HTI 工艺的全返混浆态反应器采用外循环方式加大煤油浆混合程度，促使固、液、气三相充分接触，加速煤加氢液化反应过程，提高煤液化反应转化率，HTI 反应器结构如图 7-16 所示。

美国 H-Coal 工艺采用的固、液、气三相沸腾床催化反应器增加了反应物与催化剂之间的接触，使反应器内物料分布均衡，温度均匀，反应过程处于最佳状态，有利于加氢液化反应进行，并可以克服鼓泡床反应器液相流速低、煤的固体颗粒在反应器内沉积问题。

中国神华集团煤直接液化工程采用 HTI 外循环全返混悬浮床反应器。

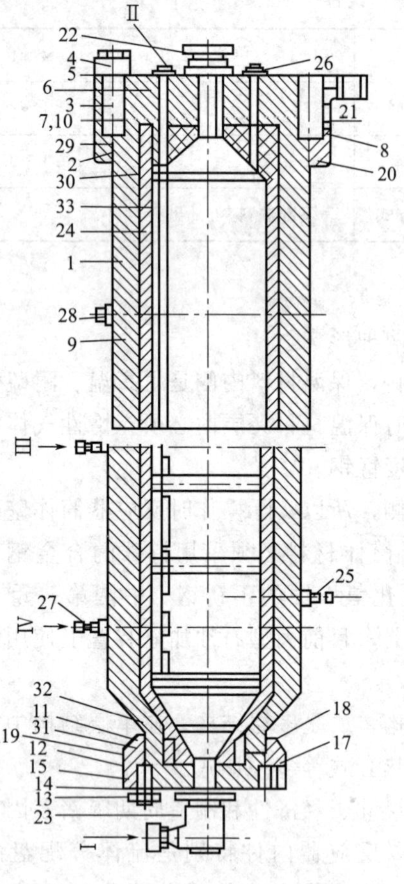

图 7-14 70.0MPa 液相加氢反应器

1—塔身；
2—顶部法兰；
3—顶部双头螺栓；
4—顶部罩状螺帽；
5,14—垫环；
6—顶盖；
7—顶部自紧式密封圈；
8—自紧式密封阀的夹圈；
9—塔身保温体；
10—顶部自紧式密封圈的衬片；
11—底部法兰；
12—底部双头螺栓；
13—底部螺帽；
15—底盖；
16—底部自紧式密封圈；
17—自紧式密封圈的头圈；
18—底部锥体的保温体；
19—底部自紧式密封圈的衬片；
20—顶部锥体的保温体；
21—安装吊轴；
22—大小头；
23—直角弯头；
24—热电偶套管；
25—接管；
26—冷氢引入管的接管；
27—取样口接管；
28—堵头；
29—顶盖保温体；
30—顶部锥体；
31—底盖保温体；
32—底部锥体；
33—内筒；
Ⅰ—产物进口；
Ⅱ—产物出口；
Ⅲ—冷氢引入口；
Ⅳ—取样口

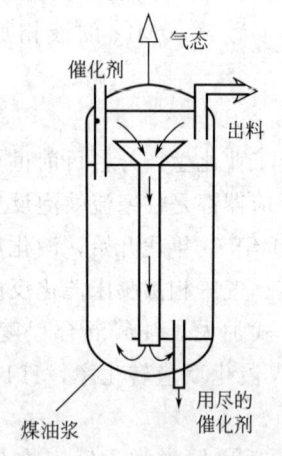

图 7-15 三相沸腾床催化反应器

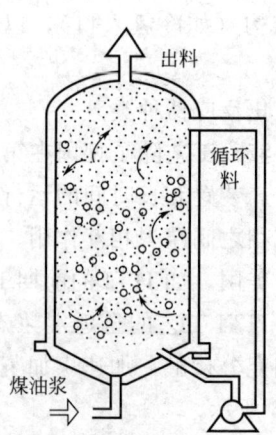

图 7-16 HTI反应器

德国和日本开发的煤炭直接液化新工艺的反应器仍采用三相鼓泡床反应器，如图 7-17 所示，氢气与油煤浆在反应器内流动基本为柱塞流，即平推流，混合程度较低，在反应器中易产生固相沉积，影响反应器反应空间，这一现象在德国早期开发的煤液化工艺中经常遇见。早期的三相鼓泡床反应器是串联式，轻、重组分在反应器内停留时间几乎相同，导致液体收率不高；改用一个大的反应器，重质组分停留时间延长，结果增加液体产品收率，但仍需定期从反应釜下部排除固体沉积物。

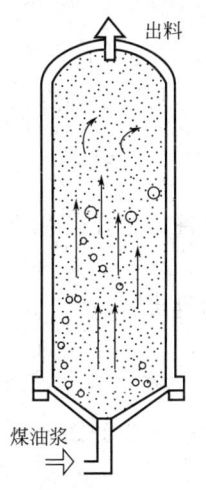
图 7-17　柱塞流反应器

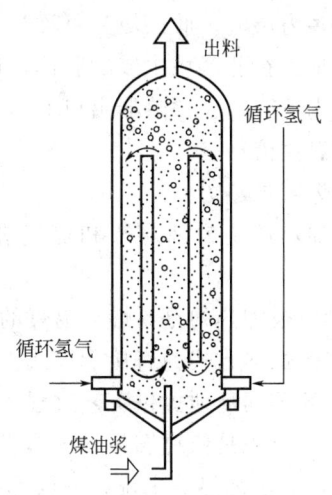
图 7-18　内循环三相浆态反应器

当前开发液化反应器的一个热点是研究内循环三相浆态反应器（见图 7-18），但由于油煤浆的密度差相对较大，煤中矿物质和未转化的煤密度远大于液化溶剂油，一般的内循环反应器因循环动力不够，也难以避免反应器内固体颗粒沉降问题。因此提高内循环动力，改善浆态床反应器内固液循环状况，防止煤液化加氢反应器内固体颗粒沉降，增加加氢反应能力，是煤液化新型反应器开发的重点，也是现代煤炭直接液化技术所要研究的关键技术之一。

二、煤浆预热器

煤浆预热器的作用是在煤浆进入反应器前，把煤浆加热到接近反应温度。采用的加热方式是小型装置采用电加热，大型装置采用加热炉。

（1）预热器内的流体流动情况

要了解煤浆在预热器内的流体流动情况，尤其是在加热情况下的流体力学，可将预热器沿轴向模拟划分为三个区域，如图 7-19 所示。在此三个区域内煤浆被加热，煤粒膨胀，发生化学反应和溶解，并开始发生加氢作用。

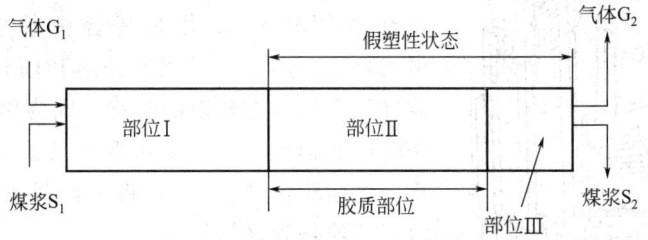
图 7-19　煤液化预热器流体力学模型

区域Ⅰ：此区域是原料刚刚入预热器，固体尚未溶解，可以把煤浆-气体混合物看作是两组分两相牛顿型流体，温度增高时，黏度平稳地下降。当黏度达最低值时，此区域结束。

此时，各组分的流速实际上无大变化，两相流体流动为涡流-层流或层流-层流。

区域Ⅱ：流体黏度达最低值以后，进入区域Ⅱ，此区域中主要发生煤粒聚结和膨胀，并发生溶解，因此煤浆黏度急剧增大，达到最大值，且能保持一段不变，成为非牛顿流体，其流体流动多为层流。此区域又可称为"胶体区"。

区域Ⅲ：在Ⅱ区域生成的胶体，进入区域Ⅲ后由于发生化学变化，煤质解聚和溶解，流体黏度急剧下降，在预热器出口前，温度升高黏度平缓下降。此混合物也是非牛顿型流体，可能呈现涡流流动。

（2）煤浆加热炉

煤浆加热炉是为油煤浆和氢气进料提供热源的关键设备，它在使用上具有如下一些特点：

① 管内被加热的是易燃、易爆的氢气和烃类物质，危险性大；
② 它的加热方式为直接受火式，使用条件更为苛刻；
③ 必须不间断地提供工艺过程所要求的热源；
④ 所需热源是依靠燃料（气体或流体）在炉膛内燃烧时所产生的高火焰和烟气来获得。

因此，对于加热炉来说，一般都应该满足下面的基本要求：

① 满足工艺过程所需的条件；
② 能耗省、投资合理；
③ 操作容易，且不易误操作；
④ 安装、维护方便，使用寿命长。

用于煤浆加热的主要炉型有箱式炉、圆筒炉和阶梯炉等，且以箱式炉居多。

在箱式炉中，对于辐射炉管布置方式有立管和卧管排列两类，这主要是从热强度分布和炉管内介质的流动特点等工艺角度以及经济性（如施工周期、占地面积等）上考虑后确定的。对于氢和油煤浆混合料进入加热炉加热的混相流，大都采用卧管排列方式，这是因为只要采用足够的管内流速时就不会发生气液分层流，且还可避免如立管排列那样，每根炉管辊要通过高温区（当采用底烧时），这对于两相流来说，当传热强度过高时很容易引起局部过热、结焦现象，而卧管排列就不会使每根炉管都通过高温区，可以区别对待，图7-20为典型卧管式加热炉结构。

在炉型选择时，还应注意到加热炉的管内介质中都存在着高温氢气，有时物流中还含有较高浓度的硫或硫化氢，将会对炉管产生各种腐蚀，在这种情况下，炉管往往选用比较昂贵的高合金炉管（如SUS321H、SUS347H等）。为了能充分地利用高合金炉管表面积，应优先选用双面辐射的炉型，因为单排管双面辐射比单排管单面辐射的热有效吸收率要高1.49倍，相应的炉管传热面积可减少1/3，即节约昂贵的高合金管材，同时又可使炉管受热均匀。

三、高温气体分离器

反应产物和循环气的混合物，从反应塔出来，进入高温气体分离器。在高温气体分离器中气态和蒸气态的

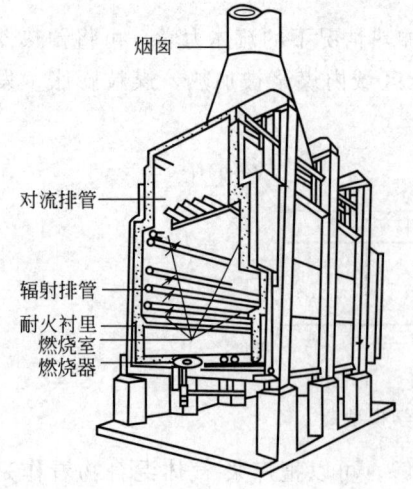

图7-20 典型卧管式加热炉

烃类化合物与由未反应的固体煤、灰分和固体催化剂组成的固体物和凝缩液体分开。在高温气体分离器中，分离过程是在高温（约455℃）下进行的。气体和蒸气从设备的顶端引出，聚集在分离器底部（锥形部分）的液体和残渣进入残渣冷却器。为了防止在液体出来和排除残渣时漏气，在分离器底部自动地维持一定的液面。最常用形式的高温分离器的结构如图7-21所示，其顶部构造如图7-22所示。分离器的主要零件是高压筒、顶盖和底盖、保护套（接触管）、产品引入管、底部保温斗、冷却系统和液面测量系统。

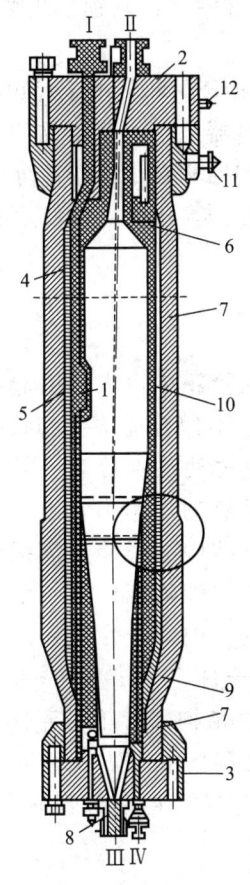

图 7-21 高温气体分离器

1—高温气体分离筒；2—顶盖；3—底管；4—产品引入管；5—分配总管；6—顶部蛇管；7—底部蛇管；8—双蛇管冷却器；9—底部锥形保温斗；10—保护套；11—筒体安装用吊轴；12—顶盖安装用吊轴

Ⅰ—产品入口；Ⅱ—气体、蒸汽混合物出口；Ⅲ—残渣出口；Ⅳ—冷气入口

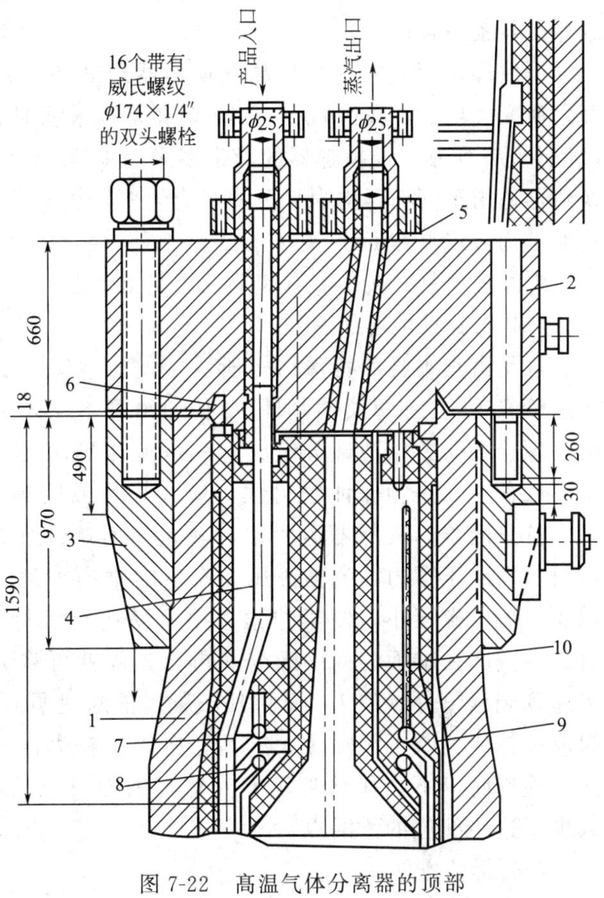

图 7-22 高温气体分离器的顶部

1—筒；2—顶盖；3—顶部法兰；4—产品引入管；5—气体-蒸气混合物引出管；6—自紧式密封圈；7—顶部总管；8—底部总管；9—蛇管的管子；10—引出管

气体在分离器中分离过程的同时还进行着各种化学过程，其中包括影响设备操作的结焦过程。结焦是在氢气不足、温度很高和液体及残渣长时间停留在气体分离器底部的情况下进行的。由于分离器底部焦沉淀的结果，使分离器的容积减少，以致难于维持规定的液面和堵塞残渣的出口。在这种情况下，应立即将设备与系统分开，因为随着温度的降低，结焦的危险性就减少，所以在高温分离器中，温度应保持比反应塔中温度低15～20℃。高温分离器

中的反应产物用通过冷却蛇管的冷氢来冷却。在某些结构的分离器中,将冷气直接打入分离器的底部来进行冷却。

然而,应该指出的是,由高温分离器出来的气体和蒸汽的温度降得很低,会降低换热器中热量回收的效率,因此会降低装置的生产能力。

四、高压换热器

煤直接液化系统用的换热器压力高,并且含有氢气、硫化氢和氨气等腐蚀性介质,需要使用特殊结构的换热器,根据石油加工工业的长期运行结果,采用螺纹环锁紧式密封结构高压换热器较为合适。

螺纹环锁紧式密封结构高压换热器最早是由美国 Chevron 公司和日本千代田公司共同开发研究成功的,我国现已有 10 余套加氢装置使用这种换热器,它的基本结构如图 7-23 (H-H 型) 所示。此换热器的管束多采用 U 形管式,它的独到结构在于管箱部分。H-H 型换热器适用于管壳程均为高压的场合,对于壳程为低压而管程为高压时,可使用图 7-24 所示的结构形式(称 H-L 型)。

螺纹环锁紧式换热器有如下几个突出优点。

(1) 密封性能可靠

这是由其本身的特殊结构所决定的。由图 7-23 可见,在管箱中由内压引起的轴向力通过管箱盖 10 和螺纹锁紧环 12 传递给管箱壳体 16 承受。它不像普通法兰型换热器,其法兰螺栓载荷要由两部分组成:一是流体静压力产生的轴向力使法兰分开,需克服此种端面载荷;二是为保证密封性,应在垫片或接触面上维持足够的压紧力,因此所需螺栓大,拧紧困难,密封可达性相对较差。而螺纹环锁紧式密封结构的螺栓只需提供给垫片密封所需的压紧力,流体静压力产生的轴向力通过螺纹环传到管箱壳体上,由管箱壳体承受,所以螺栓小,便于拧紧,很容易达到密封效果。在运转中,若管壳程之间有串漏时,通过露在端面的内圈螺栓 9 再行紧固就可将力通过件 8→件 11→件 14→件 17→件 2 传递到壳程垫片(件 1)而将其压紧以消除泄漏。此外,这种结构因管箱与壳体是锻成或焊成一体的,既可消除像大法兰型换热器在大法兰处最易泄漏的弊病,又因它在抽芯清洗或检修时,不必移动管箱和壳体,因而可以将换热器开口接管直接与管线焊接连接,减少了这些部位的泄漏点。

(2) 拆装方便

因为它的螺栓很小,很容易操作,所以拆装可在短时间内完成。同时,拆装管束时,不需移动壳体,可节省许多劳力和时间。而且在拆装的时候,是利用专门设计的拆装架,使拆装作业可顺利进行。从拆卸、检查到重装,这种换热器所需的时间要比法兰型少 1/3 以上。

(3) 金属用量少

由于管箱和壳体是一体型,省去了包括管壳程大法兰在内的许多法兰与大螺栓,又因在壳体上没有带颈的大法兰,其开口接管就可尽量地靠近管板。这样,在普通法兰型换热器上靠近管板端有相当长度为死区的范围内不能有效利用的传热管面积,而在此结构中可得到充分发挥传热作用,大约可有效利用的管子长度为 500mm。它对于一台内径 1000mm、传热管长 6000mm 的换热器,就相当于增加 8% 数量的传热管。上述种种,可使这种结构换热器的单位换热面积所耗金属的质量下降不少。

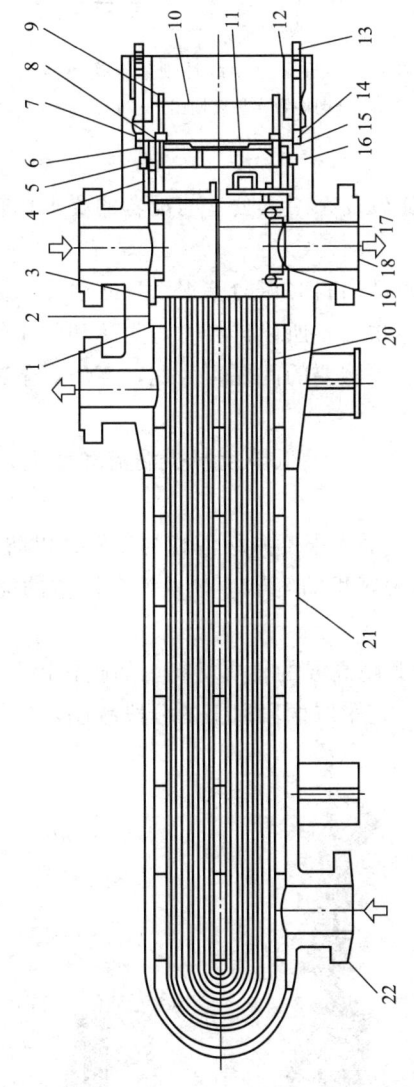

图 7-23 螺纹锁紧式高压换热器（H-H 型）

1—壳程垫片；2—管板；3—垫片；4—内法兰；5—多合环；6—管程垫片；7—固定环；8—压紧环；9—内圈螺栓；10—管箱盖；11—垫片压板；12—螺纹锁紧环；13—外圈螺栓；14—内套筒；15—内法兰螺栓；16—管箱壳体；17—分程隔板箱；18—管程开口接管；19—密封装置；20—换热管；21—壳体；22—壳程开口接管

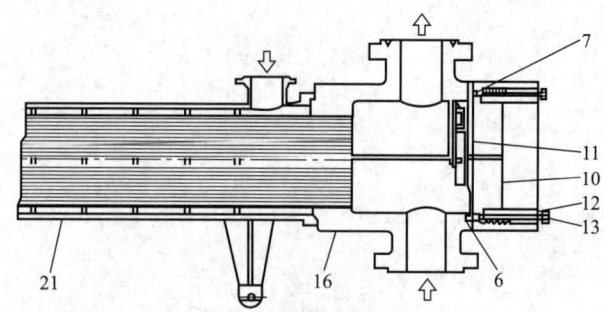

图 7-24　H-L 型螺纹环锁紧式换热器

（图中数字注解同图 7-23）

（4）结构紧凑占地面积小

但是，这种换热器的结构比较复杂，其公差与配合的要求比较严格。

五、高压换热器减压阀

煤直接液化装置的分离器底部出料时压力差很大，必须要从数十兆帕减至常压，并且物料中还含有煤灰及催化剂等固体物质。所以排料时对阀芯和阀座的磨蚀相当严重。因此减压阀的寿命成了液化装置的一个至关重要的问题。为此，高压煤浆减压阀的结构应有如下特殊功能，使磨损降低到最低限度。

① 有一个较长的耐冲刷的进口，最低限度减少湍流和磨损，还要尽可能减小流体进入阀芯和阀座间隙时的冲击角。

② 阀座具有长的节流孔道，最大限度减缓液相的蒸发，以防止汽蚀。

③ 出口直接接到膨胀管和大容积的容器中，以消耗流体的能量，流出口液体最好直接冲到液体池中。

④ 减压阀的材料应采用耐磨耐高温的硬质材料，如碳化钨、金刚石等。

减压阀磨损的解决办法：一是采取两段以上的分段减压，降低阀门前后的压力差。二是

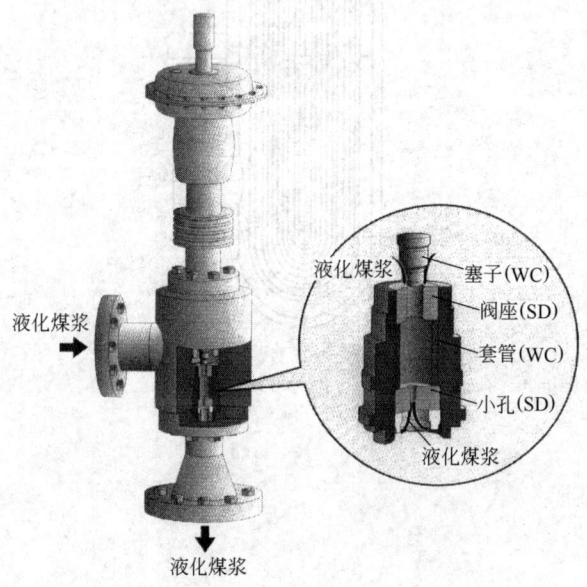

图 7-25　日本 NEDO 开发的减压阀结构

采用耐磨耐高温的硬质材料，如碳化钨、氮化硅等。例如，图7-25是日本NED开发的减压阀结构图，它的耐磨部件采用的是合成金刚石和碳化钨，在150t/d工业性试验装置上的最长连续运转时间为1000h。另外，在阀门结构上采取某些特殊设计也有可能使磨损降低到最低限度。三是在流程设计上采用一倍或双倍的旁路备用减压阀设备，当阀芯阀座磨损后及时切换至备用系统。

煤直接液化是在高压和比较高的温度下的加氢过程，所以工艺设备及材料必须具有耐高压以及临氢条件下耐氢腐蚀等性能。另外，直接液化处理的物料含有煤及催化剂等固体颗粒，因此还要解决由于处理固体颗粒所带来的沉积、磨损、密封等技术问题。

第五节 煤直接液化技术的发展

一、煤直接液化的现状

我国从20世纪70年代末开始开展煤炭直接液化技术研究，主要研究单位有煤炭科学研究总院、华东理工大学、中科院山西煤化所、太原理工大学、大连理工大学等。

通过科技攻关和国际合作，已建成完备的煤炭直接液化、油品提质加工和分析检验的实验室，进行了基础研究和工艺开发。其中，煤炭科学研究总院北京煤化学研究所对中国的上百个煤种进行了液化试验，选择液化性能较好的煤种在0.1t/d装置上进行了几十次运转试验，选出了15种适合于液化的中国煤，液化油收率可达50%以上（无水无灰基煤）。对其中4个煤种进行了直接液化的工艺条件研究，开发了高活性的煤液化催化剂。同时还利用国产加氢催化剂，进行了液化油的提质加工研究，经加氢精制、加氢裂化和重整等工艺的组合，成功地将液化粗油加工成合格的油品。

为进一步工艺放大和工业化生产打基础，煤炭科学研究院还分别同德国、日本、美国有关政府部门和公司合作，完成了神华煤、云南先锋煤和黑龙江依兰煤在国外中试装置上的放大试验。通过国内、国际的合作，多个液化项目已完成可行性研究，部分正在运作、建设。

二、煤直接液化的发展前景

现有一定规模的炼油厂利用煤炭液化工艺来生产同样多的液体燃料是不可行的。煤炭液化只能作为生产烃类液体的辅助手段。当原油的产量不能满足运输用燃料的需求量时，采用煤炭液化技术是一种较好的选择。在这种情况下，煤炭液化燃料可以利用现有的基础设施进行销售和供给，这不可避免地受到石油工业的控制和运作。但却有利于大大简化煤炭液化产品的供给和销售网络。因此，煤炭液化项目起初可能要由石油工业来实施，而不是煤炭工业。这个趋势已经被煤液化是由大部分石油公司进行各自开发这样的事实得到证实。

鉴于上述情况，最有利于煤炭液化企业的做法是，直接将自己的液化产品输送到现有的炼油厂中，作为进一步提炼的原材料，或者与炼油厂的产品进行混合使用。由于液化厂和炼油厂都有许多辅助设施，如电力和化学原料供应，有可能将一些必要的公共设施调配共享，另外，炼油厂和煤炭液化厂的一些单元操作也非常相似，也使得煤液化可能在石油行业中首先实施。

煤炭液化和炼油厂的结合主要包括共享一些产品混合和输出设备。即使最低程度的设备联合使用，也可大大降低投资成本。研究表明，一座日产12万桶油的炼油厂可以接受一座日产5万桶燃料的液化厂的全部产品，而炼油厂的最终产品质量几乎没有变化，因此，炼油厂可以很容易达到日产20万桶油的生产能力。

尽管国内外在煤液化工艺开发方面已做了大量工作，但仍有许多问题尚待解决，例如，如何使反应条件温和化、操作工艺简易化和产品高附加值化等。

煤液化是涉及煤化学、有机化学、物理化学和化学工程等多学科的系统工程，深入开展煤液化的基础研究不仅对开发先进的煤液化工艺具有重要的指导意义，而且可以促进相关学科的发展。尽快使煤液化产业化以解决我国液体燃料日益短缺的问题是我国许多煤液化研究者的共同心愿，尚需在基础研究和工艺开发方面做深入和细致的研究工作，解决存在的各种问题，早日实现产业化。

复 习 题

1. 什么是煤的直接液化？简述其工艺过程。
2. 煤与石油的主要区别有哪些？
3. 煤在加氢液化过程基本可分为哪三大步骤？
4. 什么是油、沥青烯、前沥青烯及残渣？
5. 煤加氢液化产物产率如何计算？
6. 煤液化中生成的气体主要包括哪两部分？
7. 煤加氢液化的影响因素有哪些？
8. 煤液化溶剂有哪几类？煤液化溶剂的主要作用是什么？
9. 煤加氢液化的主要工艺参数有哪些？它们对煤液化有什么影响？
10. 煤加氢液化催化剂有哪些种类？各有什么特点？
11. 按过程工艺特点分类，煤炭直接液化工艺主要有哪些？

第八章 煤的间接液化

煤间接液化中的合成技术是由德国科学家 Frans Fischer（费舍尔）和 Hans Tropsch（特罗普施）于 1923 年首先发现的并以他们名字的第一字母即 F-T 命名的，简称 F-T 合成或费-托合成。依靠间接液化技术，不但可以从煤炭中提炼汽油、柴油、煤油等普通石油制品，而且还可以提炼出航空燃油、润滑油等高品质石油制品以及烯烃、石蜡等多种高附加值的产品。

自从 Fischer 和 Tropsch 发现在碱化的铁催化剂上可生成烃类化合物以来，费-托合成技术就伴随着世界原油价格的波动以及政治因素而盛衰不定。费-托合成率先在德国开始工业化应用，1934 年鲁尔化学公司建成了第一座间接液化生产装置，产量为 7 万吨/年，到 1944 年，德国共有 9 个工厂共 57 万吨/年的生产能力。在同一时期，日本、法国、中国也有 6 套装置建成。

20 世纪 50 年代初，中东大油田的发现使间接液化技术的开发和应用陷入低潮，但南非是例外。南非因其推行的种族隔离政策而遭到世界各国的石油禁运，促使南非下决心从根本上解决能源供应问题。考虑到南非的煤炭质量较差，不适宜进行直接液化，经过反复论证和方案比较，最终选择了使用煤炭间接液化的方法生产石油和石油制品。Sasol（萨索尔）厂于 1955 年开工生产，主要生产燃料和化学品。70 年代的能源危机促使 Sasol 建设两座更大的煤基费-托装置，设计目标是生产燃料。当工厂在 1980 年和 1982 年建成投产的时候，原油的价格已经超过了 30 美元/桶。此时 Sasol 的三座工厂的综合产能已经大约为 760 万吨/年。由于 Sasol 生产规模较大，尽管经历了原油价格的波动但仍保持赢利。南非不仅打破了石油禁运，而且成为世界上第一个将煤炭液化费-托合成技术工业化的国家。1992 年和 1993 年，又有两座基于天然气的费-托合成工厂建成，分别是南非 Mossgas（莫斯天然气公司）100 万吨/年和壳牌在马来西亚 Bintulu（民都鲁，是马来西亚砂拉越第四大的城市，是一座沿海城市）的 50 万吨/年的工厂。

目前，除了已经运行的商业化间接液化装置外，埃克森-美孚公司（Exxon-Mobil），英国石油公司（BP-AMoco），美国康菲石油公司（ConocoPhillips）和合成油公司（Syntro-leum）等也正在开发自己的费-托合成工艺，并且计划在拥有天然气的边远地域来建造费-托合成天然气液化工厂。

煤炭间接液化经典流程见图 8-1。首先将原料煤与氧气、水蒸气反应将煤全部气化，

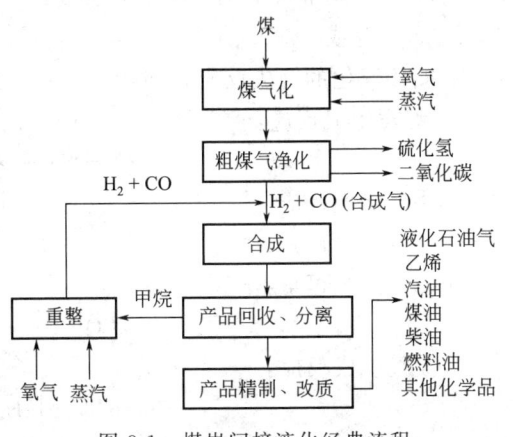

图 8-1 煤炭间接液化经典流程

制得的粗煤气经变换、脱硫（在煤炭液化的加工过程中，煤炭中含有的硫等有害元素以及无机矿物质均可脱除，硫还可以通过硫黄的形态得到回收）脱碳制成洁净的合成气（$CO+H_2$），合成气在催化剂作用下发生合成反应生成烃类，烃类经进一步加工可以生产汽油、柴油和 LPG（液化石油气，其主要组分是 95% 的丙烷，少量的丁烷、LPG 在适当的压力下以液态储存在贮罐容器中，常被用作炊事燃料，在国外，LPG 被用作轻型车辆燃料已有许多年）等产品。

第一节　煤炭间接液化基本原理及催化剂

煤间接液化是先把煤炭在高温下与氧气和水蒸气反应，使煤炭全部气化、转化成合成气（$CO+H_2$），然后再在催化剂的作用下合成为液体燃料的工艺技术。间接液化对煤质的要求如下所述。

① 煤的灰分要低于 15%。当然越低越有利于气化，也有利于液化。
② 煤的可磨性要好，水分要低。不论采用哪种气化工艺，制粉是一个重要环节。
③ 对于用水煤浆制气的工艺，要求煤的成浆性能要好。水煤浆的固体浓度应在 60% 以上。
④ 煤的灰熔点要求。固定床气化要求煤的灰熔点温度越高越好，一般 ST 不小于 1250℃；流化床气化要求煤的灰熔点温度 ST 小于 1300℃。

虽然间接液化对煤种的适应性较广，不同的煤可以选择不同的气化方法，但是对原煤进行洗选加工、降低灰分和硫分均是必要的。

一、煤炭间接液化基本原理

煤炭间接液化工艺主要由三大步骤组成，即气化、合成、精炼。

1. 煤的气化

煤的气化是指利用煤或半焦在高温（900℃以上）条件下与气化剂（氧气或水蒸气等）进行多相反应，生成 CO、CO_2、H_2、CH_4 等简单气体分子的过程。粗煤气中还含有 H_2S、NH_3、焦油等杂质，必须经过一系列净化步骤，得到纯净的 CO 和 H_2 合成气（有时含少量甲烷）。为了得到合成气中最佳的 CO 与 H_2 的比例，需要通过变换反应（$CO+H_2O \longrightarrow CO_2+H_2$）来调节其比例。对于间接液化，合成气中 H_2 与 CO 的最佳比例值是 2:1。

2. F-T 合成

煤间接液化的合成反应，即费-托（F-T）合成，其生成油品的主要反应如下：

① 烃类生成反应：
$$CO+2H_2 \longrightarrow -CH_2-+H_2O$$

② 水气变换反应：
$$CO+H_2O \longrightarrow H_2+CO_2$$

由以上两式可得：
$$2CO+H_2 \longrightarrow -CH_2-+CO_2$$

③ 烷烃生成反应：
$$nCO+(2n+1)H_2 \longrightarrow C_nH_{2n+2}+nH_2O$$
$$2nCO+(2n+1)H_2 \longrightarrow C_nH_{2n+2}+nCO_2$$

$$(3n+1)CO + (n+1)H_2O \longrightarrow C_nH_{2n+2} + (2n+1)CO_2$$
$$nCO_2 + (3n+1)H_2 \longrightarrow C_nH_{2n+2} + 2nH_2O$$

④ 烯烃生成反应：
$$nCO + 2nH_2 \longrightarrow C_nH_{2n} + nH_2O$$
$$2nCO + nH_2 \longrightarrow C_nH_{2n} + nCO_2$$
$$3nCO + nH_2O \longrightarrow C_nH_{2n} + 2nCO_2$$
$$nCO_2 + 3nH_2 \longrightarrow C_nH_{2n} + 2nH_2O$$

此外，F-T 合成副反应如下：

① 甲烷生成反应：
$$CO + 3H_2 \longrightarrow CH_4 + H_2O$$
$$2CO + 2H_2 \longrightarrow CH_4 + CO_2$$
$$CO_2 + 4H_2 \longrightarrow CH_4 + 2H_2O$$

② 醇类生成反应：
$$nCO + 2nH_2 \longrightarrow C_nH_{2n+1}OH + (n-1)H_2O$$
$$(2n-1)CO + (n+1)H_2 \longrightarrow C_nH_{2n+1}OH + (n-1)CO_2$$
$$3nCO + (n+1)H_2O \longrightarrow C_nH_{2n+1}OH + 2nCO_2$$

③ 醛类生成反应：
$$(n+1)CO + (n+1)H_2 \longrightarrow C_nH_{2n+1}CHO + nH_2O$$
$$(2n+1)CO + (n+1)H_2 \longrightarrow C_nH_{2n+1}CHO + 2nCO_2$$

④ 表面碳化物种生成反应：
$$(x+y/2)H_2 + xCO \longrightarrow C_xH_y + H_2O$$

⑤ 催化剂的氧化-还原反应（M 为催化剂金属成分）
$$yH_2O + xM \longrightarrow M_xO_y + yH_2$$
$$yCO_2 + xM \longrightarrow M_xO_y + yCO$$

⑥ 催化剂本体碳化物生成反应
$$yC + xM \longrightarrow M_xC_y$$

⑦ 结炭反应
$$2CO \longrightarrow C + CO_2$$

控制反应条件和选择合适的催化剂，能使得到的反应产物主要是烷烃和烯烃。产物中不同碳数正构烷烃的生成概率随链的长度增加而减小，正构烯烃则相反，产物中异构烃类很少。增加压力，会导致反应向减少体积的大分子量长链烃方向进行，但压力增加过高将有利于生成含氧化合物；增加温度有利于短链烃的生成。合成气中氢气含量增加，有利于生成烷烃；一氧化碳含量增加，将增加烯烃和含氧化合物的生成量。

费-托合成有效的催化剂是铁、钴、镍等过渡金属的氧化物，在合成气的还原气氛中其表面被还原成活性的金属态和部分金属碳化物。一氧化碳的结炭反应会将催化剂表面覆盖而使催化剂失去活性，所以在研究催化剂和合成工艺时必须考虑如何减少结炭反应的发生。费-托合成反应器有固定床、流化床和浆态床三种形式。由于费-托合成是强放热反应，为了控制反应温度，必须把反应热及时从反应器内传输出去。

二、F-T 合成催化剂

1. F-T 合成催化剂组成与作用

F-T合成的催化剂为多组分体系,包括主金属、载体(或结构助剂)以及其他各种助剂。

(1) 主金属

主金属也称主催化剂,是实现催化作用的活性组分。一般认为F-T合成催化剂的主金属应该具有加氢作用、使一氧化碳的碳氧键削弱或解离作用以及叠合作用。

大量的实验研究证明,适用于作F-T合成催化剂主金属的是第Ⅷ族的金属铁、钴、镍和钌。镍具有很高的加氢能力,又能使CO易于解离,因此最适合于作合成甲烷的催化剂。在F-T合成中用它生产的产物含低分子饱和烃较多。钴金属催化剂和铁金属催化剂是最先实现工业化的F-T催化剂。钴的加氢性能仅次于镍,所以在中压F-T合成产物中主要是烷烃,而铁的加氢性能较差,产物中烯烃和含氧化合物较多。钌具有优异的甲烷化性质,活性超过镍,但由于易生成聚甲烯(nCH_2,高相对分子质量烃)、高级石蜡烃,且来源少、价格贵等因素,目前未能用于生产。

(2) 助催化剂

在主催化剂中添加少量的某些物质,能改善主催化剂的活性、选择性和稳定性,而本身不具有活性或活性很小,这种物质称为助催化剂。助催化剂多用金属或金属氧化物,如ThO_2、MgO、Mn、K_2O等。

虽然助催化剂的作用复杂,种类很多,用量变化也很大,影响不一,但根据助催化剂的作用特征,可将其分为结构性助催化剂和调变性助催化剂两大类。

① 结构性助催化剂。这类助催化剂有分散、隔离催化剂中的活性组分,增大活性表面积,提高活性,增加主金属微晶稳定性,延长催化剂寿命的特点。大多数结构性助催化剂是熔点和沸点较高的、难还原的金属氧化物,如Al_2O_3和MgO等。

② 调变性助催化剂。调变性助催化剂能改变催化剂表面的化学性质及催化性质,增强催化剂的活性及选择性。如铁催化剂中加入碱(K_2O),可使F-T合成产物变重。钴催化剂和镍催化剂中的ThO_2,由于本身有脱水、聚合作用,可使反应向生成高分子烃的方向进行。另外,镍催化剂中加Mn、Al_2O_3也能使反应向生成液体油方向进行。

应该注意,某种助催化剂对某类主金属所起的作用并不是一致的。如Mn对铁、钴、镍均可提高活性;ThO_2对镍、钴主金属活性有促进作用,而对铁则不然;铜对铁主金属有正作用,对镍、钴主金属有害。

各种助催化剂在催化剂中有一个最适宜的含量,此时催化剂的活性、选择性、寿命都显示出最佳值。

(3) 载体(又称担体)

载体是多组分催化剂中含量较多的组分。一般作为活性组分和助催化剂的骨架或支撑,同时通过载体的化学、物理效应,提高催化剂的活性、选择性、稳定性和机械强度。化学效应是指载体的酸碱作用和金属与载体的相互作用等,而载体对金属粒子的分散作用和载体的细孔作用等属于物理效应。

通常选用一些比表面积较大、导热性较好和熔点较高的物质作载体。对F-T合成催化剂,常用的载体有硅藻土、Al_2O_3和SiO_2等。近年来TiO_2载体的研究特别受到人们的关注。据报道,用TiO_2作载体,可以导致被载金属高度分散。如镍催化剂通常是选择性的合成甲烷,但当Ni被载附在TiO_2或ThO_2上时,可提高对较大相对分子质量烃的活性和选择性。金属 Ni 与载体的相互作用按 $TiO_2>Al_2O_3>SiO_2$ 的顺序增大，CO 或 H_2 吸附比亦按此顺序变大，活性和链生长选择性也是 $Ni/TiO_2>Ni/Al_2O_3>Ni/SiO_2$。由 Ni/TiO_2 催化合成的产物中，烷烃含量比烯烃多，催化剂上不易产生炭沉积，同时金属粒子也难发生烧结。

利用载体的细孔径大小可以控制链的成长，由浸渍羰基钴制备的 Co/Al_2O_3 催化剂合成烃类生成物的分布如图 7-29 所示。烃类生成物随 Al_2O_3 担体的平均细孔径与钴的载附量不同而变化。在 2%（质量分数）Co 负载在 Al_2O_3（平均细孔径 6.5nm）的催化剂上，CO 的转化率是 16%时，选择性生成 $C_2\sim C_{10}$ 的烃；在平均细孔径为 30nm 的催化剂上，CO 转化率是 17%时，选择性生成 $C_{14}\sim C_{21}$ 的烃。

另外，近年来也很重视用沸石作载体的研究。认为被载在沸石骨架结构中的金属，由于细孔径的限制，可以控制链的增长，提高产物的选择性。

2. F-T 合成催化剂的制备及预处理

一氧化碳和氢气的合成反应是在催化剂表面上进行的，要求催化剂有合适的表面结构和一定的表面积。这些要求不仅与催化剂的组分有关，而且还与制备方法和预处理条件有关。

催化剂常用的制备方法有沉淀法和熔融法等。沉淀法制备催化剂是将金属催化剂和助催化剂组分的盐类溶液（常为硝酸盐溶液）及沉淀剂溶液（常为 Na_2CO_3 溶液）与担体加在一起，进行沉淀作用，经过滤、水洗、烘干、成型等步骤制成粒状催化剂，再经 H_2（钴、镍催化剂）或 $CO+H_2$（铁铜催化剂）还原后，才能供合成用。在沉淀过程中，催化剂的共晶作用及保持合适的晶体结构是很重要的，因此每个步骤都应加以控制。沉淀法常用于制造钴、镍及铁铜系催化剂。熔融法用于铁催化剂生产，制备方法是将一定组成的主催化剂及助催化剂组分细粉混合物，放入熔炉内，利用电熔方法使之熔融，冷却后将其破碎至要求的细度，用 H_2 还原而成，也可以在还原后以 NH_3 进行氮化再供合成用。

无论何种方法制备的合成用的催化剂，一般在使用前都需要经过预处理。所谓预处理通常是指用 H_2 或 H_2+CO 混合气在一定温度下进行还原。目的是将催化剂中的主金属氧化物部分或全部地还原为金属状态，从而使其催化活性最高，所得液体油收率也最高。钴、镍、铁催化剂的还原反应式为

$$CoO+H_2 \longrightarrow Co+H_2O$$
$$NiO+H_2 \longrightarrow Ni+H_2O$$
$$Fe_3O_4+H_2 \longrightarrow 3FeO+H_2O$$
$$FeO+H_2 \longrightarrow Fe+H_2O$$
$$CoO+CO \longrightarrow Co+CO_2$$
$$NiO+CO \longrightarrow Ni+CO_2$$
$$Fe_3O_4+CO \longrightarrow 3FeO+CO_2$$
$$FeO+CO \longrightarrow Fe+CO_2$$

通常用还原度即还原后金属氧化物变成金属的百分数来表示还原程度。对合成催化剂，处于最适宜的还原度时，其催化活性最高。钴催化剂希望还原度为 55%～65%，镍催化剂的还原度要求 100%，熔铁催化剂的还原度应接近 100%。

H_2 和 CO 均可作还原剂，但因 CO 易于分解出炭而沉积，所以通常用 H_2 作还原剂，只有铁铜剂用 $CO+H_2$ 去还原。另外一般要求还原气中的含水量小于 $0.2g/m^3$，含 CO_2 小于 0.1%。因为含水汽多，易使水汽吸附在金属表面，发生重结晶现象，而 CO_2 的存在会延长还原的诱导期。各种催化剂的还原温度是：钴催化剂为 400～450℃，镍催化剂为 450℃，铁

铜催化剂为220~260℃,熔铁催化剂为400~600℃。

3. 合成催化剂的失效

催化剂的寿命对操作和合成经济指标有很大影响。一个活性良好的催化剂会在或长或短的时间内失效(失去活性或不能操作),为了防止催化剂失效并设法恢复其活性,对失效的原因分析如下。

(1) 中毒

合成气中的硫化物能使催化剂丧失活性,这是因为硫化物会选择性地吸附在催化剂活性中心上或对活性中心产生化学作用,使活性中心不能发挥作用而中毒。一般有机硫化物对催化剂的毒化作用比 H_2S 大,而有机硫化物的毒化作用视其结构不同而按下列顺序递减:噻吩及其他环状含硫化合物>硫醇>CS_2>COS。也就是说,分子越大,结构越复杂的硫化物,其毒性越大,这是由于它能充分地把活性中心盖住。

各种催化剂对硫化物的敏感性是不同的,一般视催化剂的组成、制备方法等而异。如钴催化剂和镍催化剂比铁催化剂更容易中毒。没有担体的镍催化剂在450℃时还原后对硫化物的敏感性很强,而有担体的镍催化剂在450℃时还原后对硫化物较稳定。因为有担体的催化剂有较大的表面积以及单位体积内金属含量少之原因。拉波波尔特研究得出,高温还原的熔铁催化剂极易被硫化物中毒,而较低温度还原的铁铜催化剂被硫化物中毒程度要小,可以使用含硫量高达 $50mg/m^3$(CO+H_2)合成气合成两个月后仍有活性。这是因为低温还原的铁铜催化剂中铁以低价或高价氧化铁形态存在,易与硫化氢作用生成低价或高价的硫化铁,当铁铜催化剂中硫化铁的比例小于某一定值时,活性不至于丧失,但超过一定值时,就会丧失活性。而高温还原的熔铁催化剂,主金属以金属形态存在,金属铁容易被硫化物中毒。

另外,氯化物、溴化物以及某些重金属如铅、锡、铋等也能使F-T催化剂中毒失去活性。

因此,合成前必须对合成原料气进行净制,除去这些杂质,特别是要严格控制含硫量,一般要求合成气中含硫量小于 $2mg/m^3$(CO+H_2)。

(2) 氧化

还原后的催化剂遇氧会被氧化而失效,因此催化剂应在 CO_2 的保护下存放。对铁催化剂有可能被合成水氧化失效,为此对铁催化剂合成可采用较高的温度,使生成的水汽与CO发生变换反应,以防止水汽对铁催化剂氧化。

(3) 产物蜡的覆盖

合成时产生的高分子蜡会覆盖催化剂表面使其活性降低。这种失效可以通过油洗或用氢气进行再生而使活性恢复。

(4) 破碎

破碎原因很多,可能是由于催化剂本身机械强度差,在装炉或操作时发生碎裂,或者操作过程中超温产生炭沉积,炭渗入催化剂内部使之膨胀而碎裂,因此合成过程中应严格控制反应温度,防止超温。

(5) 熔融

由于还原温度过高或合成时超温都会使催化剂发生熔结失去活性。某些助催化剂可以防止这类失效,如熔铁催化剂中加入 Al_2O_3。

另外,合成压力过高生成了挥发性的羰化物也会使催化剂失效,如镍催化剂不能在加压下合成就是这个原因。

4. 镍、钴、铁系 F-T 合成催化剂

(1) 镍系催化剂

镍系催化剂以沉淀法制得者活性最好。过去对镍系催化剂研究较多的是：Ni-ThO$_2$ 系和 Ni-Mn 系。前者以 100Ni-18ThO$_2$-100 硅藻土催化剂活性最好，油收率达 120mL/m^3 (CO+H$_2$)，后者以 100Ni-20Mn-10Al$_2$O$_3$-100 硅藻土催化剂活性最佳、油收率达 168mL/m^3 (CO+H$_2$)。

镍催化剂的还原温度为 450℃，用 H$_2$ 和少量的 NH$_3$ 还原比较理想，合成条件以 H$_2$/CO=2，常压及温度为 180~200℃时最为合适。由于镍催化剂在加压下易与 CO 生成挥发性的羰基镍 [Ni(CO)$_4$] 而失效，所以镍催化剂合成只能在常压下进行。

与钴催化剂相比，镍催化剂加氢活性高，合成产物多为直链烷烃，而烯烃较少，油品较轻，易生成 CH$_4$。

由于镍催化剂在合成生产中寿命短，再生回收中损失较多等原因，未能在工业上得到应用。

(2) 钴系催化剂

钴系催化剂也是以沉淀法制得的活性较高。沉淀钴剂过去研究较多的是：Co-ThO$_2$ 系和 Co-ThO$_2$-MgO 系。前者以 100Co-18ThO$_2$-200 硅藻土催化剂活性高，油收率达 144~153mL/m^3 (CO+H$_2$)，CO 转化率达 92%。但钴、钍是贵重的稀有金属，影响它在工业上的应用。后者以 100Co-6ThO$_2$-12MgO-200 硅藻土和 100Co-5ThO$_2$-5MgO200-硅藻土两种催化剂的效果较佳，油收率达 132g/m^3 (CO+H$_2$)，CO 转化率达 91%~94%。由于这类催化剂以 MgO 代替部分 ThO$_2$，钍的用量减少，催化剂的机械强度有所提高，油品略为变轻，生成的蜡稍有减少，所以曾在工业上应用，特别是 100Co-5ThO$_2$-5MgO-200 硅藻土被称为标准钴催化剂，是过去钴剂合成厂常用的催化剂。

钴剂合成时 H$_2$/CO=2，反应温度为 160~200℃，压力为 0.5~1.5MPa，产品产率最高，催化剂的寿命最长，但与常压合成相比产品中含蜡和含氧物增多，所以制取合成燃料油时宜采用常压钴剂合成。如果为了制取较多的石蜡和含氧物—酸、醇等可采用中压钴剂合成。

钴剂合成的产物主要是直链烷烃，油品较重，含蜡多，催化剂表面易被重蜡覆盖而失效，因此钴剂合成经运转一段时间后，为了恢复催化剂活性需要对催化剂进行再生。用沸点范围为 170~240℃合成油，在 170℃温度下，洗去催化剂表面的蜡，或者在 203~206℃温度下通入氢气，使蜡加氢分解为低分子烃类和甲烷，从而恢复钴催化剂的活性。

由于钴催化剂较铁催化剂贵，机械强度较低，空速不能太大（一般为 80~100h^{-1}），只适用于固定床合成，对温度的敏感性大，所以目前多注重铁催化剂或其他新型催化剂的开发研究。

(3) 铁系催化剂

目前 F-T 合成工业上应用的铁系催化剂有沉淀铁催化剂和熔铁催化剂两大类。

① 沉淀铁催化剂。沉淀铁催化剂属低温型铁催化剂，反应温度小于 280℃，活性高于熔铁剂或烧结铁剂。用于固定床合成和浆态床合成。

研究表明：Cu、K$_2$O、SiO$_2$ 是沉淀铁催化剂的最好助剂。铜的作用是有利于氧化铁还原，以致可以降低还原温度，使之能在合成温度区间（250~260℃）用 CO+H$_2$ 进行还原，

同时还能防止催化剂上发生炭沉积，增加稳定性。沉淀铁催化剂一般都含铜，所以常称为铁铜催化剂。二氧化硅作为结构助剂，主要起抗烧结、增强稳定性、改善孔径分布、大小和提高比表面积的作用。氧化钾的作用主要提高催化剂活性和选择性，增强对CO的化学吸附，削弱对氢气的化学吸附，使反应向生成高分子烃类方向进行，从而使产物中的甲烷减少，烯烃和含氧物增多，产物的平均相对分子质量增加。

沉淀铁催化剂中也可以添加其他助催化剂如Mn、MgO、Al_2O_3等，以增加机械强度和延长催化剂的寿命。Mn具有促进不饱和烃生成的独特性质，因此一般用于C_2～C_4烯烃的生产。

沉淀铁催化剂的活性和选择性，除与催化剂的组成有关外，还与制备方法、制备条件等有关。一般认为用硝酸盐制成的催化剂活性高。而用氯化物和硫酸盐制成的催化剂，由于不易于洗涤等原因，活性较低。同时为制得高活性的沉淀铁催化剂，用高价（3价）铁盐溶液为宜，并要除去溶液中的氯化物和硫酸盐等杂质。目前工业应用的沉淀铁催化剂组成为：$100Fe-5Cu-5K_2O-25SiO_2$，被称为标准沉淀铁催化剂。

标准沉淀铁催化剂的制备过程如图8-2所示。将金属铁、铜分别加热溶于硝酸，将澄清的硝酸盐溶液调至一定浓度（100gFe/L，40gCu/L），并有稍过量的硝酸，以防止水解而沉淀。将硝酸铁、硝酸铜溶液按一定比例[(40gFe+2gCu)/L]混合加热至沸腾后，加入沸腾的碳酸钠溶液中，溶液的pH<7～8，搅拌2～4min，反应产生沉淀和放出CO_2，然后过滤用蒸馏水洗涤沉淀物致使其不含碱，再将沉淀物加水调成糊状，加入一定量的硅酸钾，使浸渍后每100份铁配有25份的硅酸。由于工业硅酸钾溶液中，一般SiO_2/K_2O比例为2.5，为除去过量的K_2O，可向料浆中加入精确计量的硝酸，重新过滤，用蒸馏水洗净滤饼，经干燥、挤压成型，干燥至水分为3%，然后磨碎2～5mm，分离出粗粒级（>5mm）和细粒级（<2mm），即得粒度为2～5mm，组成为$100Fe-5Cu-5K_2O-25SiO_2$的沉淀铁催化剂。

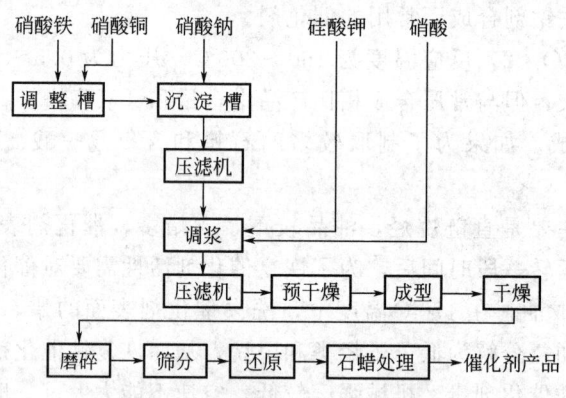

图8-2 标准沉淀铁催化剂的制备过程

为了提高催化剂活性，需在23℃下，间断地用高压氢气和常压氢气循环，对催化剂还原1h以上。使催化剂中的Fe有25%～30%被还原为金属状态，45%～50%还原成2价铁，其余为3价铁。还原后的铁催化剂需在惰性气体保护下贮存，运输时需用石蜡密封以防止其氧化。

一般铁催化剂合成都是在中压（0.7～3.0MPa）下进行。因常压下合成不仅油收率低，而且寿命短。例如一种铁催化剂常压合成时，油收率只有$50g/m^3$（CO+H_2），使用寿命为一周。而在0.7～1.2MPa压力下进行合成，油收率为$140g/m^3$（CO+H_2），寿命可达1～3个月。对标准沉淀铁催化剂在2.5MPa和220～250℃下合成，一氧化碳的单程转化率为

65%～70%，使用寿命为 9～12 个月。沉淀铁催化剂的缺点是机械强度差，不适合于流化床和气流床合成。

② 熔铁催化剂。熔铁催化剂的原料通常为铁矿石或钢厂的轧屑。由于轧屑的组成较为均一，目前被优先利用。SasolF-T 合成厂 Synthol 反应器所用的熔铁剂，就是选用附近钢厂的轧屑为原料制备。将轧屑磨碎至小于 16 目后，添加少量精确计量的助催化剂，送入敞式电弧炉中共熔，形成一种稳定相的磁铁矿，助剂呈均匀分布，炉温为 1500℃。由电炉流出的熔融物经冷却、多段破碎至要求粒度（小于 200 目）。然后在 400℃温度下用氢气还原 48～50h，磁铁矿（Fe_3O_4）几乎全部还原成金属铁（还原度 95%），就制得可供合成用的熔铁催化剂。为防止催化剂氧化，必须在惰性气体保护下贮存。

还原后熔铁剂的比表面积为 5～10m^2/g。用于 Synthol 合成，催化性能是：每天每吨催化剂可生产 C_8^+ 产物 1.85t，选择性为 77%，使用寿命为 45 天左右。

熔铁催化剂在合成操作过程中，由于 CO、H_2 和 H_2O 的作用，主催化剂金属铁会发生部分氧化反应和碳化反应，而转为磁铁矿（Fe_3O_4）和碳化物，使活性组分减少，催化剂的活性和选择性下降。

为了提高熔铁催化剂的活性、选择性和稳定性，必须添加少量（百分之几）的助催化剂。高熔点的氧化物：MgO、CaO、Al_2O_3 和 TiO_2 等是熔铁催化剂的有效结构助剂，以 1%～2%浓度添加到催化剂中，就能提高还原后熔铁催化剂的比表面积和减小铁结晶的粒度，同时能防止发生重结晶，提高熔铁催化剂对温度的稳定性。一些研究表明：各种金属氧化物促进还原后熔铁催化剂表面积增加的顺序是：$Al^{3+}>Ti^{4+}>Cr^{3+}>Mg^{2+}>Ca^{2+}$。各种结构助剂金属氧化物对未还原熔铁剂晶格稳定性的影响是：添加离子半径比铁大的金属氧化物（如 Ca^{2+}、Mn^{2+}、Ti^{4+}）能增加晶格的稳定性；若添加离子半径比铁小的金属氧化物（如 Al^{3+}、Mg^{2+}）则晶格稳定性降低。

碱金属氧化物（K_2O、Na_2O）是熔铁催化剂的有效电子助剂。碱金属通过献出电子使铁呈稳定的金属状态，以提高熔铁催化剂的活性和选择性。通过对 CO 和 H_2 的化学吸附研究表明，熔铁催化剂中含碱量增加，对 CO 吸附键增强，而 H_2 吸附键减弱，因此使反应朝高分子烃生成方向进行，产物中烯烃和含氧物增多。但是添加碱助剂，会降低熔铁剂的比表面积（结构助剂能抵消这个作用）和增加碳化物形成，同时碱助剂能和酸性助剂作用，因此要严格控制碱的含量。研究指出：碱金属的作用随碱性而增加，即 Rb>K>Na>Li。由于 Rb 是昂贵金属，所以 K_2O 是最常用的碱助剂。

熔铁催化剂的粒度大小对活性有显著的影响。对沉淀钴催化剂和沉淀铁催化剂来说，因它们的孔隙多，内表面积很大，一般为 200～400m^2/g，所以粒度大小对活性影响不大。但对熔铁催化剂，由于它的内表面积很小，只有 5～10m^2/g，所以粒度越小，其活性越大。例如 Fe-MgO 催化剂在固定床合成时，粒度为 70～170 目、25～36 目和 7～14 目，对应的活性比例为 4.5、1.5 和 1。

熔铁剂的预处理方法很多，对活性的影响也很大，同一催化剂因预处理方法不同而活性显出较大的差别。一般熔铁催化剂在 400℃以上高温下用氢气还原，几乎所有的铁都还原成金属铁。还原后立即送合成使用时，合成产物中 CH_4 及轻产物较多。如果还原后再进一步用 NH_3 在 350℃下进行氮化，生成氮化铁，与未氮化熔铁催化剂相比，氮化熔铁剂具有活性高、选择性好、不怕氧化、生成蜡少、炭沉积少、寿命长及稳定性较好等优点。例如，未氮化的熔铁剂的转化率只有 60%～70%，而同一组分的氮化熔铁剂的转化率可达 85%～95%，同时产物中重质馏分减少（石蜡少），轻馏分变多。一般以 N/Fe≥0.3 比较好。

关于熔铁催化剂中碱的加入问题，一般都是熔融时加入，但是研究发现熔融后用浸渍法加入碱有时可得到更好的效果。

由于熔铁剂的机械强度高，可以在较高的空速下合成（通常在 1000h^{-1}左右），因而生产能力比采用其他催化剂提高 5～13 倍，适合于流化床、气流床合成，其转化率和反应温度、反应压力有关。在同一空速下，反应温度稍高，有利于转化率提高。但是反应温度高于 340℃时，会产生炭沉积，影响油收率。反应压力升高转化率增加，一般在 1.0～3.0MPa 条件下合成。另外由于熔铁剂没有担体，热导率高，反应器的散热面积可以减少。同时它比钴剂、镍剂便宜，原料来源广，制备简单，所以目前工业上被采用。

第二节　F-T 合成的工艺条件

F-T 合成的产物的分布除受催化剂影响外，还与热力学和动力学因素有关。在催化剂的操作范围内，选择合适的反应条件，对调节 F-T 合成的选择性起着重要的作用。

一、原料气组成

原料气中有效成分（CO+H_2）含量高低，直接影响合成反应速率的快慢。一般情况是 CO+H_2 含量高，反应速率快，转化率增加。但是高 CO+H_2 含量合成气反应时放出热量多，易造成床层超温。另外，制取高纯度的 CO+H_2 合成原料气成本高，所以一般要求其含量为 80%～85%。

原料气中的 H_2/CO 值高低，与反应进行的方向有关。H_2/CO 比值高，有利于饱和烃、轻产物及甲烷的生成；比值低，有利于链烯烃、重产物及含氧物的生成。例如钴剂合成，原料气中 H_2/CO 比值高低对产物组成的影响见表 8-1。

表 8-1　H_2/CO 比值高低对产物组成的影响

馏分沸点范围/℃	2H_2∶1CO		1H_2∶2CO	
	醇含量/%	烯烃量/%	醇含量/%	烯烃量/%
195～250	10	10	27	29
250～320	9	6	21	19
>320	5	3	7	15

H_2/CO 比值低于 0.5 时，会形成炭，从而影响催化剂的性能，使 F-T 合成反应受到严重影响。

对钴催化剂合成，适宜的 H_2/CO 比值为 2，允许波动范围为 ±0.05。对中压铁剂合成，所用合成气的 H_2/CO 比值范围较宽。对气相固定床铁剂合成，富氢气或富一氧化碳原料气（H_2/CO 比值由 0.9～2.5）均可采用。但是采用富氢气有利于反应速率提高，并能减少催化剂上一氧化碳分解所造成的炭沉积，有利于生产操作。所以目前工业上气相固定床 Arge 合成采用 H_2/CO=1.7。对气流床 Synthol 合成，由于反应温度高（320～340℃），为了控制炭沉积和提高催化剂的活性，则采用富氢气操作，H_2/CO=5～6。

合成气中氢气与一氧化碳实际反应的量之比（H_2/CO）称为利用比（或称消耗比）。这个值一般在 0.5～3 之间变化，它取决于反应条件和合成气中 H_2/CO 的比值。通常利用比低于合成气 H_2/CO 的组成比，这意味着参加反应的一氧化碳比氢气多。如果利用比等于合成气 H_2/CO 的组成比，可获得最佳产物产率。

提高合成气中 H_2/CO 比值和反应压力，可以提高 H_2/CO 利用比。排除反应气中的水汽，也能增加 H_2/CO 利用比和产物产率。因为水汽的存在增加一氧化碳的变换反应，使一氧化碳的有效利用降低，同时也降低了合成反应速率。

对于铁催化剂合成，利用残气（尾气）循环可提高 H_2/CO 利用比。因为铁催化剂合成过程中，变换反应进行得很快，使原料气的利用率降低，氢气的消耗赶不上一氧化碳的消耗。采用残气循环后，由于反应器生成的水被大量气体稀释，大大地抑制了二氧化碳的生成，使 H_2/CO 利用比接近原料气中 H_2/CO 组成比。此外，由于残气循环，增加了通过床层的气速，使床层的传热系数增加，超温现象减少，生成产物被迅速带出，蜡在催化剂表面上的覆盖减轻，因而使合成原料气的转化率和液体产率提高，甲烷生成量减少。但是大量的残气循环，不仅使动力消耗增加，回收设备增多，设备生产能力下降，而且还造成回收上的困难。所以在铁剂合成时，目前一般采用循环比为 2～3（循环气量与新鲜原料气量之比值），而钴催化剂合成一般不用循环气，因为在钴催化剂的合成温度（170～200℃）下，一氧化碳与水汽的变换反应进行得很慢。

对原料气中的硫化物，一般要求小于 $2mg/m^3$ （$CO+H_2$）。因为含硫量高，易使催化剂中毒失去活性。

二、反应温度

反应温度主要取决合成时所选用的催化剂。不同的催化剂，要求的活性温度区同。如钴催化剂的活性温区为 170～210℃（取决于催化剂的寿命和活性），铁催化剂合成的为 220～340℃。F-T 合成的温度控制必须在催化剂的活性温区内。

在催化剂的活性温区范围内，提高反应温度，有利于轻产物的生成。因为反应温度高，中间产物的脱附增强，限制了链的生长反应。而降低反应温度，有利于重产物的生成。表 8-2 列出反应温度对铁系催化剂合成产物选择性的影响。这种影响趋势也适合其他类型催化剂。

表 8-2　反应温度对铁系催化剂合成产物选择性的影响

合成工艺	反应温度/℃	选择性/%	
		CH_4	硬蜡
固定床合成	0.56T		47
	0.60T		34
	0.62T		24
	0.65T		17
	0.82T	10	
	0.87T	14	
Synthol 合成	0.92T	17	
	0.95T	20	
	0.97T	23	
	1.0T	28	

生产过程中一般反应温度是随催化剂的老化而升高，产物中低分子烃随之增多，重产物减少。

在所有动力学方程中，反应速率和时空产率都随温度的升高而增加。必须注意，反应温度升高，副反应的速率也随之猛增。如温度高于300℃时，甲烷的生成量越来越多，一氧化碳裂解成碳和二氧化碳的反应也随之加剧。因此生产过程中必须严格控制反应温度。

三、反应压力

反应压力不仅影响催化剂的活性和寿命，而且也影响产物的组成与产率。对铁催化剂若采用常压合成，其活性低、寿命短，一般采用在0.7~3.0MPa压力下合成。钴剂合成可以在常压下进行，但是以0.5~1.5MPa压力下合成效果更佳。

合成的压力增加，产物中重馏分和含氧物增多，产物的平均相对分子质量也随之增加。用钴催化剂合成时，烯烃随压力增加而减少；用铁催化剂合成时，产物中烯烃含量受压力影响较小。

压力增加，反应速率加快，尤其是氢气分压的提高，更有利于反应速率的加快，这对铁催化剂的影响比钴剂更显著。但一些研究者认为，F-T合成压力不宜太高。压力太高，一氧化碳可能与催化剂主金属钴或铁生成易挥发性的羰基钴$[Co(CO)_4]$，或羰基铁$[Fe(CO)_4]$，使催化剂的活性降低，寿命缩短。镍催化剂在较高压力下使用，很容易生成挥发性羰基镍$[Ni(CO)_4]$，只能在常压下进行合成。

四、空间速度

对不同催化剂和不同的合成方法，都有最适宜的空间速度范围。如钴催化剂合成适宜的空间速度为80~100h^{-1}，沉淀铁剂Arge合成为500~700h^{-1}，熔铁剂气流床合成为700~1200h^{-1}。在适宜的空间速度下合成，油收率最高。但是空间速度增加，一般都会使转化率降低，产物变轻，并且有利于烯烃的生成。

第三节 煤间接液化的工艺流程

对煤间接液化的工艺，已工业化的有南非Sasol的F-T合成技术、荷兰Shell公司的SMDS技术和Mobil公司的MTG合成技术等。还有一些先进的合成技术，如丹麦Topsφe公司的TIGAS技术、美国Mobil公司的STG技术、Exxon公司的AGC-21技术、中科院的MFT/SMFT技术等，正处于研发和工业放大阶段。在此仅对已工业化的和国内的煤间接液化工艺作一介绍。

一、南非Sasol的F-T合成工艺

南非开发煤炭间接液化历史悠久，政府基于本国富煤缺油现状，1927年开始寻找煤基合成液体燃料的途径。1939年首先购买了德国F-T合成技术在南非的使用权，1950年成立了南非煤油气公司（South African Coal Oil and Gas Corp，Sasol）。1955年建成了Sasol-I厂，1980年和1982年又相继建成了Sasol-II厂和Sasol-III厂，形成世界上最大的煤气化合成液体燃料企业。年消耗煤炭约45000kt，合成产品7500kt，其产品包括发动机燃料（4500kt）、聚烯烃及工业副产品等。

1. Sasol-I厂的液化工艺

Sasol-I厂的生产流程如图8-3所示。

经净化后的煤制合成气分两路，分别进入Arge固定床F-T反应器和Synthol气流床F-T反应器，进行F-T合成反应。

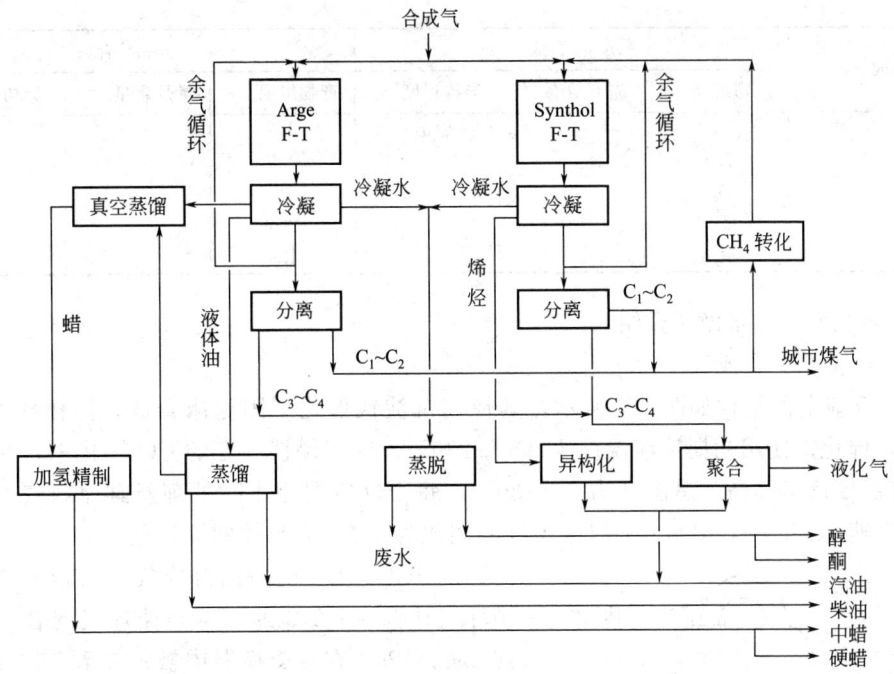

图 8-3 Sasol-I 厂的生产流程

经固定床反应器的合成产物冷凝，得到冷凝水、液体油、余气和蜡产品。冷凝水相中含有溶于水的低分子含氧化合物（醇、酮），用水蒸气在蒸脱塔中处理，塔顶脱出含氧化合物，其中醇、酮经分离精制后作为产品外送。液体油通过蒸馏分离可得到柴油和汽油，柴油的十六烷值约为 75，汽油的辛烷值为 35。余气中含有未凝的烃类，大部分循环回到反应器，少部分经分离后得到 $C_1 \sim C_2$ 产品（作为城市煤气外送）和 $C_3 \sim C_4$ 烃类。$C_3 \sim C_4$ 在聚合反应器中发生聚合反应，烯烃聚合成汽油，烷烃在聚合时未发生反应，作为液态烃外送。合成产物中的蜡经减压蒸馏、加氢精制后制得中蜡（370～500℃）和硬蜡（>500℃）。

气流床反应器合成产物经过冷凝，得到冷凝水、烯烃和余气。将烯烃进行异构化反应，可使汽油辛烷值由 65 增至 86，然后与催化聚合的汽油混合，得到辛烷值为 90 的汽油。余气与固定床反应器分离出的余气处理方法相同。对产生的甲烷进行了蒸汽转化，得到的合成气再循环回到反应器。气流床反应器主要产物为汽油，其产量占总产量的 2/3。

出于降低技术风险的考虑，Sasol-I 厂在建厂时采用了两个不同的 F-T 合成技术——Arge 固定床和 Synthol 气流床，两种合成技术的产物组成见表 8-3。

表 8-3 Arge 固定床合成和 Synthol 气流床合成的产物组成

组成	Arge 合成			Synthol 合成		
	产物组成/%	烯烃含量%	异构程度/%	产物组成/%	烯烃含量/%	异构程度/%
CH_4	8.6			13.8		
C_2 烃类	3.3	20		9.8	42	
C_3 烃类	5.9	62		15.1	78	
C_4 烃类	4.8	51	10	12.4	75	27
汽油 $C_5 \sim C_{11}$	23.8	50	12	31.9	70	55

续表

组成	Arge 合成			Synthol 合成		
	产物组成/%	烯烃含量/%	异构程度/%	产物组成/%	烯烃含量/%	异构程度/%
轻油 $C_{12}\sim C_{18}$	14.7	40	5	2.5	60	50
重油	9.1		<5	2.5		
石蜡	26.4			—		
醇、酮	3.4			10.4		
有机酸	痕量			1.9		

以下对此两种技术做一介绍。

(1) Arge F-T 合成

Arge 反应器的结构如图 8-4 所示,其使用沉淀铁催化剂固定床合成,操作压力 2.4～2.5MPa,催化剂使用初期反应温度为 200～230℃。为了保持一定的 CO 转化率,在操作过程中反应温度逐步提高,总温升为 25～30℃。每个反应器每小时处理新鲜原料气 20000m³(相当于空速 500h^{-1}),合成反应 H_2/CO 利用比为 1.5。其具体的流程见图 8-5。

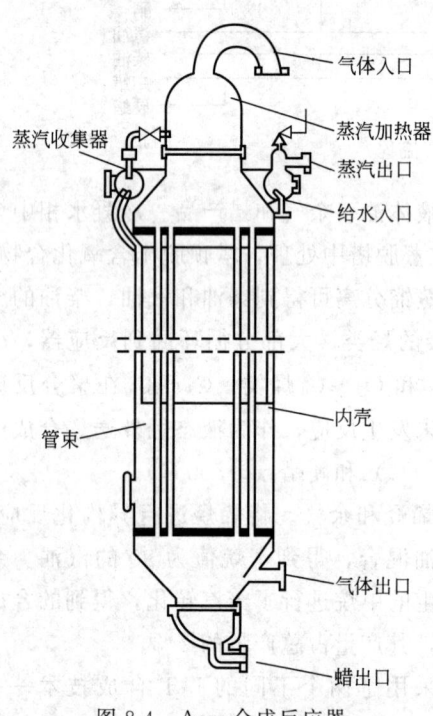

图 8-4 Arge 合成反应器

H_2/CO=1.7 的净制合成气,以新鲜合成气和循环气比为 1:2.3 的比例与循环气混合,被压缩到 2.45MPa,在热交换器中被加热到 150～180℃,进入反应器中进行合成反应,生成如表 8-3 所示的产物。

由于中压铁剂固定床合成的产物含蜡较多,产物先经分离器脱去石蜡烃,然后气态产物进入热交换器与原料气进行热交换,冷却脱去软石蜡,再进入水冷器被冷却分离出烃类油。为了防止有机酸腐蚀设备,在冷却器中送入碱液,中和冷凝油中酸性组分。在分离器中分离得到冷凝油和水溶性含氧物及碱液。

冷凝器出来的残气 (35℃),一部分作循环气使用;其余送油吸收塔回收 C_3 和 C_4 烃类,尾气送甲烷转化作 Synthol 合成原料或直接作燃料。

冷凝油和软石蜡一起供常压蒸馏得 LPG、汽油 ($C_5\sim C_{12}$)、柴油 ($C_{13}\sim C_{18}$,) 和底部残渣。

常压蒸馏残渣和石蜡烃送真空蒸馏,分馏成蜡质油,软蜡混合物、中质蜡 (370～500℃) 和硬蜡 (>500℃)。中质蜡可以直接作产品出售,也可以进一步加工成各种氧化蜡,结晶蜡和优质硬蜡等。

Sasol-I 合成厂采用 5 台 Arge 反应器,每天可生产 195t 合成油和石蜡,其中汽油 23.8%,轻油 14.9%,石蜡 26.4%。

(2) Synthol F-T 合成

Synthol 反应器是美国凯洛格公司为 Sasol-I 厂设计的,其结构如图 8-6 所示。主要由反应器、催化剂分离器和输送装置构成。反应器的直径为 2.25m,总高度为 36m,反应器的

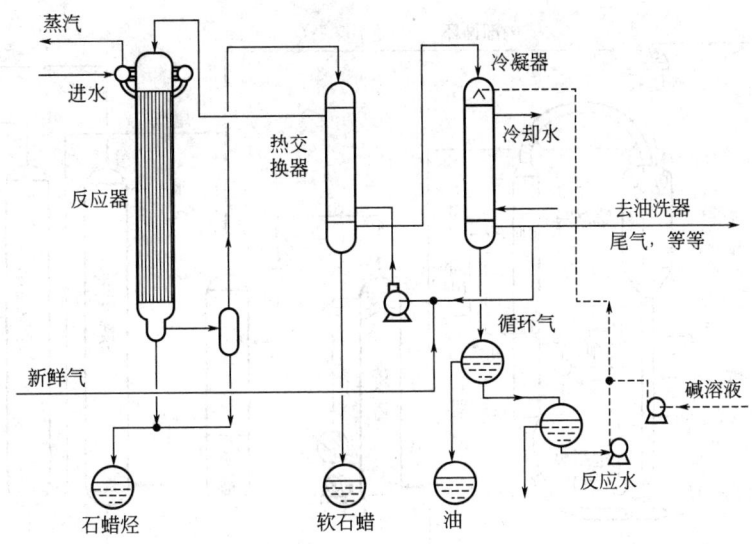

图 8-5　Arge F-T 合成的流程

上、下两段设油冷装置，用以移出反应热；输送装置包括进气提升管和产物排出管，直径均为 1.05m；催化剂分离器内装两组旋风分离器，每组有两个旋流器串联使用。

合成时，催化剂和反应气体在反应器中不停地运动，强化了气固表面的传质、传热过程，因而反应器床层内各处温度比较均匀，有利于合成反应。反应放出的热一部分由催化剂带出反应器，一部分由油冷装置中油循环带出。由于传热系数大，散热面积小，反应器的结构得到简化，生产量显著地提高。一台 Synthol 反应器相当于 4~5 台 Arge 反应器，生产能力为每台每年产油 7 万吨，改进后的 Synthol 反应器可达 18 万吨。

Synthol F-T 合成的具体流程见图 8-7。

由净制气和 CH_4 转化气组成的新鲜原料气与循环气以 1∶2.4 比例混合，经预热器加热至 160℃后，进入反应器的水平进气管，与来自催化剂储罐循环的热催化剂（340℃）混合，合成原料气被加热至 315℃，进入提

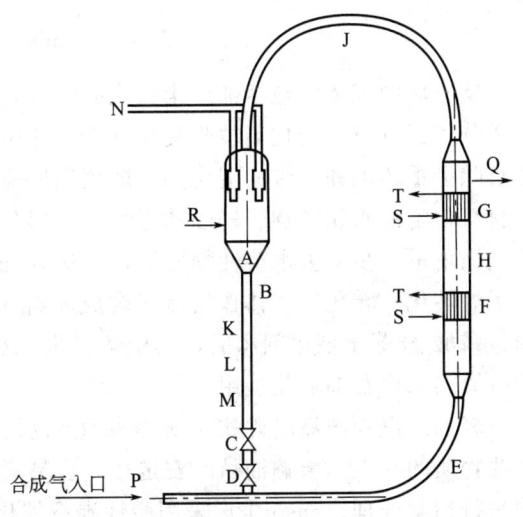

图 8-6　Synthol 合成反应器

A—催化剂斗；B—催化剂下降管；C，D—滑阀；F—下冷却管；G—上冷却管；H—反应段；E，J—催化剂载流管；K，L，M—松动气入口；N—尾气出口；P—合成反应气入口；Q—平衡催化剂出口；R—新鲜催化剂补充口；S—热载体入口；T—热载体出口

升管和反应器内进行合成反应。为了防止催化剂被生成的蜡黏结在一起而失去流动性，采取较高的反应温度（320~340℃）和富 H_2 合成气操作，合成原料气 $H_2/CO=6$，反应压力为 2.25~2.35MPa，每个反应器通过的新鲜原料气量为 90000~100000m³/h，通过反应器横断面积的催化剂循环量为 6000t/h，所用催化剂为粉末（约 74μm）熔铁剂，使用寿命为 40 天左右。反应放出热被油冷装置中的油循环带出，反应器顶部温度控制在 340℃。

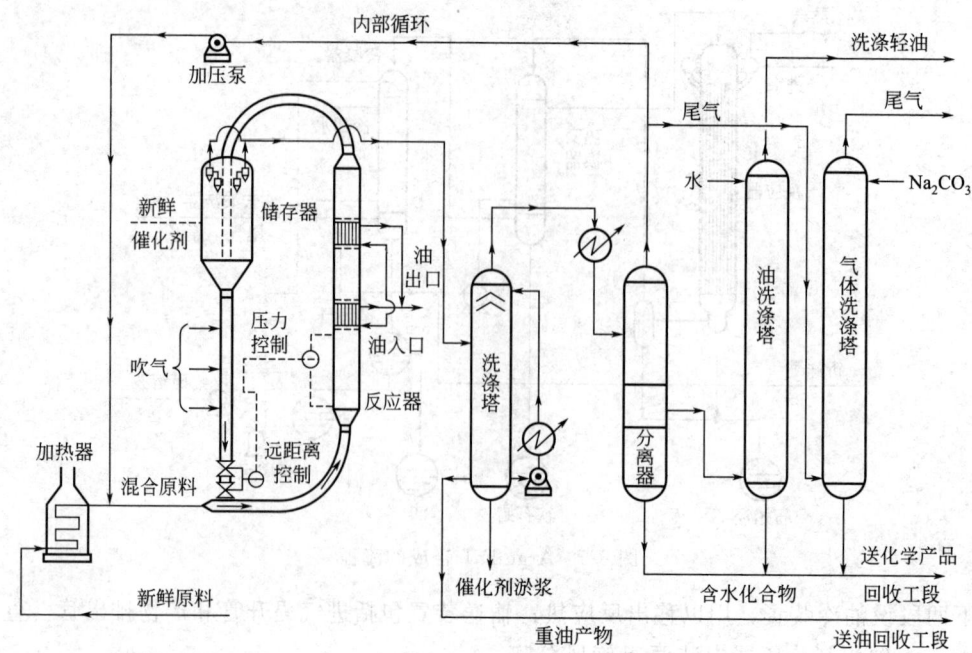

图 8-7　Synthol F-T 合成工艺流程

反应后的气体（包括部分未转化的气体）和催化剂一起排出反应器，经催化剂储罐中的旋风分离器分离，催化剂被收集在沉降漏斗中循环使用。气体进入冷凝回收系统，先经油洗涤塔除去重质油和夹带的催化剂，塔顶温度控制在 150℃，由塔顶出来的气体，经冷凝分离得含氧化物的水相产物、轻油和尾气。大部分尾气经循环压缩机返回反应器，余下部分经气体洗涤塔进一步除去水溶性物质后，再送入油吸收塔脱去 C_3、C_4 和较重的组分。剩余气体送甲烷转化，转化后气体作气流床合成原料气。C_3 和 C_4 烃在压力 3.7MPa 和 190℃温度下，通过磷酸-硅藻土催化剂床层，其中烯烃催化叠合为汽油。未反应的丙烷、丁烷从叠合汽油中分离出来作石油液化气用。

轻油经汽油洗涤塔除去部分含氧化物后，其中含有 70% 左右的烯烃和少量的含氧物。这些物质的存在，影响油品的安定性，容易氧化产生胶质物，为了提高油品的质量，需对轻油进行精制处理。Sasol I 厂采用酸性沸石催化剂，在 400℃ 和常压条件下对轻油进行加工处理，使含氧酸脱羧基，醇脱水变为烯烃，烯烃再经异构化以提高了油品质量。最后经蒸馏分馏出来的汽油，辛烷值由原来的 65 提到 86（无铅），如果与叠合汽油混合，则汽油的辛烷值可达 90 以上。

气流床 Synthol 合成由于采用高 H_2 合成气和在较高反应温度下操作，使整个产物变轻，重产物很少，基本上不生成蜡，汽油产率达 31.9%（见表 8-3），如果将 C_3、C_4 烃中的烯烃叠合成汽油，则汽油产率可达 50% 左右，而且汽油的辛烷值很高，所以气流床 Synthol 合成主要以生产汽油为目的产物。

2. Sasol II 厂和 III 厂的合成工艺

为满足国内对发动机燃料的需要，南非于 1980 年和 1982 年又相继建成了 Sasol II 厂和 Sasol III 厂，两厂均采用 Synthol 液化床 F-T 合成技术，其流程框图如图 8-8 所示。

与 Sasol I 厂流程相同的是 Sasol II 厂和 III 厂也先将反应生成的水和液体油冷凝出来。

第八章　煤的间接液化

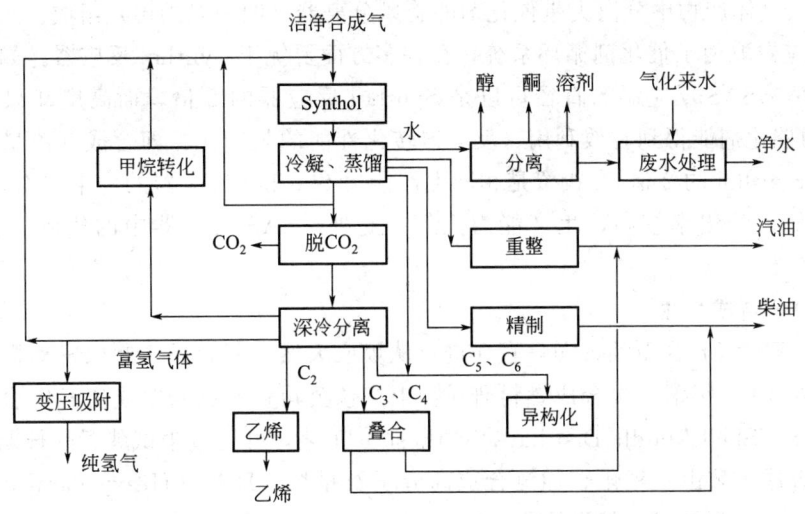

图 8-8　Sasol Ⅱ厂和Ⅲ厂产品加工流程图

不同的是 Sasol Ⅰ厂的尾气通过一个油洗塔，而 Sasol Ⅱ和Ⅲ厂的尾气首先脱除 CO_2，然后经过深冷装置把气体分成富 CH_4、富 C_2、富氢和 C_3、C_4 气体，尽管成本增加，但可以获得高产值的乙烯和乙烷组分。将 C_2 富气送去乙烯装置，乙烷裂解为乙烯，乙烯可进一步加工。富甲烷组分去转化装置，将甲烷转化为合成气，和新鲜合成气混合后重新进入反应器。富氢气体一部分重回合成装置，另一部分经变压吸附制得纯氢后用于油品加工。C_3、C_4 组分的处理方法和 Sasol Ⅰ厂相同，也是采用催化叠合技术生产汽油。Sasol Ⅱ和Ⅲ厂由于有一部分汽油进行循环，故可以使柴油产率达到最大化，柴油的选择性可以达到 75%。对 F-T 合成油中沸点大于 190℃ 的馏分进行加氢处理，对更重的馏分则使用沸石催化剂进行选择加氢。通过改变蜡的选择加氢和烯烃聚合的操作条件，以及变动馏分的切割温度，可使生产的汽油和柴油的比例由 10∶1 变化到约 1∶1。

Sasol Ⅱ和Ⅲ厂对 F-T 合成的重石脑油首先进行精制，使烯烃饱和并脱除含氧化合物，然后进行重整。生产的燃料油符合产品质量要求，汽油辛烷值可达 90，柴油十六烷值为 47~65，最高可达 70。

Sasol Ⅱ和Ⅲ厂原设计各有 8 台 Synthol 循环流化床反应器，直径 3.6m、高 75m，操作温度 350℃，压力 2.5MPa，催化剂添加量 450t，循环量 8000t/h，单台生产能力 6500 桶/天。1989 年改为 Sasol 公司产品和尾气自行开发的 8 台无循环的直径为 5m、高 22m 的固定流化床反应器，即 Sasol Advanced Synthol Reactor，简称 SAS 合成反应器。1995 年又设计了直径为 8m、高 38m 的大型 SAS 反应器，单台生产能力 12000 桶/天。1999 年末投产了直径 10.7m、高 38m 的超大型流化床反应器，单台生产能力达到 20000 桶/天。至 2000 年底，Sasol Ⅱ和Ⅲ厂共有 4 台直径 8m 和 4 台直径 10.7m 的 SAS 反应器。

SAS F-T 合成反应器也称为固定液化床反应器，其结构如图 8-9 所示。主要有气体分布器、催化剂流化床、床层内的

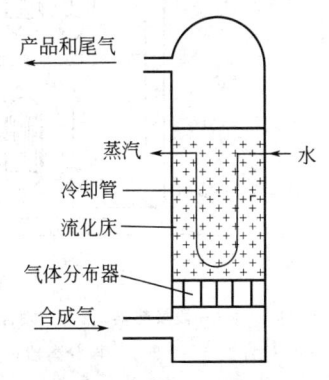

图 8-9　SAS F-T 合成反应器

冷却管以及从气体产物中分离夹带催化剂的旋风分离器（图中未画出）组成。

SAS 反应器取消了催化剂循环系统，在许多方面要优于 Synthol 反应器。如相同处理能力下体积较小（SAS 反应器的直径可以是 Synthol 反应器的 2 倍，而高度却只有后者的一半），加入的催化剂能得到有效利用（反应器转化性能的气剂比，即合成气流量与催化剂装入量之比是 Synthol 的 2 倍），投资是相同生产能力 Synthol 反应器的一半左右，操作简单，操作费用较低，转化率较高，生产能力大等。此外，SAS 反应器中的气固分离效果好于 Synthol 反应器。

二、SMDS 合成技术

多年来，荷兰 Shell 石油公司一直在进行从煤或天然气基合成气制取发动机燃料的研究开发工作。在 1985 年第 5 次合成燃料研讨会上，该公司宣布已开发成功 F-T 合成两段法的新技术 SMDS（Shell Middle Distillate Synthesis）工艺，并通过中试装置的长期运转。

SMDS 合成工艺由一氧化碳加氢合成高分子石蜡烃—HPS（Heavy Paraffin Synthesis）过程和石蜡烃加氢裂解或加氢异构化—HPC（Heavy Paraffin Coversion）制取发动机燃料两段构成。Shell 公司的报告指出，若利用廉价的天然气制取的合成气（$H_2/CO=2.0$）为原料，采用 SMDS 工艺制取汽油、煤油和柴油产品，其热效率可达 60%，而且经济上优于其他 F-T 合成技术。

HPS 技术采用管式固定床反应器。为了提高转化率，合成过程分两段进行。第一段安排了 3 个反应器，第二段只设一个反应器，每一段设有单独的循环气体压缩机。大约总产量的 85% 在第一段生成，其余 15% 在第二段生成。反应系统操作参数如下：合成气组成 $H_2/CO=2.0$，反应压力 2.0~4.0MPa，反应温度 200~240℃，全过程 CO 转化率 95%，单程单段 CO 转化率 40%。

HPS 工艺流程如图 8-10 所示。新鲜合成气与由第一段高压分离器分离出的循环气混合

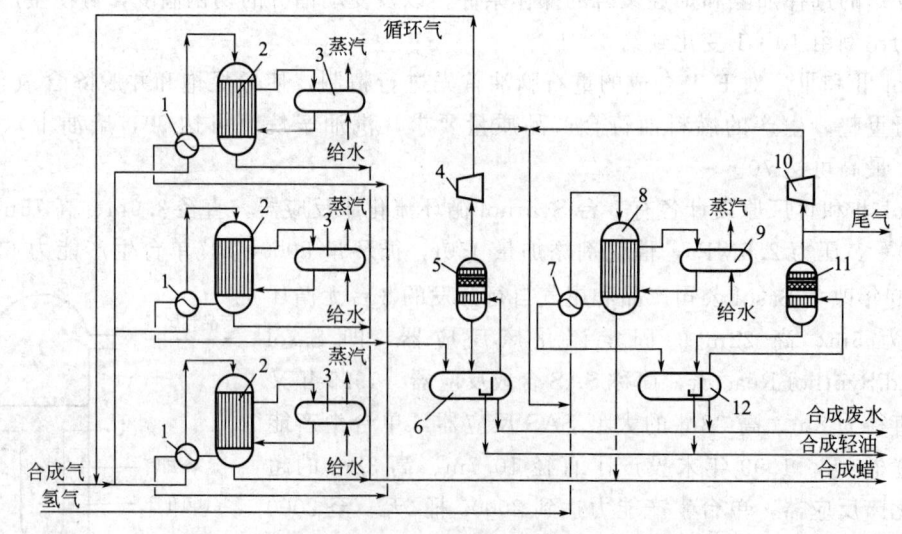

图 8-10　Shell 公司 SMDS 工艺 HPS 流程

1——段换热器；2——段合成反应器；3——段合成废热锅炉；4——段尾气压缩；5——段捕集器；
6——段分离器；7—二段换热器；8—二段合成反应器；9—二段合成废热锅炉；
10—二段尾气压缩机；11—二段捕集器；12—二段分离器

后，首先与反应器排出的高温合成油气进行换热，而后由反应器顶部进入。该反应器装有很多充满催化剂的管子，形成一固定床反应器。由于合成反应是剧烈的放热反应，因此需用经过管间的冷却水将反应热移走。实际上，反应温度就是用蒸汽压力来控制和调节的。如果蒸汽压力升高 0.2~0.3MPa，就可能导致反应温度升高 4~7℃。

反应气体经过充满催化剂的管式固定床层后，氢气和一氧化碳转化为烃和水。烃类主要为正构链烃的混合物，其范围可从 C_1~C_{100}，同时小部分的一氧化碳和水会转化为二氧化碳和氢气。

反应后的产物经安装于反应器底部的一个特殊装置实现气液分离，分离出的液相即为石蜡烃。气相经降温后，水和低碳烃冷凝，进入一段高压分离器分离，得到的合成废水和轻油去进一步加工处理。不凝的气体经捕集器进一步分离液滴后，经加压一部分作为循环气以增加合成气的利用率，其余部分供第二级反应器。供第二级反应器的气体在进反应器之前要和第二反应器后的循环气体混合，并且要再混合一部分氢气以调整 H_2/CO 比值。

第二反应器的反应及处理情况和第一反应器相同，在此不再多述。

HPC 工艺流程如图 8-11 所示。HPC 的作用是将重质烃类转化为中间馏分油，如石脑油、煤油和瓦斯油。产品的构成可以灵活加以调节，如既可以让瓦斯油也可以让煤油产量达到最大值。由 HPS 单元分离出的重质烃类产物经原料泵加压后，与新鲜氢气和循环气混合并与反应产物换热和热油加热，达到设定温度后进入反应器。在反应器内发生加氢精制、加氢裂化以及异构化反应，为了控制反应温度需向反应器吹入冷的循环气体。反应产物首先与原料换热，然后进入高温分离器，分离出的气体与低分油换热，再经过冷却冷凝后进入低温分离器，最终不凝气体经循环压缩机压缩后返回反应系统。液体产物去蒸馏系统分馏、稳定，即可得到最终产品。

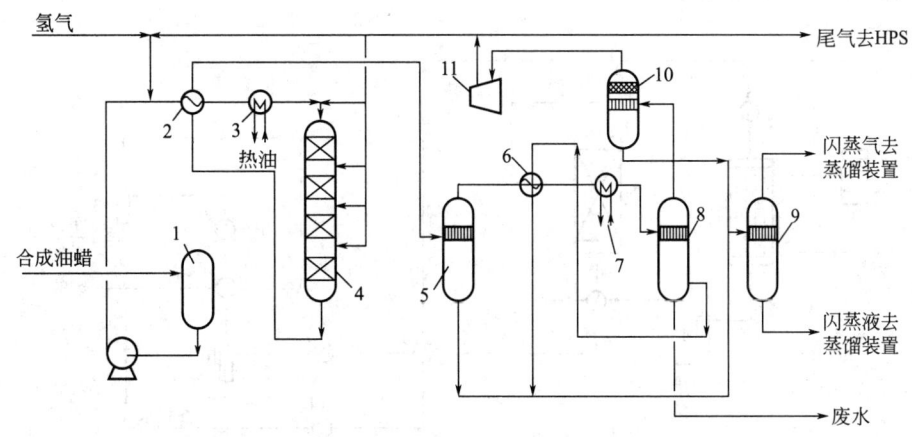

图 8-11 Shell 公司 SMDS 工艺 HPC 流程

1—原料罐；2，6—换热器；3—加热器；4—HPC 反应器；5—高温分离器；
7—冷却器；8—低温分离器；9—闪蒸罐；10—捕集器；11—循环气体压缩机

三、MTF 和 SMTF 工艺技术

MTF 工艺是中国科学院山西煤炭化学研究所提出的将传统的 F-T 合成与沸石分子筛特殊形选作用相结合的两段法合成（简称 MFT）工艺。其基本原理如图 8-12 所示。

MFT 合成的基本过程是采用两个串联的固定床反应器，使反应分两步进行，净化后的

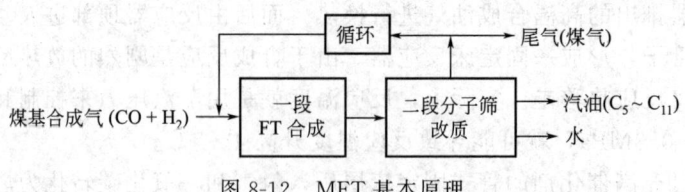

图 8-12　MFT 基本原理

合成气（$CO+H_2$），首先进入装有 F-T 合成催化剂的一段反应器，在这里进行传统的 F-T 合成烃类的反应，生成的宽馏分烃类和水以及少量含氧化合物连同未反应的合成气，立即进入装有形选分子筛催化剂的第二段反应器，进行烃类改质的催化转化反应，如低级烯烃的聚合、环化与芳构化，高级烷、烯烃的加氢裂解和含氧化合物脱水反应等。经过上述复杂反应之后，产物分布由原来的 $C_1 \sim C_{40}$ 缩小到 $C_5 \sim C_{11}$，选择性得到了更好的改善。由于传统 F-T 合成催化剂和分子筛形选催化剂分别装在两个独立的反应器内，因此各自都可调整到最佳的反应条件，充分发挥各自的催化特性。这样，既可避免一段反应器温度过高而生成过多的 CH_4 的和碳，又利用了二段分子筛的形选改质作用，进一步提高产物中汽油馏分的比例，且二段分子筛催化剂又可独立再生，操作方便，从而达到了充分发挥两类催化剂各自特性的目的。

　　MFT 工艺过程不仅明显地改善了传统 F-T 合成的产物分布，较大幅度地提高了液体产物（主要是汽油馏分）的比例，并且控制了甲烷的生成和重质烃类（C_{12}^+）的含量。从工业化应用考虑，MFT 工艺又克服了复合催化体系 F-T 合成的不足，解决了两类催化剂操作条件的优化组合和分子筛再生的矛盾。所以，MFT 合成是一条比较理想的改进的 F-T 工艺过程。

　　中国科学院山西煤炭化学研究所从 20 世纪 80 年代初就开始了这方面的研究与开发，先后完成了实验室小试、工业单管模试中间试验（百吨级）和工业性试验（2000t/a）。MFT 合成工艺流程如图 8-13 所示。

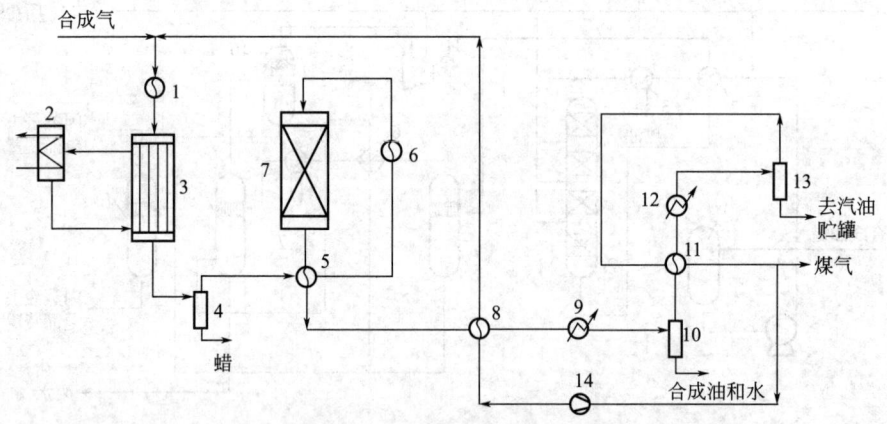

图 8-13　MFT 合成工艺流程
1—加热炉对流段；2—导热油冷却器；3—段反应器；4—分蜡罐；5—段换热器；6—加热炉辐射段；
7—二段反应器；8—循环气换热器；9—水冷器；10,13—气液分离器；11—换冷器；
12—氨冷器；14—循环压缩机

　　净化合格的原料气，按 1∶3 的比例（体积比）与循环气混合，进入加热炉对流段，预热至 240～255℃后，送入一段反应器。反应器内温度 250～270℃，压力 2.5MPa，在铁催化剂存在下，主要发生 $CO+H_2$ 合成烃类的反应。由于生成的烃相对分子质量分布较宽

（$C_1 \sim C_{40}$），需进行改质，故一段反应生成物进入一段换热器与二段尾气（330℃）换热，从 245℃升至 295℃，再进加热炉辐射段进一步升温至 350℃，然后送至二段反应器（2 台切换操作）进行烃类改质反应，生成汽油。二段反应温度为 350℃，压力 2.45MPa。

为了从气相产物中回收汽油和热量，二段反应产物首先进一段换热器，与一段产物换热后降温至 280℃，再进入循环气换热器，与循环气（25℃，2.5MPa）换热至 110℃后，入水冷器冷却至 40℃。至此，绝大多数烃类产品和水均被冷凝下来，经气液分离器分离，实现气液分离。

气液分离器中分离出的冷凝液靠静压送入油水分离器，将粗汽油与水分开。水送水处理系统，粗汽油送精制工段蒸馏切割。分离粗汽油和水后的尾气中仍有少量汽油馏分，进入换冷器与冷尾气（5℃）换冷至 20℃，入氨冷器冷至 1℃，经气液分离器分出汽油馏分。该馏分直接送精制二段汽油贮槽。分离后的冷尾气（50℃）进换冷器升温至 27℃，大部分经循环机增压后，进入循环气换热器，与二段尾气（280℃）换热至 240℃，再与净化、压缩后的合成原料气混合，重新进入反应系统，小部分取出供作加热炉的燃料气，或作为城市煤气送出界区。

除了 MFT 合成工艺之外，山西煤化所还开发了浆态床-固定床两段法工艺，简称 SMFT 合成。2002 年建成了 1000t/a 的工业性试验装置，工艺技术开发正在进行之中。

第四节 煤间接液化与直接液化的对比

一、液化原理对比

1. 煤间接液化

煤间接液化是利用 F-T 合成反应，将 CO 和 H_2 转化为液体烃的过程，其主要有如下特点。

① 合成条件较温和。无论是固定床、流化床还是浆态床，反应温度均低于 350℃，反应压力 2.0～3.0MPa。

② 转化率高。如 Sasol 公司 SAS 工艺采用熔铁催化剂，合成气的一次通过转化率达到 60%以上，循环比为 2.0 时，总转化率可达 90%左右。Shell 公司的 SMDS 工艺采用钴基催化剂，转化率甚至更高。

③ 受合成过程链增长转化机理的限制，目标产品的选择性相对较低，合成副产物较多。正构链烃的范围可从 $C_1 \sim C_{100}$，且随合成温度的降低，重烃类（如蜡油）产量增大，轻烃类（如 CH_4、C_2H_4、C_2H_6 等）产量减少。

④ 有效产物—CH_2—的理论收率低（仅为 43.75%），工艺废水的理论产量却高达 56.25%。

⑤ 煤消耗量大。如生产 1t F-T 产品，需消耗原料洗精煤 3.3t 左右（不计燃料煤）。

⑥ 反应物均为气相，设备体积庞大，投资高，运行费用高。

⑦ 煤间接液化全部依赖于煤的气化，没有大规模气化便没有煤间接液化。

2. 煤直接液化

煤直接液化是利用煤在溶剂中，在高温、高压和催化剂的作用下分解加氢转化为液体烃的过程，其主要特点如下。

① 液化油收率高。例如采用 HTI 工艺，我国神华煤的油收率可高达 63%～68%。

② 煤消耗量小。如生产 1t 液化油，需消耗原料洗精煤 2.4t 左右（包括 23.3%气化制氢用原料煤，但不计燃料煤）。

③ 馏分油以汽、柴油为主，目标产品的选择性相对较高。

④ 油煤浆进料，设备体积小，投资低，运行费用低。

⑤ 反应条件相对较苛刻。如老工艺液化压力高达 70MPa，现代工艺也达到 17～30MPa，液化温度为 430～470℃。

⑥ 出液化反应器的产物组成较复杂，液、固两相混合物由于黏度较高，分离相对困难。

⑦ 氢耗量大（一般为 6%～10%），工艺过程中不仅要补充大量新氢，还需要循环油作供氢溶剂，使装置的生产能力降低。

二、对煤种的要求对比

煤间接液化工艺对煤种的要求是与之相适应的气化工艺对煤种的要求。气化的目的是尽可能获取以合成气（$CO+H_2$）为主要成分的煤气。目前公认最先进的煤气化工艺是干粉煤气流床加压气化工艺，已实现商业化的典型工艺是荷兰 Shell 公司的 SCGP 工艺。干粉煤气流床加压气化从理论上讲对原料有广泛的适应性，几乎可以气化从无烟煤到褐煤的各种煤及石油焦等固体燃料，对煤的活性没有要求，对煤的灰熔融性适应范围可以很宽，对于高灰分、高水分、高硫分的煤种也同样适应。但从技术经济角度考虑，褐煤和低变质的高活性烟煤更为适用。通常入炉原料煤种应满足：灰熔融性流动温度（FT）低于 1400℃，高于该温度需加助熔剂；灰分含量小于 20%；干粉煤干燥至入炉水分含量小于 2%，以防止干粉煤输送罐及管线中"架桥"、"鼠洞"和"栓塞"现象的发生。

原料煤的特性对煤直接液化工艺有决定性的影响。实践表明，随原料煤煤化程度的增加，煤的加氢反应活性开始变化不大，中等变质程度烟煤以后则急剧下降。煤的显微组分中镜质组和稳定组为加氢活性组分，惰质组为非加氢活性组分。原料煤中的硫铁矿为良好的加氢催化剂，矿物质中的碱性物质（如 MgO、Na_2O、K_2O）对液化不利。氧含量高的煤液体产率相对较低。

根据加氢液化的大量试验研究结果，认为原料煤一般应符合以下几个条件：高挥发分低变质程度烟煤和硬质褐煤；碳元素含量在 77%～82%之间；惰质组含量小于 15%；灰分含量小于 10%；应尽量使用高硫煤。

我国煤种资源丰富，调查研究表明，我国既有为数众多的可适合气流床气化的煤种，也有为数更多的可适合加氢液化的煤种，而且品质较好的可加氢液化煤种多集中在我国油品供应相对紧张的地区。

三、液化产品的市场适应性对比

煤间接液化产物分布较宽，如 Sasol 固定流化床工艺，C_4 以下产物约占总合成产物的 44.1%；C_5 以上产物约占总合成产物的 49.7%。C_4 以下的气态烃类产物经分离及烯烃歧化转化得到 LPG、聚合级丙烯、聚合级乙烯等终端产品。C_5 以上液态产物经馏分切割得到石脑油、烯烃、C_{14}～C_{18}烷及粗蜡等中间产品。石脑油经进一步加氢精制，可得到高级乙烯料（乙烯收率可达到 37%～39%，普通炼厂石脑油的乙烯收率仅为 27%～28%），也可以重整得到汽油。α-烯烃不经提质处理就是高级洗涤剂原料，经提质处理可得到航空煤油。C_{14}～C_{18}烷不经提质处理也是高品质的洗涤剂原料，通过加氢精制和异构降凝处理即成为高级调和柴油（十六烷值高达 75）。粗蜡经加氢精制得到高品质软蜡。国内外的相关研究结果表明，现阶段在我国发展煤间接液化工艺，适宜定位在生产高附加值石油延长产品，即所谓的中间化学品，如市场紧俏的聚合级丙烯、聚合级乙烯、高级石脑油、烯烃及 $C_{14} \sim C_{18}$ 烷等。若定位在单纯生产燃料油品，由于提质工艺流程长、主产品（如汽油）的质量差，导致经济效益难以体现。

煤直接液化工艺的柴油收率在 70% 左右，LPG 和汽油约占 20%，其余为以多环芳烃为主的中间产品。由于直接液化产物具有富含环烷烃的特点，因此，经提质处理及馏分切割得到的汽油及航空煤油均属于高质量终端产品。另外，直接液化产物也是生产芳烃化合物的重要原料。实践证明，不少芳烃化合物通过非煤加氢液化途径获取往往较为困难，甚至不可能。国内外的相关研究结果同样已经表明，基于不可逆转的石油资源形势和并不乐观的国际政治形势，在我国发展直接液化工艺，适宜定位在生产燃料油品及特殊中间化学品。

四、液化工艺对集成多联产系统的影响对比

间接液化属于过程工艺，是构成以气化为"龙头"的集成多联产系统的重要生产环节（单元），也是整个串联生产系统中的桥梁和纽带，对优化多联产系统中的生产要素、实时整合产品结构及产量、保证多联产系统最大化的产出投入比具有重要意义。

直接液化属于目标（或非过程）工艺，与煤间接液化相比，与其他技术串联集成为多联产系统的灵活性相对较小，通常加氢液化就是整个系统的核心，需要与其他技术互补，来进一步提高自身的技术经济性。如液化残渣中含有约 35% 的油，若将油渣气化，既避免了油渣外排，又得到直接液化工艺所需的宝贵氢气。

五、液化技术的经济性对比

一般认为，同一煤种在既适合直接液化工艺又适合间接液化工艺的前提条件下，若两种工艺均以生产燃料油品为主线，则前者的经济效益将明显优于后者。事实上，液化技术的经济性影响因素很多，诸如工艺特征、原料价格、当地条件、知识产权、产业政策、产品价格等。因此，不设定时空界限（或条件），简单讨论间接液化和直接液化经济性优劣是没有意义的。

研究结果表明，现阶段，如果在我国西部省份建设 1 座以生产中间化学品（直链烃）为主、油品为辅的单纯煤间接液化厂，生产规模 160 万吨/年，采用南非 Sasol 固定流化床工艺，项目投资约为 145 亿元（其中：气化部分约为 60 亿元，公用工程约为 15.8 亿元，两项约占总投资的 52.3%），项目享受国家的税收优惠政策，内部收益率可以达到 11.45%。同样，如果建设 1 座以生产油品为主、中间化学品（环烷烃、芳烃）为辅的煤直接液化厂，生产规模 250 万吨/年，加氢液化工艺采用美国 HTI 工艺，项目投资约为 160 亿元（其中：气化制氢部分约为 35.2 亿元，公用工程约为 10.4 亿元，2 项约占总投资的 32.3%），也享受国家的税收优惠政策，内部收益率可以达到 12.8%。由此可见，在基本等同的条件下，单纯直接液化工艺的表观经济效益明显优于单纯间接液化工艺。

如果在我国的东部省份建设 1 座以生产中间化学品（直链烃）为主、油品、甲醇及电为辅的多联产厂，生产规模 150 万吨/年，其中 F-T 合成也采用南非 Sasol 固定流化床工艺，项目总投资约为 102 亿元（其中：气化部分约为 35.7 亿元，公用工程约为 6.8 亿元，两项约占总投资的 41.7%），但不享受国家的税收优惠政策，内部收益率可以达到 13.71%。因此，以 F-T 合成为主的联产工艺的表观经济效益又优于单纯直接液化工艺。

六、结论

① 不论是发展煤间接液化还是直接液化，均没有足够的依据简单定位在取代我国的全部石油进口，而在于减轻并最终消除由于石油供应紧张带来的各种压力以及可能对经济发展产生的负面影响，同时应做到煤化工与石油化工在技术及产品方面的优势互补。

② 煤间接液化及加氢直接液化不能简单从技术论优劣，也不能简单从经济论优劣，两者虽有共性的一面，但根本的区别在于各有其适用范围，各有其目标定位。从历史渊源、工艺特征、煤种的选择性、产品的市场适应性及对集成多联产系统的影响等多方面分析，两种煤液化工艺没有彼此之间的排他性。

③ 不论是间接液化还是直接液化，均需加大技术投入，加快发展自主知识产权，特别是核心技术及关键技术的自主知识产权（如间接液化的合成反应器及高效催化剂、直接液化的加氢反应器及催化剂等）。促进我国自身液化技术的产业化进程是一项十分紧迫的任务。

第五节　甲醇的生产

一、甲醇的性质及用途

甲醇又名木醇、木酒精、甲基氢氧化物，是一种最简单的饱和醇，化学分子式为 CH_3OH，是一种无色、透明、易燃、易挥发的有毒液体，略有酒精气味。甲醇相对分子质量为 32.04，相对密度为 0.792（20/4℃），熔点为 −97.8℃，沸点为 64.5℃，闪点为 11℃，自燃点为 463.89℃，其蒸气的相对密度为 1.11，饱和蒸气压为 13.33kPa（100mmHg，21.2℃），蒸气与空气混合物爆炸下限为 6%～36.5%，能与水、乙醇、乙醚、苯、酮、卤代烃和许多其他有机溶剂相混溶，遇热、明火或氧化剂易燃烧，甲醇蒸气与空气在一定范围内可形成爆炸性化合物。

甲醇有较强的毒性，对人体的神经系统和血液系统影响最大，它经消化道、呼吸道或皮肤摄入都会产生毒性反应，甲醇蒸气能损害人的呼吸道黏膜和视力。急性中毒症状有头疼、恶心、胃痛、疲倦、视力模糊以至失明，继而呼吸困难，最终导致呼吸中枢麻痹而死亡。慢性中毒症状为眩晕、昏睡、头痛、耳鸣、视力减退、消化障碍。甲醇摄入量超过 4g 就会出现中毒反应，误服一小杯超过 10g 就能造成双目失明，饮入量大造成死亡，致死量为 30mL 以上。甲醇在体内不易排出，会发生蓄积，在体内氧化生成甲醛和甲酸也都有毒性。我国有关部门规定，甲醇生产工厂空气中允许甲醇浓度为 $5mg/m^3$，在有甲醇气的现场工作须戴防毒面具，废水要处理后才能排放，允许含量小于 200mg/L。

甲醇用途广泛，是基础的有机化工原料和优质燃料。在世界基础有机化工原料中，甲醇消费量仅次于乙烯、丙烯和苯，是一种很重要的大宗化工产品。甲醇作为基础有机化工原料，主要用来生产甲醛、醋酸、氯甲烷、甲胺、硫酸二甲酯等各种有机化工产品，应用于精细化工、塑料等领域，也是农药、医药的重要原料之一。甲醇在深加工后可作为一种新型清洁燃料，也可加入汽油掺烧。根据对汽车代用能源的预测，甲醇是必不可少的替代品之一。甲醇制烯烃的预期经济效益可以和以石脑油和轻柴油为原料制烯烃大体相近。甲醇制烯烃的技术开发，将有效改善乙烯、丙烯等产业对石油轻烃原料资源的过度依赖，开辟出一条新的烯烃生产途径。因此，甲醇工业的发展具有战略意义。

二、甲醇合成对原料气的要求

（1）原料气中的氢碳比

H_2与CO合成甲醇的摩尔比为2，H_2与CO_2合成甲醇的摩尔比为3，当原料气中CO和CO_2同时存在时，原料气中氢碳比应满足下式：

$$n(H_2-CO)/n(CO+CO_2)=2.10\sim 2.15$$

以天然气为原料采用蒸汽转化工艺时，粗原料气中H_2含量过高，一般需在转化前或转化后加入CO_2以调节合理氢碳比；用渣油或煤为原料制备的粗原料气中氢碳比太低，需要设置变换工序使过量的CO变换为H_2和CO_2，再将CO_2除去；用石脑油制备的粗原料气中氢碳比适中。

（2）原料气中惰性气体含量

合成甲醇的原料气中除了主要成分CO、CO_2、H_2之外，还含有对甲醇合成反应起减缓作用的惰性组分（CH_4、N_2、Ar）。惰性组分不参与合成反应，会在合成系统中积累增多，降低了CO、CO_2、H_2的有效分压，对甲醇合成反应不利，而且会使循环压缩机功率消耗增加，在生产操作中必须排出部分惰性气体。在生产操作初期，催化剂活性较高，循环气中惰性气体含量可控制在20%～30%，在生产操作后期，催化剂活性降低，循环气中惰性气体含量一般控制在15%～25%。

（3）甲醇合成原料气的净化

目前甲醇合成普遍使用铜基催化剂，该催化剂对硫化物（硫化氢和有机硫）、氯化物、羰基化合物、重金属、碱金属及砷、磷等毒物非常敏感。

甲醇生产用工艺蒸汽的锅炉给水应严格处理，脱除氯化物。湿法原料气净化所用的溶液应严格控制不得进入甲醇合成塔，以避免带入砷、磷、碱金属等毒物。原料合成气要求硫含量在0.1×10^{-6}以下。

以天然气或石脑油为原料生产甲醇时，由于蒸汽转化所用镍催化剂对硫很敏感，应将原料经氧化锌精脱硫后进入转化炉，转化气不再脱硫；以煤或渣油为原料时，进入气化炉或部分氧化炉的原料不脱硫，因此原料气中硫含量相当高，通常经耐硫变换、湿法洗涤粗脱硫后再经氧化锌精脱硫；以天然气或石脑油为原料时，在一段转化炉前，有机硫及烯烃化合物先经钴-钼加氢催化剂，将有机硫（如噻吩、硫醇）转化成硫化氢，将烯烃转化成烷烃，然后再经氧化锌脱硫至0.1×10^{-6}以下。中温变换催化剂可将有机硫中的硫氧化碳和二硫化碳部分转化成硫化氢，再经湿法洗涤净化脱硫脱除硫化氢。

三、合成甲醇催化剂的作用与性能

催化剂的作用是使一氧化碳加氢反应向生成甲醇方向进行，并尽可能地减少和抑制副反应产物的生成，而催化剂本身不发生化学变化。

合成甲醇选用的催化剂有两种类型：一种是以氧化锌为主体的锌基催化剂；一种是以氧化铜为主体的铜基催化剂。锌基催化剂机械强度高，耐热性能好，适宜操作温度为330～400℃，操作压力为25～32MPa，使用寿命长，一般为2～3年，适用于高压法合成甲醇。铜基催化剂活性高，低温性能良好，适宜的操作温度为230～310℃，操作压力为5～15MPa，对硫和氯的化合物敏感，易中毒，寿命一般为1～2年，适用于低压法合成甲醇。国外铜基催化剂性能及操作条件见表8-4、表8-5。国内铜基催化剂主要性能及操作条件见表8-6所示。

表 8-4 Cu-Zn-Al 催化剂性能及操作条件

项目名称	ICI	BASF	DU Pont	前苏联
化学组成				
$CuO:ZnO:Al_2O_3/\%$	24:38:38	12:62:25	66:17:17	52:26:5
	53:27:6			54:28:6
	60:22:8			
操作条件				
温度/℃	230～250	230	275	250
压力/MPa	5～10	10～20	7.0	5.0
空速/h^{-1}	1.2×10^4	1.0×10^4	1.0×10^4	1.0×10^4
甲醇产率/[kg/(L·h)]	0.7	3.29	4.75	—

表 8-5 Cu-Zn-Cr 催化剂性能及操作条件

项目名称	ICI	BASF	Tops4φe	日本气体化学	前苏联
化学组成					
$CuO:ZnO:Cr_2O_3/\%$	40:40:20	31:38:5	40:10:50	15:48:37	33:31:39
操作条件					
温度/℃	250	230	260	270	250
压力/MPa	40	50	100	145	150
空速/h^{-1}	6000	10000	10000	10000	10000
甲醇产率/[kg/(L,h)]	0.26	0.75	0.48	1.95	1.1～2.2

表 8-6 国内铜基催化剂性能及操作条件

项目名称	C_{207}	C_{301}	C_{203}
化学组成			
$CuO:ZnO:Al_2O_3/\%$	48:39.1:3.6	58.01:31.07:3.06	
$CuO:ZnO:Cr_2O_3/\%$			36.3:37.1:20.3
操作条件			
温度/℃	235～285	210～300	227～232
压力/MPa	10～30	5～24	10
空速/h^{-1}	2×10^4	2×10^4	3.7×10^3

四、甲醇合成反应原理

(1) 甲醇合成反应步骤

甲醇合成是一个多相催化反应过程，共分五个步骤进行：

① 合成气自气相扩散到气体-催化剂界面；
② 合成气在催化剂活性表面上被化学吸附；
③ 被吸附的合成气在催化剂表面进行化学反应形成产物；
④ 反应产物在催化剂表面脱附；
⑤ 反应产物自催化剂界面扩散到气相中。

全过程反应速率决定于较慢步骤的完成速率，其中第三步进行的较慢，因此，整个反应决定于该反应的进行速率。

(2) 合成甲醇的化学反应

由 CO 催化加 H_2 合成甲醇，是工业化生产甲醇的主要方法，主要化学反应如下：

$$CO+2H_2 \rightleftharpoons CH_3OH$$

当有二氧化碳存在时，二氧化碳按下列反应生成甲醇：

$$CO_2+H_2 \longrightarrow CO+H_2O$$
$$CO+2H_2 \longrightarrow CH_3OH$$

两步反应的总反应式为

$$CO_2+3H_2 \longrightarrow CH_3OH+H_2O$$

五、甲醇生产工艺

目前，工业上重要的合成甲醇生产方法有低压法、中压法和高压法。低、中、高压法工艺操作条件比较见表8-7。

表8-7 低、中、高压法工艺操作条件比较

项目名称	低压法	中压法	高压法
操作压力/MPa	5.0	10.0～27.0	30.0～50.0
操作温度/℃	270	235～315	340～420
使用的催化剂	$CuO\text{-}ZnO\text{-}Cr_2O_3$	$CuO\text{-}ZnO\text{-}Al_2O_3$	$ZnO\text{-}Cr_2O_3$
反应气体中甲醇含量/%	约5.0	约5.0	5～5.6

甲醇生产工艺及技术的进步对甲醇工业的发展起到很大的促进作用。目前，国外以天然气为原料生产的甲醇占92%，以煤为原料生产的甲醇占2.3%，因此国外公司的甲醇技术均集中于天然气制甲醇。我国是煤炭资源较为丰富的国家，以天然气和煤为原料生产的甲醇，产量几乎各占一半。目前工业上广泛采用的先进的甲醇生产工艺技术主要有DAVY（原ICI）、Lurgi、BASF等公司的甲醇技术。不同甲醇技术的消耗及能耗差异不大，其主要的差异在于所采用的主要设备——甲醇合成塔的类型不同。

1. DAVY（原ICI）低、中压法

英国DAVY（原ICI）公司开发成功的低中压法合成甲醇是目前工业上广泛采用的生产方法，其典型的工艺流程见图8-14。

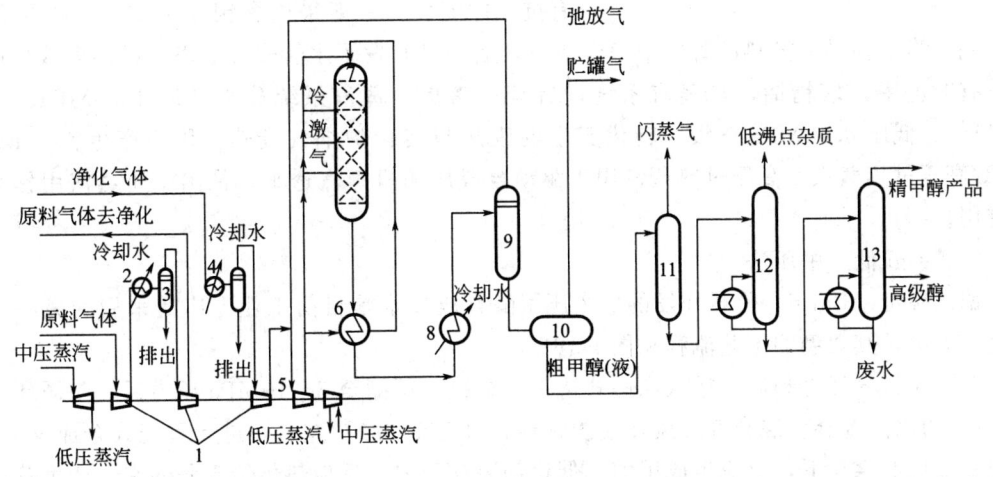

图8-14 ICI低中压法甲醇合成工艺流程

1—原料气压缩机；2,4—冷却器；3—分离器；5—循环压缩机；6—热交换器；7—甲醇合成反应器；
8—甲醇冷凝器；9—甲醇分离器；10—中间槽；11—闪蒸槽；12—轻馏分塔；13—精馏塔

合成气经离心式透平压缩机压缩后与经循环压缩机升压的循环气混合,混合气的大部分经热交换器预热至230~245℃进入冷激式合成反应器,小部分不经过热交换器直接进入合成塔作为冷激气,以控制催化剂床层各段的温度。在合成塔内,合成气体铜基催化剂上合成甲醇,反应温度一般控制在230~270℃范围内。合成塔出口气经热交换器换热,再经水冷器冷凝分离,得到粗甲醇,未反应气体返回循环压缩机升压。为了使合成回路中惰性气体含量维持在一定范围内,在进循环压缩机前弛放一部分气体作为燃料气。粗甲醇在闪蒸槽中降至350kPa,使溶解的气体闪蒸出来也作为燃料气使用。闪蒸后的粗甲醇采用双塔蒸馏:粗甲醇送入轻馏分塔,在塔顶除去二甲醚、醛、酮、酯和羰基铁等低沸点杂质,塔釜液进入精馏塔除去高碳醇和水,由塔顶获得99.8%的精甲醇产品。

DAVY低压甲醇合成技术的优势在于其性能优良的低压甲醇合成催化剂,合成压力为5.0~10MPa,而大规模甲醇生产装置的合成压力为8~10MPa。合成塔形式有两种:第一种是冷激式合成塔,单塔生产能力大,出口甲醇含量为4%~6%(体积分数)。四段冷激式甲醇合成反应器如图8-15所示,把反应床层分为若干绝热段,两段之间直接加入冷的原料气使反应气体冷却,故名冷激型合成反应器。ICI甲醇合成反应器是多段段间冷激型反应器,冷气体通过菱形分布器导入段间,它使冷激气与反应气混合均匀而降低反应温度。催化床自上而下是连续的床层。其中,菱形分布器是ICI型甲醇合成反应器的一项专利技术,它由内、外两部分组成。冷激气进入气体分布器内部后,自内套管的小孔流出,再经外套管的小孔喷出,在混合管内并向下流动,在床层中继续反应。气体分反应器与流过的热气流混合,从而降低气体温度结构比较简单,阻力很小。设备材质要求有抗氢蚀能力,一般采用含钼0.44%~0.65%的低

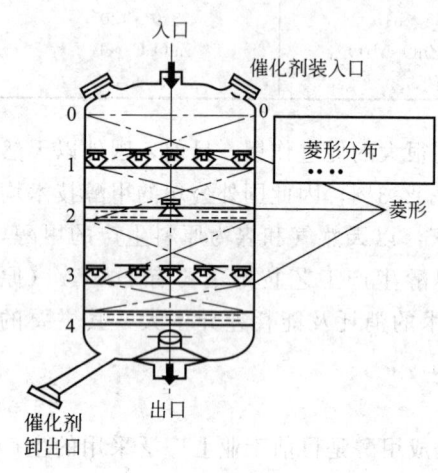

图8-15 四段冷激式甲醇合成反应器

合金钢。第二种是内换热冷管式甲醇合成塔,后来又开发了水管式合成塔。精馏多数采用二塔,有时也用三塔精馏,与蒸汽系统设置统一考虑。蒸汽系统分为高压10.5MPa、中压2.8MPa、低压0.45MPa三级。转化产生的废热与转化炉烟气废热,用于产生10.5MPa、510℃高压过热蒸汽,高压过热蒸汽用于驱动合成压缩机蒸汽透平,抽出中压蒸汽用作装置内使用。

2. Lurgi低、中压法

德国鲁奇(Lurgi)公司开发的低中压甲醇合成技术是目前工业上广泛采用的另一种甲醇生产方法,其典型的工艺流程见图8-16。

合成原料气经冷却后,送入离心式透平压缩机,压缩至5~10MPa压力后,与循环气体以1:5的比例混合。混合气经废热锅炉预热,升温至220℃左右,进入管壳式合成反应器,在铜基催化剂存在下,反应生成甲醇。催化剂装在管内,反应热传给壳程的水,产生蒸汽进入汽包。出反应器的气体温度约250℃,含甲醇7%左右,经换热冷却至85℃,再用空气和水分别冷却,分离出粗甲醇,未凝气体经压缩返回合成反应器。冷凝的粗甲醇送入闪蒸罐,闪蒸后送至精馏塔精制。粗甲醇首先在初馏塔中脱除二甲醚、甲酸甲酯以及其他低沸点杂

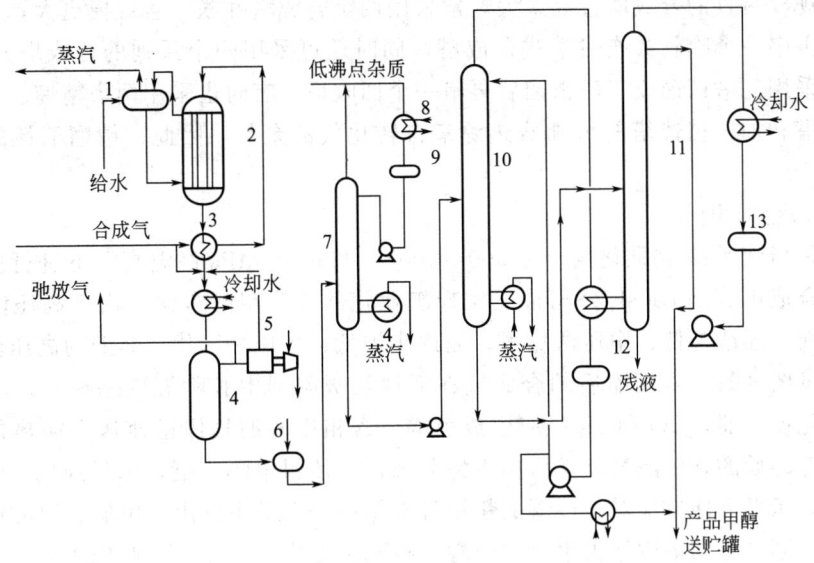

图 8-16　Lurgi 低、中压法合成甲醇工艺流程
1—汽包；2—合成反应器；3—废热锅炉；4—分离器；5—循环透平压缩机；6—闪蒸罐；
7—初馏塔；8—回流冷凝器；9,12,13—回流槽；10—第一精馏塔；11—第二精馏塔

质。塔底物进入第一精馏塔精馏，精甲醇从塔顶取出，气态精甲醇作为第二精馏塔再沸器的加热热源。由第一精馏塔塔底出来的含重馏分的甲醇在第二精馏塔中精馏，塔顶采出精甲醇，塔底为残液。从第一和第二精馏塔来的精甲醇经冷却至常温后，产品甲醇送至贮槽。

Lurgi 公司的合成有自己的特色，即有自己的合成塔专利。其特点是合成塔为列管式，副产蒸汽，管内是 Lurgi 合成催化剂，管间是锅炉水，甲醇合成放出来的反应热被沸腾水带走，副产 3.5～4.0MPa 的饱和中压蒸汽，合成反应器壳程锅炉给水是自动循环的，由此控制沸腾水上的蒸汽压力，就可以保持恒定的反应温度。Lurgi 管壳型合成反应器结构如图 8-17 所示。管壳型合成反应器具有以下特点。

① 床层内温度平稳，除进口处温度有所升高，一般从 230℃升至 255℃左右，大部分催化床温度均处于 250～255℃之间操作。温差变化小，对延长催化剂使用寿命有利，并允许原料气中含较高的一氧化碳。

② 床层温度通过调节蒸汽包压力来控制，灵敏度可达 0.3℃，并能适应系统负荷波动及原料气温度的改变。

③ 以较高位能回收反应热，使沸腾水转化成中压蒸汽，用于驱动透平压缩机，热利用合理。

④ 合成反应器出口甲醇含量高。反应器的转化率高，对于同样产量，所需催化剂装填量少。

⑤ 设备紧凑，开工方便，开工时可用壳程蒸汽加热。

⑥ 合成反应器结构较为复杂，装卸催化剂不太方便，这是它的不足之处。

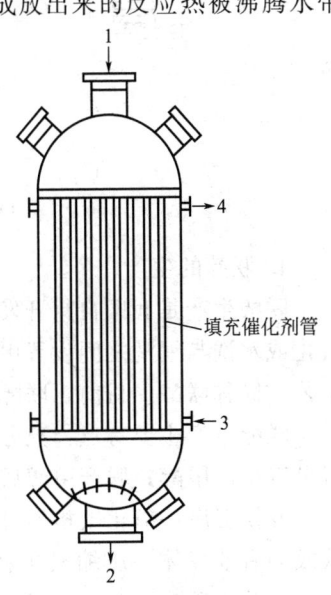

图 8-17　Lurgi 管壳型合成反应器
1—入口；2—出口；3—锅炉进水口；4—蒸汽出口

由于大规模装置的合成塔直径太大，常采用两个合成塔并联，若规模更大，则采用列管式合成塔后再串一个冷管式或热管式合成塔，同时还可采用两个系列的合成塔并联。Lurgi工艺的精馏采用三塔精馏或三塔精馏后再串一个回收塔，有时也采用两塔精馏。三塔精馏流程的预精馏塔和加压精馏塔的再沸器热源来自转化气的余热，因此，精馏消耗的低压蒸汽很少。

3. 高压法合成甲醇

高压法是指使用锌-铬催化剂，在300~400℃、25~32MPa高温高压下进行反应合成甲醇。高压法合成甲醇是BASF公司最先实现工业化的生产甲醇方法。由于高压法在能耗和经济效益方面，无法与低、中压法竞争，而逐步被低、中压法取代。典型的高压法生产甲醇的工艺流程见图8-18。经压缩后的合成气在活性炭吸附器中脱除五羰基铁后，同循环气体一起送入催化反应器，CO和H_2反应生成甲醇。含粗甲醇的气体迅速送入换热器，用空气和水冷却，冷却后的含甲醇气体送入粗甲醇分离器，使粗甲醇冷凝，未反应的CO和H_2经循环压缩机升压循环回反应器。冷凝的粗甲醇在第一分馏塔中分出二甲醚、甲酸甲酯和其他低沸点物，在第二分馏塔中除去水分和杂醇，得到纯度为99.85%的精甲醇。

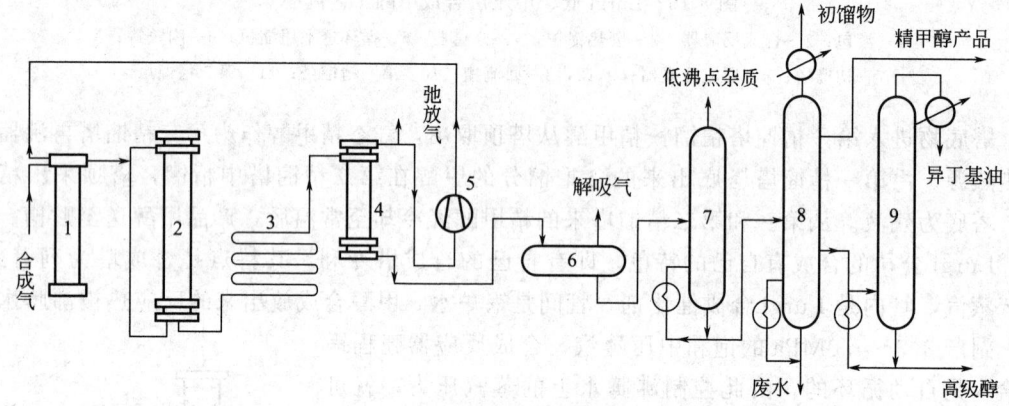

图8-18　高压法生产甲醇工艺流程
1—分离器；2—合成塔；3—水冷器；4—甲醇分离器；5—循环机；
6—粗甲醇贮槽；7—脱醚塔；8—精馏塔；9—油水塔

4. 联醇的生产

联醇生产是我国自行开发的一种与合成氨生产配套的新型工艺。中小型合成氨厂可以在碳化或水洗与铜洗之间设置甲醇合成工序，生产合成氨的同时联产甲醇，称之为串联式联醇工艺，简称联醇。目前，联醇产量约占我国甲醇总产量的40%。

联醇生产主要特点：充分利用已有合成氨生产装置，只需添加甲醇合成与精馏两套设备就可以生产甲醇；联产甲醇后，进入铜洗工序的气体中一氧化碳含量可降低，减轻了铜洗负荷；变换工序一氧化碳指标可适量放宽，降低了变换工序的蒸汽消耗；压缩机输送的一氧化碳成为有效气体，压缩机单耗降低。联醇生产可使每吨合成氨节电50kW·h，节约蒸汽0.4t，折合能耗2×10^9J，大多数联醇生产厂醇氨比从1:8发展到1:4甚至1:2。

联醇生产形式有多种，通常采用的工艺流程如图8-19所示。经过变换和净化后的原料气，由压缩机加压到10~13MPa，经滤油器分离出油水后，进入甲醇合成系统，与循环气

第八章 煤的间接液化

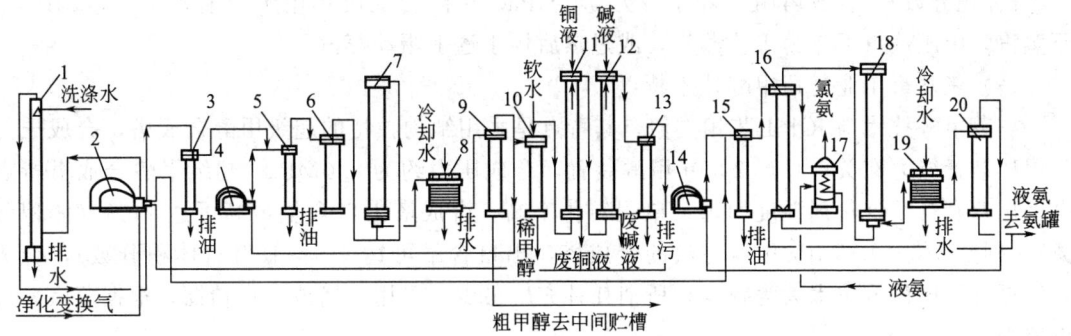

图 8-19 联醇生产工艺流程

1—水洗塔；2—压缩机；3—油分离器；4—甲醇循环压缩机；5—滤油器；6—炭过滤器；7—甲醇合成塔；
8—甲醇水冷却器；9—甲醇分离器；10—醇后气分离器；11—铜塔；12—碱洗塔；13—碱液分离器；
14—氨循环压缩机；15—合成氨滤油器；16—冷凝器；17—氨冷器；18—氨合成塔；
19—合成氨水冷器；20—氨分离器

混合以后，经过合成塔主线、副线进入甲醇合成塔。原料气在三套管合成塔内流向如下：主线进塔的气体，从塔上部沿塔内壁与催化剂筐之间的环隙向下，进入热交换器的管间，经加热后到塔内换热器上部，与副线进来、未经加热的气体混合进入分气盒，分气盒与催化床内的冷管相连，气体在冷管内被催化剂层反应热加热。从冷管出来的气体经集气盒进入中心管。中心管内有电加热器，当进气经换热后达不到催化剂的起始反应温度时，则可启用电加热器进一步加热。达到反应温度的气体出中心管，从上部进入催化剂床，CO 和 H_2 在催化剂作用下反应合成甲醇，同时释放出反应热，加热尚未参加反应的冷管内的气体。反应后的气体到达催化剂床层底部。气体出催化剂筐后经分气盒外环隙进入热交换器管内，把热量传给进塔冷气，温度小于 200℃ 沿副线管外环隙从底部出塔。合成塔副线不经过热交换器，改变副线进气量来控制催化剂床层温度，维持热点温度 245～315℃ 范围之内。

出塔气体进入冷却器，使气态甲醇、二甲醚、高级醇、烷烃、甲胺和水冷凝成液体，然后在甲醇分离器内将粗甲醇分离出来，经减压后到粗甲醇中间槽，以剩余压力送往甲醇精馏工序。分离出来的气体的一部分经循环压缩机加压后，返回到甲醇合成工序，另一部分气体送铜洗工序。对于两塔或三塔串联流程，这一部分气体作为下一套甲醇合成系统的原料气。

5. 其他生产方法及技术特点

(1) TOPSOE 的甲醇技术特点

TOPSOE 公司为合成氨、甲醇工业主要的专利技术商及催化剂制造商，其甲醇技术特点主要表现在甲醇合成塔采用 BWR 合成塔（列管副产蒸汽），或采用 CMD 多床绝热式合成塔。其流程特点为：采用轴向绝热床层，塔间设换热器，废热用于预热锅炉给水或饱和系统循环热水。进塔温度为 220℃、单程转化率高、催化剂体积少、合成塔结构简单、单系列生产能力大，合成压力 5.0～10.0MPa，根据装置能力优化。日产 2000t 甲醇装置，合成压力约为 8MPa。采用三塔或四塔（包括回收塔）工艺技术。

(2) TEC 甲醇技术特点

合成工艺采用 ICI 低压甲醇技术，精馏采用 Lurgi 公司的技术，合成采用 ICI 低压甲醇合成催化剂。合成塔采用 TEC 的 MRF-Z 合成塔（多层径向合成塔），出口甲醇含量可达

8%（体积分数）。合成塔阻力降小，为 0.1MPa。甲醇合成废热用于产生 3.5~4.0MPa 中压蒸汽，中压蒸汽可作为工艺蒸汽，或过热后用于透平驱动蒸汽。

（3）三菱重工业公司甲醇技术特点

三菱甲醇技术与 ICI 工艺相类似，其特点是采用结构独特的超级甲醇合成塔，合成压力与甲醇装置能力有关。日产 2000t 甲醇装置，合成压力约为 8.0MPa。超级甲醇合成塔特点是采用双套管，催化剂温度均匀，单程转化率高，合成塔出口含量最高可达 14%（体积分数）。副产 3.5~4.0MPa 中压蒸汽的合成塔，出口含量可达 8%~10%（体积分数），合成系统循环量比传统技术大为减少，所消耗补充气最少。采用二塔或三塔精馏，根据蒸汽系统设置而定。

（4）伍德公司甲醇技术特点

采用 ICI 低压合成工艺及催化剂，合成压力为 8.0MPa，采用改进的气冷激式菱形反应器、等温合成塔、冷管式合成塔。合成废热回收方式为预热锅炉给水，设备投资低。等温合成塔为副产中压蒸汽的管壳式合成塔，中压蒸汽压力为 3.5~4.0MPa，单塔生产能力最高可达 1200MTPD（每天的公吨，1metric ton＝1000kg），但设备投资高；冷管式合成塔为轴向、冷管间接换热，单塔生产能力最高可达 2000MTPD，设备投资低。

（5）林德公司甲醇技术的特点

采用 ICI 低压合成工艺及催化剂。采用副产蒸汽的螺旋管式等温合成塔，管内为锅炉水，中压蒸汽压力为 3.5~4.0MPa，气体阻力降低。其余部分与 ICI 低压甲醇类似。

第六节　甲醇汽油的合成

甲醇可以以煤、天然气等为原料制取。20 世纪 70 年代石油危机之后，西方国家考虑石油供应的安全问题，广泛兴起甲醇作为代用液体燃料的研究开发，80 年代中期一些汽车公司生产以甲醇作燃料的"甲醇汽车"。目前纯甲醇燃料或混合燃料的甲醇汽车在许多国家都有应用，以甲醇作发动机代用燃料在技术上是成熟的。

虽然甲醇的热值低于汽油，但其理论混合气的热值略高于一般汽油，因此只要调整、控制合理的燃料空气比，甲醇或混合燃料都不会因为热值问题而降低发动机功率。

甲醇本身可以用作发动机燃料或掺入汽油中使用。之所以还要将甲醇转化为汽油，是因为混合燃料中的水分含量对燃料的稳定性有很大影响，甲醇作燃料使用时能从空气中吸收水分，会导致发动机停止工作；甲醇对金属有腐蚀作用，对橡胶有溶浸作用。

使用甲醇作燃料需要解决的问题还有：燃料储存、运输、供应系统的完善和建设；混合燃料分层及互溶困难，需加入价格较贵的助溶剂。

一、汽油性质及用途

1. 汽油的性质

汽油是复杂烃类（碳原子数约 4~12）的混合物，其沸点范围为 30~205℃，空气中含量为 74~123g/m³ 时遇火爆炸。原油蒸馏、催化裂化、热裂化、加氢裂化、催化重整等过程都产生汽油组分。但从原油蒸馏装置直接生产的直馏汽油，不单独作为发动机燃料，而是将其精制、调配，有时还加入添加剂（如抗爆剂四乙基铅）以制得商品汽油。汽油分车用汽油和航空汽油两大类，广泛用于汽车、摩托车、快艇、直升机、农林业用飞机等。汽油最重要的性能为蒸发性和抗爆性。

蒸发性指汽油在汽化器中蒸发的难易程度。对发动机的启动、暖机、加速、气阻、燃料耗量等有重要影响。汽油的蒸发性由馏程、蒸气压、气液比 3 个指标综合评定。

（1）馏程

指汽油馏分从初馏点到终馏点的温度范围。航空汽油的馏程范围要比车用汽油的馏程范围窄。

（2）蒸气压

指在标准仪器中测定的 38℃时的蒸气压，是反映汽油在燃料系统中产生气阻的倾向和发动机起机难易的指标。车用汽油要求有较高的蒸气压，航空汽油要求的蒸气压比车用汽油低。

（3）气液比

指在标准仪器中，液体燃料在规定温度和大气压下，蒸气体积与液体体积之比。气液比是温度的函数，用它评定、预测汽油气阻倾向，比用馏程、蒸气压更为可靠。

抗爆性指汽油在各种使用条件下抗爆震燃烧的能力。车用汽油的抗爆性用辛烷值表示。辛烷值是这样给定的：异辛烷的抗爆性较好，辛烷值给定为 100，正庚烷的抗爆性差，给定值为 0。汽油辛烷值的测定是以异辛烷和正庚烷为标准燃料，使其产生的爆震强度与试样相同。标准燃料中异辛烷所占的体积分数就是试样的辛烷值，辛烷值高，抗爆性好。汽油的等级是按辛烷值划分的，高辛烷值汽油可以满足高压缩比汽油机的需要。汽油机压缩比高，则热效率高，可以节省燃料。汽油抗爆能力的大小与化学组成有关。带支链的烷烃以及烯烃、芳烃通常具有优良的抗爆性。提高汽油辛烷值主要靠增加高辛烷值汽油组分，但也通过添加四乙基铅等抗爆剂实现。通常说的 90 号、93 号、97 号是三种标号的无铅汽油（现在的汽油早已告别了有铅的时代），此外还有 95 号、100 号等。不同的标号指的是此标号汽油辛烷值的大小，如 93 号汽油，指汽油的辛烷值是 93，而辛烷值又表示此标号汽油的抗爆性，汽油的标号越高，也就是辛烷值含量越高，越不容易发生爆燃，也就是说燃烧时发动机的抗爆性越好。因此，应根据发动机的压缩比选用汽油，压缩比高的车辆应该选用高标号汽油，从而保证在发动机不发生爆燃的情况下动力输出最佳、成本最低。

2. 汽油的用途

汽化器发动机的汽车、摩托车、拖车泵以及装有汽油机的各种地面机械和水面舰艇，均使用车用汽油。航空汽油用于活塞式航空发动机。如直升机、运输机、教练机、通信机和气象机等。

二、甲醇转化汽油机理

甲醇转变汽油技术是美国 Mobil 研究与开发公司开发成功的，该技术的核心是沸石分子筛催化剂 ZSM-5，可高效地将甲醇转化为汽油，是煤间接液化的另一条途径。

由甲醇转化为烃类的过程是一个十分复杂的反应系统，其反应式及机理表示如下：

$$2CH_3OH \underset{+H_2O}{\overset{-H_2O}{\rightleftharpoons}} CH_3OCH_3 + H_2O$$

$$CH_3OCH_3 \xrightarrow[\text{重整}]{\text{缩合}} 烃质烯烃类 + 水 \xrightarrow[\text{重整}]{\text{缩合}} 脂肪烃 + 环烷烃 + 芳香烃$$

随着反应时间的增长，甲醇首先转化为二甲醚，然后经过缩合与重整，形成脂肪烃和芳香烃。

甲醇转化反应是放热反应，主要反应的反应热见表 8-8。三个步骤的反应热比例大致是 1:2:2。

表 8-8　甲醇转化汽油主要反应的反应热（371℃时）

反　应	ΔH/(kJ/mol)	比例/%
$2CH_3OH \longrightarrow CH_3OCH_3 + H_2O$	10.07	22.5
$0.5CH_3OCH_3 \longrightarrow (CH_2) + 0.5H_2O$（典型的 $C_2 \sim C_5$ 烯烃分布）	18.67	41.8
(CH_2)烯烃 $\longrightarrow (CH_2)$烃类	15.94	35.7
$CH_3OH \longrightarrow (CH_2)$烃类 $+ H_2O$	44.68	100

三、甲醇转化汽油（MTG）工艺

甲醇转化汽油（methanoltogasoline，MTG）。新西兰利用美国 Mobil 公司研发的以沸石 ZSM-5 为催化剂，将甲醇转化为汽油的技术 1986 年实现工业化，它是以天然气为原料生产合成气，由合成气生成甲醇，再用 Mobil 法转化为汽油，年产汽油 57 万吨，汽油辛烷值 93.7。包括烯烃烷基化油在内的合成汽油选择性为 85%。其工艺流程如图 8-20 所示。

甲醇转化为烃类和水是强放热反应，371℃时反应热约为 1674kJ/kg，在绝热条件下，反应热的温度可升高 590℃，因此反应热必须有效移出。反应器形式有固定床和流化床两种。

1. 固定床工艺流程

固定床反应器甲醇转化汽油工艺流程见图 8-21。来自甲醇厂的原料甲醇，先汽化，并加热到 300℃，进入二甲醚反应器，部分甲醇在 ZSM-5（或氧化铝）催化剂上转化成二甲醚和水。从二甲苯反应器流出

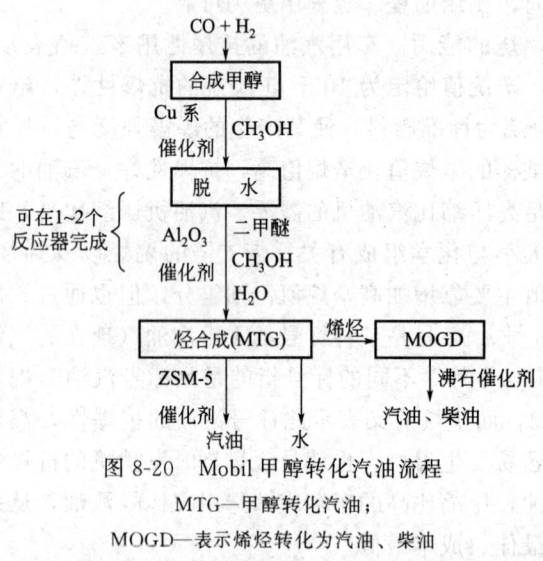

图 8-20　Mobil 甲醇转化汽油流程
MTG—甲醇转化汽油；
MOGD—表示烯烃转化为汽油、柴油

的物料与来自分离器的循环气混合，循环气量与原料量之比为（7~9）:1，混合气进入反应器，在压力为 2.0MPa，温度为 340~410℃条件下，在 ZSM-5 催化剂上转化为烯烃、芳烃和烷烃。

图 8-21 中有转化反应器 4 个，其数量取决于工厂的生产能力和催化剂的再生周期，在正常生产的操作条件下，至少有一个反应器在再生。当催化剂需要再生时，反应器与再生系统连接，该反应器中的催化剂上的积炭，通入热空气烧去。再生周期约 20 天。二甲醚反应器中不积炭，不需再生。

转化反应器的物料，首先通过水冷却器使之降温，再去预热原料甲醇。冷却了的反应产物去产品分离器，将水分离，得到产品粗汽油。分离出的气体循环回到反应器前与原料混合，再进入反应器。

合成汽油不含杂质（如含氧化合物），其沸点与优质汽油相同。合成汽油中含有较多的均四甲苯，为 3%~6%，在一般汽油中只含 0.2%~0.3%，它的辛烷值高，但其冰点为 80℃。试验证明，均四甲苯含量小于 5%时发动机可以使用。

第八章 煤的间接液化

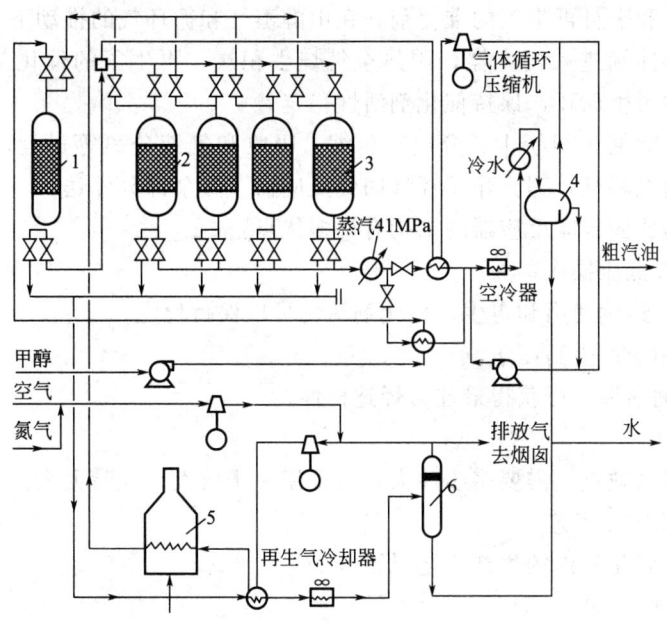

图 8-21 固定床反应器甲醇转化汽油工艺流程

1—二甲醚反应器；2—转化反应器；3—再生反应器；4—产品分离器；5—开工、再生炉；6—气液分离器

用固定床反应器时甲醇转化率可达 100%。烃产物中的汽油产率为 85%，液化石油气占 13.6%。包括加工过程能耗在内总效率可达 92% 左右，甲醇转化成汽油的热效率为 88%。

2. 流化床反应器甲醇转化工艺

Mobil 公司除了完成固定床反应器甲醇转化成汽油工艺外，还进行了流化床反应器的研究与开发工作，其工艺流程如图 8-22 所示。

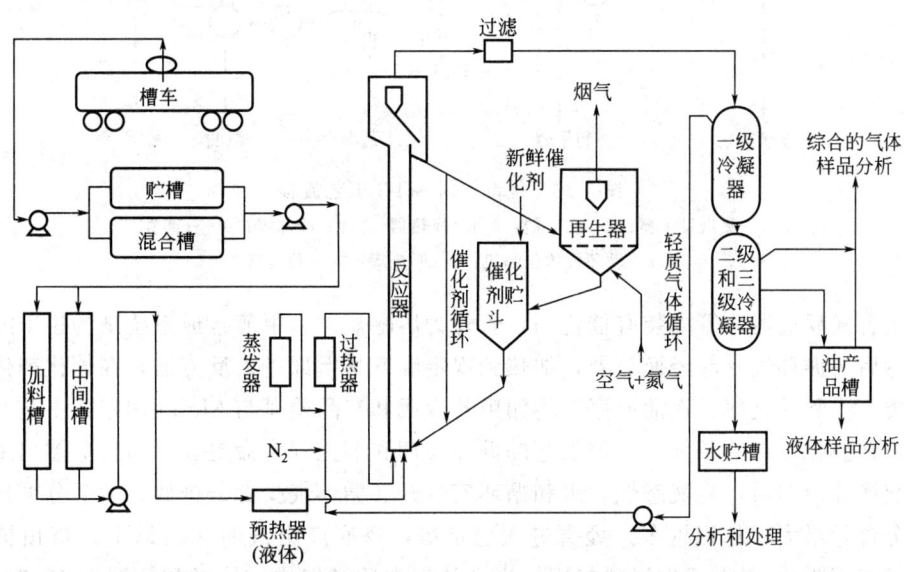

图 8-22 Mobil 公司的 MTG 工艺流程

在 Mobil 的 ZSM-5 催化剂作用下，在流化床反应器中转化成汽油。反应器底部通入来自吸收塔的循环气和来自再生器的催化剂，在甲醇蒸气和循环气的推动下，呈流化状态，反应器中的部分物料连续进入再生器，用热空气烧去积炭，再生了的催化剂又回到反应器底部，完成催化剂的再生循环，保持催化剂活性稳定。

反应产物经过除催化剂粉尘、分离、压缩、吸收和气液分离等过程，得到汽油和液化气，吸收塔顶分出燃料气，部分作循环气回到反应器，其余部分外送。

流化床反应器比固定床反应器的结构有许多优点：
① 流化床可以低压操作；
② 催化剂可以连续使用和再生，催化剂活性可以保持稳定；
③ 反应热多用于产生高压蒸汽；
④ 调整催化剂活性，可获得最佳芳烃选择性；
⑤ 操作费用低。

流化床反应器的缺点：需要多步放大，若采用一步放大，风险太大。

3. 单级管式反应器工艺

鲁奇公司甲醇转化汽油的生产工艺见图 8-23。

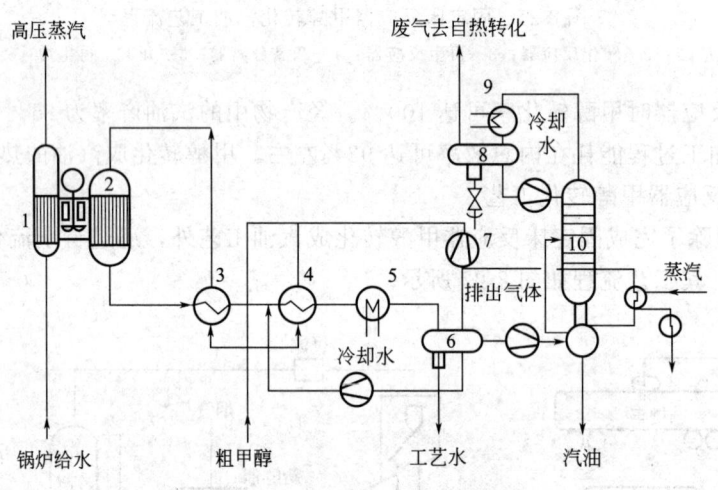

图 8-23　鲁奇公司 MTG 工艺流程

1—蒸汽发生器；2—反应器；3,4—换热器；5,9—冷却器；6—分离器；
7—循环气体压缩机；8—回流罐；10—稳定塔

采用管式反应器，管内装有催化剂，管外为熔融盐。由甲醇合成系统来的粗甲醇先降压脱气，然后与循环气一起经换热器，加热到规定温度从上部进入反应器，在催化剂作用下转化成烃类。甲醇转化率、汽油产率、均四甲苯生成和产品质量与 Mobil 固定床工艺的典型数据一致。在强化冷却的条件下，该工艺的循环周期和催化剂寿命更长。由反应器出来的产物通过热交换并冷却后，将液态烃、水和循环气分开。循环气少部分排放，大部分循环，以免惰性组分含量增大，越积越多。烃类进入稳定塔，塔底产出汽油（C_4以上）塔顶排出惰性组分和可在回收 $C_3 \sim C_4$ 后作燃料气用。生产的汽油质量组成：烷烃和环烷烃 57.7%，烯烃 10.4%，芳烃 31.9%，均四甲苯 5%，汽油的辛烷值为 93。

四、甲醇转化汽油的工艺条件及影响因素

1. 甲醇转化汽油的催化剂

催化剂为合成沸石分子筛 ZSM-5,如图 8-24 所示,是一种硅骨架五元环构成的环接四面体,结晶中有椭圆的十边直通道和窦状的弯曲通道,尺寸为 $0.5 \sim 0.6$nm,正好和 C_{10} 分子直径相当,即 C_{10} 以下的分子可以通过催化剂,而 C_{10} 以上的分子由于其直径大于 ZSM-5 催化剂的通道,从而限制了它的链增长。只有向减小尺寸的方向反应才能通过催化剂,在此催化剂作用下,催化反应的产物均为 $C_5 \sim C_{10}$ 的烃类,其沸点恰好为汽油的馏分。

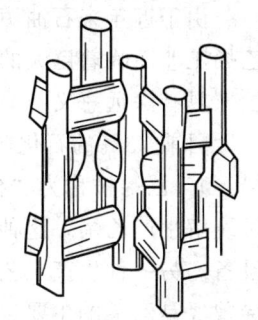

图 8-24　ZSM-5 催化剂

2. 反应温度

在中低空速（$0.6 \sim 0.7 h^{-1}$）和 260℃时,主要反应是甲醇脱水形成二甲醚。甲醇向二甲醚转化是在 $340 \sim 375$℃完成的。生成的烃类主要是 $C_2 \sim C_5$ 的烯烃,同时也生成一定数量的芳香烃。随着温度的继续升高,轻质烃和甲烷的数量会增加,超过 500℃甲烷会分解成 H_2 和 CO,见图 8-25。

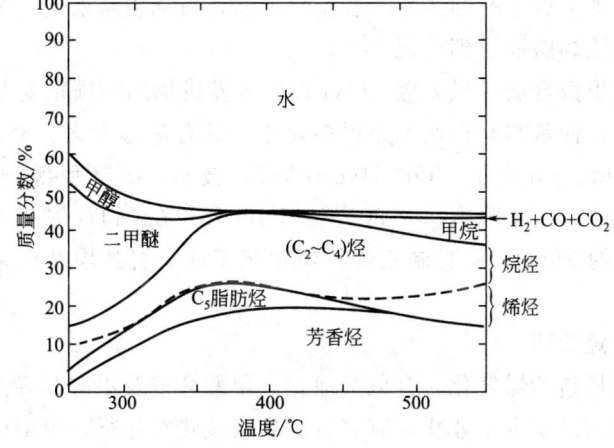

图 8-25　反应温度对甲醇转化汽油的影响

3. 反应压力

反应压力增加,产物分子量增大,见图 8-26。

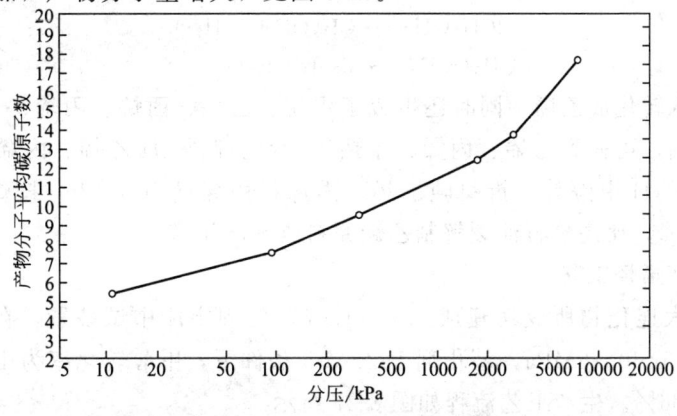

图 8-26　压力对甲醇转化汽油的影响

第七节 甲醇制烯烃

由于近年来石油短缺和价格上涨,而乙烯需求量出现了较大幅度的增长,石油裂解法制乙烯工业面临着巨大的挑战,因此甲醇制乙烯路线受到了重视。尤其对我国这样缺油富煤的国家具有深远意义。

目前75%的石化产品是以乙烯为原料(如环氧乙烷、乙二醇、乙酸、聚乙烯、聚氯乙烯等),乙烯被称为"合成之王"。大多数国家用石脑油、乙烷、丙烷和瓦斯油等作为原料通过裂解生产乙烯,这种工艺有大量的伴生产品,乙烯分离纯化过程很复杂,需要庞大昂贵的设备。另一种生产工艺是用乙醇作为原料,利用催化脱水制乙烯。19世纪,乙醇脱水制乙烯曾经是乙烯的主要生产路线,但目前乙醇脱水制乙烯方法逐渐被淘汰。随着社会经济的持续高速发展,对乙烯及其下游制品的需求急剧增加,2004年以后,乙烯需求出现了较大幅度增长,2004年世界乙烯需求量达到10366万吨/年,2005年后,世界乙烯需求年增长率约为4.5%,需要建设更多的乙烯装置,才能满足未来需求。但因乙烯工业的最基本原料——石油的不可再生性,加上近年石油的短缺和价格上涨,石油裂解法制乙烯工业面临巨大的冲击和挑战,甲醇制取乙烯路线受到重视。

由煤或天然气经甲醇合成烯烃是继MTG以后开发成加的一项重要新工艺。它开辟了低碳烯烃生产的新途径,使基本有机化工原料多元化,具有深远意义。美国UOP公司和挪威的Norsk Hydro公司联合开发了UOP/Hydro-MTO技术,0.5t甲醇/d的中试装置经运转效果良好,乙烯和丙烯的碳基收率达到80%。Mobil公司在MTG基础上,与Lurgi公司合作,建成了2200t/d的MTO(甲醇制乙烯)流化床工业装置。埃及已采用MTO技术建成320kt/a聚乙烯装置。

一、甲醇生产烯烃原理

由煤经甲醇制烯烃包括煤气化、合成气净化、甲醇合成及甲醇制烯烃。目前煤气化、合成气净化、甲醇合成均已实现工业化,有多套大规模装置在运行,甲醇生产烯烃是煤制烯烃中的一个核心技术,甲醇制烯烃技术目前已具备工业化条件。

由甲醇转化为烃类的反应是一个十分复杂的反应,甲醇首先转化为二甲醚,然后二甲醚脱水生成烯烃。其反应式可表示如下:

$$2CH_3OH \longrightarrow CH_3OCH_3 + H_2O$$
$$CH_3OCH_3 \longrightarrow C_2H_4 + H_2O$$

甲醇催化脱水转化成乙烯,同时还生成了甲烷、乙烷、丙烷、丙烯、丁烯、芳香烃等。采用逐级低温精馏,可得到乙烯、丙烯、丁烯等产品。制得1t乙烯、丙烯产品约耗用甲醇2.4t,按1.3t煤产1t甲醇计,折每吨乙烯、丙烯耗用煤量为3.12t,按煤价500元/t计,原料成本1560元/t,比高价石油裂解制乙烯原料成本低几倍。

二、甲醇生产烯烃工艺

中国中科院大连化物所成功建成0.7~1.0t/a的固定床中试装置,在反应温度500~550℃,压力为0.1~0.15MPa,催化剂P-ZSM-5条件下,甲醇转化率为100%,C_2~C_4烯烃的选择性高达86%。生产工艺流程如图8-27所示。

在催化剂作用下,原料合成气在温度为350~500℃,压力为0.1~0.5MPa,反应系统

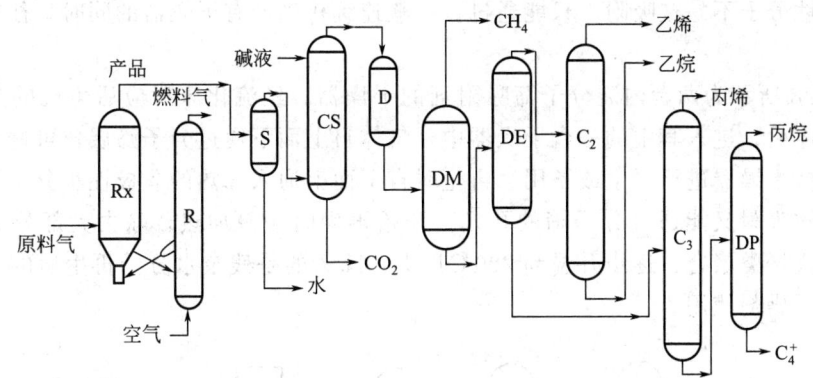

图 8-27 甲醇生产烯烃工艺流程

Rx—反应器;D—干燥器;C₃—丙烯分离器;R—再生器;DM—脱甲烷塔;
DP—脱丙烷塔;S—分离器;DE—脱乙烷塔;CS—碱洗塔;C2—乙烯分离塔

在由一个流化床反应器和一个流化床再生器构成的反应系统中进行反应,催化剂进行连续再生。反应产物经旋风分离器分出夹带的催化剂后进分离系统。待再生的催化剂经斜管进入流化床再生器,用空气烧去积炭后,落回到流化床反应器中。反应产物分离催化剂后首先进入净化系统提纯产品,脱除反应产物中的杂质,经回收热量、压缩、脱 CO_2、脱水等操作后进入产品回收工段,为分离、回收产品创造条件。分离工段包括脱甲烷塔、脱乙烷塔、C_2 分离器、C_3 分离器、脱丙烷塔和脱丁烷塔,通过采用一系列精馏塔,以便分离出乙烯、丙烯、丁烯和 $C_1 \sim C_3$ 烷烃等。

反应后气体 CO_2 的脱除 反应后气体中 CO_2 酸性气体含量多,降低了乙烯、丙烯等产品的分压,分离效率降低,所以在气体进入精馏塔之前应先将 CO_2 除去。工业上常用化学吸收法脱除 CO_2 气体,采用的吸收剂有 NaOH 溶液、乙醇胺溶液等。CO_2 和 NaOH 溶液发生下列反应,生成物能溶于废碱液中被除去,达到净化的目的。

$$CO_2 + 2NaOH \rightleftharpoons Na_2CO_3 + H_2O$$

脱水 甲醇生成烯烃的同时,也产生了副产物水。工业上脱水方法有许多,如冷冻法、吸收法、吸附法等。目前采用较多的是吸附法,采用的吸附剂有分子筛、活性氧化铝或硅胶等。常用的分子筛见表 8-9。

表 8-9 常用的分子筛

型号		孔径/nm	SiO_2:Al_2O_3(摩尔比)
A 型	4A(钠 A 型)	0.42~0.47	2
	5A(钙 A 型)	0.49~0.56	
	3A(钾 A 型)	0.30~0.33	
X 型	13X(钠 X 型)	0.81~1.0	2.3~3.3
	10X(钙 X 型)	0.8~0.9	
Y 型	Y(钠 Y 型)	1	3.3~6
	Y(钙 Y 型)	1	3.3~6

常用 A 型分子筛脱水,其孔径大小较均匀,有较强的吸附选择性,如 3A 分子筛只能吸附水不吸附乙烷分子,且 3A 分子筛是一种离子型极性吸附剂,对水分子有极大的吸附力,

而小的非极性分子不易被吸附，只能通过。一般连续化生产有干燥器的同时，往往有吸附剂的再生设备。

如图 8-28 所示为两台内装分子筛吸附剂的干燥器。经流化床反应后生成的产品经碱洗脱除酸性气体后，进入其中的一台干燥器中，气体自上而下通过分子筛层，可避免分子筛被带出。另一台干燥器进行再生或备用。再生时自下而上通入加热的非极性小分子作为再生载气，既不会被吸附又能通过分子筛的孔穴。开始再生时缓慢加热，除去大部分的水分和烃类，不至造成烃类聚合，逐步升温到 200℃ 以上，除去的是残余水分。再生后的干燥器冷却后才可以作干燥剂使用。

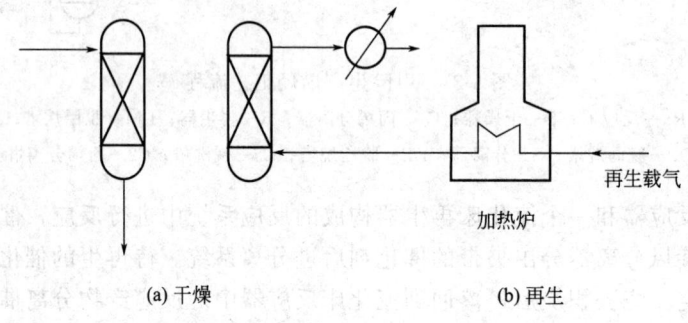

(a) 干燥　　　　　　　　(b) 再生

图 8-28　气体干燥与分子筛再生

三、生产烯烃的反应条件及影响因素

1. 催化剂的影响

用甲醇生产乙烯工艺中，催化剂结构不同，效果不同。根据其孔径大小，沸石分子筛催化剂大体上可分为 3 类。

① 小孔分子筛，孔径<0.5mn，如菱沸石和毛沸石等，能让直链烷烃通过而支链烷烃和芳烃不能通过。

② 中孔分子筛，孔径 0.5～0.6nm，如 ZSM-5 等，除芳烃不能通过外，其余能够通过。

③ 大孔分子筛，孔径约为 0.8nm，如丝光沸石和 X 型分子筛等，能让更多烃类分子通过。

由实践证明，毛沸石的低碳烯烃选择性最好，而 ZSM-5 和 ZSM-11 的主要产物是烷烃和芳烃，其低碳烯烃选择性远不如丝光沸石。

对分子筛催化剂改性后，Mobil 公司的 ZSM-34 和 Hoechst 公司的锰改性 13X 效果最好，C_2～C_4 烯烃在烃类产物中的质量比都超过 80%。

2. 主要工艺条件的影响

(1) 反应温度

在常压，相对较低的空速 0.6～7h^{-1} 下，温度在 250～550℃。温度逐渐升高时，起初主要反应是甲醇脱水生成二甲醚，有少量烃类，主要是 C_2～C_4 烯烃。在 350～400℃ 时，甲醇和二甲醚的转化趋于完全，产物中出现芳烃。温度进一步升高时，初次产物发生二次反应，低碳烃和甲烷增加，甚至出现 H_2、CO 和 CO_2。

(2) 空速的影响

压力及温度保持不变的条件下，甲醇转化率随空速降低而升高，而芳烃和脂肪烃则呈缓慢上升趋势。

(3) 压力的影响

实践证明，压力降低有利于低碳烯烃生成。

综合以上影响因素，为得到高产率的低碳烯烃，应采用较高的温度、较高的空速和尽可能低的压力。

3. 杂质影响

① 由于甲醇制取乙烯生成的产物复杂，对乙烯等产品纯度要求高，所以需进行一系列的净化过程。脱除 CO_2、H_2O、C_2H_2 等。CO_2 含量过多时，对分离过程会带来危害。对下游产品来说，其含量不在要求范围之内，会使下游加工装置的聚合过程或催化反应过程的催化剂中毒，也严重影响产品质量。

② 在一定温度压力下，水能和烃类形成白色的结晶水合物，例如 $CH_4 \cdot 6H_2O$、$C_2H_6 \cdot 7H_2O$、$C_4H_{10} \cdot 7H_2O$ 等。这些水在高温高压下是稳定的。这些水合物挂接在管壁上，轻者影响正常生产，增大动力消耗，重者引起管路堵塞，直至停产。

第八节　煤炭间接液化技术发展历程与进展

煤炭间接液化技术于 1923 年由德国科学家 F. fischer 和 H. Tropsch 发明，并于 1936 年在鲁尔化学公司实现工业化。第二次世界大战期间，基于军事的目的，德国最早建立了多个 F-T 合成厂，总产量达 57 万吨/年。20 世纪 50 年代，随着廉价石油和天然气的供应，F-T 合成油厂因竞争力差几乎全部停产。但南非因其特殊的国情，被迫发展煤制油工业，南非 Sasol 公司是目前世界上最大的煤间接液化企业，年耗原煤近 5000 万吨，生产油品和化学品 700 多万吨/年，其中油品近 500 万吨/年。Sasol 公司的浆态床低温合成技术是目前最先进的 F-T 合成工艺技术，它的主要特点是具有较低的操作成本和较高的生产效率。

近年来，国内外加快了对浆态床 F-T 合成技术的研究与开发，通过开发高效、高选择性的催化剂、工艺流程的简化等技术改进，来提高产品的选择性和降低生产的成本。

20 世纪 80 年代初，受世界石油危机影响，同时考虑到我国煤炭资源丰富的国情，中国科学院山西煤炭化学研究所进行煤制油技术的研究与开发，先后开发了铁基、钴基两大类催化剂体系，提出将传统的 F-T 合成与沸石分子筛相结合的固定床两段合成工艺（MFT 工艺），完成了固定床两段法 100t/a 煤基合成汽油中间试验和 2000t/a 工业化试验。90 年代初该所又进一步开发出新型高效 Fe/Mn 超细催化剂，在 1996～1997 年间完成连续运转 3000h 的工业单管试验，汽油收率和品质得到较大幅度的提高。

中国科学院山西煤炭化学研究所在 Sasol 公司的浆态床低温合成技术基础上于 1997～2004 年期间成功开发了铁基浆态床 F-T 合成技术，是国内唯一在大规模中试装置上验证了的、完全具有自主知识产权的煤基合成油技术，目前已经开发了两个系列的铁基催化剂，ICC-Ⅰ和 ICC-Ⅱ，分别对应重质馏分合成工艺（ICC-HFPT）和轻质馏分合成工艺（ICC-LFPT）。自主合成技术与 Sasol 浆态床技术的比较见表 8-10。

表 8-10 自主合成技术与 Sasol 浆态床技术的特点比较

技术要点	自主合成技术	Sasol 浆态床技术
催化剂	铁 ICC-Ⅰ(低温)，ICC-Ⅱ(高温)	铁(低温)钴(低温)
反应器	浆态床	浆态床
合成产品指标	甲烷选择性：ICC-I 3%～4% ICC-Ⅱ 4%～6%	甲烷选择性 4%～5%
收率 $C_{3+}/(g/m^3)(CO+H_2)$	175～185	175～185
油品加工技术	(1)硫化态催化剂：加氢精制＋加氢裂解 (2)非硫化态催化剂：重质临氢裂解＋加氢	硫化态催化剂：加氢精制＋加氢裂解；Chevron 工艺
产品分布	LPG 5%～15%；石脑油 10%～25%；柴油 65%～80%	LPG 5%～15%；石脑油 10%～20%；柴油 65%～80%
成套能力	20 万吨成套技术示范厂试运行阶段，没有生产经验	12 万吨 10 年运行经验相关大规模生产经验

近年来，该所在详细分析了煤基合成油经济性的基础上，开发出更加廉价高效的催化剂技术，于 2002 年 9 月在千吨级装置上试车成功，这一阶段性成果的取得，标志着我国已基本上掌握了煤基合成油催化剂和浆态床反应器等核心技术，将这种自主开发的浆态床合成工艺配以先进可靠的气化技术，使我国煤基合成油项目的建设具有了可行性。

复 习 题

1. 什么叫煤液化或煤制油？
2. 简述煤制油对我国的重要意义。
3. 简述煤和液体燃料油的主要区别。
4. 什么是费-托合成？画出煤间接液化流程工艺流程。
5. 煤间接液化技术有何特点？煤间接液化工艺主要由哪几步骤组成？各有什么作用？
6. 费-托（F-T）合成主要发生哪些化学反应？
7. F-T 合成主要产品有哪些？
8. 简述 F-T 合成工艺特点，工业上常见 F-T 合成工艺有哪些？
9. 甲醇合成对原料气的要求有哪些？
10. 合成甲醇选用的催化剂有哪些类型？
11. 甲醇合成反应分哪几个步骤进行？
12. 由 CO 催化加 H_2 合成甲醇，主要发生哪些化学反应？
13. 工业上合成甲醇的低压法、中压法和高压法工艺操作条件有何不同？
14. 工业上广泛采用的先进的甲醇生产工艺技术主要有哪些？各自有何特点？
15. DAUY 低压合成甲醇所用合成塔型有哪两种类型？各自有何特点？
16. 简述鲁奇（Lurgi）低中压合成甲醇工艺过程，其所用管壳型合成反应器具有哪些特点？
17. 为什么要将甲醇转化为汽油？
18. 车用汽油的抗爆性用什么表示？辛烷值与抗爆性之间的关系是怎样的？
19. 汽油标号与抗爆性之间的关系是什么？

20. 简述甲醇转化汽油的原理。
21. 简述固定床反应器甲醇转化汽油的工艺流程。
22. 流化床与固定床反应器相比，有哪些优缺点？
23. 甲醇转化汽油的影响因素有哪些？
24. 甲醇生产汽油的不安全因素有哪些？
25. 乙烯有什么用途？为什么要生产乙烯？
26. 简述甲醇生产乙烯原理。
27. 简述甲醇生产乙烯的工艺过程。
28. 生产烯烃的影响因素有哪些？
29. 煤间接液化发展前景如何？

第九章 煤化工生产的"三废"治理

我国环境保护法明确规定：环境是指影响人类生存和发展的各种天然的和经过人工改造的自然因素的总和。环境包括大气、水、海洋、土地、矿藏、森林、草原、野生生物、自然遗迹、人文遗迹、自然保护区、风景名胜区、城市和乡村等。环境污染是指有害物质进入生态系统的数量超过生态系统的自净能力（即能够降解有害物质的能力），因而打破生态平衡，使自然环境发生恶化。保护人类赖以生存的自然环境，是每一个公民应尽的责任，既关系当代，更影响后代。

煤既是我国的主要能源和工业原材料的主要来源，又是一个重要的污染源，由于煤本身的特殊性，在其加工、原料和产品的储存运输过程都会对环境造成污染。要发展煤的加工利用，就必须同时解决由此而产生的污染问题。

第一节 煤化工的主要污染物

一、选煤厂排放

选煤厂排放的煤矸石、粉煤灰、剥离物等固体废弃物，是目前我国排放量最大的工业固体废弃物之一，占原煤10%～20%。全国选煤厂大约有450多座，产生煤矸石约600万吨，积存的煤矸石导致大量的社会问题和严重的环境问题，包括占压土地、土地生产力下降、景观破坏、大气环境与水环境污染等。煤矸石山自燃，释放出大量粉尘及一氧化碳、二氧化碳、氮化合物等有毒、有害气体，并对周围的植被造成极大的破坏；自燃使煤矸石山呈酸性，甚至强酸性，酸性的环境造成有毒有害重金属释出，通过淋溶作用，污染地下水体和地表水体。同样煤炭在洗煤加工过程中还需要大量的水，每吨煤约需水0.5～1t，其中不仅含有悬浮物煤泥，还有各种药剂，造成水源的污染。因此我国选煤厂的环境污染问题非常严峻，如不采取治理措施，对厂区的生态破坏和环境污染将是巨大的。

二、煤化工工业污染物

1. 煤焦化及焦化产物回收产生的污染物

（1）废水

焦化生产中要用大量的洗涤水和冷却水，因此产生了大量的废水。废水中含有酚、苯、氨、氰、硫化氢和油等有害物质。长期饮用含酚污水会引起头晕、贫血及各种神经系统病症。污水中有些多环芳烃被证实具有致癌、致突变和致畸特性。

煤化学产品生产过程所产生的废水主要有含焦油废水、含氨废水、粗苯废水、酚精制废水、吡啶精制废水、沥青焦废水等，所含有的物质大多为芳烃类有机物，这些有机物质大多又都是有毒有害的，甚至具有致残致癌作用。焦油沥青加工所剩的残渣污泥中也含有很多的有毒物质，而这些物质实质都是自然界中很宝贵的稀有资源，应加工利用，变废为宝。

(2) 废气

煤焦化排出的气体污染物主要来源于备煤、炼焦、煤化学产物回收与精制车间。炼焦车间在备煤和装煤时会产生大量煤烟尘，在这些气体中有煤尘和焦炭粉尘、一氧化碳、二氧化硫、芳香烃、氰化氢、苯并芘等物质，其中苯并芘是一种强致癌物质。推焦时，生焦和残余焦油会着火冒烟，同时热气流携带大量的焦粉散入空气中。熄焦时，水蒸气中含有酚、硫化物、氰化物、一氧化碳等几十种化合物，和大量空气形成混合气流从塔顶逸出，造成对大气的污染。在煤化学产品生产车间主要会产生 NH_3、H_2S 和 C_mH_n 等有害物。一些回流槽、结晶槽、母液储槽等都可能成为废气污染源。

(3) 废渣

焦化废渣主要有焦油渣、酸焦油和洗油再生残渣、酚渣、生化污泥等。这些废渣若流入环境，所造成的污染也是十分严重的。

2. 煤气化合成污染物

(1) 废水

气化炉煤气在洗涤和冷却过程中会产生出大量的废水，废水中含有酚、焦油、氨和硫化物等。气化废水的水质与原料的煤化程度有关，如用褐煤和烟煤作原料时，要比用无烟煤和焦炭为原料的水质差得多。煤气合成过程的主要污染物是产品分离系统产生的废水，其中含有醇、酸、酮、醛、酯等有机氧化物。

(2) 废气

在煤气化生产中，会造成环境污染废气有煤堆表面粉尘飘散及筛分加工粉尘飞扬；有煤气的泄漏和放散；还有凉水塔和循环冷却水的蒸发带走有害物质，如酚、氰化物等进入大气。

(3) 废渣

煤气化过程产生的废渣，全国全年产量达几千万吨以上，大部分储入堆灰场。

三、燃煤过程排放废气、灰渣

煤炭直接燃烧时会排放大量有害气体，这些气体中含有大量的烟尘、二氧化硫、二氧化碳、二氧化氮和灰渣等有害物质。当前大气中二氧化碳浓度急剧增加，引起了全球性气候变暖的"温室效应"。二氧化硫和二氧化氮是造成酸雨的主要原因，酸雨使湖泊酸化，水生物减少；使土壤酸化，阻碍农作物、森林和牧草的生长。煤直接燃烧和气化都要产生大量灰渣，大量灰渣堆放，会占用农田、污染大气环境和水源。

第二节 "三废"治理

一、煤化工废水治理

在工业生产中，用水会受到不同程度的污染。为了保证人类的正常生活、生产和保持良好的生态环境，应根据排出污水的性质对其进行适当处理，有的需要回收再利用，有的则要求处理后，有害物质达到排放标准，方可排入自然中。工业污水按其处理的深度分为一级、二级和三级处理法。处理的基本方法见表 9-1。

表 9-1 四种污水处理方法的比较

处理方法	主要方法	主要去除物	主要处理级别
物理法	沉淀、过滤、离心分离、萃取等	不溶解于水的飘浮、悬浮的油和固体	预处理、一级
物理化学法	吸附、浮选、电渗析、反渗析等	细小的悬浮和溶解的有机物	二级、三级
化学法	中和、混凝、氧化还原、电解、离子交换等	胶体状或溶解的有害物质	二级、三级
生物法	活性污泥、生物膜、微生物分解	使有机物质氧化分解而除去	二级

煤化工废水的共同特点是含有大量的酚类污染物，其次是氰化物、氨、硫化物和焦油等。含酚废水的一级处理包括溶剂萃取脱酚、蒸氨等工序。常用萃取设备为脉冲筛板塔，还有箱式萃取器、转盘萃取塔和离心萃取机等。普遍采用的萃取剂为重苯溶剂油，还有二甲苯溶剂油、粗苯、焦油洗油和异丙醚等。

污水经过除焦油、预热等处理后，从萃取塔上端进入，萃取剂重苯油则从下端进入，两者在塔内逆向流动。酚溶入重苯缓慢上浮，并从塔顶溢流而出；脱酚氨水连续缓慢下降，并从塔底下部流出。富集了酚的重苯，经过碱洗脱酚再生，循环使用。脱酚氨水含有挥发铵和固定铵两类，挥发铵有 NH_4OH、NH_4HS、NH_4HCO_3、$(NH_4)_2S$ 和 NH_4SCN 等，它们通过加热蒸馏即可分解析出氨，固定铵为非挥发性的，如 $(NH_4)_2SO_4$ 和 NH_4Cl 等，需要通过加碱使氨析出，通常所加的碱为 $NaOH$ 或 $Ca(OH)_2$。

经一级处理后的水，再经过二级生化处理：废水经过一次沉淀池，除去一些悬浮物和胶体颗粒等，然后进入曝气池与活性污泥混合（所谓活性污泥指污泥内含有大量具有降解能力的微生物），并向池内充入空气或氧气，使水中的有机物被活性污泥吸附、氧化分解，处理后的废水与活性污泥一起进入二次沉淀池进行分离。沉淀下来的活性污泥的量会不断增加，多余的排出系统，部分回流到曝气池。

经过生化处理后的废水，在很大程度上得到净化，通常可使出水达到向外排放标准。但为了能使其循环使用，还需要进一步的进行三级深度处理。深度处理有许多方法，其中以活性炭吸附法应用最广。活性炭吸附设备，按吸附剂的填充方式，可分为固定床、移动床和流化床。一般工作流程都经历运行→反洗→再生→置换→正洗等几个步骤。

二、煤化工废渣治理

在废渣治理过程中，应先了解煤废渣的物理特性、化学组成以及废渣中有用成分的含量，对它们科学合理地分类，从而确定其加工利用方向，充分合理地利用煤废渣中的有用成分，做到物尽其用。

1. 煤矸石的综合利用

煤矸石一般具有一定的热值，含有一定量的碳（10%～30%）、硫、铁、铝等。对煤矸石的综合利用，包括利用煤矸石发电、生产建筑材料（包括煤矸石制砖、煤矸石制水泥、建筑陶瓷等）、回收有益矿产品、制取化工产品、改良土壤、生产肥料、回填（包括建筑回填、填低洼地和荒地、填充矿井采空区和煤矿塌陷区等）、筑路等。对煤矸石山区进行综合复垦、选择煤矸石山区绿化树种和进行后期养护管理等综合治理。

2. 焦油渣的利用

① 回配到煤料中炼焦。焦油渣由密度大的烃类组成，是一种很好的炼焦添加剂，可提高焦炭块度和强度。

② 作为煤料成型的胶黏剂。焦油渣作为胶黏剂，用于电池的电极生产中。

③ 作为燃料。通过添加降黏剂,可降低焦油的胶黏度,并溶解其中的沥青质,达到用泵输送要求,即为具有良好燃烧性能的工业燃料。

④ 作为炭黑原料、生产焦油树脂,作为橡胶混合体的软化剂等。

3. 污泥的利用

煤工业每年产生大量的污泥(约2100t),污泥处理费用占废水处理费用的20%~70%。近几年来,世界各国污泥处理技术,已经从原来的单纯处理逐渐向污泥有效利用、实现资源化方向发展。污泥的综合利用主要有以下几种方法。

① 堆肥。污泥中有植物所需要的营养成分和有机物,因此污泥可通过堆肥方式,转化为农用肥料。堆肥是利用嗜热微生物,使污泥中的有机物耗氧分解,能达到腐化有机物、杀死病原体、破坏污泥中的恶臭物质和脱水的目的。

② 制建筑材料。污泥可通过添加适量的黏土与硅砂,干化、焚烧制成建筑砖;污泥中所含有的粗蛋白(有机物)与球蛋白(酶),在碱性条件下,加热、干燥、加压后,会发生一系列的物理化学性质的改变,从而制成活性污泥树脂(又称蛋白胶);废纤维经过漂白、脱脂处理后,与污泥树脂一起压制成板材,即可制成生化纤维板,也可与沙石混合铺路。

4. 气化炉渣的利用

(1) 筑路

在炉渣中加入适量的石灰搅拌后,可作为筑路底料。

(2) 用于循环流化床燃料

气化炉渣含有大量未烧掉的炭,还可掺和煤粉,用作循环流化床锅炉的燃料。

(3) 建材

炉渣可代替黏土作为生产水泥的原料,或者作为水泥混合材料。将灰渣破碎、煅烧,配一定量的石膏、萤石等混合材料,经球磨粉化即成灰渣硅酸盐水泥。还可配以适量的生石膏、生石灰、水泥等配料,通过高压制成免烧、免蒸砖。

(4) 用作填料

灰渣中含有约60%的SiO_2,所以可用作橡胶、塑料、深色涂料及胶黏剂的填料。

(5) 生产铝合金

炉渣灰中含有氧化铝2%~35%,含氧化钛约1%。因此,可用炉渣灰生产硅钛氧化铝粉。

三、煤化工废气治理

对含有大气污染物的废气,采用的处理方法可分为分离法和转化法。分离法是利用物理方法将大气污染物从废气中分离出来,转化法是使废气中的大气污染物发生化学反应,转化成其他无害物质,再用其他方法进行处理。常见的废气处理方法见表9-2。

1. 主要除尘装置及其比较

主要的除尘装置有重力除尘装置、离心力除尘装置、洗涤除尘装置、过滤除尘装置和电除尘装置等,其性能比较见表9-3。重力除尘一般适用于烟气流量大、烟尘浓度高和颗粒大的场合,作为一级除尘装置;旋风分离器是广泛使用的除尘装置,效率高于重力除尘,但阻力也高;文丘里除尘和其他湿式除尘器可以将除尘、降温和吸收结合在一起,除尘效率高。缺点是阻力较大和需要处理污水;过滤除尘可除去很小颗粒的烟尘,效率很高,但阻力较大,适用于对除尘要求很高的场合或回收有用的固体粉末;电除尘器除尘效率高,可除去小颗粒,阻力小,适用于大流量烟气的深度处理,应用较广。

表 9-2　常见的废气处理方法

废气处理方法		可处理污染物	处理废气举例
分离法	气固分离：重力除尘、惯性除尘、旋风除尘、湿式除尘、过滤除尘、静电除尘	粉尘、烟尘等颗粒状污染物	煤气粉尘、尿素粉尘、锅炉烟尘、电石炉烟尘
	气液分离：惯性除雾、静电除雾	雾滴状污染物	焦油烟雾、酸雾、碱雾、沥青烟雾
	气气分离：冷凝法、吸收法、吸附法	蒸气状污染物、气态污染物	焦油蒸气、萘蒸气、SO_2、NO_2、苯、甲苯
转化法	气相反应：直接燃烧法、气相反应法	可燃气体、气态污染物	CH_4、CO、NO_x
	气液反应：吸收氧化法、吸收还原法	气态污染物	H_2S、NO_2
	气固反应：催化还原法、催化燃烧法	气态污染物	NO_2、NO、CO、CH_4、苯、甲苯

表 9-3　主要除尘装置的性能比较

装置类别	形式	处理粉尘		除尘效率/%	Δp/Pa	原理
		浓度	粒度/μm			
重力除尘	沉降室	高	>50	40~70	100~150	重力沉降
离心除尘	旋风分离器	高	3~100	85~96	500~1500	离心力
洗涤除尘	文丘里除尘器	高	0.1~100	80~99	>3000	尘粒黏附于液滴上
过滤除尘	袋滤器	高	0.1~20	90~99	1000~2000	过滤
电力除尘	电除器	低	0.05~20	80~99.9	100~200	静电作用

2. 废气中的 SO_2 的净化

煤烟气中的 SO_2 的含量一般很低，在 2% 以下，低浓度 SO_2 烟气的主要脱硫方法见表 9-4。

表 9-4　低浓度 SO_2 烟气的主要脱硫方法

分类	脱硫方法	脱硫剂	最终产品
吸收法	石灰/石灰石法	$CaCO_3$、CaO、$Ca(OH)_2$	石膏（$CaSO_4$）
	氨法	NH_3、铵盐	浓 SO_2、硫酸铵
	钠碱法	Na_2CO_3、$NaOH$、Na_2SO_3	浓 SO_2、亚硫酸钠
	双碱法	碱性硫酸铝、$NaOH$、$CaCl_2$	石膏
	金属氧化物	MgO、ZnO、MnO	浓 SO_2
吸附法	活性炭吸附	活性炭	稀硫酸、浓 SO_2
	分子筛吸附	分子筛	浓 SO_2
催化法	干式氧化法	—	硫酸
	液相氧化法	水、稀硫酸、CaO	石膏
	催化还原法	二异丙醇胺	硫磺

3. 废气中的 NO_x 的净化

煤燃烧产生的烟气中含有低浓度氮氧化物，其中 NO 约为 95%，NO_2 约为 5%。煤化工生产中和酸洗过程中，产生的含氮氧化物废气浓度较高。其处理方法见表 9-5。

4. 有机废气治理技术

有机废气指含有碳氢化合物及其衍生的废气。有机废气的主要处理方法见表 9-6。其中燃烧法可将废气中的可燃气体、有机蒸气和可燃的尘粒等转变为无害或容易除去的物质，在工业上应用甚广。

表 9-5　废气中的 NO_x 的处理方法

处理方法		要　点
催化还原法	非选择性催化还原法	用 CH_4、H_2、CO 及其他燃料气作还原剂与 NO_x 进行催化还原反应;废气中的氧参与反应,放热量大
	选择性催化还原法	用 NH_3 作为还原剂将 NO_x 催化还原为 N_2;废气中的氧很少与 NH_3 反应,放热量小
液体吸收法	水吸收法	用水作吸收剂对 NO_x 进行吸收,吸收效率低,仅可用于气量小、净化要求不高的场合,不能净化含 NO 为主的 NO_x
	稀硝酸吸收法	用稀硝酸作吸收剂对 NO_x 进行物理吸收与化学吸收,可以回收 NO_x,但消耗动力较大
	碱性溶液吸收法	用 NaOH、Na_2SO_3、$Ca(OH)_2$、NH_4OH 等碱性溶液作吸收剂对 NO_x 进行化学吸收,对于含 NO 较多的 NO_x 废气,净化效率低
	氧化-吸附法	对于含 NO 较多的 NO_x 废气,用浓 HNO_3、O_3、NaClO、$KMnO_4$ 等作氧化剂,先将 NO_x 中的 NO 部分氧化成 NO_2,其净化效果比碱溶液吸收法好
	吸收-还原法	将 NO_x 吸收到溶液中,与 $(NH_4)_2SO_3$、$(NH_4)HSO_3$、Na_2SO_3 等还原剂反应,NO_x 被还原为 N_2,其净化效果比碱溶液吸收法好
	络合吸收法	利用络合吸收剂 $FeSO_4$ Fe(Ⅱ)—EDTA 及 Fe(Ⅱ)—EDTA—Na_2SO_3 等直接同 NO 反应,NO 生成的络合物加热时重新释放出 NO,从而使 NO 能富集回收
吸附法		用丝光沸石分子筛、泥煤、风化煤等吸附废气中的 NO_x,将废气净化

表 9-6　有机废气的主要处理方法

处理方法	方法要点	适用范围
燃烧法	将废气中的有机物作为燃料烧掉或将其在高温下进行氧化分解,温度范围为 600~1000℃	适于中、高浓度范围废气的净化
催化燃烧法	在氧化催化剂作用下,将碳氢化合物氧化为 CO_2 和 H_2O,温度范围为 200~400℃	适于各种浓度的废气净化和连续排气的场合
吸附法	用适当的吸附剂对废气中有机组分进行物理吸附,温度范围为常温	适用于低浓度废气的净化
吸收法	用适当的吸收剂对废气中的有机组分进行物理吸收,温度范围为常温	对废气浓度限制较小,适用于含有颗粒物的废气净化
冷凝法	采用低温,使有机物组分冷却至露点以下,液化回收	适用于高浓度废气净化
静电捕集法	采用静电除雾器捕集废气中相对分子质量较大的有机物	适用于沥青烟气净化

(1) 直接燃烧法

直接燃烧法又称直接火炬燃烧法。将煤化工全厂内不可再回收利用的具有可燃性的有机废气一起引至离地面一定高空处,在大气中进行明火燃烧。

(2) 焚烧法

焚烧法是利用另外的燃料燃烧产生高温,使废气中污染物分解和氧化,进而转化为无害物质。

(3) 催化燃烧法

在催化剂存在下,燃烧除去低浓度有机蒸气和恶臭物质,如含涂料溶剂的废气及汽车尾气等。常用催化剂有贵重金属(如钯),也有非贵金属(如稀土元素)。

此法不适用于处理含有机氯和含硫化合物的废气,以及含高沸点或高分子化合物的废气。

参考文献

[1] 陈启文. 煤化工工艺学. 北京：化学工业出版社，2008.
[2] 郭树才. 煤化工工艺学. 第2版. 北京：化学工业出版社，2008.
[3] 付长亮，张爱民. 现代煤化工生产技术. 北京：化学工业出版社，2011.
[4] 朱银惠. 煤化学. 北京：化学工业出版社，2008.
[5] 何建平. 炼焦化学产品回收与加工. 北京：化学工业出版社，2008.
[6] 王晓琴. 炼焦工艺. 北京：化学工业出版社，2009.
[7] 谢全安. 煤化工安全与环保. 北京：化学工业出版社，2009.
[8] 李玉林，胡瑞生，白雅琴. 煤化工基础. 北京：化学工业出版社，2006.
[9] 肖瑞华，白金锋. 煤化学产品工艺学. 北京：冶金工业出版社，2003.
[10] 孙鸿，张子锋，黄健. 煤化工工艺学. 北京：化学工业出版社，2012.